AutoCAD 2019 中文版

机械制图 从入门到精通

· 苏会人　吴 比　姚红媛　编著

化学工业出版社

·北京·

本书是中文版 AutoCAD2019 机械制图从入门到提高的完全自学教程,通过一个个典型的绘图案例,由浅入深、从易到难,对每章的知识点结合实际操作案例详细讲解,帮助读者加深理解并扎实掌握 AutoCAD 机械标准图样的绘制方法和技巧,专业性和实用性强。全书将 AutoCAD 绘图知识和机械制图国家标准紧密结合,所有案例均是符号国家标准图样要求的 CAD 图例,并附赠标准 CAD 图文件和图库;配有完整的教学视频文件,手机扫码即可学习。

全书共 21 章,主要内容包括机械制图基础、AutoCAD 界面介绍、绘图辅助工具的使用、创建和编辑二维机械图形、使用 AutoCAD 在机械图中添加文字和尺寸标注、AutoCAD 三维模型的创建与修改,最后以减速器作为综合案例进行设计讲解。

本书适合于从事机械设计、机械工程、CAD 绘图的工程技术人员学习和参考,也可供高等院校、职业院校机械专业师生进行 CAD 制图参考。

图书在版编目(CIP)数据

中文版 AutoCAD2019 机械制图从入门到精通 / 苏会人,吴比,姚红媛编著. —北京:化学工业出版社,2019.3(2022.9重印)

ISBN 978-7-122-33768-9

Ⅰ.①中… Ⅱ.①苏… ②吴… ③姚… Ⅲ.①机械制图-AutoCAD 软件 Ⅳ.①TH126

中国版本图书馆 CIP 数据核字(2019)第 011942 号

责任编辑:金林茹 张兴辉　　　　文字编辑:陈 喆
责任校对:王 静　　　　　　　　装帧设计:韩 飞

出版发行:化学工业出版社(北京市东城区青年湖南街 13 号　邮政编码 100011)
印　　装:北京科印技术咨询服务有限公司数码印刷分部
787mm×1092mm　1/16　印张 34　字数 1083 千字　　2022 年 9 月北京第 1 版第 5 次印刷

购书咨询:010-64518888　　售后服务:010-64518899
网　　址:http://www.cip.com.cn
凡购买本书,如有缺损质量问题,本社销售中心负责调换。

定　　价:89.80 元　　　　　　　　　　　　　　　　版权所有　违者必究

　　AutoCAD 是美国 Autodesk 公司开发的专门用于计算机绘图和设计工作的软件。自 20世纪 80 年代 AutoCAD 公司推出 AutoCAD R1.0 以来，由于其具有简便易学、精确高效等优点，一直深受广大工程设计人员的青睐。迄今为止，AutoCAD 历经了十余次的扩充与完善，最新的 AutoCAD2019 中文版极大地提高了二维制图功能的易用性和三维建模功能。

　　本书较为全面地介绍了中文版 AutoCAD2019 的使用方法，并通过案例紧密联系机械工程制图实例，具有较强的专业性和实用性。为了让读者更好地理解与掌握本书的知识，在编写时对本书采取了疏导分流的措施，将内容划分为了 5 篇共 21 章。第 1 篇为入门篇（第 1 章～第 5 章），主要介绍机械行业的基本知识与制图规范以及 AutoCAD 软件的简单操作，包括软件入门、文件管理、设置绘图环境、图形坐标系、图形的绘制与编辑等。第 2 篇为精通篇（第 6 章～第 11 章），内容包括图形标注、文字与表格、图层、图块、图形信息查询、打印设置等 AutoCAD 高级功能。第 3 篇为机械制图篇（第 12 章～第 15 章），主要通过标准件、轴、盘盖、箱体四大类机械图形的详细讲解来帮助读者了解机械制图。第 4 篇为综合实战篇——减速器设计（第 16 章～第 18 章），主要讲解减速器这一个经典机械设计实例，从零开始进行设计，并最终完成其主要的零件图与装配图的绘制，让读者完整地体验机械设计制图过程。第 5 篇为三维篇（第 19 章～第 21 章），本篇需要在素材中浏览对应的 PDF 电子文档，主要讲解了如何使用 AutoCAD 进行三维建模的方法，最后介绍了减速器的三维建模与装配。

　　本书具有以下几大特色。

　　① 软件与行业标准相结合：本书内容采用新版的 AutoCAD2019 进行编写，每个重要的知识点都有实例配合讲解，案例画法符合机械制图标准图样的画法，读者可以边学边练，将制图知识与软件学习结合起来。

　　② 案例丰富并配有教学视频：本书采用机械制图实例介绍机械制图及 AutoCAD2019的操作过程，全书案例均提供配套素材和高清教学视频，可以通过扫描二维码随时随地学习，让读者学习更加轻松。

　　③ 附赠标准图库与制图标准：随书附赠标准图库以及和机械制图有关的 17 份制图国标文件，让读者的图纸更加规范。

　　本书由沈阳化工大学苏会人、吴比、姚红媛编著，其中第 1～8 章由苏会人编写，第9～15 章由吴比编写，第 16～21 章由姚红媛编写。参与资料收集与整理工作的其他人员还有陈志民、江凡、张洁、马梅桂、戴京京、骆天、胡丹、陈运炳、申玉秀、李红萍、李红艺、李红术、陈云香、陈文香、陈军云、彭斌全、林小群、刘清平、钟睦、刘里锋、朱海涛、廖博等。

　　由于水平有限，书中疏漏之处在所难免。感谢您选择本书，同时也希望您能够把对本书的意见和建议告诉我们。

　　读者服务邮箱：lushanbook@qq.com

编者

*扫码下载配套素材文件

第1篇　入门篇

 第1章 · 机械制图的基本知识 ·

第2章 ・ AutoCAD2019 入门 ・

第3章 ・ 绘图基本工具 ・

第4章 · 二维机械图形绘制 ·

第5章 · 二维机械图形编辑 ·

第2篇　精通篇

 ·创建图形标注·

第7章 · 文字和表格 ·

第**9**章 · **块、外部参照与设计中心** ·

第10章 · 图形约束 ·

第11章 · 图形的打印与输出 ·

第3篇　机械制图篇

 · 标准件和常用件的绘制 ·

第13章 · 轴类零件图的绘制 ·

第14章 · 盘盖类零件图的绘制 ·

第15章 · 箱体类零件图的绘制 ·

第4篇　综合实战篇——减速器设计

第16章　·减速器的参数计算与传动零件的绘制·

第5篇 三维篇

第19章 · 三维实体的创建和编辑 ·

第20章 · 三维实体生成二维零件图 ·

第21章 · 创建减速器的三维模型 ·

附　录 · 机械制图常用国家标准目录 ·

第1篇　入门篇

第**1**章

机械制图的基本知识

为了统一机械制图规则，保证制图质量，提高制图效率，做到图面清晰、简明，符合设计、施工、审查、存档的要求，适应工程建设的需要，需要了解机械制图基础。

本章主要对机械制图与机械设计的一些相关基础知识进行讲解，其中包括认识机械制图标准、国家制图标准、认识机械工程图、了解机械图纸各要素、常见机械加工工艺、机械材料等内容。

1.1 认识机械制图

机械制图是用图样确切表达机械的结构形状、尺寸大小、工作原理和技术要求的学科。图样由图形、符号、文字和数字等组成，是表达设计意图和制造要求以及交流经验的技术文件，常被称为工程界的语言。

1.1.1 认识机械制图标准

工程图样是工程技术人员表达设计思想、进行技术交流的工具，也是指导生产的重要技术资料。因此，对于图样的内容、格式和表达方法等必须作出统一的规定。

为使人们对图样中涉及的格式、文字、图线、图形简化和符号含义有一致的理解，相关部门逐渐制定了统一的规格，并发展成为机械制图标准。各国一般都有自己的国家标准，国际上有国际标准化组织制定的标准。

1.1.2 认识国家制图标准

我国国家标准（简称国标），代号为 GB。我国的国家标准通过审查后，需由国务院标准化行政管理部门——国家质量监督检查检疫总局、国家标准化管理委员会审批、给定标准编号并批准发布。

机械制图国家标准的制定修改动态如表 1-1 所示。

表 1-1 机械制图国家标准的制定修改动态

1985 年起实施的国家标准		现行标准编号	现行标准名称
分类	标准编号		
基本规定	GB/T 4457.1—1984	GB/T 14689—2008	技术制图 图纸幅面及格式
	GB/T 4457.2—1984	GB/T 14690—1993	技术制图 比例
	GB/T 4457.3—1984	GB/T 14691—1993	技术制图 字体
	GB/T 4457.4—1984	GB/T 17450—1998	技术制图 图线
		GB/T 4457.4—2002	机械制图 图样画法 图线

1985 年起实施的国家标准		现行标准编号	现行标准名称
分类	标准编号		
基本规定	GB/T 4457.5—1984	GB/T 17453—2005	技术制图 图样画法剖面区域的表示方法
		GB/T 4457.5—2013	机械制图 剖面区域的表示法
基本表示法	GB/T 4458.1—1984	GB/T 17451—1998	技术制图 图样画法 视图
		GB/T 4458.1—2002	机械制图 图样画法 视图
		GB/T 17452—1998	技术制图 图样画法 剖视图和断面图
		GB/T 4458.6—2002	机械制图 图样画法 剖视图和断面图
		GB/T 16675.1—2012	技术制图 简化表示法 第 1 部分：图样画法
	—	GB/T 4457.2—2003	技术制图 图样画法 指引线和基准线的基本规定
	GB/T 4458.2—1984	GB/T 4458.2—2003	机械制图 装配图中零、部件序号及其编排方法
	GB/T 4458.3—1984	GB/T 4458.3—2013	机械制图 轴测图
	GB/T 4458.4—1984	GB/T 4458.4—2003	机械制图 尺寸注法
		GB/T 16675.2—2012	技术制图 简化表示法 第 2 部分：尺寸注法
	GB/T 4458.5—1984	GB/T 4458.5—2003	机械制图 尺寸公差与配合注法
	—	GB/T 15754—1995	技术制图 圆锥的尺寸和公差注法
	GB/T 131—1983	GB/T 131—2006	产品几何技术规范（GPS）技术产品文件中表面结构的表示法
特殊表示法	GB/T 4459.1—1984	GB/T 4459.1—1995	机械制图 螺纹及螺纹紧固件表示法
	GB/T 4459.2—1984	GB/T 4459.2—2003	机械制图 齿轮表示法
	GB/T 4459.3—1984	GB/T 4459.3—2000	机械制图 花键表示法
	GB/T 4459.4—1984	GB/T 4459.4—2003	机械制图 弹簧表示法
	GB/T 4459.5—1984	GB/T 4459.5—1999	机械制图 中心孔表示法
	—	GB/T 4459.7—2017	机械制图 滚动轴承表示法
	—	GB/T 19096—2003	技术制图 图样画法 未定义形状边的术语和标注
图形符号	GB/T 4460—1984	GB/T 4460—2013	机械制图 机构运动简图用图形符号

标准的编号及名称，如图 1-1 所示。

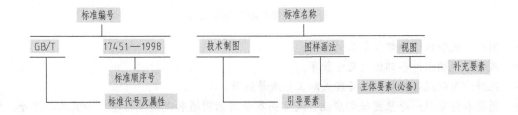

图 1-1　标准编号及名称

▶　GB——标准级别：国家标准、行业标准、地方标准和企业标准。

▶　T——标准属性："T" 表示"推荐性标准"，无 "T" 时表示"强制性标准"。

▶　17451——发布顺序号。

▶　1998——颁布年号。

1.2　认识机械工程图

在设计和生产中，各种机器、设备和工程设施都是通过工程图样来表达设计意图和制造要求的。本节介绍机械工程图的分类、绘制程序等相关基础知识。

1.2.1　机械工程图概述

　　机械图样主要有零件图和装配图，此外还有布置图、示意图和轴测图等。零件图表达零件的形状、大小以及制造和检验零件的技术要求；装配图表达机械中所属各零件与部件间的装配关系和工作原理；布置图表达机械设备在厂房内的位置；示意图表达机械的工作原理，如表达机械传动原理的机构运动简图、表达液体或气体输送线路的管道示意图等，示意图中的各机械构件均用符号表示；轴测图是一种立体图，直观性强，是一种常用的辅助用图样。

　　一张完整的机械工程图如图1-2所示，通常包含以下各项。

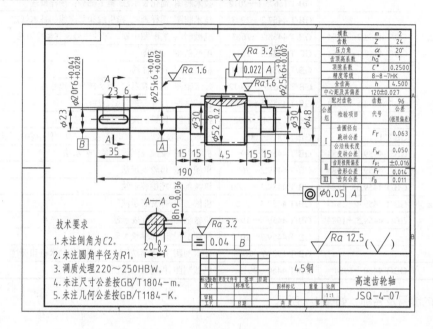

图1-2　完整的机械工程图效果

- ◈　图纸：说明机件各部位形状的全图。
- ◈　尺寸：说明机件各部位的尺寸数字。
- ◈　注释：用以规定材料、热处理或加工制造等细节。
- ◈　图框和标题栏：每张图纸都应配合尺寸而有适当的图框和说明性标题，如图名、图号、生产单位、设计者、绘图者、比例、日期等。
- ◈　组装图纸：说明机件各部位的装配关系。
- ◈　另附部件表和材料表。

　　此外，如果零件属于批量生产的，则需要工具设计部门另制工程图和程序图来描述制造的步骤，以及说明所使用的特殊工具与钻模、夹具和量规的类别，以供制造部分使用。

1.2.2　绘制机械工程图的程序

　　当一位机械工程师要设计新的机件或新的机器时，其图纸生产相关程序如下。

- ◈　将原有思想、设想、规划和发明绘制成草图的图样。
- ◈　加上精密计算来证明所设计的机件或机器是实用且可行的。
- ◈　由自己画出的草图并通过计算来准确画出设计图，要尽可能使用实际比例来表示各零部件的形状和位置；制订出主要尺寸，并注明材料、热处理、加工、间隙或干涉配合等一般规范以及绘制各零件图时所需要的资料，以此来证明制造的可能性。

- ▶ 由设计图和注解说明来绘制各零部件图，包括说明形状和大小所需要的图纸，以及标注必要的尺寸和注解等。
- ▶ 绘制各零部件装配的组装图。
- ▶ 编订零部件表和材料表，完成全部工程图。

1.3　机械制图的表达方式

机械设计是一项复杂的工作，设计的内容和形式也有很多种，但无论是哪一种，机械设计体现在图纸上的结果都只有两个，即装配图和零件图。

1.3.1　装配图

装配图是表达产品、部件中部件与部件、零件与部件或零件之间连接的图样，应包括装配（加工）与检验所必需的数据和技术要求，如图 1-3 所示。其中，产品装配图也称为总装配图，产品装配图中具有总图所要求的内容时，可作为总图使用。

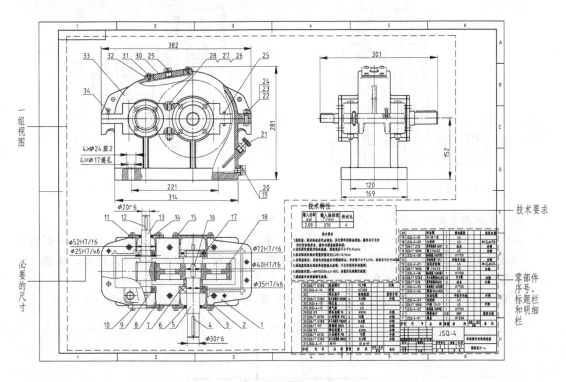

图 1-3　装配图效果

在产品或部件的设计过程中，一般是先画出装配图，然后根据装配图进行零件设计，画出零件图；在产品或部件的制造过程中，先根据零件图进行零件加工和检验，再依据装配图所制订的装配工艺规程将零件装配成机器或部件；在产品或部件的使用、维护及维修过程中，也经常要通过装配图来了解产品或部件的工作原理及构造。

一般情况下设计或制造一个产品都需要使用到装配图，一张完整的装配图应该包括以下内容。

（1）一组视图

一组视图能正确、完整、清晰地表达产品或部件的工作原理、各组成零件间的相互位置和装配关系及主要零件的结构形状。

画装配图时，部件大多按工作位置放置。主视图方向应选择反映部件主要装配关系及工作原理的方位，多采用剖视的表达方法；其他视图的选择以进一步准确、完整、简便地表达各零件间的结构形状及装配关系为原则，因此多采用局部剖、拆去某些零件后的视图、断面图等表达方法。

装配图的视图表达方法和零件图基本相同，在装配图中也可以使用各种视图、剖视图、断面图等表达方法。但装配图的侧重点是将其结构、工作原理和零件图的装配关系正确、清晰地表达清楚。由于表达的侧重点不同，国家标准对装配图的画法又做了一些规定。

● **装配图的规定画法**

在实际绘图过程中，国家标准对装配图的绘制方法进行了一些总结性的规定。

▷ 相邻两零件的接触表面和配合表面只画出一条轮廓线，不接触的表面和非配合表面应画两条轮廓线，如图1-4所示。如果距离太近，可以按比例放大并画出。

▷ 相邻两零件的剖面线，倾斜方向应尽量相反，当不能使其相反时，则剖面线的间距应不相等，或者使剖面线相互错开，如图1-5所示的机座与轴承、机座与端盖、轴承与端盖。

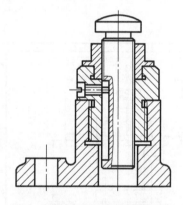

图1-4 接触表面和不接触表面画法

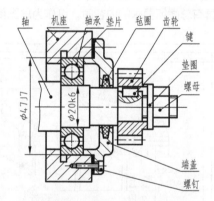

图1-5 相邻零件的剖面线画法

▷ 同一装配图中的同一零件的剖面方向、间隔都应一致。

▷ 在装配图中，对于紧固件及轴、球、手柄、键、连杆等实心零件，若沿纵向剖切且剖切平面通过其对称平面或轴线时，这些零件均按不剖切绘制，如需表明零件的凹槽、键槽、销孔等结构，可用局部剖视表示。

▷ 在装配图中，宽度小于或等于2mm的窄剖面区域，可全部涂黑表示，如图1-6所示。

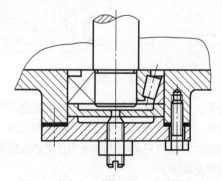

图1-6 宽度小于或等于2mm的剖切画法

● 装配图的特殊画法

⊳ 拆卸画法：在装配图的某一视图中，为表达一些重要零件的内、外部形状，可假想拆去一个或几个零件后绘制该视图。如图 1-7 所示的轴承装配图中，俯视图的右半部为拆去轴承盖、螺栓等零件后画出的。

⊳ 假想画法：在装配图中，为了表达与本部件存在装配关系但又不属于本部件的相邻零部件时，可用双点画线画出相邻零部件的部分轮廓，当需要表达运动零件的运动范围或极限位置时，也可用双点画线画出该零件在极限位置处的轮廓。

⊳ 单独表达某个零件的画法：在装配图中，当某个零件的主要结构在其他视图中未能表示清楚，而该零件的形状对部件的工作原理和装配关系的理解起着十分重要的作用时，可单独画出该零件的某一视图，如图 1-8 所示的转子油泵的 B 向视图。

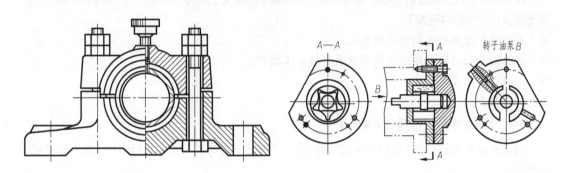

图 1-7　拆卸画法　　　　　　　　　　　　图 1-8　单独表示画法

⊳ 简化画法：在装配图中，对于若干相同的零部件组，可详细地画出一组，其余只需用点画线表示其位置即可；零件的工艺结构，如倒角、圆角、退刀槽、拔模斜度、滚花等均可不必画出。

（2）必要的尺寸

装配图的尺寸标注和零件图不同，零件图要清楚地标注所有尺寸，确保能准确无误地绘制出零件图，而装配图上只需标注出机械或部件的性能、安装、运输、装配有关的尺寸，包括以下尺寸类型。

⊳ 特性尺寸：表示装配体的性能、规格或特征的尺寸，它常常是设计或选择使用装配体的依据。

⊳ 装配尺寸：是指装配体各零件间装配关系的尺寸，包括配合尺寸和相对位置尺寸。

⊳ 安装尺寸：表示装配体安装时所需要的尺寸。

⊳ 外形轮廓尺寸：装配体的外形轮廓尺寸（如总长、总宽、总高等）是装配体在包装、运输、安装时所需的尺寸。

⊳ 其他重要尺寸：是经计算或选定的不能包括在上述几类尺寸中的重要尺寸，如运动零件的极限位置尺寸。

（3）技术要求

装配图中的技术要求就是采用文字或符号来说明机器或部件的性能、装配、检验、使用、外观等方面的要求。技术要求一般注写在明细表的上方或图纸下部空白处，如果内容很多，也可另外编写成技术文件作为图纸的附件，如图 1-9 所示。

技术要求

1.采用螺母及开口垫圈手动夹紧工件。

2.非加工内表面涂红防锈漆，外表面喷漆应光滑平整，不应有脱皮凸起等缺陷。

3.对刀块工作平面对定位键工作平面平行度0.05/100。

4.对刀块工作平面对夹具底面垂直度0.05/100。

5.定位轴中心线对夹具底面垂直度0.05/100。

图1-9 技术要求

技术要求的内容应简明扼要、通俗易懂。技术要求的条文应编写顺序号，仅一条时不写顺序号。装配图技术要求的内容如下。

▷ 装配体装配后所达到的性能要求。

▷ 装配图装配过程中应注意的事项及特殊加工要求。

▷ 检验、实验方面的要求。

▷ 使用要求。

（4）零部件序号、标题栏和明细栏

按国家标准规定的格式绘制标题栏和明细栏，并按一定格式将零部件进行编号，填写标题栏和明细栏。

● **零部件序号**

零部件序号由圆点、指引线、水平线或圆(细实线)、数字组成，序号写在水平线上侧或小圆内，如图1-10所示。

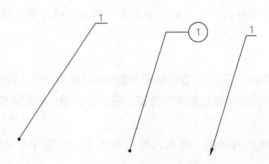

图1-10 零部件序号的标注类型

在机械制图中，序号的标注形式有多种，序号的排列也需要遵循一定的原则，这些原则总结如下。

▷ 在装配图中所有的零部件都必须编写序号。

▷ 装配图中一个部件可以只编写一个序号；同一装配图中相同的零部件只编写一次。

▷ 装配图中零部件序号要与明细栏中的序号一致。

▷ 序号字体应与尺寸标注一致，字高一般比尺寸标注的字高大1～2号。

▷ 同一装配图中的零件序号类型应一致。

▷ 指引线应由零件可见轮廓内引出，零件太薄或太小时建议用箭头指向，如图1-11所示。

▷ 如果是一组紧固件或装配关系清晰的零件组，可采用公共指引线，如图1-12所示。

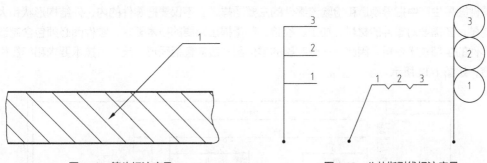

图 1-11　箭头标注序号　　　　　　　　图 1-12　公共指引线标注序号

▷ 指引线应避免彼此相交，也不用过长。若指引线必须经过剖面线，应避免引出线与剖面线平行。必要时可以画成折线，但是只能折一次。

▷ 序号应按水平或垂直方向排列整齐，并按顺时针或逆时针方向顺序编号。

● **标题栏和明细栏**

为了方便装配时零件的查找和图样的管理，必须对零件编号，列出零件的明细栏。明细栏是装配体中所有零件的目录，一般绘制在标题栏上方，可以和标题栏连在一起，也可单独画出。明细栏序号按零件编号从下到上列出，以方便修改。明细栏中的竖直轮廓线用粗实线绘出，水平轮廓线用细实线。

如图 1-13 所示是明细栏的常用形式和尺寸。

	(180)						
11	37	33	11	35	11	12	30
4	−04	缸筒	1	45			
3	−03	连接法兰	2	45			
2	−02	缸头	1	QT400			
1	−01	活塞杆	1	45			
序号	代　号	名　称	数量	材　料	单件　总计		备　注
					重　量		
			零件图标题栏				
标记	处数	更改文件号	签字	日期			

图 1-13　装配图明细栏

总的来说，装配图是表达设计思想及技术交流的工具，是指导生产的基本技术文件。因此无论是在设计机器还是测绘机器时必须画出装配图。

1.3.2　零件图

零件图即装配图中各个零部件的详细图纸。零件图是制造和检验零件的主要依据，是设计部门提交给生产部门的重要技术文件，也是进行技术交流的重要资料。本小节主要介绍零件图的相关知识。

零件图是生产中指导制造和检验该零件的主要图样，它不仅要把零件的内、外结构形状和大小表达清楚，还需要对零件的材料、加工、检验、测量提出必要的技术要求。零件图必须包含制造和检验零件的全部技术资料。因此，一张完整的零件图一般应包括图形、尺寸、技术要求和标题栏几项内容，如图 1-14 所示。

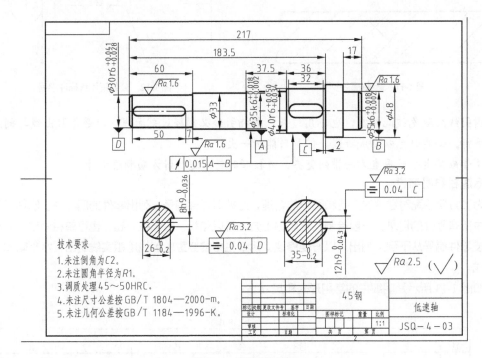

图 1-14　低速轴零件图

（1）完善的图形

零件图中的图形要求能正确、完整、清晰和简便地表达出零件内外的形状，其中包括机件的各种表达方法，如三视图、剖视图、断面图、局部放大图和简化画法等。

（2）详细的尺寸

零件图中应正确、完整、清晰、合理地标注出制造零件所需的全部尺寸。与装配图只需添加若干必要的尺寸不同，零件图中的尺寸必须非常详细，而且毫无遗漏，因为零件图是直接用于加工生产的，任何尺寸的缺失都将导致无法正常加工。因此，在一般的机械设计过程中，设计师出具零件图后，还需要 1～2 位人员进行检查，目的就是防止出现少尺寸的现象。

其实，零件图中的尺寸可以分为定位尺寸和定形尺寸两大类，只要在绘图或审图的过程中，按这两类尺寸去进行标注或者检查，就可以很容易做到万无一失。下面便对定位尺寸和定形尺寸进行详解。

● **定位尺寸**

定位尺寸即表示"在哪"，用来标记该零件或结构特征处于大结构中的具体位置。如在长方体上挖一个圆柱孔时，该孔中心轴与长方体边界的距离就是定位尺寸，如图 1-15 所示。

● **定形尺寸**

定形尺寸即表示"多大"，用来说明该零件中某一结构特征形状的具体大小。如图 1-15 中圆柱孔的直径尺寸就是定形尺寸，如图 1-16 所示。

提示：图 1-15 中零件的左侧边线，即尺寸 25 的左端起点，便是该尺寸的定位基准。

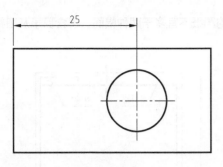

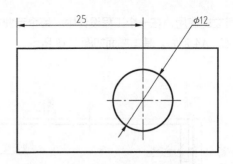

图 1-15　定位尺寸　　　　　　　　　　图 1-16　定形尺寸

（3）技术要求

零件图中必须用规定的代号、数字、字母和文字注解说明制造和检验零件时在技术指标上应达到的要求，如表面粗糙度、尺寸公差、形位公差、材料和热处理，检验方法以及其他特殊要求等。技术要求的文字一般注写在零件图中的图纸空白处。

（4）标题栏

零件图中的标题栏应配置在图框的右下角。它一般由更改区、签字区、其他区、名称以及代号区组成。填写的内容主要有零件的名称、材料、数量、比例、图样代号以及设计、审核、批准者的姓名、日期等。标题栏的尺寸和格式已经标准化，可参见有关标准，如图 1-17 所示为常见的零件图标题栏形式与尺寸。

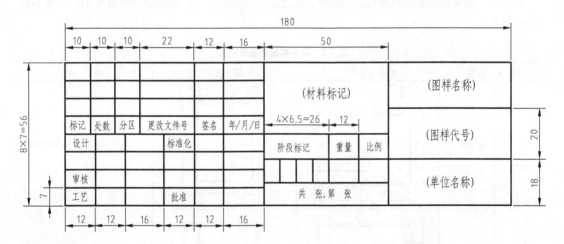

图 1-17　零件图标题栏

1.4　了解机械图纸各要素

机械图纸的要素一般包括图纸的幅面、格式、字体、比例、图线线型、图样画法、标题及明细栏等。

1.4.1　了解机械图纸的幅面

图纸以短边作为垂直边为横式，以短边作为水平边为立式。A0～A3 图纸宜横式使用；必要时，也可立式使用。在一个工程设计中，每个专业所使用的图纸不宜多于两种幅面，不含目录及表格所采用的 A4 幅面。基本幅面如图 1-18 所示。

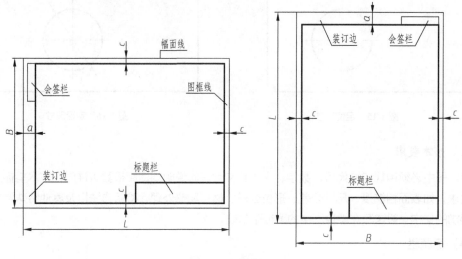

图 1-18　基本幅面

1.4.2　了解机械图纸的图框格式及图纸幅面

本小节主要讲解机械图纸图框的相应格式规定以及一些常用的图纸幅面的尺寸大小，如表 1-2、表 1-3 所示。

表 1-2　基本幅面的图框格式

图 纸 类 型		X 型（横放）	Y 型（竖放）	说　　明
常用情况	装订型			① 图样通常应按此图例绘制
	非装订型			② 标题栏应位于图纸右下方

表 1-3　图纸幅面　　　　　　　　　　　　　　　　　　　　mm

幅面代号	A0	A1	A2	A3	A4
$B \times L$	841×1189	594×841	420×594	297×420	210×297
a			25		
c		10			5
e		20		10	

1.4.3　了解机械图纸的字体

图样上除了表达机件形状的图形外，还要用文字和数字说明机件的大小、技术要求和其他内容。书写字体必须做到字体工整、笔画清楚、间隔均匀、排列整齐。

字体的高度代表字号的号数，字号有 8 种，即字体的高度（单位：mm）分为：1.8、2.5、3.5、5、7、10、14、20。如果需要书写更大的字，应按 $\sqrt{2}$ 的比例递增。汉字应写成长仿宋体字，并采用中华人民共和国国务院正式公布推行的《汉字简化方案》中规定的简化字。汉字的高度 h 不应小于3.5 mm，其字宽一般为 $h/2$，如图 1-19 所示。

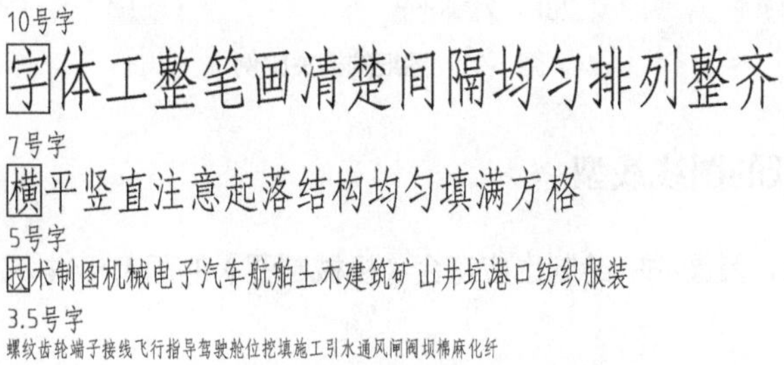

10号字

字体工整笔画清楚间隔均匀排列整齐

7号字

横平竖直注意起落结构均匀填满方格

5号字

图术制图机械电子汽车航舶土木建筑矿山井坑港口纺织服装

3.5号字

螺纹齿轮端子接线飞行指导驾驶舱位挖填施工引水通风闸阀坝棉麻化纤

图 1-19　长仿宋体汉字示例

字母和数字分 A 型和 B 型。A 型字体的笔画宽度(d)为字高(h)的 1/14，B 型字体的笔画宽度(d)为字高(h)的 1/10。一般采用 B 型字体。在同一图样上，只允许选用一种形式的字体。字母和数字可写成斜体或直体。斜体字字头向右倾斜，与水平基准线成 75°。用作指数、分数、极限偏差、注脚等的数字及字母，一般应采用小一号的字体。

如图 1-20 所示是字母和数字的书写示例。

ABCDEFGHIJKLMN
OPQRSTUVWXYZ
1234567890
abcdefghijklmnopqrstuvwxyz
ABCOR abcdemxy
1234567890φ

图 1-20　字母与数字示例

1.4.4　了解机械图纸的比例

图样及技术文件中的比例，是指图形与其实物相应要素的线性尺寸之比，如表 1-4 所示。

表 1-4　常用绘图比例

种　　类	比　　例				
原值比例	1：1				
放大比例	2：1	5：1	10：1	（2.5：1）	（4：1）
缩小比例	1：2	1：5	1：10	（1：1.5）	（1：3）

▷　当表达对象的尺寸适中时，尽量采用原值比例 1：1 绘制。

▷　当表达对象的尺寸较大时，应采用缩小比例，但要保证复杂部位清晰可读。

◉ 当表达对象的尺寸较小时，应采用放大比例，使各部位清晰可读。

◉ 选用原则是：有利于图形的最佳表达效果和图面的有效利用，如图1-21所示。

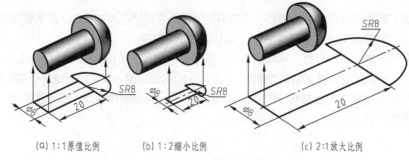

(a) 1:1原值比例　　　(b) 1:2缩小比例　　　(c) 2:1放大比例

图1-21　图纸的相关比例

1.4.5　了解机械图纸的图线线型

在进行机械制图时，其图线的绘制也应符合《机械制图》的国家标准。

（1）线型

绘制图样时不同的线型起不同的作用，表达不同的内容。国家标准规定了在绘制图样时，可采用的15种基本线型。表1-5给出了机械制图中常用的8种线型示例及一般应用。

表1-5　常用的线型名称及应用

线 型 名 称	图 线 形 式	一 般 应 用
实线	———————	可见轮廓线
	———————	尺寸线、尺寸界限、剖面线、引出线等
虚线	- - - - - - -	不可见轮廓线
点画线	—·—·—·—·—	轴线、对称中心线
	—·—·—·—·—	特殊要求的线
双点画线	—··—··—··—	极限位置线、假想位置线、中断线
双折线	——〜——	断裂处的边界线
波浪线	〜〜〜	断裂处的边界线、视图与局部视图的分界线

（2）线宽

机械图样中的图线分粗线和细线两种。图线宽度应根据图形的大小和复杂程度在0.13～2mm之间选择。图线宽度的推荐系列为：0.13mm、0.18mm、0.25mm、0.35mm、0.5mm、0.7mm、1mm、1.4mm、2mm。

（3）图线画法

用户在绘制图形时，应遵循以下原则。

◉ 同一图样中，同类图线的宽度应基本一致。

◉ 虚线、点画线及双点画线的线段长度和间隔应各自大致相等。

◉ 两条平行线（包括剖面线）之间的距离应不小于粗实线宽度的2倍，其最小距离不得小于0.7mm。

◉ 点画线、双点画线的首尾，应是线段而不是短画；点画线彼此相交时应该是线段相交，而不是短画相交；中心线应超过轮廓线，但不能过长。在较小的图形上画点画线、双点画线有困难时，可采用细实线代替。

- 虚线与虚线、虚线与粗实线相交应以线段相交；若虚线处于粗实线的延长线上时，粗实线应画到位，而虚线在相连处应留有空隙。
- 当几种线条重合时，应按粗实线、虚线、点画线的优先顺序画出。
  如图 1-22 所示为图线的画法示例。

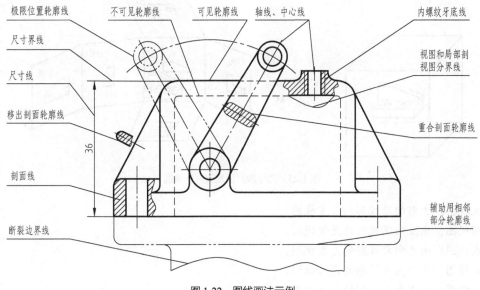

图 1-22　图线画法示例

1.5　机械制图的图样画法

机械图纸的图样画法一般包括三视图、剖视图、断面图、放大图等表达方法。下面分别进行介绍。

1.5.1　三视图

三视图是机械图样中最基本的图形，它是将物体放在三投影面体系中，分别向三个投影面做投射所得到的图形，即主视图、俯视图、左视图，如图 1-23 所示。

将三投影面体系展开在一个平面内，三视图之间满足三等关系，即"主俯视图长对正、主左视图高平齐、俯左视图宽相等"，如图 1-24 所示，三等关系这个重要的特性是绘图和读图的依据。

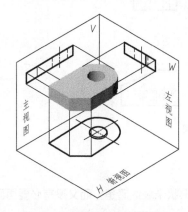

图 1-23　三视图形成原理示意图

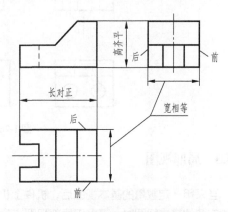

图 1-24　三视图之间的投影规律

当机件的结构十分复杂时，使用三视图来表达机件就十分困难。国标规定，在原有的三个投影面上再增加三个投影面，使得六个投影面形成一个正六面体，它们分别是右视图、主视图、左视图、后视图、仰视图、俯视图，如图1-25所示。

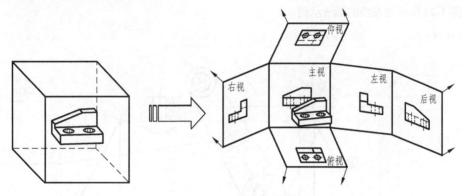

图1-25 六个投影面及展开示意图

- ▶ 主视图：由前向后投影的是主视图。
- ▶ 俯视图：由上向下投影的是俯视图。
- ▶ 左视图：由左向右投影的是左视图。
- ▶ 右视图：由右向左投影的是右视图。
- ▶ 仰视图：由下向上投影的是仰视图。
- ▶ 后视图：由后向前投影的是后视图。

各视图展开后都要遵循"长对正、高平齐、宽相等"的投影原则。

1.5.2 向视图

有时为了便于合理地布置基本视图，可以采用向视图。

向视图是可自由配置的视图，它的标注方法为：在向视图的上方注写"X"（X 为大写的英文字母，如"A""B""C"等），并在相应视图的附近用箭头指明投影方向，并注写相同的字母，如图1-26所示。

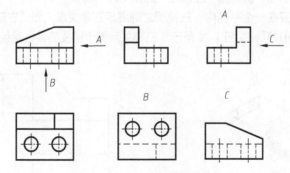

图1-26 向视图示意图

1.5.3 局部视图

当采用一定数量的基本视图后，机件上仍有部分结构形状未表达清楚，而又没有必要再画出其他的完整的基本视图时，可采用局部视图来表达。

局部视图是将机件的某一部分向基本投影面投影得到的视图。局部视图是不完整的基本视图，利用局部视图可以减少基本视图的数量，使表达简洁，重点突出。

局部视图一般用于下面两种情况。

▶ 用于表达机件的局部形状。如图 1-27 所示，画局部视图时，一般可按向视图（指定某个方向对机件进行投影）的配置形式配置。当局部视图按基本视图的配置形式配置时，可省略标注。

▶ 用于节省绘图时间和图幅，对称的零件视图可只画一半或四分之一，并在对称中心线画出两条与其垂直的平行细直线，如图 1-28 所示。

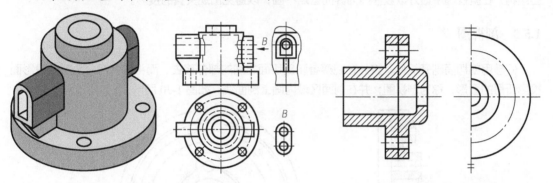

图 1-27　向视图配置的局部视图　　　　　　　　图 1-28　对称零件的局部视图

画局部视图时应注意以下几点。

▶ 在相应的视图上用带字母的箭头指明所表示的投影部位和投影方向，并在局部视图上方用相同的字母标明"X"。

▶ 局部视图尽量画在有关视图的附近，并直接保持投影联系。也可以画在图纸内的其他地方。当表示投影方向的箭头标在不同的视图上时，同一部位的局部视图的图形方向可能不同。

▶ 局部视图的范围用波浪线表示。所表示的图形结构完整且外轮廓线又封闭时，波浪线可省略。

1.5.4　斜视图

将机件向不平行于任何基本投影面的投影面进行投影，所得到的视图称为斜视图。斜视图适于表达机件上的斜表面的实形。如图 1-29 所示是一个弯板形机件，它的倾斜部分在俯视图和左视图上的投影都不是实形。此时就可以另外加一个平行于该倾斜部分的投影面，在该投影面上则可以画出倾斜部分的实形投影，如　"A"向所示。

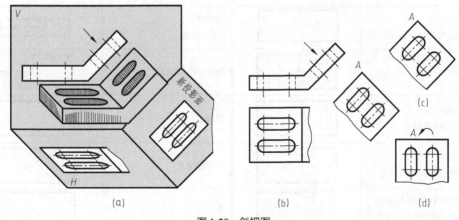

图 1-29　斜视图

斜视图的标注方法与局部视图相似，并且应尽可能配置在与基本视图直接保持投影联系的位置，也可以平移到图纸内的适当地方。为了画图方便，也可以旋转。此时应在该斜视图上方画出旋转符号，表示该斜视图名称的大写拉丁字母靠近旋转符号的箭头端。也允许将旋转角度标注在字母之后。旋转符号为带有箭头的半圆，半圆的线宽等于字体笔画的宽度，半圆的半径等于字体高度，箭头表示旋转方向。

画斜视图时增设的投影面只垂直于一个基本投影面，因此，机件上原来平行于基本投影面的一些结构，在斜视图中最好以波浪线为界而省略不画，以避免出现失真的投影。

1.5.5　剖视图

假想用剖切面剖开机件，将处在观察者和剖切面之间的部分移去，而将其余部分全部向投影面投影所得的图形，称为剖视图；并在剖面区域内画上剖面线，如图 1-30 所示。

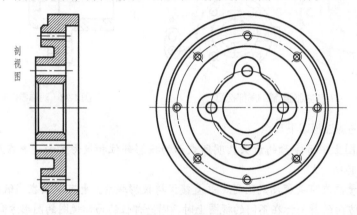

图 1-30　剖视图

全剖视图适用于机件外形比较简单，而内部结构比较复杂，图形又不对称的情况。

如果单一剖切平面通过机件的对称平面或基本对称平面，且剖视图按投影关系配置，中间又没有其他图形隔开时，可省略标注。

不同的材料有不同的剖面符号，有关剖面符号的规定如表 1-6 所示。在绘制机械图样时，用得最多的是金属材料的剖面符号。

表 1-6　剖面符号含义

金属材料 （已有规定剖面符号者除外）		胶合板 （不分层数）	
线圈绕组元件		基础周围的泥土	
转子、电枢、变压器 和电抗器等的叠钢片		混凝土	
非金属材料 （已有规定剖面符号者除外）		钢筋混凝土	
型砂、填砂、粉末冶金、砂轮、 陶瓷刀片、硬质合金刀片等		砖	

续表

玻璃及供观察用的其他透明材料	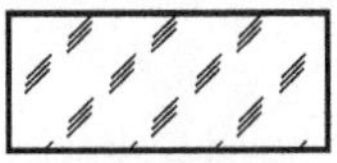 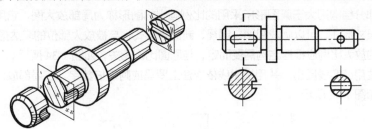	格　网 （筛网、过滤网等）	
木材	纵剖面	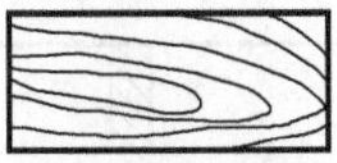	液体
	横剖面		

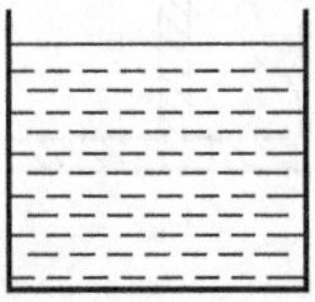

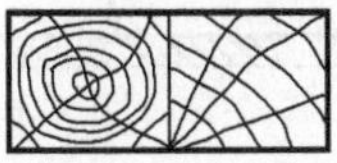

1.5.6　断面图

假想用剖切平面将机件的某处切断，仅画出断面的图形，这样的图形称为断面图，如图 1-31 所示。

图 1-31　断面图

- **移出断面图**

  移出断面就是将断面图配置在视图轮廓线之外。

  其画法是：画在视图之外，规定轮廓线用粗实线绘制。尽量配置在剖切线的延长线上，也可画在其他适当的位置。

  移出断面一般用剖切符号表示剖切的起止位置，用箭头表示投影方向，并注上大写拉丁字母，在断面图的上方用同样的字母标出相应的名称，如"A—A"，如图 1-32 所示。

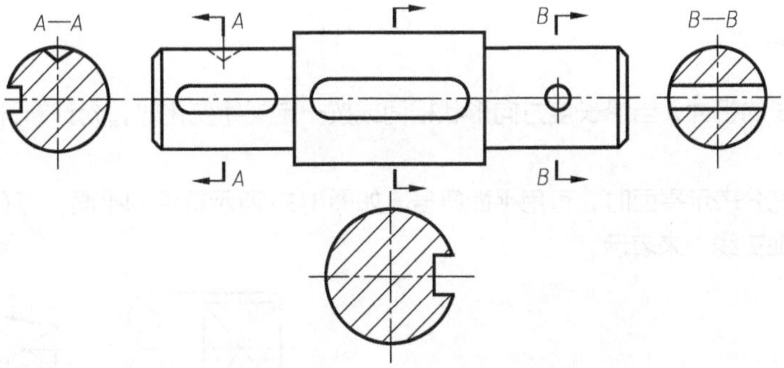

图 1-32　移出断面图

提示：配置在剖切符号的延长线上的不对称移出断面，可省略名称（字母），若对称可不标注。配置不在剖切符号的延长线上的对称移出断面，可省略箭头。其余情况必须全部标注。

- **重合断面图**

  重合断面就是将断面图配置在剖切平面迹线处，并与原视图相重合。

  其画法是：重合断面的轮廓线用细实线绘制，当视图中的轮廓线与重合断面的图形重叠时，视图中的轮廓线仍需完整、连续地画出，不可间断，如图 1-33 所示。

提示： 配置在剖切线上的不对称的重合断面图，可不标注名称（字母），见图 1-33(a)；对称的重合断面图，可不标注，见图 1-33(b)。

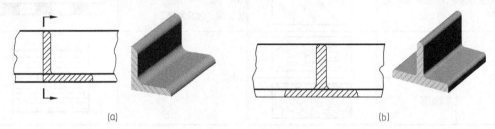

(a)　　　　　　　　　　　　　　　　　　　　　　　(b)

图 1-33　重合断面图

1.5.7　局部放大图

将机件的部分结构用大于原图形所采用的比例画出的图形称为局部放大图。它用于机件上较小结构的表达和尺寸标注。可以画成视图、剖视、断面等形式，与被放大部位的表达形式无关。

图形所用的放大比例应根据结构需要而定，与原图比例无关，如图 1-34 所示。

被放大部位用细实线圈出，并用指引线依次注上罗马或阿拉伯数字；在局部放大图的上方用分数形式标注，如图 1-34 所示。

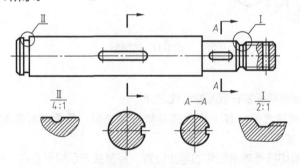

图 1-34　局部放大图

1.5.8　简化画法

轴、杆类较长的机件，当沿长度方向形状相同或按一定规律变化时，允许断开画出，如图 1-35 所示。

当图形不能充分表示平面时，可用平面符号。如图 1-36 所示机件的平面，可在轮廓线附近用平面符号（相交两细实线）来表示。

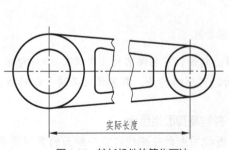

图 1-35　较长机件的简化画法

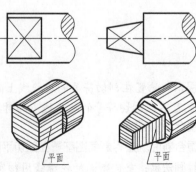

图 1-36　平面的简化画法

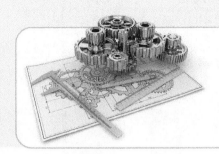

· 第**2**章 ·

AutoCAD2019 入门

本章主要介绍 AutoCAD2019 的启动与退出、操作界面、视图的控制和工作空间等基本知识，使读者在深入学习 AutoCAD 绘图软件之前，对 AutoCAD 及其操作方式有一个全面的了解和认识，为熟练掌握该软件打下坚实的基础。

2.1 AutoCAD 的启动与退出

要使用 AutoCAD 进行绘图，首先必须启动该软件。在完成绘制之后，应保存文件并退出该软件，以节省系统资源。

（1）启动 AutoCAD2019

安装好 AutoCAD 后，启动 AutoCAD 的方法有以下几种。

⊙ 【开始】菜单：单击【开始】按钮，在菜单中选择"所有程序|Autodesk| AutoCAD2019-简体中文（Simplified Chinese）|AutoCAD2019-简体中文（Simplified Chinese）"选项，如图 2-1 所示。

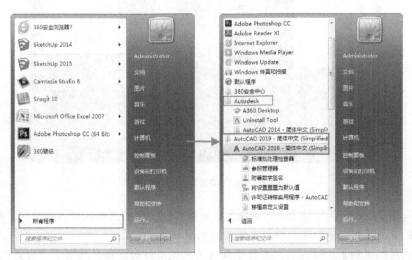

图 2-1 【开始】菜单打开 AutoCAD2019

⊙ 与 AutoCAD 相关联格式文件：双击打开与 AutoCAD 相关格式的文件(*.dwg、*.dwt 等)，如图 2-2 所示。

⊙ 快捷方式：双击桌面上的快捷图标 A 或者 AutoCAD 图纸文件。

图 2-2　CAD 图形文件

AutoCAD2019 启动后的界面如图 2-3 所示，主要由【快速入门】、【最近使用的文档】和【连接】三个区域组成。

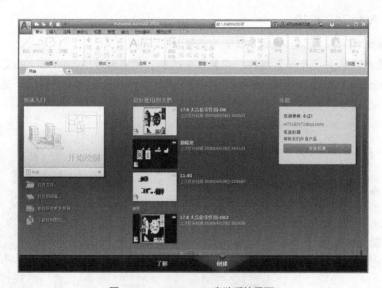

图 2-3　AutoCAD2019 启动后的界面

- ◉ 【快速入门】：单击其中的【开始绘制】区域即可创建新的空白文档进行绘制，也可以单击【样板】下拉列表选择合适的样板文件进行创建。
- ◉ 【最近使用的文档】：该区域主要显示最近用户使用过的图形，相当于"历史记录"。
- ◉ 【连接】：在【连接】区域中，用户可以登录 A360 账户或向 AutoCAD 技术中心发送反馈。如果有产品更新的消息，将显示【通知】区域，在【通知】区域可以收到产品更新的信息。

（2）退出 AutoCAD2019

在完成图形的绘制和编辑后，退出 AutoCAD 的方法有以下几种。

▶ 应用程序按钮：单击应用程序按钮，选择【关闭】选项，如图 2-4 所示。

▶ 菜单栏：选择【文件】|【退出】命令，如图 2-5 所示。

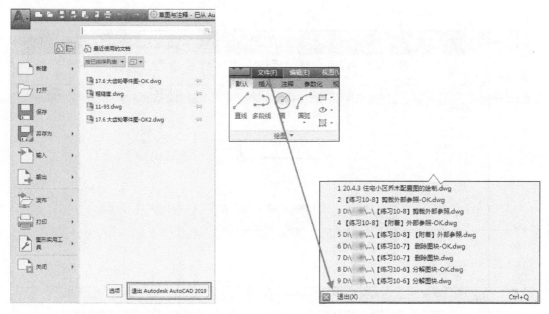

图 2-4 【应用程序】菜单关闭软件　　　　图 2-5 菜单栏调用【关闭】命令

▶ 标题栏：单击标题栏右上角的【关闭】按钮 ✕，如图 2-6 所示。

▶ 快捷键：Alt+F4 或 Ctrl+Q 组合键。

▶ 命令行：QUIT 或 EXIT，如图 2-7 所示。命令行中输入的字符不分大小写。

若在退出 AutoCAD2019 之前未进行文件的保存，系统会弹出如图 2-8 所示的提示对话框，提示使用者在退出软件之前是否保存当前绘图文件。单击【是】按钮，可以进行文件的保存；单击【否】按钮，将不对之前的操作进行保存而退出；单击【取消】按钮，将返回到操作界面，不执行退出软件的操作。

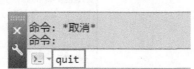

图 2-6 标题栏【关闭】按钮　　图 2-7 命令行输入关闭命令　　图 2-8 退出提示对话框
　　　　关闭软件

2.2 AutoCAD2019 操作界面

AutoCAD 的操作界面是 AutoCAD 显示、编辑图形的区域。AutoCAD 的操作界面具有很强的灵活性，根据专业领域和绘图习惯的不同，用户可以设置适合自己的操作界面。

AutoCAD 的默认界面为【草图与注释】工作空间的界面，关于【草图与注释】工作空间在本章的 2.5.1 节中有详细介绍，此处仅简单介绍界面中的主要元素。该工作空间界面包括应用程序按钮、快速访问工具栏、菜单栏、标题栏、交互信息工具栏、功能区、标签栏、十字光标、绘图区、坐标系、命令窗口、状态栏及文本窗口等，如图 2-9 所示。

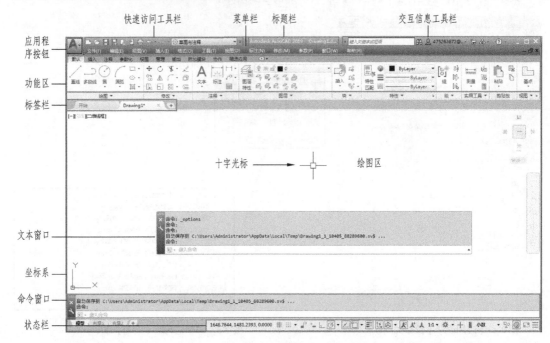

图 2-9　AutoCAD2019 默认的工作界面

2.2.1　应用程序按钮

应用程序按钮 位于窗口的左上角，单击该按钮，系统将弹出用于管理 AutoCAD 图形文件的菜单，包含【新建】、【打开】、【保存】、【另存为】、【输出】及【打印】等命令，右侧区域则是【最近使用文档】列表，如图 2-10 所示。

此外，在应用程序【搜索】按钮左侧的空白区域输入命令名称，即会弹出与之相关的各种命令的列表，选择其中对应的命令即可执行，效果如图 2-11 所示。

图 2-10　应用程序菜单

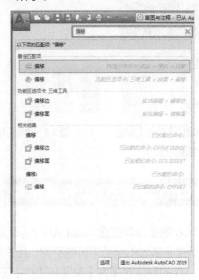

图 2-11　搜索功能

2.2.2 快速访问工具栏

快速访问工具栏位于标题栏的左侧，它包含了文档操作常用的 7 个快捷按钮，依次为【新建】、【打开】、【保存】、【另存为】、【打印】、【重做】和【放弃】，如图 2-12 所示。

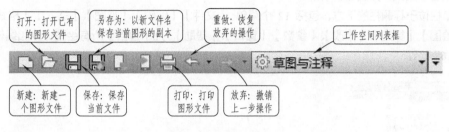

图 2-12　快速访问工具栏

可以通过相应的操作为快速访问工具栏增加或删除所需的工具按钮，有以下几种方法。

- ⦿ 单击快速访问工具栏右侧下拉按钮▼，在菜单栏中选择【更多命令】选项，在弹出的【自定义用户界面】对话框中选择要添加的命令，然后按住鼠标左键将其拖动至快速访问工具栏上即可。

- ⦿ 在【功能区】的任意工具图标上单击鼠标右键，选择其中的【添加到快速访问工具栏】命令。

如果要删除已经存在的快捷键按钮，只需要在该按钮上单击鼠标右键，然后选择【从快速访问工具栏中删除】命令，即可完成删除按钮操作。

与以往的 AutoCAD 版本相比，AutoCAD2019 加强了各平台之间的联系。现在可以通过 Internet 直接访问远程文件，在任何桌面、Web 或移动设备上都能使用 Autodesk Web 和 Mobile 联机来打开并保存图形。单击快速访问工具栏中的新命令【从 "AutoCAD Web 和 Mobile 云文件" 打开】按钮 或【在 "AutoCAD Web 和 Mobile 云文件" 中保存】按钮 可以打开对应的对话框，进行访问或保存联机图形文件，如图 2-13 和图 2-14 所示。

 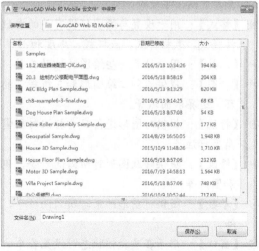

图2-13 【从 "AutoCAD Web 和 Mobile 云文件" 打开】对话框　　图2-14 【在 "AutoCAD Web 和 Mobile 云文件" 中保存】对话框

2.2.3 菜单栏

与之前版本的 AutoCAD 不同，在 AutoCAD2019 中，菜单栏在任何工作空间都默认为不显示。只有在快速访问工具栏中单击下拉按钮 ▼，并在弹出的下拉菜单中选择【显示菜单栏】选项，才可将菜单栏显示出来，如图 2-15 所示。

菜单栏位于标题栏的下方，包括 12 个菜单：【文件】、【编辑】、【视图】、【插入】、【格式】、【工具】、【绘图】、【标注】、【修改】、【参数】、【窗口】、【帮助】，几乎包含了所有绘图命令和编辑命令，如图 2-16 所示。

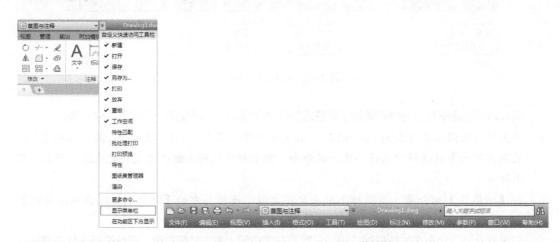

图 2-15　显示菜单栏　　　　　　　　　　　　　　图 2-16　菜单栏

这 12 个菜单栏的主要作用介绍如下。

- ▶ 【文件】：用于管理图形文件，例如新建、打开、保存、另存为、输出、打印和发布等。
- ▶ 【编辑】：用于对文件图形进行常规编辑，例如剪切、复制、粘贴、清除、链接、查找等。
- ▶ 【视图】：用于管理 AutoCAD 的操作界面，例如缩放、平移、动态观察、相机、视口、三维视图、消隐和渲染等。
- ▶ 【插入】：用于在当前 AutoCAD 绘图状态下，插入所需的图块或其他格式的文件，例如 PDF 参考底图、字段等。
- ▶ 【格式】：用于设置与绘图环境有关的参数，例如图层、颜色、线型、线宽、文字样式、标注样式、表格样式、点样式、厚度和图形界限等。
- ▶ 【工具】：用于设置一些绘图的辅助工具，例如选项板、工具栏、命令行、查询和向导等。
- ▶ 【绘图】：提供绘制二维图形和三维模型的所有命令，例如直线、圆、矩形、正多边形、圆环、边界和面域等。
- ▶ 【标注】：提供对图形进行尺寸标注时所需的命令，例如线性标注、半径标注、直径标注、角度标注等。
- ▶ 【修改】：提供修改图形时所需的命令，例如删除、复制、镜像、偏移、阵列、修剪、倒角和圆角等。
- ▶ 【参数】：提供对图形约束时所需的命令，例如几何约束、动态约束、标注约束和删除约束等。
- ▶ 【窗口】：用于在多文档状态时设置各个文档的屏幕，例如层叠、水平平铺和垂直平铺等。
- ▶ 【帮助】：提供使用 AutoCAD2019 所需的帮助信息。

2.2.4 标题栏

标题栏位于 AutoCAD 窗口的最上方，如图 2-17 所示，标题栏显示了当前软件名称以及当前新建或打开的文件的名称等。标题栏最右侧提供了【最小化】按钮 ▬、【最大化】按钮 ▭ /【恢复窗口大小】按钮 ▣ 和【关闭】按钮 ✕ 。

图 2-17 标题栏

2.2.5 交互信息工具栏

交互信息工具栏主要包括搜索框 [键入关键字或短语] 🔍 、A360 登录栏 [登录 ▾] 、Autodesk 应用程序 ✕ 、外部连接 ⚠ ▾ 4 个部分，具体作用说明如下。

● **搜索框**

如果用户在使用 AutoCAD 的过程中，对某个命令不熟悉，可以在搜索框中输入该命令，打开帮助窗口来获得详细的命令信息。

● **A360 登录栏**

"云技术"的应用越来越多，AutoCAD 也日渐重视这一新兴的技术，并有效将其和传统的图形管理连接起来。A360 基于云的平台，可用于访问从基本编辑到强大的渲染功能等一系列云服务。除此之外还有一个更为强大的功能，那就是如果将图形文件上传至用户的 A360 账户，即可随时随地访问该图纸，实现云共享，无论是电脑还是手机等移动端，均可以快速查看图形文件，分别如图 2-18 和图 2-19 所示。

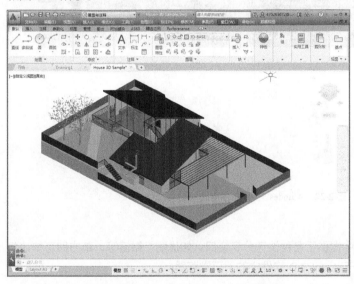

图 2-18　在电脑上用 AutoCAD 软件打开图形

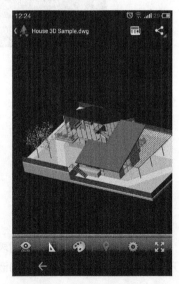

图 2-19　在手机上用 AutoCAD 360 APP 打开图形

要体验 A360 云技术的便捷，只需单击登录按钮 [登录 ▾] ，在下拉列表中选择【登录到 A360】对话框，即弹出【Autodesk-登录】对话框，在其中输入账号、密码即可，如图 2-20 所示。如果没有账号可以单击【注册】按钮，打开【Autodesk-创建帐户】对话框，按要求进行填写即可进行注册，如图 2-21 所示。

图 2-20 【Autodesk-登录】对话框　　　　　　　图 2-21 【Autodesk-创建帐户】对话框

● **Autodesk 应用程序**

　　单击【Autodesk 应用程序】按钮 ⊠ 可以打开 Autodesk 应用程序网站，如图 2-22 所示。其中可以下载许多与 AutoCAD 相关的应用程序与插件，如快速多重引线、文本翻译、快速标注等。

图 2-22　Autodesk 应用程序网站

● **外部连接**

　　外部连接按钮 ⚇· 的下拉列表中提供了各种快速分享窗口，如优酷、微博等，单击即可快速打开各网站内的有关信息，它是内嵌于 AutoCAD 软件中的网页浏览器。

2.2.6　功能区

　　功能区是各命令选项卡的合称，它用于显示与绘图任务相关的按钮和控件，存在于【草图与注释】、【三维基础】和【三维建模】工作空间中。【草图与注释】工作空间的功能区包含了【默认】、【插入】、【注释】、【参数化】、【视图】、【管理】、【输出】、【附加模块】、【协作】、【精选应用】10 个选项卡，如图 2-23 所示。每个选项卡包含若干个面板，每个面板又包含许多由图标表示的命令按钮。

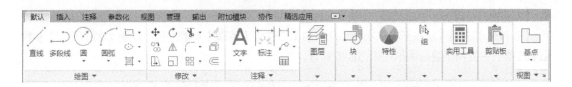

图 2-23　功能区选项卡

相关链接： 关于"工作空间"的内容请参阅本书第 2 章的第 2.5.1～2.5.3 小节。

用户创建或打开图形时，功能区将自动显示。如果没有显示功能区，那么用户可以执行以下操作来手动显示功能区。

◈　菜单栏：选择【工具】|【选项板】|【功能区】命令。

◈　命令行：ribbon。如果要关闭功能区，则输入 ribbonclose 命令。

（1）功能区选项卡的组成

因【草图与注释】工作空间是默认的也是最常用的软件工作空间，因此只介绍其中的 9 个选项卡。

● **【默认】选项卡**

【默认】选项卡从左至右依次为【绘图】、【修改】、【注释】、【图层】、【块】、【特性】、【组】、【实用工具】、【剪贴板】和【视图】功能面板，如图 2-24 所示。【默认】选项卡集中了 AutoCAD 中常用的命令，涵盖绘图、标注、编辑、修改、图层、图块等各个方面，是最主要的选项卡。

图 2-24　【默认】选项卡

● **【插入】选项卡**

【插入】选项卡从左至右依次为【块】、【块定义】、【参照】、【点云】、【输入】、【数据】、【链接和提取】和【位置】功能面板，如图 2-25 所示。【插入】选项卡主要用于图块、外部参照等外在图形的调用。

图 2-25　【插入】选项卡

● **【注释】选项卡**

【注释】选项卡从左至右依次为【文字】、【标注】、【中心线】、【引线】、【表格】、【标记】和【注释缩放】功能面板，如图 2-26 所示。【注释】选项卡提供了详尽的标注命令，包括引线、公差、云线等。

图 2-26　【注释】选项卡

- **【参数化】选项卡**

  【参数化】选项卡从左至右依次为【几何】、【标注】、【管理】功能面板，如图 2-27 所示。【参数化】选项卡主要用于管理图形约束方面的命令。

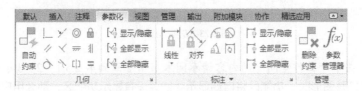

图 2-27 【参数化】选项卡

- **【视图】选项卡**

  【视图】选项卡从左至右依次为【视口工具】、【命名视图】、【模型视口】、【选项板】、【界面】功能面板，如图 2-28 所示。【视图】选项卡提供了大量用于控制显示视图的命令，包括 UCS 的显现、绘图区上 ViewCube 和【文件】、【布局】等标签的显示与隐藏。

图 2-28 【视图】选项卡

- **【管理】选项卡**

  【管理】选项卡从左至右依次为【动作录制器】、【自定义设置】、【应用程序】、【CAD 标准】功能面板，如图 2-29 所示。【管理】选项卡可以用来加载 AutoCAD 的各种插件与应用程序。

图 2-29 【管理】选项卡

- **【输出】选项卡**

  【输出】选项卡从左至右依次为【打印】、【输出为 DWF/PDF】功能面板，如图 2-30 所示。【输出】选项卡集中了图形输出的相关命令，包含打印、输出 PDF 等。在功能区选项卡中，有些面板按钮下方有箭头，表示有扩展菜单，单击箭头，扩展菜单会列出更多的操作命令，如图 2-31 所示的【绘图】扩展菜单。

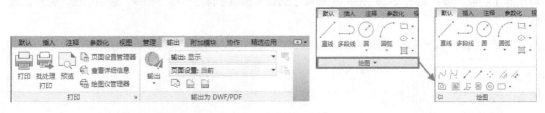

图 2-30 【输出】选项卡　　　　　　　　　　图 2-31 【绘图】扩展菜单

- **【附加模块】选项卡**

【附加模块】选项卡如图 2-32 所示，在 Autodesk 应用程序网站中下载的各类应用程序和插件都会集中在该选项卡。

- **【协作】选项卡**

【协作】选项卡是 AutoCAD 2019 新增的选项卡，有【共享】和【比较】面板，可以提供共享视图和图形比较功能，如图 2-33 所示。

图 2-32 【附加模块】选项卡

图 2-33 【协作】选项卡

相关链接：图形比较是 AutoCAD 2019 新增的功能，具体介绍请见本书第 2 章的 2.6.5 小节。

- **【精选应用】选项卡**

在本书 2.2.5 小节的【Autodesk 应用程序】中，已经介绍了 Autodesk 应用程序网站。Autodesk 提供了海量的 AutoCAD 应用程序与插件，因此在 AutoCAD 的【精选应用】选项卡中，就包含了许多最新、最热门的应用程序供用户试用，如图 2-34 所示。这些应用种类各异、功能强大，本书无法尽述，有待读者去自行探索。

图 2-34 【精选应用】选项卡

（2）切换功能区显示方式

功能区可以以水平或垂直的方式显示，也可以显示为浮动选项板。另外，功能区可以以最小化状态显示，其方法是在功能区选项卡右侧单击下拉按钮 右侧的下拉符号，在弹出的列表中选择一种最小化功能区状态，如图 2-35 所示。而单击下拉按钮 左侧的切换符号，则可以在默认和最小化功能区状态之间切换。

- 【最小化为选项卡】：选择该选项，功能区只会显示出各选项卡的标题，如图 2-36 所示。

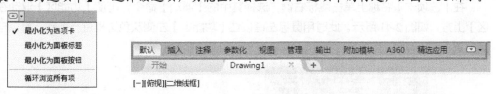

图 2-35 功能区状态选项

图 2-36 选择【最小化为选项卡】时的功能区显示

- 【最小化为面板标题】：选择该选项，功能区仅显示选项卡和其下的各命令面板标题，如图 2-37 所示。

图 2-37 选择【最小化为面板标题】时的功能区显示

⊙ 【最小化为面板按钮】：最小化功能区仅显示选项卡标题和面板按钮，如图 2-38 所示。

图 2-38　选择【最小化为面板按钮】时的功能区显示

⊙ 【循环浏览所有项】：按顺序切换 4 种功能区状态（顺序为完整功能区、最小化为面板按钮、最小化为面板标题、最小化为选项卡）。

(3) 自定义选项卡及面板的构成

用鼠标右键单击面板按钮，弹出显示控制快捷菜单，如图 2-39 与图 2-40 所示，可以分别调整【选项卡】与【面板】的显示内容，名称前被勾选则显示内容，反之则隐藏。

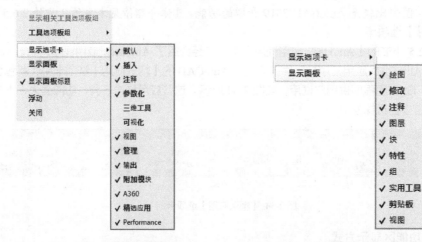

图 2-39　调整功能选项卡显示　　　　　　　图 2-40　调整选项卡内面板显示

提示：面板显示子菜单会根据不同的选项卡进行变换，面板子菜单为当前打开选项卡的所有面板名称列表。

(4) 调整功能区位置

在【选项卡】名称上单击鼠标右键，选择其中的【浮动】命令，可使【功能区】浮动在【绘图区】上方，如图 2-41 所示。此时用鼠标左键按住【功能区】左侧灰色边框进行拖动，可以自由调整其位置。

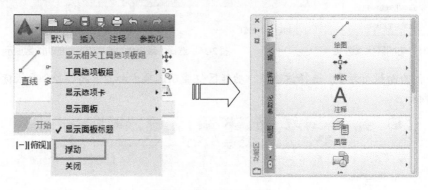

图 2-41　将功能区设为浮动

提示：如果选择快捷菜单最下面的【关闭】命令，则整体隐藏功能区，进一步扩大绘图区区域，如图 2-42 所示。功能区被整体隐藏之后，可以在命令行中输入 ribbon 指令来恢复。

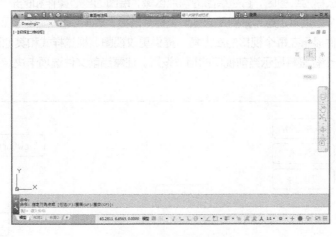

图 2-42　关闭【功能区】

2.2.7　标签栏

文件标签栏位于绘图窗口上方，每个打开的图形文件都会在标签栏显示一个标签，单击文件标签即可快速切换至相应的图形文件窗口，如图 2-43 所示。

AutoCAD2019 的标签栏中【新建选项卡】图形文件选项卡重命名为【开始】，并在创建和打开其他图形时保持显示。单击标签上的 ✕ 按钮，可以快速关闭文件；单击标签栏右侧的 ➕ 按钮，可以快速新建文件；用鼠标右键单击标签栏的空白处，会弹出快捷菜单，如图 2-44 所示，利用该快捷菜单可以选择【新建】、【打开】、【全部保存】、【全部关闭】命令。

图 2-43　标签栏

| 新建... |
| 打开... |
| 全部保存 |
| 全部关闭 |

图 2-44　快捷菜单

此外，在光标经过图形文件选项卡时，将显示模型的预览图像和布局。如果光标经过某个预览图像，相应的模型或布局将临时显示在绘图区域中，并且可以在预览图像中访问【打印】和【发布】工具，如图 2-45 所示。

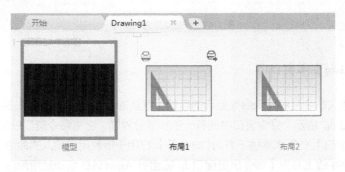

图 2-45　文件选项卡的预览功能

2.2.8　绘图区

　　绘图窗口又常被称为绘图区，它是绘图的焦点区域，绘图的核心操作和图形显示都在该区域中。在绘图窗口中有 4 个工具需注意，分别是光标、坐标系图标、ViewCube 工具和视口控件，如图 2-46 所示。其中视口控件显示在每个视口的左上角，提供更改视图、视觉样式和其他设置的便捷操作方式，视口控件的 3 个标签将显示当前视口的相关设置。注意当前文件选项卡决定了当前绘图窗口显示的内容。

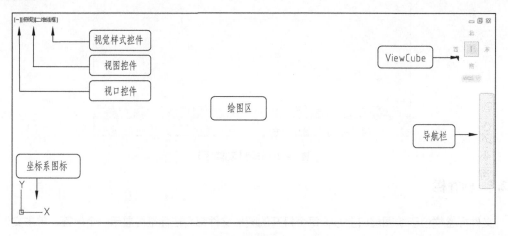

图 2-46　绘图区

　　图形窗口左上角有三个快捷功能控件，可以快速地修改图形的视图方向和视觉样式，如图 2-47 所示。

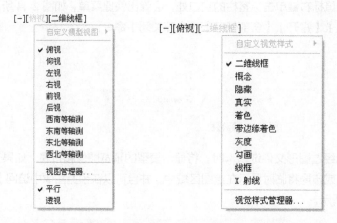

图 2-47　快捷功能控件菜单

2.2.9　命令窗口与文本窗口

　　命令窗口是输入命令名和显示命令提示的区域，默认的命令窗口布置在绘图区下方，由若干文本行组成，如图 2-48 所示。命令窗口中间有一条水平分界线，它将命令窗口分成两个部分：【命令行】和【命令历史窗口】。位于水平线下方为【命令行】，它用于接收用户输入的命令，并显示 AutoCAD 提示信息；位于水平线上方为【命令历史窗口】，它含有 AutoCAD 启动后所用过的全部命令及提示信息，该窗口有垂直滚动条，可以上下滚动查看以前用过的命令。

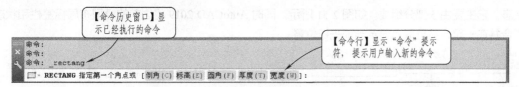

图 2-48 命令行

AutoCAD 文本窗口的作用和命令窗口的作用一样，它记录了对文档进行的所有操作。文本窗口在默认界面中没有直接显示，需要通过命令调取。调用文本窗口有以下几种方法。

- 菜单栏：选择【视图】|【显示】|【文本窗口】命令。
- 快捷键：Ctrl+F2。
- 命令行：TEXTSCR。

执行上述命令后，系统弹出如图 2-49 所示的文本窗口，记录了文档进行的所有编辑操作。

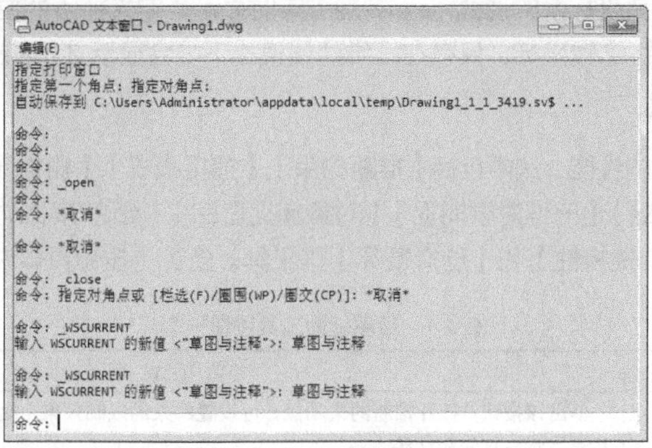

图 2-49　AutoCAD 文本窗口

将光标移至【命令历史窗口】的上边缘，当光标呈现 ➛ 形状时，按住鼠标左键向上拖动即可增加其高度。在工作中通常除了可以调整【命令行】的大小与位置外，在其窗口内单击鼠标右键，选择【选项】命令，单击弹出的【选项】对话框中的【字体】按钮，还可以调整【命令行】内文字字体、字形和大小，如图 2-50 所示。

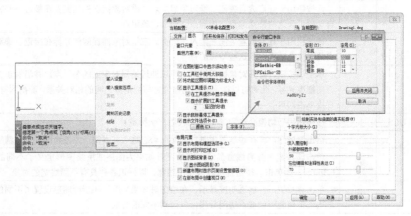

图 2-50　调整命令行字体

2.2.10　状态栏

状态栏位于屏幕的底部，用来显示 AutoCAD 当前的状态，如对象捕捉、极轴追踪等命令的工作状态。它主要由 5 部分组成，如图 2-51 所示。同时 AutoCAD 2019 将之前的模型布局标签栏和状态栏合并在一起，并且取消显示当前光标位置。

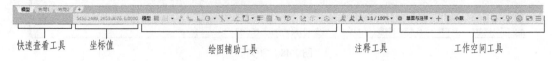

快速查看工具　　坐标值　　　　　绘图辅助工具　　　　　注释工具　　　工作空间工具

图 2-51　状态栏

（1）快速查看工具

使用其中的工具可以快速地预览打开的图形，还可以打开图形的模型空间与布局，以及在其中切换图形，使之以缩略图的形式显示在应用程序窗口的底部。

（2）坐标值

坐标值一栏会以直角坐标系的形式（x，y，z）实时显示十字光标所处位置的坐标。在二维制图模式下，只会显示 X 轴、Y 轴坐标，只有在三维建模模式下才会显示 Z 轴的坐标。

（3）绘图辅助工具

主要用于控制绘图的性能，其中包括【推断约束】、【捕捉模式】、【栅格显示】、【正交模式】、【极轴追踪】、【二维对象捕捉】、【三维对象捕捉】、【对象捕捉追踪】、【允许/禁止动态 UCS】、【动态输入】、【线宽】、【透明度】、【快捷特性】和【选择循环】等工具。各工具按钮具体说明如表 2-1 所示。

表 2-1　绘图辅助工具按钮一览

名　称	按钮	功 能 说 明
推断约束		单击该按钮，打开推断约束功能，可设置约束的限制效果，比如限制两条直线垂直、相交、共线、圆与直线相切等
捕捉模式		单击该按钮，开启或者关闭捕捉。捕捉模式可以使光标能够很容易地抓取到每一个栅格上的点
栅格显示		单击该按钮，打开栅格显示，此时屏幕上将布满小点。栅格的 X 轴和 Y 轴间距也可以通过【草图设置】对话框的【捕捉和栅格】选项卡进行设置
正交模式		该按钮用于开启或者关闭正交模式。正交即光标只能沿 X 轴或者 Y 轴方向移动，不能画斜线
极轴追踪		该按钮用于开启或关闭极轴追踪模式。在绘制图形时，系统将根据设置显示一条追踪线，可以在追踪线上根据提示精确移动光标，从而精确绘图
二维对象捕捉		该按钮用于开启或者关闭二维对象捕捉。二维对象捕捉能使光标在接近某些特殊点的时候自动指引到这些特殊的点，如端点、圆心、象限点
三维对象捕捉		该按钮用于开启或者关闭三维对象捕捉。三维对象捕捉能使光标在接近三维对象某些特殊点的时候自动指引到这些特殊的点
对象捕捉追踪		单击该按钮，打开对象捕捉模式，可以通过捕捉对象上的关键点，并沿着正交方向或极轴方向拖曳光标，此时可以显示光标当前位置与捕捉点之间的相对关系。若找到符合要求的点，直接单击即可
允许/禁止动态 UCS		该按钮用于切换允许和禁止 UCS（用户坐标系）
动态输入		单击该按钮，将在绘制图形时自动显示动态输入文本框，方便绘图时设置精确数值
线宽		单击该按钮，开启线宽显示。在绘图时如果为图层或所绘图形定义了不同的线宽（至少0.3mm），那单击该按钮就可以显示出线宽，以标识各种具有不同线宽的对象
透明度		单击该按钮，开启透明度显示。在绘图时如果为图层和所绘图形设置了不同的透明度，那单击该按钮就可以显示透明效果，以区别不同的对象
快捷特性		单击该按钮，显示对象的快捷特性选项板，能帮助用户快捷地编辑对象的一般特性。通过【草图设置】对话框的【快捷特性】选项卡可以设置快捷特性选项板的位置模式和大小
选择循环		开启该按钮可以在重叠对象上显示选择对象
注释监视器	+	开启该按钮后一旦发生文档编辑或更新事件，注释监视器会自动显示
模型	模型	用于模型与图纸之间的转换

（4）注释工具

用于显示缩放注释的若干工具。对于不同的模型空间和图纸空间，将显示相应的工具。当图形状态栏打开后，将显示在绘图区域的底部；当图形状态栏关闭时，将移至应用程序状态栏。

- ▷ 注释比例 人 1:1 ▾：可通过此按钮调整注释对象的缩放比例。
- ▷ 注释可见性 人：单击该按钮，可选择仅显示当前比例的注释或显示所有比例的注释。

（5）工作空间工具

用于切换 AutoCAD2019 的工作空间，以及进行自定义设置工作空间等操作。

- ▷ 切换工作空间 ✿ ▾：切换绘图空间，可通过此按钮切换 AutoCAD2019 的工作空间。
- ▷ 硬件加速 ◎：用于在绘制图形时通过硬件的支持提高绘图性能，如刷新频率。
- ▷ 隔离对象 ╫：当需要对大型图形的个别区域进行重点操作，并需要显示或临时隐藏所选定的对象时，就可以单击此按钮，将所选对象进行隔离。
- ▷ 全屏显示 ▣：单击即可控制 AutoCAD2019 的全屏显示或退出。
- ▷ 自定义 ≡：单击该按钮，可以对当前状态栏中的按钮进行添加或删除，方便管理。

2.3　AutoCAD 2019 执行命令的方式

命令是 AutoCAD 用户与软件交换信息的重要方式，本小节将介绍执行命令的方式，如何终止当前命令、退出命令及如何重复执行命令等。

2.3.1　命令调用的 5 种方式

AutoCAD 中调用命令的方式有很多种，这里仅介绍最常用的 5 种。本书在后面的命令介绍章节中，将专门以【执行方式】的形式介绍各命令的调用方法，并按常用顺序依次排列。

（1）使用功能区调用

三个工作空间都以功能区作为调整命令的主要方式。相比其他调用命令的方法，功能区调用命令更为直观，非常适合不能熟记绘图命令的 AutoCAD 初学者。

功能区使绘图界面无须显示多个工具栏，系统会自动显示与当前绘图操作相应的面板，从而使应用程序窗口更加整洁。因此，可以将进行操作的区域最大化，使用单个界面来加快和简化工作，如图 2-52 所示。

图 2-52　功能区面板

（2）使用命令行调用

使用命令行输入命令是 AutoCAD 的一大特色功能，同时也是最快捷的绘图方式。这就要求用户熟记各种绘图命令，一般对 AutoCAD 熟悉的用户都用此方式绘图，因为这样可以大大提高绘图的速度和效率。

AutoCAD 绝大多数命令都有其相应的简写方式，如【直线】命令 LINE 的简写方式是 L，【矩形】

命令 RECTANGLE 的简写方式是 REC。对于常用的命令，用简写方式输入将大大减少键盘输入的工作量，提高工作效率。另外，AutoCAD 对命令或参数输入不区分大小写，因此操作者不必考虑输入的大小写。使用命令行调用命令见图 2-53。

图 2-53　使用命令行调用命令

在命令行输入命令后，可以使用以下方法响应其他任何提示和选项。

- 要接受显示在尖括号 "[　]" 中的默认选项，则按 Enter 键。
- 要响应提示，则输入值或单击图形中的某个位置。
- 要指定提示选项，可以在提示列表（命令行）中输入所需提示选项对应的亮显字母，然后按 Enter 键。也可以使用鼠标单击选择所需要的选项，在命令行中单击选择 "倒角（C）" 选项，等同于在此命令行提示下输入 "C" 并按 Enter 键。

（3）使用菜单栏调用

菜单栏调用是 AutoCAD2019 提供的功能最全、最强大的命令调用方法。AutoCAD 绝大多数常用命令都分门别类地放置在菜单栏中。例如，若需要在菜单栏中调用【多段线】命令，选择【绘图】|【多段线】菜单命令即可，如图 2-54 所示。

（4）使用快捷菜单调用

使用快捷菜单调用命令，即单击鼠标右键，在弹出的菜单中选择命令，如图 2-55 所示。

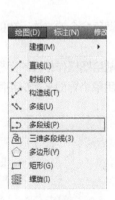

图 2-54　菜单栏调用【多段线】命令　　　　图 2-55　右键快捷菜单

（5）使用工具栏调用

工具栏调用命令是 AutoCAD 的经典执行方式，如图 2-56 所示，也是旧版本 AutoCAD 最主要的执行方法。但随着时代进步，该种方式日渐不适合人们的使用需求，因此与菜单栏一样，工具栏也不在三个工作空间中显示，需要通过【工具】|【工具栏】|【AutoCAD】命令调出。单击工具栏中的按钮，即可执行相应的命令。用户可以在其他工作空间绘图，也可以根据实际需要调出工具栏，如 UCS、【三维导航】、【建模】、【视图】、【视口】等。

为了获取更多的绘图空间，可以按住快捷键 Ctrl+0 隐藏工具栏，再按一次即可重新显示。

图 2-56   通过 AutoCAD 工具栏调用命令

2.3.2   命令的重复、放弃与重做

在使用 AutoCAD 绘图的过程中，难免会需要重复用到某一命令或对某命令进行了误操作，因此有必要了解命令的重复、放弃与重做方面的知识。

（1）重复执行命令

在绘图过程中，有时需要重复执行同一个命令，如果每次都重复输入，会使绘图效率大大降低。执行【重复执行】命令有以下几种方法。

- 快捷键：按 Enter 键或空格键。
- 快捷菜单：单击鼠标右键，在系统弹出的快捷菜单中选择【最近的输入】子菜单选择需要重复的命令。
- 命令行：MULTIPLE 或 MUL。

如果用户对绘图效率要求很高，那可以将鼠标右键自定义为重复执行命令的方式。在绘图区的空白处单击右键，在弹出的快捷菜单中选择【选项】，打开【选项】对话框，然后切换至【用户系统配置】选项卡，单击其中的【自定义右键单击（I）】按钮，打开【自定义右键单击】对话框，在其中勾选两个【重复上一个命令】选项，即可将右键设置为重复执行命令，如图 2-57 所示。

图 2-57   将右键设置为重复执行命令

（2）放弃命令

在绘图过程中，如果执行了错误的操作，此时就需要放弃操作。执行【放弃】命令有以下几种方法。

- 菜单栏：选择【编辑】|【放弃】命令。
- 工具栏：单击【快速访问】工具栏中的【放弃】按钮 。
- 命令行：Undo 或 U。
- 快捷键：Ctrl+Z。

（3）重做命令

通过重做命令，可以恢复前一次或者前几次已经放弃执行的操作，重做命令与放弃命令是一对相对的命令。执行【重做】命令有以下几种方法。

- 菜单栏：选择【编辑】|【重做】命令。
- 工具栏：单击【快速访问】工具栏中的【重做】按钮 ↪。
- 命令行：REDO。
- 快捷键：Ctrl+Y。

提示：如果要一次性放弃之前的多个操作，可以单击【放弃】 ↩ 按钮后的展开按钮 · 展开操作的历史记录，如图 2-58 所示。该记录按照操作的先后由下往上排列，移动指针选择要放弃的最近几个操作，如图 2-59 所示，单击即可放弃这些操作。

图 2-58　命令操作历史记录

图 2-59　选择要放弃的最近几个命令

【操作实例 2-1】：绘制一个简单的图形

图 2-60 是一幅完整的机械设计图纸。在一开始自然不会要求读者绘制如此复杂的图形，因此本例只需绘制其中的一个基准符号即可（右下角方框内部分），让读者结合上面几节的学习，来进一步了解 AutoCAD 是如何进行绘图工作的。

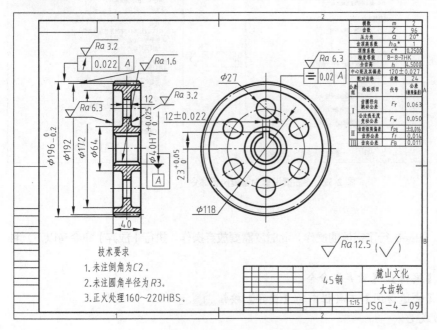

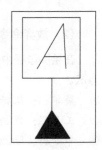

图 2-60　齿轮零件图

相关链接： 关于本图的最终绘制方法，请参见本书第 16 章的 16.6 节。

① 双击桌面上的快捷图标 **A**，启动 AutoCAD 软件。

② 单击左上角【快速访问】工具栏中的【新建】按钮 ，自动弹出【选择样板】对话框，不做任何操作，直接单击【打开】即可，如图 2-61 所示。

图 2-61 【选择样板】对话框

③ 自动进入空白的绘图界面，即可进行绘图操作。在【默认】选项卡下单击【绘图】面板中的【矩形】按钮 ，然后任意指定一点为角点，绘制一个 9×9 的矩形，如图 2-62 所示。完整的命令行提示如下。

命令：_rectang   //执行【矩形】命令
指定第一个角点或[倒角(C)/标高(E)/圆角(F)/厚度(T)/宽度(W)]：
                                        //在绘图区任意指定一点为角点
指定另一个角点或 [面积(A)/尺寸(D)/旋转(R)]：@9,9↙//输入矩形对角点的相对坐标

提示： 在上面的命令提示中，"//" 符号及其后面的文字均是对步骤的说明；而 "↙" 符号则表示单击回车键或空格键，如上文的 "@9,9↙" 即表示 "输入@9,9，然后单击回车键"。"@9,9" 是一种坐标定位法，在输入坐标时，首先需要输入@符号（该符号表示相对坐标，关于相对坐标的含义和用法请见本书第 3 章的 3.1 节），然后输入第一个数字（即 X 坐标），接着输入一个逗号（此逗号只能是英文输入法下的逗号），再输入第 2 个数字（即 Y 坐标），最后单击回车或空格键确认输入的坐标。本书大部分的命令均会给出这样的命令行提示，读者可以以此为参照，在 AutoCAD 软件中仿照进行操作。

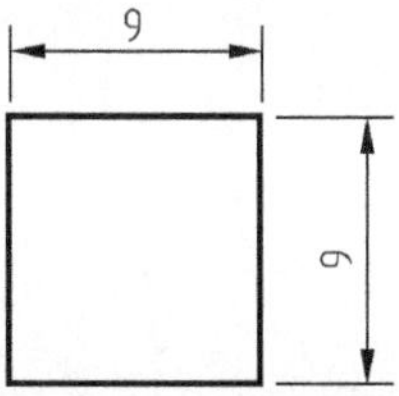

图 2-62 绘制的矩形

④ 接着绘制符号下方的竖直线。单击【绘图】面板中的【直线】按钮 ，然后选择矩形底边的中点作为直线的起点，垂直向下绘制一条长度为 7.5 的直线，如图 2-63 所示。命令行操作提示如下。

命令：_line   //执行【直线】命令
指定第一个点：   //捕捉矩形底边的中点为直线的起点
指定下一点或 [放弃(U)]：@0,-7.5↙   //输入直线端点的相对坐标
指定下一点或 [放弃(U)]：↙   //按 Enter 键结束命令

提示： 把线段分为两条相等的线段的点叫作中点。中点在 AutoCAD 中的显示符号为△，因此当移动光标至出现该符号时，即捕捉到了底边线段的中点，同时光标附近也会出现对应的提示。此时单击鼠标左键即可将直线的起点指定至该中点上。

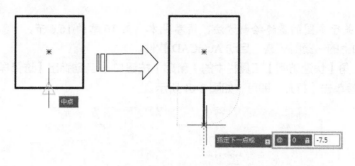

图 2-63　指定直线的起点与端点

⑤ 接着绘制符号底部的三角形。在【默认】选项卡下单击【绘图】面板中的【多边形】按钮⬠（矩形按钮的下方），接着根据提示，输入多边形的边数为 3，指定上步骤绘制的直线端点为中心点，创建一内接于圆（半径值为 3）的正三角形，如图 2-64 所示。命令行操作提示如下。

命令：_polygon	//执行【多边形】命令
输入侧面数 <4>:3↙	//输入要绘制多边形的边数 3
指定正多边形的中心点或 [边(E)]:	//选择步骤④所绘制直线的端点
输入选项 [内接于圆(I)/外切于圆(C)] <I>:↙	//单击回车键选择默认的"内接于圆"子选项
指定圆的半径：3↙	//输入半径值 3

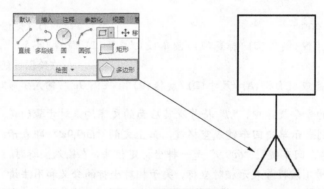

图 2-64　创建正三角形

提示：命令行提示中，如果某些命令段在最后有使用尖括号框起来的字母，如上面步骤中"输入选项 [内接于圆(I)/外切于圆(C)] <I>"中的<I>，此即表示该命令段的默认选项为"内接于圆(I)"，因此直接单击回车键即可执行，而不需输入"I"。

⑥ 接着对三角形区域进行黑色填充。直接输入 H 并单击回车，即可执行【图形填充】命令，此时功能区切换至【图案填充创建】选项卡，然后在【图案】面板中选择 SOLID（纯色）图案，如图 2-65 所示。

图 2-65　选择 SOLID 图案

⑦ 然后将光标移动至三角形区域内，即可预览填充图形，确认无误后单击左键放置填充，效果

如图 2-66 所示。接着按 Enter 或空格键结束【图案填充】，功能区恢复正常。

⑧ 在符号内创建注释文字。在【默认】选项卡中单击【注释】面板上的【文字】按钮 A，然后根据系统提示，在绘图区中任意指定文字框的第一个角点和对角点，如图 2-67 所示。

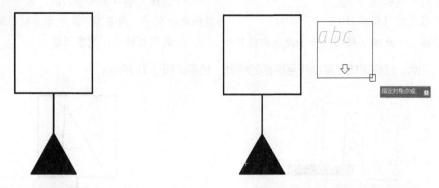

图 2-66　图案填充效果　　　　　　　　　图 2-67　指定文字输入框的对角点

⑨ 在指定了输入文字的对角点之后，弹出如图 2-68 所示的【文字编辑器】选项卡和编辑框，用户可以在编辑框中输入、插入文字。

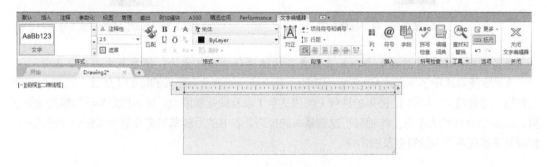

图 2-68　文字编辑器

⑩ 然后在左上角的【样式】面板中重新设置文本的文字高度为 9，接着输入注释文字"A"，如图 2-69 所示。

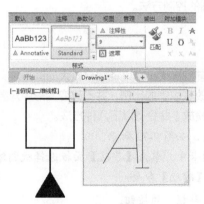

图 2-69　输入注释文字

相关链接：有关创建文字的更多信息，请参见本书的第 7 章。

⑪ 最后将注释文本移动至矩形框内即可。在【默认】选项卡中单击【修改】面板中的【移动】按钮 ⊕，然后选择文字为要移动的对象，将其移动至矩形框内，如图 2-70 所示。命令行操作提示

如下。

命令：_move	//执行【移动】命令
选择对象：找到 1 个	//选择文字 A 为要移动的对象
指定基点或［位移(D)］<位移>：	//可以任意指定一点为基点，此点即为移动的参考点
指定第二个点或 <使用第一个点作为位移>：	//选取目标点，放置图形

⑫ 至此，已经完成了基准符号图形的绘制，结果如图 2-71 所示。

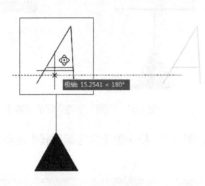

图 2-70　移动注释文字

图 2-71　绘制完成的基准符号

相关链接： 有关【移动】命令和其他更多的编辑命令操作方法，请参见本书的第 5 章。

本例仅简单演示了 AutoCAD 的绘图功能，其中涉及的命令有图形的绘制（直线、矩形）、图形的编辑（图案填充、移动）、图形的注释（创建文字）以及捕捉象限点、输入相对坐标等辅助绘图工具。AutoCAD 中绝大部分工作都基于这些基本的技巧，本书的后续章节将会更加详细地介绍这些过程以及许多在本例中没有提及的命令。

2.4　AutoCAD 视图的控制

在绘图过程中，为了更好地观察和绘制图形，通常需要对视图进行缩放、平移、重生成等操作。本节将详细介绍 AutoCAD 视图的控制方法。

2.4.1　视图缩放

视图缩放命令可以调整当前视图大小，既能观察较大的图形，又能观察图形的细部而不改变图形的实际大小。视图缩放只是改变视图的比例，并不改变图形中对象的绝对大小，打印出来的图形仍是设置的大小。执行【视图缩放】命令有以下几种方法。

▷　快捷操作：滚动鼠标滚轮，如图 2-72 所示。

▷　功能区：在【视图】选项卡中，单击【导航】面板选择视图缩放工具。

▷　菜单栏：选择【视图】|【缩放】命令。

▷　工具栏：单击【缩放】工具栏中的按钮。

▷　命令行：ZOOM 或 Z。

提示： 本书在第一次介绍命令时，均会给出命令的执行方法，其中"快捷操作"是最为推荐的一种。

在 AutoCAD 的绘图环境中，如需对视图进行放大、缩小，以便更好地观察图形，则可按上面给出的方法进行操作。其中滚动鼠标的中键滚轮进行缩放是最常用的方法。默认情况下向前滚动是放大视图，向后滚动是缩小视图。

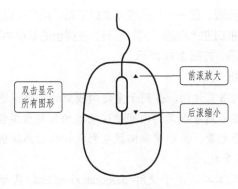

图 2-72　视图缩放的鼠标操作

如果要一次性将图形布满整个窗口，以显示出文件中所有的图形对象，或最大化所绘制的图形，则可以通过双击中键滚轮来完成。

2.4.2　视图平移

视图平移不改变视图的大小和角度，只改变其位置，以便观察图形其他的组成部分。图形显示不完全，且部分区域不可见时，即可使用视图平移很好地观察图形。执行【平移】命令有以下几种方法。

- ➲ 　快捷操作：按住鼠标滚轮进行拖动，可以快速进行视图平移，如图 2-73 所示。
- ➲ 　功能区：单击【视图】选项卡中【导航】面板的【平移】按钮🖐。
- ➲ 　菜单栏：选择【视图】|【平移】命令。
- ➲ 　命令行：PAN 或 P。

除了视图大小的缩放外，视图的平移也是使用最为频繁的命令。其中按住鼠标滚轮然后拖动的方式最为常用。必须注意的是，该命令并不是真的移动图形对象，也不是真正改变图形，而是通过位移视图窗口进行平移。

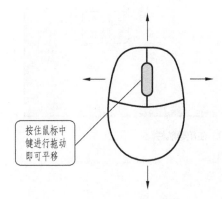

图 2-73　移动视图的鼠标操作

　　提示： AutoCAD2019 中具备了三维建模的功能，三维模型的视图操作与二维图形是一样的，只是多了一个视图旋转，以供用户全方位地观察模型。方法是按住 Shift 键，然后按住鼠标滚轮进行拖动。

2.4.3 使用导航栏

导航栏是一种用户界面元素，是一个视图控制集成工具，用户可以从中访问通用导航工具和特定于产品的导航工具。单击视口左上角的"[-]"标签，在弹出的菜单中选择【导航栏】选项，可以控制导航栏是否在视口中显示，如图 2-74 所示。

导航栏中有以下通用导航工具。

- ▷ ViewCube：指示模型的当前方向，并用于重定向模型的当前视图。
- ▷ SteeringWheels：用于在专用导航工具之间快速切换的控制盘集合。
- ▷ ShowMotion：用户界面元素，为创建和回放电影式相机动画提供屏幕显示，以便进行设计查看、演示和书签样式导航。
- ▷ 3Dconnexion：一套导航工具，用于使用 3Dconnexion 三维鼠标重新设置模型当前视图的方向。

导航栏中有以下特定于产品的导航工具，如图 2-75 所示。

- ▷ 全导航控制盘：单击该按钮即可显示出导航盘，然后在其中选择对应的视图操作即可。
- ▷ 平移：单击后可以沿屏幕平移视图。
- ▷ 缩放工具：用于增大或减小模型的当前视图比例的导航工具集。
- ▷ 动态观察工具：用于旋转模型当前视图的导航工具集。
- ▷ ShowMotion：同上文介绍的 ShowMotion 工具。

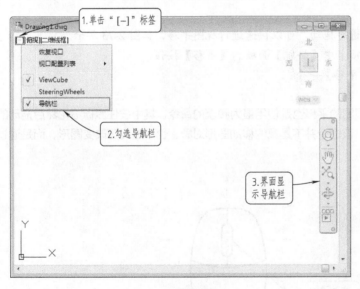

图 2-74 使用导航栏

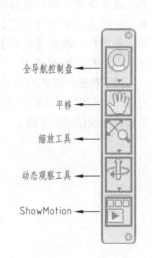

图 2-75 导航工具

2.4.4 重画与重生成视图

在 AutoCAD 中，某些操作完成后，其效果往往不会立即显示出来，或者会在屏幕上留下绘图的痕迹与标记。因此，需要通过刷新视图重新生成当前图形，以观察到最新的编辑效果。

视图刷新的命令主要有两个：【重画】命令和【重生成】命令。这两个命令都是自动完成的，不需要输入任何参数，也没有可选选项。

（1）重画视图

AutoCAD 常用数据库以浮点数据的形式储存图形对象的信息，浮点格式精度高，但计算时间长。AutoCAD 重生成对象时，需要把浮点数值转换为适当的屏幕坐标。因此对于复杂图形，重新生成需要花很长的时间。为此软件提供了【重画】这种速度较快的刷新命令。重画只刷新屏幕显示，因而生成图形的速度更快。执行【重画】命令有以下几种方法。

- 菜单栏：选择【视图】|【重画】命令。
- 命令行：　REDRAWALL 或 REDRAW 或 RA。

在命令行中输入 REDRAW 并按 Enter 键，将从当前视口中删除编辑命令留下来的点标记；而输入 REDRAWALL 并按 Enter 键，将从所有视口中删除编辑命令留下来的点标记。

（2）重生成视图

AutoCAD 使用时间太久或者图纸中内容太多，有时就会影响到图形的显示效果，让图形变得很粗糙，这时就可以用到【重生成】命令来恢复。【重生成】命令不仅重新计算当前视图中所有对象的屏幕坐标，并重新生成整个图形，还重新建立图形数据库索引，从而优化显示和对象选择的性能。执行【重生成】命令有以下几种方法。

- 菜单栏：选择【视图】|【重生成】命令。
- 命令行：REGEN 或 RE。

【重生成】命令仅对当前视图范围内的图形执行重生成，如果要对整个图形执行重生成，可选择【视图】|【全部重生成】命令。重生成的效果如图 2-76 所示。

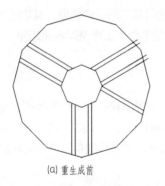 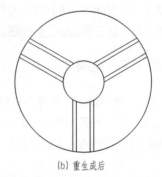

(a) 重生成前　　　　　　　　　　　　　　(b) 重生成后

图 2-76　重生成前后的效果

2.5　AutoCAD2019 工作空间

中文版 AutoCAD2019 为用户提供了【草图与注释】、【三维基础】以及【三维建模】3 种工作空间。选择不同的空间可以进行不同的操作，例如在【草图与注释】工作空间下可以很方便地找到有关二维图形绘制和标注的命令，但却很难看到三维建模的相关命令；而切换到【三维建模】工作空间下，则提供了大量三维命令，可供用户进行更复杂的以三维建模为主的操作。

2.5.1　【草图与注释】工作空间

AutoCAD2019 默认的工作空间为【草图与注释】空间。其界面主要由【应用程序】按钮、功能区选项板、快速访问工具栏、绘图区、命令行窗口和状态栏等元素组成。在该空间中，可以方便地使用【默认】选项卡中的【绘图】、【修改】、【图层】、【注释】、【块】和【特性】等面板绘制和编辑二维图形，如图 2-77 所示。

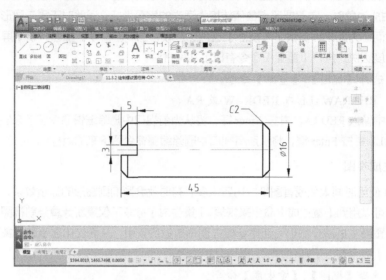

图 2-77 【草图与注释】工作空间

2.5.2 【三维基础】工作空间

在【三维基础】工作空间中能非常简单方便地创建基本的三维模型，其功能区提供了各种常用的三维建模、布尔运算以及三维编辑工具按钮。【三维基础】工作空间界面如图 2-78 所示。

2.5.3 【三维建模】工作空间

【三维建模】工作空间界面与【草图与注释】空间界面较相似，但侧重的命令不同。其功能区选项卡中集中了实体、曲面和网格的多种建模和编辑命令以及视觉样式、渲染等模型显示工具，为绘制和观察三维图形、附加材质、创建动画、设置光源等操作提供了非常便利的环境，如图 2-79 所示。

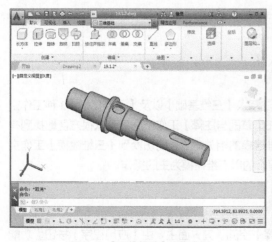

图 2-78 【三维基础】工作空间

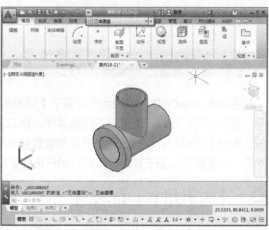

图 2-79 【三维建模】工作空间

2.5.4 切换工作空间

在【草图与注释】空间中绘制出二维草图，然后转换至【三维基础】工作空间进行建模操作，再转换至【三维建模】工作空间赋予材质、布置灯光进行渲染，此即 AutoCAD 建模的大致流程，因此可见这三个工作空间是互为补充的，而切换工作空间则有以下几种方法。

- ◉ **快速访问工具栏**：单击快速访问工具栏中的【切换工作空间】下拉按钮，在弹出的下拉列表中进行切换，如图 2-80 所示。

- ◉ **菜单栏**：选择【工具】|【工作空间】命令，在子菜单中进行切换，如图 2-81 所示。

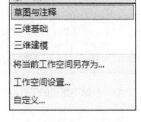

图 2-80　通过快速访问工具栏切换工作空间　　　图 2-81　通过菜单栏切换工作空间

- ◉ **工具栏**：在【工作空间】工具栏的【工作空间控制】下拉列表框中进行切换，如图 2-82 所示。

- ◉ **状态栏**：单击状态栏右侧的【切换工作空间】按钮，在弹出的下拉菜单中进行切换，如图 2-83 所示。

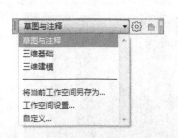

图 2-82　通过工具栏切换工作空间　　　　　图 2-83　通过状态栏切换工作空间

2.5.5 工作空间设置

通过【工作空间设置】可以修改 AutoCAD 默认的工作空间。这样做的好处就是能将用户自定义的工作空间设为默认，这样在启动 AutoCAD 后即可快速工作，无须再进行切换。

执行【工作空间设置】的方法与切换工作空间一致，只需在列表框中选择【工作空间设置】选项即可。选择之后弹出【工作空间设置】对话框，如图 2-84 所示。在【我的工作空间（M）=】下拉列表中选择要设置为默认的工作空间，即可将该空间设置为 AutoCAD 启动后的初始空间。

不需要的工作空间可以将其在工作空间列表中删除。选择工作空间列表框中的【自定义】选项，打开【自定义用户界面】对话框，在不需要的工作空间名称上单击鼠标右键，在弹出的快捷菜单中选择【删除】选项，即可删除不需要的工作空间，如图 2-85 所示。

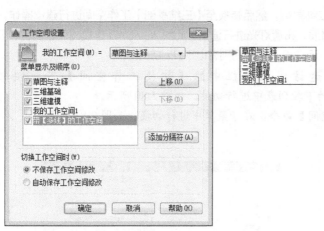

图 2-84 【工作空间设置】对话框

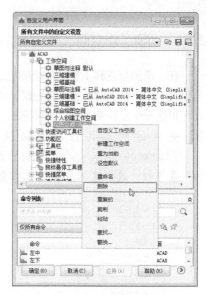

图 2-85　删除不需要的工作空间

【操作实例 2-2】：创建带【工具栏】的经典工作空间

　　从 2015 版本开始，AutoCAD 取消了【经典工作空间】的界面设置，结束了长达十余年之久的工具栏命令操作方式。但对于一些有基础的用户来说，相比于 2019 版本，他们更习惯于 2005、2008、2012 等经典版本的工作界面，也习惯于使用工具栏来调用命令，如图 2-86 所示。

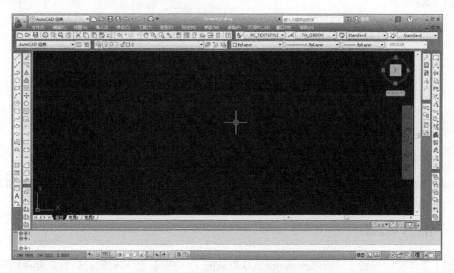

图 2-86　旧版本 AutoCAD 的经典空间

　　在 AutoCAD2019 中，仍然可以通过设置工作空间的方式创建出符合自己操作习惯的经典界面，方法如下。

　　① 单击快速访问工具栏中的【切换工作空间】下拉按钮，在弹出的下拉列表中选择【自定义】选项，如图 2-87 所示。

　　② 系统自动打开【自定义用户界面】对话框，然后选择【工作空间】一栏，单击右键，在弹出的快捷菜单中选择【新建工作空间】选项，如图 2-88 所示。

图 2-87 选择【自定义】

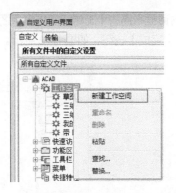

图 2-88 【新建工作空间】

③ 在【工作空间】树列表中新添加了一工作空间，将其命名为【经典工作空间】，然后单击对话框右侧【工作空间内容】区域中的【自定义工作空间】按钮，如图 2-89 所示。

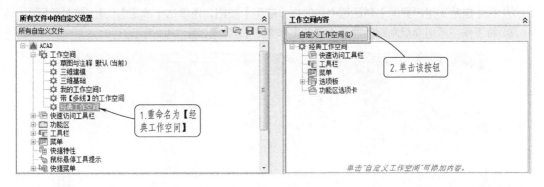

图 2-89 命名【经典工作空间】

④ 返回对话框左侧【所有自定义文件】区域，单击 按钮展开【工具栏】树列表，依次勾选其中的【标注】、【绘图】、【修改】、【特性】、【图层】、【样式】、【标准】7 个工具栏，即旧版本 AutoCAD 中的经典工具栏，如图 2-90 所示。

⑤ 再返回勾选上一级的整个【菜单栏】与【快速访问工具栏】下的【快速访问工具栏 1】，如图 2-91 所示。

图 2-90 勾选 7 个经典工具栏

图 2-91 勾选菜单栏与快速访问工具栏

⑥ 在对话框右侧的【工作空间内容】区域中已经可以预览到该工作空间的结构，确定无误后单击其上方的【完成】按钮，如图 2-92 所示。

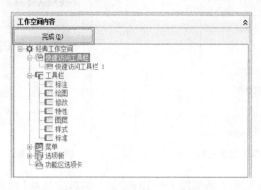

图 2-92　完成经典工作空间的设置

⑦ 在【自定义用户界面】对话框中先单击【应用】按钮，再单击【确定】，退出该对话框。
⑧ 将工作空间切换至刚刚创建的【经典工作空间】，效果如图 2-93 所示。

图 2-93　创建的【经典工作空间】

⑨ 可见原来的【功能区】区域空出了一大块，影响界面效果。可以右击该处，在弹出的快捷菜单中选择【关闭】选项，即可关闭【功能区】显示，如图 2-94 所示。

图 2-94　关闭【功能区】

⑩ 将各工具栏拖移到合适的位置，最终效果如图 2-95 所示。保存该工作空间后即可随时启用。

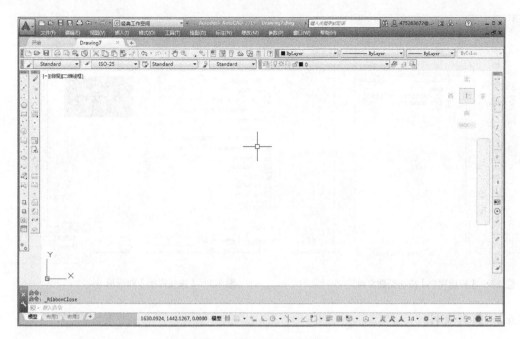

图 2-95　经典工作空间最终效果

2.6　AutoCAD 文件的基本操作

文件管理是软件操作的基础，在 AutoCAD2019 中，图形文件的基本操作包括新建文件、打开文件、保存文件、另存为文件和关闭文件等。

2.6.1　新建文件

启动 AutoCAD2019 后，系统将自动新建一个名为"Drawing1.dwg"的图形文件，该图形文件默认以 acadiso.dwt 为样板创建。如果用户需要绘制一个新的图形，则需要使用【新建】命令。启动【新建】命令有以下几种方法。

- ⊙ 应用程序按钮：单击【应用程序】按钮▲，在下拉菜单中选择【新建】选项，如图 2-96 所示。
- ⊙ 快速访问工具栏：单击【快速访问】工具栏中的【新建】按钮▢。
- ⊙ 菜单栏：执行【文件】|【新建】命令。
- ⊙ 标签栏：单击标签栏上的▢按钮。
- ⊙ 命令行：NEW 或 QNEW。
- ⊙ 快捷键：Ctrl+N。

用户可以根据绘图需要，在对话框中选择打开不同的绘图样板，即可以样板文件创建一个新的图形文件。单击【打开】按钮旁的下拉菜单可以选择打开样板文件的方式，共有【打开】、【无样板打开-英制（I）】、【无样板打开-公制（M）】三种方式，如图 2-97 所示。通常选择默认的【打开】方式。

提示： 默认情况下，AutoCAD2019 新建的空白图形文件名为"Drawing1.dwg"，再次新建图形时则自动被命名为"Drawing2.dwg"，稍后再创建的新文件则命名为"Drawing3.dwg"，以此类推。

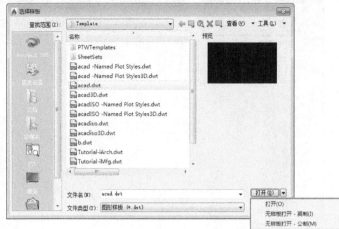

图 2-96 【应用程序】按钮新建文件　　　　　　　图 2-97 【选择样板】对话框

2.6.2　打开文件

AutoCAD 文件的打开方式有很多种，启动【打开】命令有以下几种方法。

- ◉　快捷方式：直接双击要打开的.dwg 图形文件。
- ◉　应用程序按钮：单击【应用程序】按钮▲，在弹出的快捷菜单中选择【打开】选项。
- ◉　快速访问工具栏：单击【快速访问】工具栏【打开】按钮☞。
- ◉　菜单栏：执行【文件】|【打开】命令。
- ◉　标签栏：在标签栏空白位置单击鼠标右键，在弹出的右键快捷菜单中选择【打开】选项。
- ◉　命令行：OPEN 或 QOPEN。
- ◉　快捷键：Ctrl+O。

执行以上操作都会弹出【选择文件】对话框，该对话框用于选择已有的 AutoCAD 图形，单击【打开】按钮后的三角下拉按钮，在弹出的下拉菜单中可以选择不同的打开方式，如图 2-98 所示。

图 2-98 【选择文件】对话框

对话框中各选项含义说明如下。

- ◉　【打开】：直接打开图形，可对图形进行编辑、修改。

- ▷ 【以只读方式打开】：打开图形后仅能观察图形，无法进行修改与编辑。
- ▷ 【局部打开】：局部打开命令允许用户只处理图形的某一部分，只加载指定视图或图层的几何图形。
- ▷ 【以只读方式局部打开】：局部打开的图形无法被编辑、修改，只能观察。

【操作实例 2-3】：打开图形文件

① 启动 AutoCAD2019，进入开始界面。

② 单击开始界面左上角快速访问工具栏上的【打开】按钮 ⬓，如图 2-99 所示。

③ 系统弹出【选择文件】对话框，在其中定位至"素材/第 2 章\2-3 打开图形文件.dwg"，如图 2-100 所示。

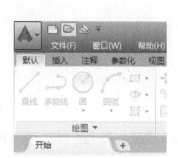

图 2-99　快速访问工具栏中打开文件　　　　图 2-100　【选择文件】对话框

④ 然后单击【打开】按钮，即可打开所选的 AutoCAD 图形，结果如图 2-101 所示。

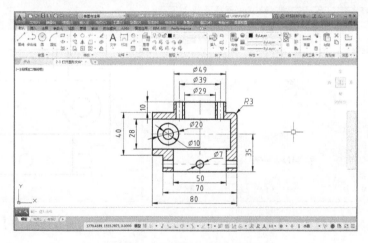

图 2-101　打开的 AutoCAD 图形

【操作实例 2-4】：局部打开图形

素材图形完整打开的效果如图 2-101 所示。本例使用局部打开命令即只处理图形的某一部分，只加载素材文件中指定视图或图层上的几何图形。当处理大型图形文件时，可以选择在打开图形时需要加载的尽可能少的几何图形，指定的几何图形和命名对象包括块（Block）、图层（Layer）、标注样式（DimensionStyle）、线型（Linetype）、布局（Layout）、文字样式（TextStyle）、视口配置（Viewports）、用户坐标系（UCS）及视图（View）

等，操作步骤如下。

① 定位至要局部打开的素材文件，然后单击【选择文件】对话框中【打开】按钮后的三角下拉按钮，在弹出的下拉菜单中，选择其中的【局部打开】项，如图 2-102 所示。

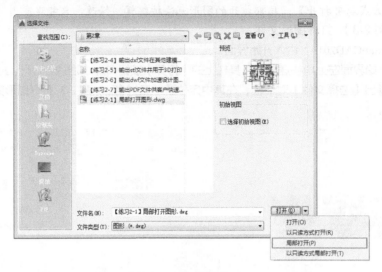

图 2-102　选择【局部打开】

② 接着系统弹出【局部打开】对话框，在【要加载几何图形的图层】列表框中勾选需要局部打开的图层名，如【轮廓线】和【剖面线】，如图 2-103 所示。

③ 单击【打开】按钮，即可打开仅包含【轮廓线】和【剖面线】图层的图形对象，同时文件名后添加有"（局部加载）"文字，如图 2-104 所示。

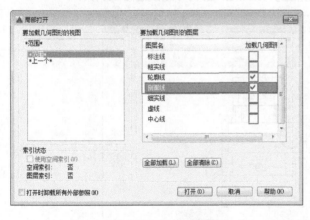

图 2-103　【局部打开】对话框

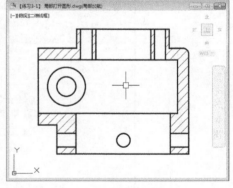

图 2-104　【局部打开】效果

④ 对于局部打开的图形，用户还可以通过【局部加载】将其他未载入的几何图形补充进来。在命令行输入 PartialLoad 并按 Enter 键，系统弹出【局部加载】对话框，与【局部打开】对话框主要区别是可通过【拾取窗口】按钮 ✛ 划定区域放置视图，如图 2-105 所示。

⑤ 勾选需要加载的选项，如【中心线】图层，单击【局部加载】对话框中【确定】按钮，即可得到如图 2-106 所示的加载效果。

提示：【局部打开】只能应用于当前版本保存的 CAD 文件。对于部分局部打开不了的文件，可以全部打开，然后另存为最新的 CAD 版本即可。

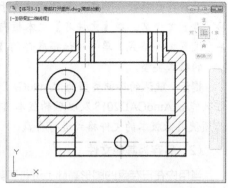

图 2-105 【局部加载】对话框   图 2-106 【局部加载】效果

2.6.3 保存文件

保存文件不仅是将新绘制的或修改好的图形文件进行存盘,以便以后对图形进行查看、使用或修改、编辑等,还包括在绘制图形过程中随时对图形进行保存,以避免意外情况发生而导致文件丢失或不完整。

(1)手动保存文件

手动保存文件就是对新绘制还没保存过的文件进行保存。启动【保存】命令有以下几种方法。

- ⊙ 应用程序按钮:单击【应用程序】按钮▲,在弹出的快捷菜单中选择【保存】选项。
- ⊙ 快速访问工具栏:单击【快速访问】工具栏【保存】按钮🖫。
- ⊙ 菜单栏:选择【文件】|【保存】命令。
- ⊙ 快捷键:Ctrl+ S。
- ⊙ 命令行:SAVE 或 QSAVE。

执行【保存】命令后,系统弹出如图 2-107 所示的【图形另存为】对话框。在此对话框中,可以进行如下操作。

图 2-107 【图形另存为】对话框

- 设置存盘路径。单击上面的【保存于】下拉列表，在展开的下拉列表内设置存盘路径。
- 设置文件名。在【文件名】文本框内输入文件名称，如我的文档等。
- 设置文件格式。单击对话框底部的【文件类型】下拉列表，在展开的下拉列表内设置文件的格式类型。

提示：默认的存储类型为"AutoCAD2018 图形（*.dwg）"。使用此种格式将文件存盘后，文件只能被 AutoCAD2018 及以后的版本打开。如果用户需要在 AutoCAD 早期版本中打开此文件，必须使用低版本的文件格式进行存盘。

（2）另存为其他文件

当用户在已存盘的图形基础上进行了其他修改工作，又不想覆盖原来的图形时，可以使用【另存为】命令，将修改后的图形以不同图形文件进行存盘。启动【另存为】命令有以下几种方法。

- 应用程序：单击【应用程序】按钮 **A**，在弹出的快捷菜单中选择【另存为】选项。
- 快速访问工具栏：单击【快速访问】工具栏【另存为】按钮。
- 菜单栏：选择【文件】|【另存为】命令。
- 快捷键：Ctrl+Shift+S。
- 命令行：SAVE As。

【操作实例 2-5】：将图形另存为低版本文件

在日常工作中，经常要与客户或同事进行图纸往来，有时就难免碰到因为彼此 AutoCAD 版本不同而打不开图纸的情况，如图 2-108 所示。原则上高版本的 AutoCAD 能打开低版本所绘制的图形，而低版本却无法打开高版本的图形。因此对于使用高版本的用户来说，可以将文件通过【另存为】的方式转存为低版本。

① 打开要【另存为】的图形文件。

② 单击【快速访问】工具栏的【另存为】按钮，打开【图形另存为】对话框，在【文件类型】下拉列表中选择【AutoCAD2000/LT2000 图形 （*.dwg）】选项，如图 2-109 所示。

图 2-108 因版本不同出现的 AutoCAD 警告

图 2-109 【图形另存为】对话框

③ 设置完成后，AutoCAD 所绘图形的保存类型均为 AutoCAD2000 类型，任何高于 2000 的版本均可以打开，从而实现工作图纸的无障碍交流。

（3）自动保存图形文件

除了手动保存外，还有一种比较好的保存文件的方法，即自动保存图形文件，可以免去随时手动保存的麻烦。设置自动保存后，系统会在一定的时间间隔内自动保存当前文件编辑的文件内容，自动保存的文件后缀名为.sv$。

【操作实例 2-6】：设置定时保存

AutoCAD 在使用过程中有时会因为内存占用太多而造成崩溃，让辛苦绘制的图纸全盘付诸东流。因此除了在工作中要养成时刻保存的好习惯之外，还可以在 AutoCAD 中设置定时保存来减小意外造成的损失。

① 在命令行中输入 OP，系统弹出【选项】对话框。

② 单击选择【打开和保存】选项卡，在【文件安全措施】选项组中选中【自动保存】复选框，根据需要在文本框中输入适合的间隔时间和保存方式，如图 2-110 所示。

③ 单击【确定】按钮关闭对话框，定时保存设置即可生效。

图 2-110　设置定时保存文件

　　提示：定时保存的时间间隔不宜设置过短，这样会影响软件正常使用；也不宜设置过长，这样不利于实时保存，一般设置在 10min 左右较为合适。

2.6.4　保存为样板文件

　　如果将 AutoCAD 中的绘图工具比作设计师手中的铅笔，那么样板文件就可以看成是供铅笔涂写的纸。而纸也有白纸、带格式的纸之分，选择合适格式的纸可以让绘图事半功倍，因此选择合适的样板文件也可以让 AutoCAD 变得更为轻松。

　　样板文件存储图形的所有设置包含预定义的图层、标注样式、文字样式、表格样式和视图布局、图形界限等设置及绘制的图框和标题栏。样板文件通过扩展名【.dwt】区别于其他图形文件。它们通常保存在 AutoCAD 安装目录下的 Template 文件夹中，如图 2-111 所示。

　　在 AutoCAD 软件设计中我们可以根据行业、企业或个人的需要定制 dwt 的模板文件，新建时即可启动自制的模板文件，节省工作时间，又可以统一图纸格式。

　　AutoCAD 的样板文件中自动包含对应的布局，这里简单介绍其中使用得最多的几种。

⊙　Tutorial-iArch.dwt：样例建筑样板（英制），其中已绘制好了英制的建筑图纸标题栏。

⊙　Tutorial-mArch.dwt：样例建筑样板（公制），其中已绘制好了公制的建筑图纸标题栏。

⊙　Tutorial-iMfg.dwt：样例机械设计样板（英制），其中已绘制好了英制的机械图纸标题栏。

⊙　Tutorial-mMfg.dwt：样例机械设计样板（公制），其中已绘制好了公制的机械图纸标题栏。

图 2-111　样板文件

【操作实例 2-7】：设置默认样板

样板除了包含一些设置之外，还常常包括了一些完整的标题块和样板（标准化）文字之类的内容。为了适合自己特定的需要，多数用户都会定义一个或多个自己的默认样板，有了这些个性化的样板，工作中大多数的烦琐设置就不需要重复进行了。

① 执行【工具】|【选项】菜单命令，打开【选项】对话框，如图 2-112 所示。

② 在【文件】选项卡下双击【样板设置】选项，然后在展开的目录中双击【快速新建的默认样板文件名】选项，接着单击该选项下面列出的样板（默认情况下这里显示"无"），如图 2-113 所示。

图 2-112　【选项】对话框

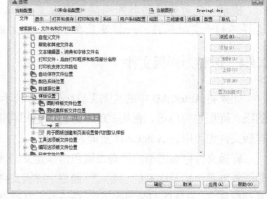

图 2-113　展开【快速新建的默认样板文件名】

③ 单击【浏览】按钮，打开【选择文件】对话框，如图 2-114 所示。

④ 在【选择文件】对话框内选择一个样板，然后单击【打开】按钮将其加载，最后单击【确定】按钮关闭对话框，如图 2-115 所示。

⑤ 单击【标准】工具栏上的【新建】按钮，通过默认的样板创建一个新的图形文件，如图 2-116 所示。

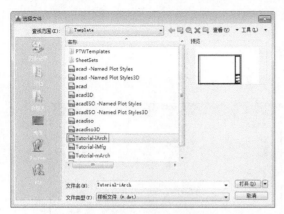

图 2-114 【选择文件】对话框　　　　　　　　图 2-115　加载样板

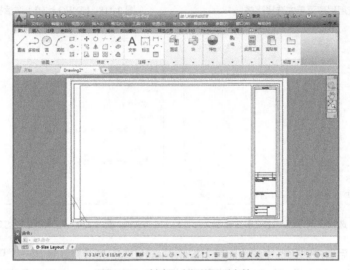

图 2-116　创建一个新的图形文件

2.6.5　不同图形文件之间的比较

图形比较是 AutoCAD2019 新增的主要功能之一，通过该功能可重叠两个图形，并突出显示两者的不同之处。这样一来，很容易就能查看并了解图形的哪些部分发生了变化。下面通过一个具体操作案例来介绍图形比较功能的用法。

【操作实例 2-8】：图形的比较

① 启动 AutoCAD2019，单击左上角【快速访问】工具栏中的【新建】按钮，自动弹出【选择样板】对话框，不做任何操作，直接单击【打开】按钮，即可新建一空白图形。

② 单击【应用程序】按钮，展开应用程序菜单，在其中选择【图形实用工具】|【DWG 比较】选项，如图 2-117 所示。

③ 系统自动弹出【DWG 比较】对话框，单击【DWG1】下方的 ... 按钮，如图 2-118 所示。

④ 在打开的【选择图形以进行比较】对话框中定位至"素材/第 2 章/2-8 图形比较文件 1.dwg"，然后单击【打开】按钮，如图 2-119 所示。

⑤ 此时【DWG 比较】对话框中便新增了要比较的第一个图形文件。接着使用相同方法，添加第 2 个要比较的文件，如图 2-120 所示。

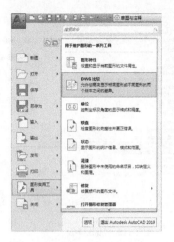

图 2-117 应用程序菜单中选择比较

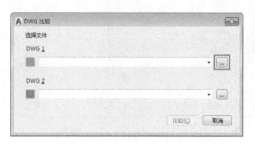

图 2-118 【DWG 比较】对话框

图 2-119 【选择图形以进行比较】对话框

图 2-120 选择要比较的文件

⑥ 添加完毕后单击对话框中的【比较】按钮，AutoCAD 便会自动新建一个用于观察比较效果的临时文件。两个 DWG 图形的不同之处会以修订云线的方式标出，并以绿色突出显示第一个图形的不同之处，以红色突出显示第二个图形的不同之处，如图 2-121 所示。

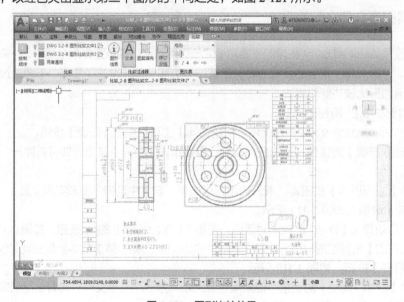

图 2-121 图形比较效果

⑦ 在功能区的【更改集】面板中会显示出两个图形所存在的差异数量，单击其中的箭头 ⇦ 、 ⇨ 可以在不同的比较效果对比之间进行切换，如图 2-122 所示。

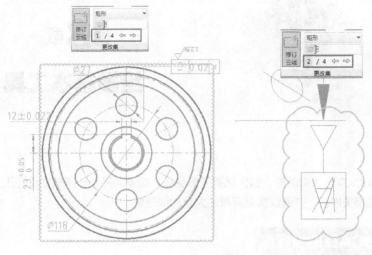

图 2-122　切换比较结果

· 第**3**章 ·

绘图基本工具

要利用 AutoCAD 来绘制图形，首先就要了解坐标、对象选择和一些辅助绘图工具方面的内容。本章将深入阐述相关内容，并通过实例来帮助大家加深理解。

3.1 AutoCAD 的坐标系

AutoCAD 的图形定位主要是由坐标系进行确定的。要想正确、高效地绘图，必须先了解 AutoCAD 坐标系的概念和坐标输入方法。

3.1.1 认识坐标系

在 AutoCAD2019 中，坐标系分为世界坐标系（WCS）和用户坐标系（UCS）两种。

（1）世界坐标系（WCS）

世界坐标系（world coordinate system，WCS）是 AutoCAD 的基本坐标系。它由三个相互垂直的坐标轴 X、Y 和 Z 组成，在绘制和编辑图形的过程中，它的坐标原点和坐标轴的方向是不变的。

如图 3-1 所示，在默认情况下，世界坐标系的 X 轴正方向水平向右，Y 轴正方向垂直向上，Z 轴正方向垂直屏幕平面方向指向用户。坐标原点在绘图区左下角，在其上有一个方框标记，表明是世界坐标系。

（2）用户坐标系（UCS）

为了更好地辅助绘图，经常需要修改坐标系的原点位置和坐标方向，这时就需要使用可变的用户坐标系（user coordinate system，UCS）。在用户坐标系中，可以任意指定或移动原点和旋转坐标轴，默认情况下，用户坐标系和世界坐标系重合，如图 3-2 所示。

图 3-1　世界坐标系图标（WCS）　　　　　图 3-2　用户坐标系图标（UCS）

3.1.2 坐标的 4 种表示方法

在指定坐标点时，既可以使用直角坐标，也可以使用极坐标。在 AutoCAD 中，一个点的坐标有绝对直角坐标、绝对极坐标、相对直角坐标和相对极坐标 4 种表示方法。

(1) 绝对直角坐标

绝对直角坐标是指相对于坐标原点（0,0）的直角坐标，要使用该指定方法指定点，应输入逗号隔开的 X、Y 和 Z 值，即用（X,Y,Z）表示。当绘制二维平面图形时，其 Z 值为 0，可省略而不必输入，仅输入 X、Y 值即可，如图 3-3 所示。

(2) 相对直角坐标

相对直角坐标是基于上一个输入点而言，以某点相对于另一特定点的相对位置来定义该点的位置。相对特定坐标点（X，Y，Z）增加（nX，nY，nZ）的坐标点的输入格式为（@nX，nY，nZ）。相对坐标输入格式为（@X,Y），"@"符号表示使用相对坐标输入，是指定相对于上一个点的偏移量，如图 3-4 所示。

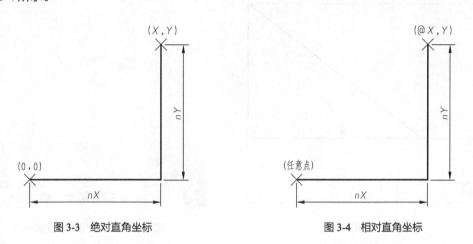

图 3-3　绝对直角坐标　　　　　　　　　　图 3-4　相对直角坐标

提示： 坐标分隔的逗号 "," 和 "@" 符号都应是英文输入法下的字符，否则无效。

(3) 绝对极坐标

该坐标方式是指相对于坐标原点（0,0）的极坐标。例如，坐标（12<30）是指从 X 轴正方向逆时针旋转 30°，距离原点 12 个图形单位的点，如图 3-5 所示。在实际绘图工作中，由于很难确定与坐标原点之间的绝对极轴距离，因此该方法使用较少。

(4) 相对极坐标

以某一特定点为参考极点，输入相对于参考极点的距离和角度来定义一个点的位置。相对极坐标输入格式为（@A<角度），其中 A 表示指定点与特定点的距离。例如，坐标（@14<45）是指相对于前一点角度为 45°，距离为 14 个图形单位的一个点，如图 3-6 所示。

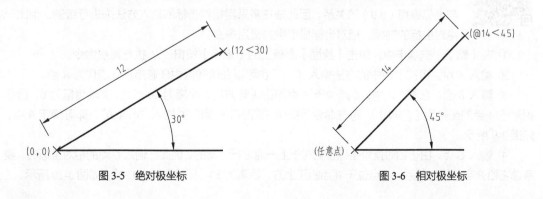

图 3-5　绝对极坐标　　　　　　　　　　图 3-6　相对极坐标

提示：这 4 种坐标的表示方法，除了绝对极坐标外，其余 3 种均使用较多，需重点掌握。以下便通过 3 个例子，分别采用不同的坐标方法绘制相同的图形，来做进一步的说明。

【操作实例 3-1】：通过绝对直角坐标绘制图形

以绝对直角坐标输入的方法绘制如图 3-7 所示的图形。图中 *O* 点为 AutoCAD 的坐标原点，坐标即（0，0），因此 *A* 点的绝对坐标为（10，10），*B* 点的绝对坐标为（50，10），*C* 点的绝对坐标为（50，40）。因此绘制步骤如下。

① 在【默认】选项卡中，单击【绘图】面板上的【直线】按钮，执行直线命令。

② 命令行出现"指定第一个点"的提示，直接在其后输入"10,10"，即第一点 *A* 点的坐标，如图 3-8 所示。

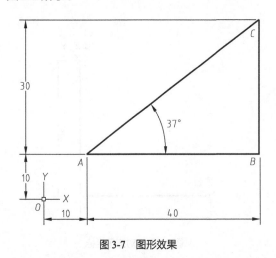

图 3-7　图形效果

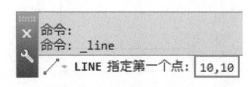

图 3-8　输入绝对坐标确定第一点

③ 单击 Enter 键确定第一点的输入，接着命令行提示"指定下一点"，再按相同方法输入 *B*、*C* 点的绝对坐标值，即可得到如图 3-7 所示的图形效果。完整的命令行操作过程如下。

命令：L✓ LINE	//调用【直线】命令
指定第一个点：10,10✓	//输入 *A* 点的绝对坐标
指定下一点或 [放弃(U)]：50,10✓	//输入 *B* 点的绝对坐标
指定下一点或 [放弃(U)]：50,40✓	//输入 *C* 点的绝对坐标
指定下一点或 [闭合(C)/放弃(U)]:c✓	//闭合图形

【操作实例 3-2】：通过相对直角坐标绘制图形

以相对直角坐标输入的方法绘制如图 3-7 所示的图形。在实际绘图工作中，大多数设计师都喜欢随意在绘图区中指定一点为第一点，这样就很难界定该点及后续图形与坐标原点（0，0）的关系，因此往往多采用相对坐标的输入方法来进行绘制。相比于绝对坐标的刻板，相对坐标显得更为灵活多变。

① 在【默认】选项卡中，单击【绘图】面板上的【直线】按钮，执行直线命令。

② 输入 *A* 点。可按上例中的方法输入 *A* 点，也可以在绘图区中任意指定一点作为 *A* 点。

③ 输入 *B* 点。在图 3-7 中，*B* 点位于 *A* 点的正 *X* 轴方向、距离为 40 点处，*Y* 轴增量为 0，因此相对于 *A* 点的坐标为（@40,0），可在命令行提示"指定下一点"时输入"@40,0"，即可确定 *B* 点，如图 3-9 所示。

④ 输入 *C* 点。由于相对直角坐标是相对于上一点进行定义的，因此在输入 *C* 点的相对坐标时，要考虑它和 *B* 点的相对关系，*C* 点位于 *B* 点的正上方，距离为 30，即输入"@0,30"，如图 3-10 所示。

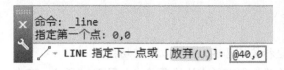

图 3-9　输入 *B* 点的相对直角坐标　　　　　　图 3-10　输入 *C* 点的相对直角坐标

⑤ 将图形封闭即绘制完成。完整的命令行操作过程如下。

```
命令: L✓ LINE                        //调用【直线】命令
指定第一个点: 10,10✓                 //输入 A 点的绝对坐标
指定下一点或 [放弃(U)]: @40,0✓       //输入 B 点相对于上一个点（A 点）的相对坐标
指定下一点或 [放弃(U)]: @0,30✓       //输入 C 点相对于上一个点（B 点）的相对坐标
指定下一点或 [闭合(C)/放弃(U)]: c✓   //闭合图形
```

【操作实例 3-3】：通过相对极坐标绘制图形

以相对极坐标输入的方法绘制如图 3-7 所示的图形。相对极坐标与相对直角坐标一样，都是以上一点为参考基点，输入增量来定义下一个点的位置。只不过相对极坐标输入的是极轴增量和角度值。

① 在【默认】选项卡中，单击【绘图】面板上的【直线】按钮 ，执行直线命令。

② 输入 *A* 点。可按上例中的方法输入 *A* 点，也可以在绘图区中任意指定一点作为 *A* 点。

③ 输入 *C* 点。*A* 点确定后，就可以通过相对极坐标的方式确定 *C* 点。*C* 点位于 *A* 点的 37° 方向，距离为 50（由勾股定理可知），因此相对极坐标为（@50<37），在命令行提示"指定下一点"时输入"@50<37"，即可确定 *C* 点，如图 3-11 所示。

④ 输入 *B* 点。*B* 点位于 *C* 点的–90° 方向，距离为 30，因此相对极坐标为（@30<-90），输入"@30<-90"即可确定 *B* 点，如图 3-12 所示。

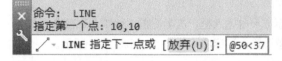　　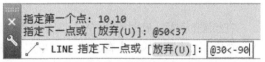

图 3-11　输入 *C* 点的相对极坐标　　　　　　图 3-12　输入 *B* 点的相对极坐标

⑤ 将图形封闭即绘制完成。完整的命令行操作过程如下。

```
命令: _line                           //调用【直线】命令
指定第一个点: 10,10✓                  //输入 A 点的绝对坐标
指定下一点或 [放弃(U)]: @50<37✓       //输入 C 点相对于上一个点（A 点）的相对极坐标
指定下一点或 [放弃(U)]: @30<-90✓      //输入 B 点相对于上一个点（C 点）的相对极坐标
指定下一点或 [闭合(C)/放弃(U)]: c✓    //闭合图形
```

3.1.3　坐标值的显示

在 AutoCAD 状态栏的左侧区域，会显示当前光标所处位置的坐标值，该坐标值有 3 种显示状态。

▷ 绝对直角坐标状态：显示光标所在位置的坐标（ 118.8822, -0.4634, 0.0000 ）。

▷ 相对极坐标状态：在相对于前一点来指定第二点时可以使用此状态（ 37.6469<216, 0.0000 ）。

▷ 关闭状态：颜色变为灰色，并"冻结"关闭时所显示的坐标值，如图 3-13 所示。

用户可根据需要在这 3 种状态之间相互切换。

- ▷ Ctrl+I 可以关闭、开启坐标显示。
- ▷ 当确定一个位置后，单击在状态栏中显示坐标值的区域，也可以进行切换。
- ▷ 用鼠标右键单击在状态栏中显示坐标值的区域，即可弹出快捷菜单，如图 3-14 所示，可在其中选择所需状态。

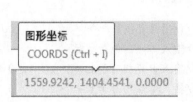

图 3-13　关闭状态下的坐标值

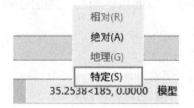

图 3-14　坐标的右键快捷菜单

3.2　辅助绘图工具

本节将介绍 AutoCAD2019 辅助工具的设置。通过对辅助功能进行适当的设置，可以提高用户制图的工作效率和绘图的准确性。在实际绘图中，用鼠标定位虽然方便快捷，但精度不够，因此为了解决快速准确定位的问题，AutoCAD 提供了一些绘图辅助工具，如动态输入、栅格、栅格捕捉、正交和极轴追踪等。

【栅格】类似定位的小点，可以直观地观察到距离和位置；【栅格捕捉】用于设定鼠标光标移动的间距；【正交】控制直线在 0°、90°、180° 或 270° 等正平竖直的方向上；【极轴追踪】用于控制直线在 30°、45°、60°等常规或用户指定的角度上。

3.2.1　动态输入

在绘图的时候，有时可在光标处显示命令提示或尺寸输入框，这类设置即称作【动态输入】。在 AutoCAD 中，【动态输入】有 2 种显示状态，即指针输入和标注输入状态，如图 3-15 所示。

【动态输入】功能的开、关切换有以下 2 种方法。

- ▷ 快捷键：按 F12 键切换开、关状态。
- ▷ 状态栏：单击状态栏上的【动态输入】按钮 ，若亮显则为开启，如图 3-16 所示。

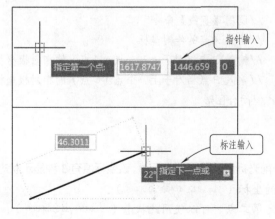

图 3-15　不同状态的【动态输入】

图 3-16　状态栏中开启【动态输入】功能

右键单击状态栏上的【动态输入】按钮，选择弹出的【动态输入设置】选项，打开【草图设置】对话框中的【动态输入】选项卡，该选项卡可以控制在启用【动态输入】时每个部件所显示的内容。选项卡中包含 3 个组件，即指针输入、标注输入和动态显示，如图 3-17 所示，分别介绍如下。

（1）指针输入

单击【指针输入】选项区的【设置】按钮，打开【指针输入设置】对话框，如图 3-18 所示。可以在其中设置指针的格式和可见性。在工具提示中，十字光标所在位置的坐标值将显示在光标旁边。命令提示用户输入点时，可以在工具提示框（而非命令行）中输入坐标值。

图 3-17　【动态输入】选项卡

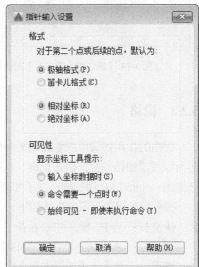

图 3-18　【指针输入设置】对话框

（2）标注输入

在【草图设置】对话框的【动态输入】选项卡，选择【可能时启用标注输入】复选框，启用标注输入功能。单击【标注输入】选项区域的【设置】按钮，打开如图 3-19 所示的【标注输入的设置】对话框。利用该对话框可以设置夹点拉伸时标注输入的可见性等。

（3）动态显示

【动态显示】选项组中各选项按钮含义说明如下。

⊙ 【在十字光标附近显示命令提示和命令输入】复选框：勾选该复选框，可在光标附近显示命令提示。

⊙ 【随命令提示显示更多提示】复选框：勾选该复选框，显示使用 Shift 和 Ctrl 键进行夹点操作的提示。

⊙ 【绘图工具提示外观】按钮：单击该按钮，弹出如图 3-20 所示的【工具提示外观】对话框，从中进行颜色、大小、透明度和应用场合的设置。

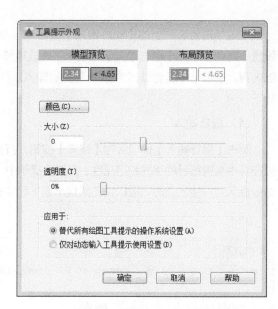

<table>
<tr><td>图 3-19 【标注输入的设置】对话框</td><td>图 3-20 【工具提示外观】对话框</td></tr>
</table>

3.2.2 栅格

　　栅格的作用如同传统纸面制图中使用的坐标纸，按照相等的间距在屏幕上设置了栅格点，绘图时可以通过栅格数量来确定距离，从而达到精确绘图的目的。栅格不是图形的一部分，打印时不会被输出。AutoCAD 中的栅格显示如图 3-21 所示。

　　控制栅格是否显示的方法如下。

- 快捷键：按 F7 键，可以在开、关状态之间切换。
- 状态栏：单击状态栏上【栅格】按钮 ⊞。

　　选择【工具】|【绘图设置】命令，在弹出的【草图设置】对话框中选择【捕捉和栅格】选项卡，如图 3-22 所示。选中或取消选中【启用栅格】复选框，可以控制显示或隐藏栅格。在【栅格间距】选项区域中，可以设置栅格点在 X 轴方向（水平）和 Y 轴方向（垂直）上的距离。此外，在命令行输入 GRID 并按 Enter 键，也可以控制栅格的间距和栅格的显示。

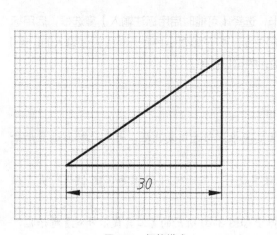

<table>
<tr><td>图 3-21　栅格模式</td><td>图 3-22 【捕捉和栅格】选项卡</td></tr>
</table>

显示栅格之后，可开启【捕捉模式】，【捕捉模式】可以控制鼠标只能定位到栅格的交点位置。打开和关闭【捕捉模式】的方法如下。

- 快捷键：按 F9 键，可以在开、关状态之间切换。
- 状态栏：单击状态栏中的【捕捉模式】按钮▦，若亮显则为开启。

3.2.3 捕捉

【捕捉】功能可以控制光标移动的距离。它经常和【栅格】功能联用，当捕捉功能打开时，光标便能停留在栅格点上，这样就只能绘制出栅格间距整数倍的距离。

控制【捕捉】功能的方法如下。

- 快捷键：按 F9 键可以切换开、关状态。
- 状态栏：单击状态栏上的【捕捉模式】按钮▦ ▾，若亮显则为开启。

同样，也可以在【草图设置】对话框中的【捕捉和栅格】选项卡中控制捕捉的开关状态及其相关属性。

在【捕捉间距】下的【捕捉 X 轴间距】和【捕捉 Y 轴间距】文本框中可输入光标移动的间距。通常情况下，【捕捉间距】应等于【栅格间距】，这样在启动【栅格捕捉】功能后，就能将光标限制在栅格点上，如图 3-23 所示；如果【捕捉间距】不等于【栅格间距】，则会出现捕捉不到栅格点的情况，如图 3-24 所示。

在正常工作中，【捕捉间距】不需要和【栅格间距】相同。例如，可以设定较宽的【栅格间距】用作参照，但使用较小的【捕捉间距】以保证定位点时的准确性。

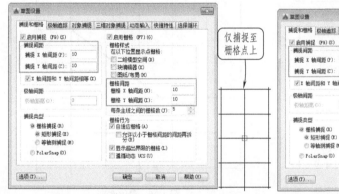

图 3-23 【捕捉间距】与【栅格间距】相等时的效果

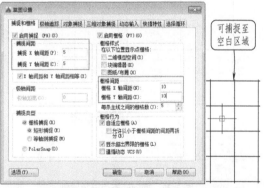

图 3-24 【捕捉间距】与【栅格间距】不相等时的效果

【操作实例 3-4】：通过栅格与捕捉绘制图形

除了前面练习中所用到的通过输入坐标方法绘图外，在 AutoCAD 中还可以借助【栅格】与【捕捉】来进行绘制。该方法适合绘制尺寸圆整、外形简单的图形，本例同样绘制如图 3-7 所示的图形，以方便读者进行对比。

① 用鼠标右键单击状态栏上的【捕捉模式】按钮▦ ▾，选择【捕捉设置】选项，如图 3-25 所示，系统弹出【草图设置】对话框。

② 设置栅格与捕捉间距。在图 3-7 中可知最小尺寸为 10，因此可以设置栅格与捕捉的间距同样为 10，使得十字光标以 10 为单位进行移动。

③ 勾选【启用捕捉】和【启用栅格】复选框，在【捕捉间距】选项区域改为【捕捉 X 轴间距】为 10，【捕捉 Y 轴间距】为 10；在【栅格间距】选项区域，改为【栅格 X 轴间距】为 10，【栅格 Y

轴间距】为 10，每条主线之间的栅格数为 5，如图 3-26 所示。

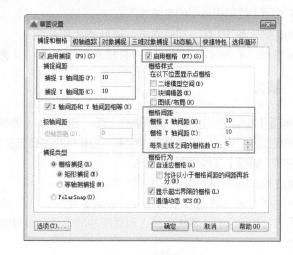

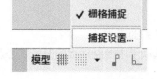

图 3-25　设置选项　　　　　　　　　　图 3-26　设置参数

④ 单击【确定】按钮，完成栅格的设置。

⑤ 在命令行中输入 L，调用【直线】命令，可见光标只能在间距为 10 的栅格点处进行移动，如图 3-27 所示。

⑥ 捕捉各栅格点，绘制最终图形如图 3-28 所示。

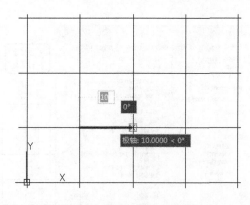

图 3-27　捕捉栅格点进行绘制

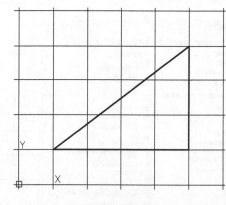

图 3-28　最终图形

3.2.4　正交

在绘图过程中，使用【正交】功能便可以将十字光标限制在水平或者垂直轴向上，同时也限制在当前的栅格旋转角度内。使用【正交】功能就如同使用了丁字尺绘图，可以保证绘制的直线完全呈水平或垂直状态，方便绘制水平或垂直直线。

打开或关闭【正交】功能的方法如下。

▷　快捷键：按 F8 键可以切换正交开、关模式。

▷　状态栏：单击状态栏中的【正交】按钮，若亮显则为开启，如图 3-29 所示。

因为【正交】功能限制了直线的方向，所以绘制水平或垂直直线时，指定方向后直接输入长度即可，不必再输入完整的坐标值。开启正交后光标状态如图 3-30 所示，关闭正交后光标状态如图 3-31 所示。

| 图 3-29 状态栏中开启【正交】功能 | 图 3-30 开启【正交】效果 | 图 3-31 关闭【正交】效果 |

【操作实例 3-5】：通过【正交】绘制工字钢

通过【正交】绘制如图 3-32 所示的图形。【正交】功能开启后，系统自动将光标强制性地定位在水平或垂直位置上，在引出的追踪线上，直接输入一个数值即可定位目标点，而不用手动输入坐标值或捕捉栅格点来进行确定。

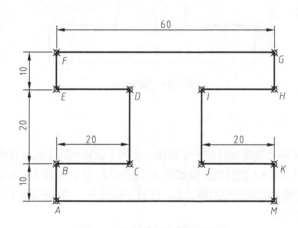

图 3-32 通过【正交】绘制图形

① 启动 AutoCAD2019，新建一个空白文档。

② 单击状态栏中的 按钮，或按 F8 功能键，激活【正交】功能。

③ 单击【绘图】面板中的 按钮，激活【直线】命令，配合【正交】功能绘制图形。命令行操作过程如下。

```
命令：_line
指定第一个点：                //在绘图区任意栅格点处单击鼠标左键，作为起点 A
指定下一个点或 [放弃(U)]:10↙ //向上移动光标，引出 90° 正交追踪线，如图 3-33 所示，
                               输入 10，即定位 B 点
指定下一点或 [放弃(U)]:20↙   //向右移动光标，引出 0° 正交追踪线，如图 3-34 所示，
                               输入 20，定位 C 点
指定下一点或 [放弃(U)]:20↙   //向上移动光标，引出 270° 正交追踪线，输入 20，定
                               位 D 点
......
```

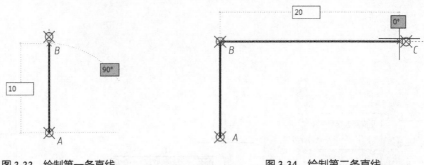

图 3-33　绘制第一条直线　　　　　　　　　　　图 3-34　绘制第二条直线

④ 根据以上方法，配合【正交】功能绘制其他线段，最终的结果如图 3-35 所示。

图 3-35　最终结果

3.2.5　极轴追踪

【极轴追踪】功能实际上是极坐标的一个应用。使用【极轴追踪】绘制直线时，捕捉到一定的极轴方向即确定了极角，然后输入直线的长度即确定了极半径，因此和正交绘制直线一样，【极轴追踪】绘制直线一般使用长度输入确定直线的第二点，代替坐标输入。【极轴追踪】功能可以用来绘制带角度的直线，如图 3-36 所示。

一般来说，极轴可以绘制任意角度的直线，包括水平的 0°、180° 与垂直的 90°、270° 等，因此某些情况下可以代替【正交】功能使用。【极轴追踪】绘制的图形如图 3-37 所示。

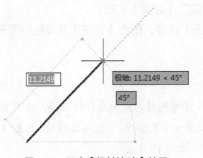
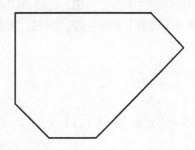

图 3-36　开启【极轴追踪】效果　　　　图 3-37　【极轴追踪】模式绘制的直线

【极轴追踪】功能的开、关切换有以下两种方法。

▷ 快捷键：按 F10 键切换开、关状态。
▷ 状态栏：单击状态栏上的【极轴追踪】按钮 ，若亮显则为开启。

右键单击状态栏上的【极轴追踪】按钮 ，弹出追踪角度列表，如图 3-38 所示，其中的数值便为启用【极轴追踪】时的捕捉角度。然后在弹出的快捷菜单中选择【正在追踪设置】选项，以此打开【草图设置】对话框，在【极轴追踪】选项卡中可设置极轴追踪的开关和其他角度值的增量角等，如图 3-39 所示。

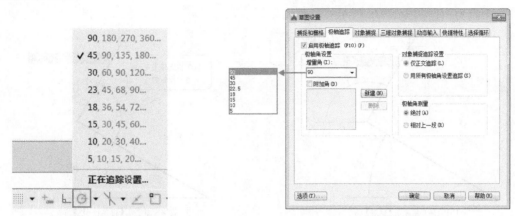

图 3-38　选择【正在追踪设置】命令　　　　　图 3-39　【极轴追踪】选项卡

【极轴追踪】选项卡中各选项的含义如下。

- ➢ 【增量角】列表框：用于设置极轴追踪角度。当光标的相对角度等于该角，或者是该角的整数倍时，屏幕上将显示出追踪路径，如图 3-40 所示。
- ➢ 【附加角】复选框：增加任意角度值作为极轴追踪的附加角度。勾选【附加角】复选框，并单击【新建】按钮，然后输入所需追踪的角度值，即可捕捉至附加角的角度，如图 3-41 所示。

图 3-40　设置【增量角】进行捕捉　　　　　图 3-41　设置【附加角】进行捕捉

- ➢ 【仅正交追踪】单选按钮：当对象捕捉追踪打开时，仅显示已获得的对象捕捉点的正交（水平和垂直方向）对象捕捉追踪路径，如图 3-42 所示。
- ➢ 【用所有极轴角设置追踪】单选按钮：当对象捕捉追踪打开时，将从对象捕捉点起沿任何极轴追踪角进行追踪，如图 3-43 所示。

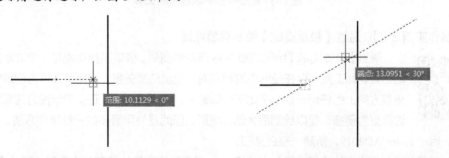

图 3-42　仅从正交方向显示对象捕捉路径　　　图 3-43　可从极轴追踪角度显示对象捕捉路径

◈ 【极轴角测量】选项组：设置极轴角的参照标准。【绝对】单选按钮表示使用绝对极坐标，以 X 轴正方向为 0°。【相对上一段】单选按钮根据上一段绘制的直线确定极轴追踪角，上一段直线所在的方向为 0°，如图 3-44 所示。

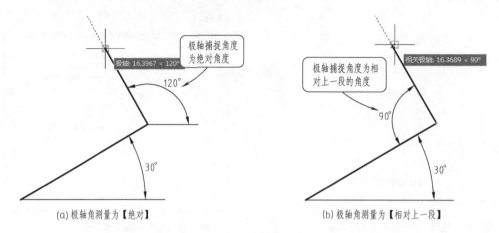

(a) 极轴角测量为【绝对】   (b) 极轴角测量为【相对上一段】

图 3-44   不同的【极轴角测量】效果

提示：细心的读者可能发现，极轴追踪的增量角与后续捕捉角度都是成倍递增的，如图 3-38 所示；但图中唯有一个例外，那就是 23°的增量角后直接跳到了 45°，与后面的各角度也不成整数倍关系。这是由于 AutoCAD 的角度单位精度设置为整数，因此 22.5°就被四舍五入为了 23°。所以只需选择菜单栏【格式】|【单位】，在【图形单位】对话框中将角度精度设置为【0.0】，即可使得 23°的增量角还原为 22.5°，使用极轴追踪时也能正常捕捉至 22.5°，如图 3-45 所示。

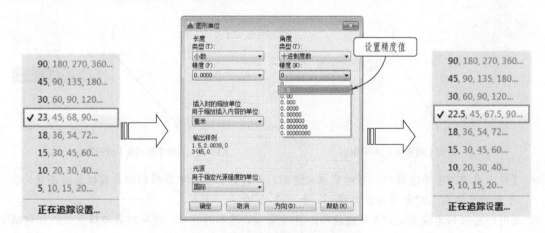

图 3-45   图形单位与极轴捕捉的关系

【操作实例 3-6】：通过【极轴追踪】绘制导轨截面

    通过【极轴追踪】绘制如图 3-46 所示的图形。极轴追踪功能是一个非常重要的辅助工具，此工具可以在任何角度和方向上引出角度矢量，从而可以很方便地精确定位角度方向上的任何一点。相比于坐标输入、栅格与捕捉、正交等绘图方法来说，极轴追踪更为便捷，足以绘制绝大部分图形，因此是使用最多的一种绘图方法。

① 启动 AutoCAD2019，新建一空白文档。

② 右键单击状态栏上的【极轴追踪】按钮 ⟳，然后在弹出的快捷菜单中选择【正在追踪设置】

第1篇　入门篇

选项，在打开的【草图设置】对话框中勾选【启用极轴追踪】复选框，并将当前的增量角设置为 45，再勾选【附加角】复选框，新建一个 85° 的附加角，如图 3-47 所示。

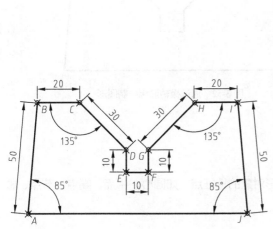

图 3-46　通过【极轴追踪】绘制导轨图形

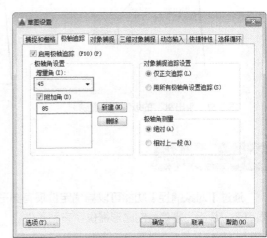

图 3-47　设置极轴追踪参数

③ 单击【绘图】面板中的 ✏ 按钮，激活【直线】命令，配合【极轴追踪】功能，绘制外框轮廓线。命令行操作过程如下。

```
命令：_line
指定第一个点：                      //在适当位置单击鼠标左键，拾取一点作为起点 A
指定下一点或 [放弃(U)]:50↙         //向上移动光标，在 85° 的位置可以引出极轴追踪虚线，
                                     如图 3-48 所示，此时输入 50，得到第 2 点 B
指定下一点或 [放弃(U)]:20↙         //水平向右移动光标，引出 0° 的极轴追踪虚线，如图 3-49
                                     所示，输入 20，定位第 3 点 C
指定下一点或 [放弃(U)]:30↙         //向右下角移动光标，引出 45° 的极轴追踪线，如图 3-50
                                     所示，输入 30，定位第 4 点 D
指定下一点或 [放弃(U)]:10↙         //垂直向下移动光标，在 90° 方向上引出极轴追踪虚线，
                                     如图 3-51 所示，输入 10，定位第 5 点 E
......
```

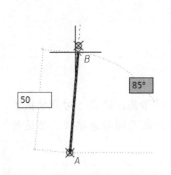

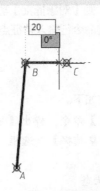

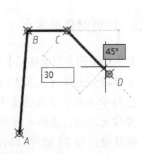

图 3-48　引出 85° 的极轴追踪虚线　　　图 3-49　引出 0° 的极轴追踪虚线　　　图 3-50　引出 45° 的极轴追踪虚线

④ 根据以上方法，配合【极轴追踪】功能绘制其他线段，即可绘制出如图 3-52 所示的图形。

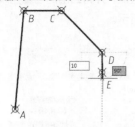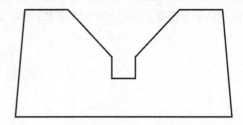

图 3-51　引出 90° 的极轴追踪虚线　　　　图 3-52　通过极轴追踪绘制图形

3.3　对象捕捉

通过【对象捕捉】功能可以精确定位现有图形对象的特征点，如圆心、中点、端点、节点、象限点等，从而为精确绘制图形提供了有利条件。

3.3.1　对象捕捉概述

鉴于点坐标法与直接肉眼确定法的各种弊端，AutoCAD 提供了【对象捕捉】功能。在【对象捕捉】开启的情况下，系统会自动捕捉某些特征点，如圆心、中点、端点、节点、象限点等。因此，【对象捕捉】的实质是对图形对象特征点的捕捉，如图 3-53 所示。

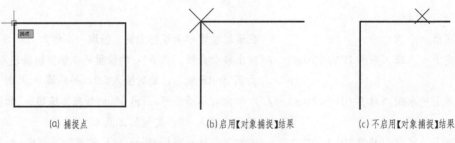

（a）捕捉点　　　　　　　（b）启用【对象捕捉】结果　　　　（c）不启用【对象捕捉】结果

图 3-53　对象捕捉

【对象捕捉】功能生效需要具备 2 个条件。
- ▶ 【对象捕捉】开关必须打开。
- ▶ 必须是在命令行提示输入点位置的时候。

如果命令行并没有提示输入点位置，则【对象捕捉】功能是不会生效的。因此，【对象捕捉】实际上是通过捕捉特征点的位置，来代替命令行输入特征点的坐标。

3.3.2　设置对象捕捉点

开启和关闭【对象捕捉】功能的方法如下。
- ▶ 菜单栏：选择【工具】|【草图设置】命令，弹出【草图设置】对话框。选择【对象捕捉】选项卡，选中或取消选中【启用对象捕捉】复选框，也可以打开或关闭对象捕捉，但这种操作太烦琐，实际中一般不使用。
- ▶ 快捷键：按 F3 键可以切换开、关状态。
- ▶ 状态栏：单击状态栏上的【对象捕捉】按钮 ▢ ▾，若亮显则为开启，如图 3-54 所示。

- 命令行：输入 OSNAP，打开【草图设置】对话框，单击【对象捕捉】选项卡，勾选【启用对象捕捉】复选框。

在设置对象捕捉点之前，需要确定哪些特性点是需要的，哪些是不需要的。这样不仅仅可以提高效率，也可以避免捕捉失误。使用任何一种开启【对象捕捉】的方法之后，系统都会弹出【草图设置】对话框，在【对象捕捉模式】选项区域中勾选用户需要的特征点，单击【确定】按钮，退出对话框即可，如图 3-55 所示。

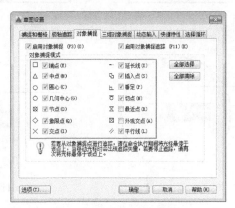

图 3-54　状态栏中开启【对象捕捉】功能　　　　图 3-55　【草图设置】对话框

在 AutoCAD2019 中，对话框共列出 14 种对象捕捉点和对应的捕捉标记，含义分别如下。

- 【端点】：捕捉直线或曲线的端点。
- 【中点】：捕捉直线或弧段的中心点。
- 【圆心】：捕捉圆、椭圆或弧的圆心。
- 【几何中心】：捕捉多段线、二维多段线和二维样条曲线的几何中心点。
- 【节点】：捕捉用【点】、【多点】、【定数等分】、【定距等分】等 POINT 类命令绘制的点对象。
- 【象限点】：捕捉位于圆、椭圆或弧段上 0°、90°、180° 和 270° 处的点。
- 【交点】：捕捉两条直线或弧段的交点。
- 【延长线】：捕捉直线延长线路径上的点。
- 【插入点】：捕捉图块、标注对象或外部参照的插入点。
- 【垂足】：捕捉从已知点到已知直线的垂线的垂足。
- 【切点】：捕捉圆、弧段及其他曲线的切点。
- 【最近点】：捕捉处在直线、弧段、椭圆或样条曲线上，而且距离光标最近的特征点。
- 【外观交点】：在三维视图中，从某个角度观察两个对象可能相交，但实际并不一定相交，可以使用【外观交点】功能捕捉对象在外观上相交的点。
- 【平行线】：选定路径上的一点，使通过该点的直线与已知直线平行。

启用【对象捕捉】功能之后，在绘图过程中，当十字光标靠近这些被启用的捕捉特殊点后，将自动对其进行捕捉，效果如图 3-56 所示。这里需要注意的是，在【对象捕捉】选项卡中，各捕捉特殊点前面的形状符号，如□、×、○等，便是在绘图区捕捉时显示的对应形状。

提示：当需要捕捉一个或一些物体上的点时，只要将鼠标靠近这个或这些物体，不断地按 Tab 键，这个或这些物体的某些特殊点（如直线的端点、中间点、垂直点、与物体的交点、圆的四分圆点、中心点、切点、垂直点、交点）就会轮换显示出来，选择需要的点左键单击即可以捕捉这些点，如图 3-57 所示。

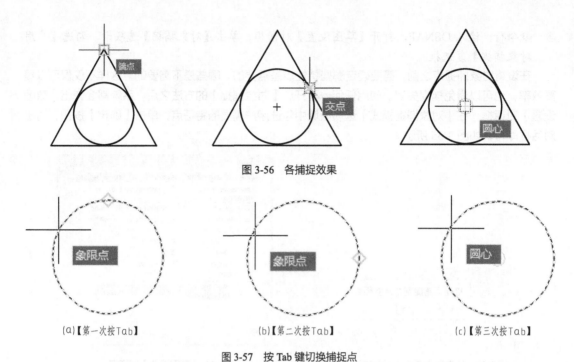

图 3-56　各捕捉效果

（a）【第一次按Tab】　　　　　（b）【第二次按Tab】　　　　　（c）【第三次按Tab】

图 3-57　按 Tab 键切换捕捉点

3.3.3　对象捕捉追踪

在绘图过程中，除了需要掌握对象捕捉的应用外，也需要掌握对象追踪的相关知识和应用的方法，从而提高绘图的效率。【对象捕捉追踪】功能的开、关切换有以下两种方法。

▶　**快捷键：**通过 **F11** 快捷键切换开、关状态。

▶　**状态栏：**单击状态栏上的【对象捕捉追踪】按钮 ✐ 。

启用【对象捕捉追踪】后，在绘图的过程中需要指定点时，光标可以沿基于其他对象捕捉点的对齐路径进行追踪，图 3-58 所示为中点捕捉追踪效果，图 3-59 所示为交点捕捉追踪效果。

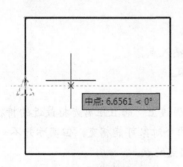

图 3-58　中点捕捉追踪

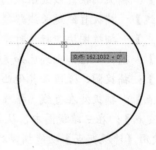

图 3-59　交点捕捉追踪

提示：由于对象捕捉追踪的使用是基于对象捕捉进行操作的，因此，要使用对象捕捉追踪功能，必须先开启一个或多个对象捕捉功能。

已获取的点将显示一个小加号（＋），一次最多可以获得 7 个追踪点。获取点之后，当在绘图路径上移动光标时，将显示相对于获取点的水平、垂直或指定角度的对齐路径。

例如，在如图 3-60 所示的示意图中，启用了【端点】对象捕捉，单击直线的起点【1】开始绘制直线，将光标移动到另一条直线的端点【2】处获取该点，然后沿水平对齐路径移动光标，定位要绘制的直线的端点【3】。

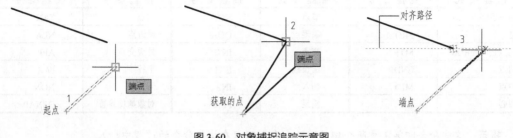

图 3-60　对象捕捉追踪示意图

3.4　临时捕捉

除了前面介绍的对象捕捉之外，AutoCAD 还提供了临时捕捉功能，同样可以捕捉如圆心、中点、端点、节点、象限点等特征点。与对象捕捉不同的是临时捕捉属于"临时"调用，无法一直生效，但在绘图过程中可随时调用。

3.4.1　临时捕捉概述

临时捕捉是一种一次性的捕捉模式，这种捕捉模式不是自动的，当用户需要临时捕捉某个特征点时，需要在捕捉之前手工设置需要捕捉的特征点，然后进行对象捕捉。这种捕捉不能反复使用，再次使用捕捉需重新选择捕捉类型。

执行临时捕捉命令有以下两种方法。

- ➢ 右键快捷菜单：在命令行提示输入点的坐标时，如果要使用临时捕捉模式，可按住 Shift 键然后单击鼠标右键，系统弹出快捷菜单，如图 3-61 所示，可以在其中选择需要的捕捉类型。
- ➢ 命令行：可以直接在命令行中输入执行捕捉对象的快捷指令来选择捕捉模式。例如在绘图过程中，输入并执行 MID 快捷命令将临时捕捉图形的中点，如图 3-62 所示。AutoCAD 常用对象捕捉模式及快捷命令如表 3-1 所示。

图 3-61　临时捕捉快捷菜单

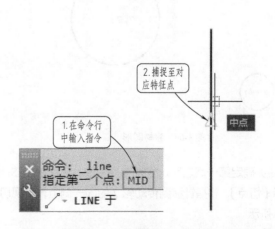

图 3-62　在命令行中输入指令

表 3-1　常用对象捕捉模式及快捷命令

捕 捉 模 式	快 捷 命 令	捕 捉 模 式	快 捷 命 令	捕 捉 模 式	快 捷 命 令
临时追踪点	TT	节点	NOD	切点	TAN
自	FROM	象限点	QUA	最近点	NEA
两点之间的中点	MTP	交点	INT	外观交点	APP
端点	ENDP	延长线	EXT	平行	PAR
中点	MID	插入点	INS	无	NON
圆心	CEN	垂足	PER	对象捕捉设置	OSNAP

提示：这些命令即第 1 章所介绍的透明命令，可以在执行命令的过程中输入。

【操作实例 3-7】：使用【临时捕捉】绘制带传动简图

带传动是利用张紧在带轮上的柔性带进行运动或动力传递的一种机械传动，如图 3-63 所示。因此在图形上柔性带一般以公切线的形式横跨在传动轮上。这时就可以借助临时捕捉将光标锁定在所需的对象点上，以此来绘制公切线。

图 3-63　带传动

① 打开"第 3 章\3-7 使用临时捕捉绘制带传动简图.dwg"素材文件，素材图形如图 3-64 所示，已经绘制好了两个传动轮。

② 在【默认】选项卡中，单击【绘图】面板上的【直线】按钮，命令行提示指定直线的起点。

③ 此时按住 Shift 键然后单击鼠标右键，在临时捕捉选项中选择【切点】，然后将指针移到传动轮 1 上，出现切点捕捉标记，如图 3-65 所示，在此位置单击确定直线第一点。

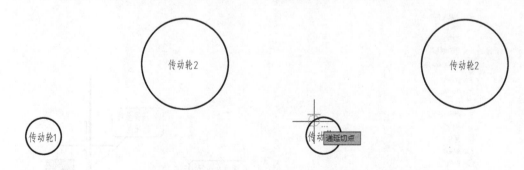

图 3-64　素材图形　　　　　　　　　　图 3-65　切点捕捉标记

④ 确定第一点之后，临时捕捉失效。再次按住 Shift 键，然后单击鼠标右键在临时捕捉选项中选择【切点】，将指针移到传动轮 2 的同一侧上，出现切点捕捉标记时单击，完成公切线绘制，如图 3-66 所示。

⑤ 重复上述操作，绘制另外一条公切线，如图 3-67 所示。

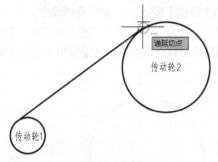

图 3-66　绘制的第一条公切线

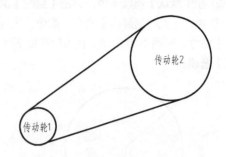

图 3-67　绘制的第二条公切线

提示：带传动具有结构简单、传动平稳、能缓冲吸振、可以在大的轴间距和多轴间传递动力、且造价低廉、无须润滑、维护容易等特点，在近代机械传动中应用十分广泛。

3.4.2　临时捕捉的类型

通过图 3-61 的快捷菜单可知，临时捕捉比【草图设置】对话框中的对象捕捉点要多出 4 种类型，即临时追踪点、自、两点之间的中点、点过滤器。各类型具体含义分别介绍如下。

（1）临时追踪点

【临时追踪点】是在进行图像编辑前临时建立的一个暂时的捕捉点，以供后续绘图参考。在绘图时可通过指定【临时追踪点】来快速指定起点，而无须借助辅助线。执行【临时追踪点】命令有以下几种方法。

▷　**快捷键**：按住 Shift 键同时单击鼠标右键，在弹出的菜单中选择【临时追踪点】选项。

▷　**命令行**：在执行命令时输入 tt。

执行该命令后，系统提示指定一临时追踪点，后续操作即以该点为追踪点进行绘制。

【操作实例 3-8】：使用【临时追踪点】绘制图形

如果要在半径为 20 的圆中绘制一条指定长度为 30 的弦，那通常情况下，都是以圆心为起点，分别绘制 2 根辅助线，才可以得到最终图形，如图 3-68 所示。

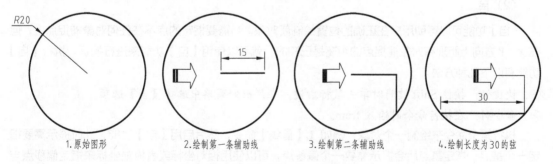

图 3-68　指定弦长的常规画法

而如果使用【临时追踪点】进行绘制，则可以跳过 2、3 步辅助线的绘制，直接从第 1 步原始图形跳到第 4 步，绘制出长度为 30 的弦。该方法详细步骤如下。

① 打开素材文件"第 3 章\3-8 使用临时追踪点绘制图形.dwg"，其中已经绘制好了半径为 20 的圆，如图 3-69 所示。

② 在【默认】选项卡中，单击【绘图】面板上的【直线】按钮 ✏，执行直线命令。

③ 执行【临时追踪点】命令。命令行出现"指定第一个点"的提示时，输入 tt，执行【临时追踪点】命令，如图 3-70 所示。也可以在绘图区中单击鼠标右键，在弹出的快捷菜单中选择【临时追踪点】选项。

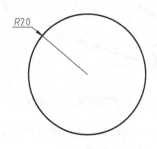

图 3-69　素材图形

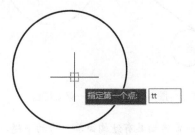

图 3-70　执行【临时追踪点】命令

④ 指定临时追踪点。将光标移动至圆心处，然后水平向右移动光标，引出 0° 的极轴追踪虚线，接着输入 15，即将临时追踪点指定为圆心右侧距离为 15 的点，如图 3-71 所示。

⑤ 指定直线起点。垂直向下移动光标，引出 270° 的极轴追踪虚线，到达与圆的交点处，作为直线的起点，如图 3-72 所示。

⑥ 指定直线端点。水平向左移动光标，引出 180° 的极轴追踪虚线，到达与圆的另一交点处，作为直线的终点，该直线即为所绘制长度为 30 的弦，如图 3-73 所示。

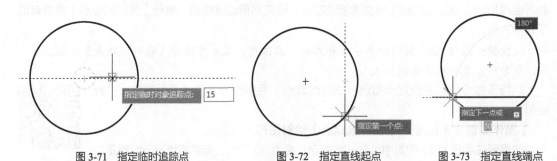

图 3-71　指定临时追踪点　　　　图 3-72　指定直线起点　　　　图 3-73　指定直线端点

（2）自

【自】功能可以帮助用户在正确的位置绘制新对象。当需要指定的点不在任何对象捕捉点上，但在 X、Y 方向上距现有对象捕捉点的距离是已知的，就可以使用【自】功能来进行捕捉。执行【自】功能有以下几种方法。

▷ **快捷键**：按住 Shift 键同时单击鼠标右键，在弹出的菜单中选择【自】选项。

▷ **命令行**：在执行命令时输入 from。

执行某个命令来绘制一个对象，例如 L【直线】命令，然后启用【自】功能，此时提示需要指定一个基点，指定基点后会提示需要一个偏移点，可以使用相对坐标或者极轴坐标来指定偏移点与基点的位置关系，偏移点就将作为直线的起点。

【操作实例 3-9】：使用【自】功能绘制图形

假如要在如图 3-74 所示的正方形中绘制一个小长方形，如图 3-75 所示。一般情况下只能借助辅助线来进行绘制，因为对象捕捉只能捕捉到正方形每个边上的端点和中点，这样即使通过对象捕捉的追踪线也无法定位至小长方形的起点（图中 A 点）。

这时就可以用到【自】功能进行绘制，操作步骤如下。

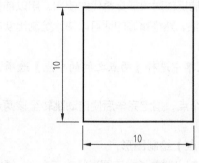

图 3-74　素材图形

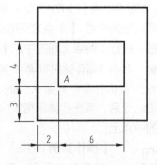

图 3-75　在正方体中绘制小长方体

① 打开素材文件"第 3 章\3-9 使用【自】功能绘制图形.dwg"，其中已经绘制好了边长为 10 的正方形，如图 3-74 所示。

② 在【默认】选项卡中，单击【绘图】面板上的【直线】按钮 ，执行直线命令。

③ 执行【自】功能。命令行出现"指定第一点"的提示时，输入 from，执行【自】命令，如图 3-76 所示。也可以在绘图区中单击鼠标右键，在弹出的快捷菜单中选择【自】选项。

④ 指定基点。此时提示需要指定一个基点，选择正方形的左下角点作为基点，如图 3-77 所示。

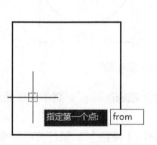

图 3-76　执行【自】功能

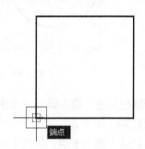

图 3-77　指定基点

⑤ 输入偏移距离。指定完基点后，命令行出现"<偏移:>"提示，此时输入小长方形起点 A 与基点的相对坐标（@2,3），如图 3-78 所示。

⑥ 绘制图形。输入完毕后即可将直线起点定位至 A 点处，然后按给定尺寸绘制图形即可，如图 3-79 所示。

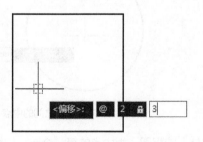

图 3-78　输入偏移距离

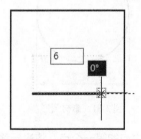

图 3-79　绘制图形

提示： 在为【自】功能指定偏移点的时候，即使动态输入中默认的设置是相对坐标，也需要在输入时加上"@"来表明这是一个相对坐标值。动态输入的相对坐标设置仅适用于指定第二点的时候，例如，绘制一条直线时，输入的第一个坐标被当作绝对坐标，随后输入的坐标才被当作相对坐标。

（3）两点之间的中点

【两点之间的中点】（MTP）命令修饰符可以在执行对象捕捉或对象捕捉替代时使用，用以捕捉两定点之间连线的中点。【两点之间的中点】命令使用较为灵活，熟练掌握的话可以快速绘制出众多独特的图形。执行【两点之间的中点】命令有以下几种方法。

▷　**快捷键：**按住 Shift 键同时单击鼠标右键，在弹出的菜单中选择【两点之间的中点】选项。

▷　**命令行：**在执行命令时输入 mtp。

执行该命令后，系统会提示指定中点的第一个点和第二个点，指定完毕后便自动跳转至该两点之间连线的中点上。

【操作实例 3-10】：使用【两点之间的中点】绘制图形

如图 3-80 所示，在已知圆的情况下，要绘制出对角长为该圆半径的正方形。通常只能借助辅助线或【移动】、【旋转】等编辑功能实现，但如果使用【两点之间的中点】命令，则可以一次性解决，详细步骤介绍如下。

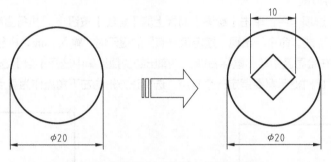

图 3-80　使用【两点之间的中点】绘制图形

① 打开素材文件"第 3 章\3-10 使用两点之间的中点绘制图形.dwg"，其中已经绘制好了直径为 20 的圆，如图 3-81 所示。

② 在【默认】选项卡中，单击【绘图】面板上的【直线】按钮 ╱，执行直线命令。

③ 执行【两点之间的中点】命令。命令行出现"指定第一个点"的提示时，输入 mtp，执行【两点之间的中点】命令，如图 3-82 所示。也可以在绘图区中单击鼠标右键，在弹出的快捷菜单中选择【两点之间的中点】选项。

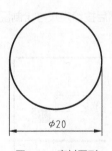

图 3-81　素材图形

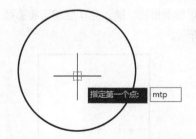

图 3-82　执行【两点之间的中点】命令

④ 指定中点的第一个点。将光标移动至圆心处，捕捉圆心为中点的第一个点，如图 3-83 所示。

⑤ 指定中点的第二个点。将光标移动至圆最右侧的象限点处，捕捉该象限点为第二个点，如图 3-84 所示。

⑥ 直线的起点自动定位至圆心与象限点之间的中点处，接着按相同方法将直线的第二点定位至圆心与上象限点的中点处，如图 3-85 所示。

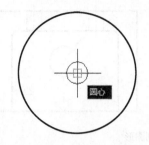

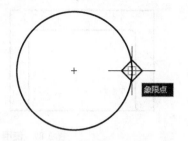

图 3-83　捕捉圆心为中点的第一个点　　　　　图 3-84　捕捉象限点为中点的第二个点

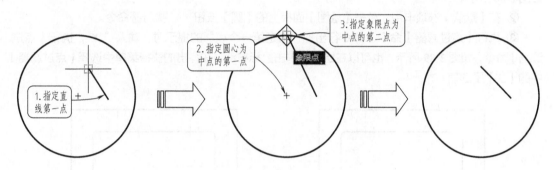

图 3-85　定位直线的第二个点

⑦　按相同方法，绘制其余段的直线，最终效果如图 3-86 所示。

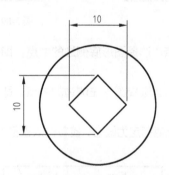

图 3-86　【两点之间的中点】绘制图形效果

（4）点过滤器

点过滤器可以提取一个已有对象的 X 坐标值和另一个对象的 Y 坐标值，来拼凑出一个新的（X，Y）坐标位置。执行【点过滤器】命令有以下几种方法。

▷　**快捷键：** 按住 Shift 键同时单击鼠标右键，在弹出的菜单中选择【点过滤器】选项后的子命令。

▷　**命令行：** 在执行命令时输入 "X" 或 "Y"。

执行上述命令后，通过对象捕捉指定一点，输入另外一个坐标值，接着可以继续执行命令操作。

【操作实例 3-11】：使用【点过滤器】绘制图形

如图 3-87 所示的图例中，定位面的孔位于矩形的中心，这是通过从定位面的水平直线段和垂直直线段的中点提取出 X、Y 坐标而实现的，即通过【点过滤器】来捕捉孔的圆心。

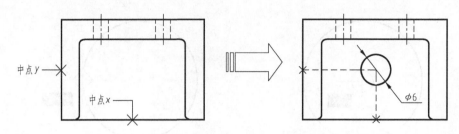

图 3-87　使用【点过滤器】绘制图形

① 打开素材文件"第 3 章/3-11 使用点过滤器绘制图形.dwg",其中已经绘制好了一平面图形,如图 3-88 所示。

② 在【默认】选项卡中,单击【绘图】面板上的【圆】按钮 ⌇ ,执行圆命令。

③ 执行【点过滤器】命令。命令行出现"指定第一个点"的提示时,输入" .X",执行【点过滤器】命令,如图 3-89 所示。也可以在绘图区单击鼠标右键,在弹出的快捷菜单中选择【点过滤器】中的【.X】子选项。

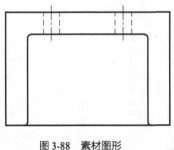

图 3-88　素材图形

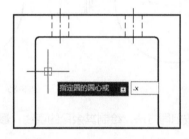

图 3-89　执行【点过滤器】命令

④ 指定要提取 X 坐标值的点。选择图形底侧边的中点,即提取该点的 X 坐标值,如图 3-90 所示。

⑤ 指定要提取 Y 坐标值的点。选择图形左侧边的中点,即提取该点的 Y 坐标值,如图 3-91 所示。

⑥ 系统将新提取的 X、Y 坐标值指定为圆心,接着输入直径 6,即可绘制如图 3-92 所示的图形。

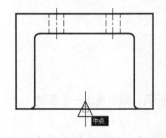

图 3-90　指定要提取 X 坐标值的点

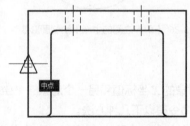

图 3-91　指定要提取 Y 坐标值的点

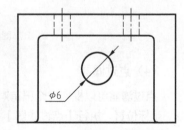

图 3-92　绘制圆

操作技巧:并不需要坐标值的 X 和 Y 部分都使用已有对象的坐标值。例如,可以使用已有的一条直线的 Y 坐标值并选取屏幕上任意一点的 X 坐标值来构建 X、Y 坐标值。

3.5　选择图形

对图形进行任何编辑和修改操作的时候,必须先选择图形对象。针对不同的情况,采用最佳的选择方法，能大幅提高图形的编辑效率。AutoCAD2019 提供了多种选择对象的基本方法，如点选、窗口、窗交、栏选、圈围、圈交等。

3.5.1　点选

如果选择的是单个图形对象，可以使用点选的方法。直接将拾取光标移动到选择对象上方，此时该图形对象会亮显表示，单击鼠标左键，即可完成单个对象的选择。点选方式一次只能选中一个对象，如图 3-93 所示。连续单击需要选择的对象，可以同时选择多个对象，如图 3-94 所示，虚线显示部分为被选中的部分。

　　　　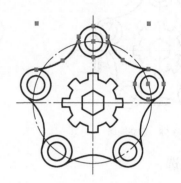

图 3-93　点选单个对象　　　　　　　　图 3-94　点选多个对象

　　提示：按下 Shift 键并再次单击已经选中的对象，可以将这些对象从当前选择集中删除；按 Esc 键，可以取消对当前全部选定对象的选择。

如果需要同时选择多个或者大量的对象，再使用点选的方法不仅费时费力，而且容易出错。此时，宜使用 AutoCAD2019 提供的窗口、窗交、栏选等选择方法。

3.5.2　窗口选择

窗口选择是一种通过定义矩形窗口选择对象的方法。利用该方法选择对象时，从左往右拉出矩形窗口，框住需要选择的对象，此时绘图区将出现一个实线的矩形方框，如图 3-95 所示；释放鼠标后，被方框完全包围的对象将被选中，如图 3-96 所示，虚线显示部分为被选中的部分，按 Del 键删除选择对象，结果如图 3-97 所示。

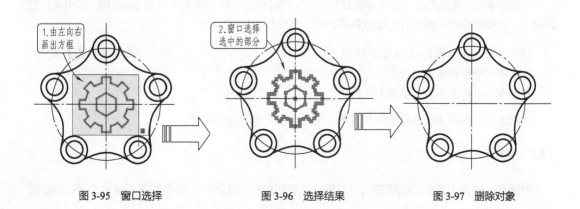

图 3-95　窗口选择　　　　　　　图 3-96　选择结果　　　　　　　图 3-97　删除对象

3.5.3 窗交选择

窗交选择的方向正好与窗口选择相反，它是按住鼠标左键向左上方或左下方拖动，框住需要选择的对象，框选时绘图区将出现一个虚线矩形方框，如图 3-98 所示，释放鼠标后，与方框相交和被方框完全包围的对象都将被选中，如图 3-99 所示，虚线显示部分为被选中的部分，删除选中对象，如图 3-100 所示。

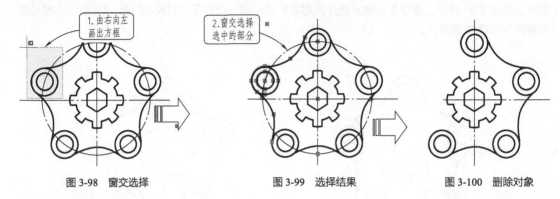

图 3-98　窗交选择　　　　　　　　图 3-99　选择结果　　　　　　　　图 3-100　删除对象

3.5.4 栏选

栏选图形是指在选择图形时拖曳出任意折线，如图 3-101 所示，凡是与折线相交的图形对象均被选中，如图 3-102 所示，虚线显示部分为被选中的部分，删除选中对象，如图 3-103 所示。

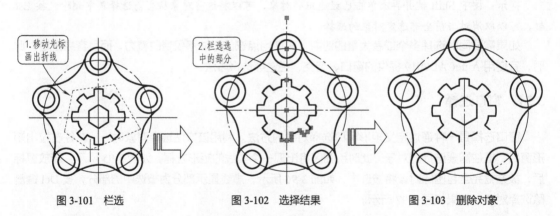

图 3-101　栏选　　　　　　　　　图 3-102　选择结果　　　　　　　　图 3-103　删除对象

光标空置时，在绘图区空白处单击鼠标左键，然后在命令行中输入 F 并按 Enter 键，即可调用栏选命令，再根据命令行提示分别指定各栏选点，命令行操作如下。

```
指定对角点或 [栏选(F)/圈围(WP)/圈交(CP)]：F✓              //选择【栏选】方式
指定第一个栏选点：
指定下一个栏选点或 [放弃(U)]：
```

使用该方式选择连续性对象非常方便，但栏选线不能封闭或相交。

3.5.5 圈围

圈围是一种多边形窗口选择方式，与窗口选择对象的方法类似，不同的是圈围方法可以构造任意形状的多边形，如图 3-104 所示，被多边形选择框完全包围的对象才能被选中，如图 3-105 所示，虚线显示部分为被选中的部分，删除选中对象，如图 3-106 所示。

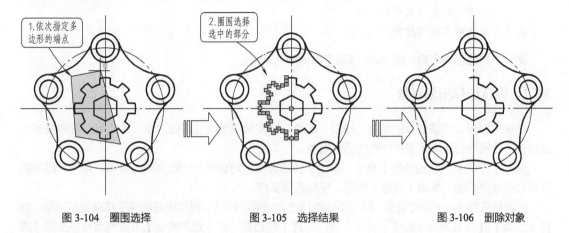

图 3-104　圈围选择　　　　　　　图 3-105　选择结果　　　　　　　图 3-106　删除对象

光标空置时，在绘图区空白处单击鼠标右键，然后在命令行中输入 WP 并按 Enter 键，即可调用圈围命令，命令行提示如下。

```
指定对角点或 [栏选(F)/圈围(WP)/圈交(CP)]：WP↙          //选择【圈围】选择方式
第一圈围点：
指定直线的端点或 [放弃(U)]：
指定直线的端点或 [放弃(U)]：
```

圈围对象范围确定后，按 Enter 键或空格键确认选择。

3.5.6　圈交

圈交是一种多边形窗交选择方式，与窗交选择对象的方法类似，不同的是圈交方法可以构造任意形状的多边形，它可以绘制任意闭合但不能与选择框自身相交或相切的多边形，如图 3-107 所示，选择完毕后可以选择多边形中与它相交的所有对象，如图 3-108 所示，虚线显示部分为被选中的部分，删除选中对象，如图 3-109 所示。

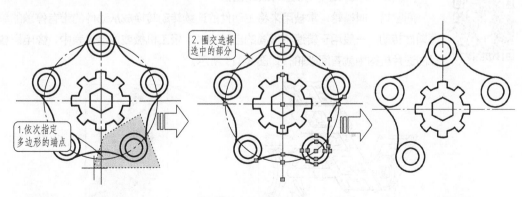

图 3-107　圈交选择　　　　　　　图 3-108　选择结果　　　　　　　图 3-109　删除对象

光标空置时，在绘图区空白处单击鼠标右键，然后在命令行中输入 CP 并按 Enter 键，即可调用圈交命令，命令行提示如下。

指定对角点或［栏选(F)/圈围(WP)/圈交(CP)］：CP↙　　//选择【圈交】选择方式
第一圈围点：
指定直线的端点或［放弃(U)］：
指定直线的端点或［放弃(U)］：

圈交对象范围确定后，按 Enter 键或空格键确认选择。

3.5.7　快速选择图形对象

快速选择可以根据对象的图层、线型、颜色、图案填充等特性选择对象，从而可以准确快速地从复杂的图形中选择满足某种特性的图形对象。

选择【工具】|【快速选择】命令，弹出【快速选择】对话框，如图 3-110 所示。用户可以根据要求设置选择范围，单击【确定】按钮，完成选择操作。

如要选择图 3-111 中的圆弧，除了手动选择的方法外，还可以利用快速选择工具来进行选取。选择【工具】|【快速选择】命令，弹出【快速选择】对话框，在【对象类型】下拉列表框中选择【圆弧】选项，单击【确定】按钮，选择结果如图 3-112 所示。

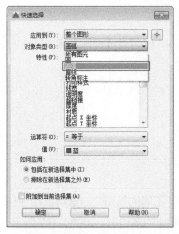

图 3-110 【快速选择】对话框

图 3-111 示例图形

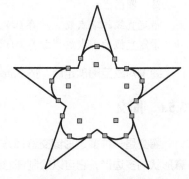

图 3-112 快速选择后的结果

【操作实例 3-12】：完善间歇轮图形

间歇轮又叫槽轮，常被用来将主动件的连续转动转换成从动件的带有停歇的单向周期性转动。一般用于转速不很高的自动机械、轻工机械或仪器仪表中，像电影放映机的送片机构中就有间歇轮，如图 3-113 所示。

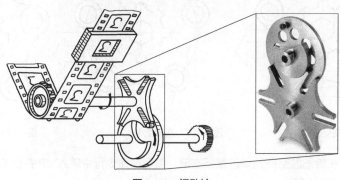

图 3-113 间歇轮

① 启动 AutoCAD2019，打开"第 3 章\3-12 完善间歇轮图形.dwg"文件，素材如图 3-114 所示。

② 点选图形。单击【修改】面板中的【修剪】按钮，修剪 R9 的圆，如图 3-115 所示。命令行操作如下。

```
命令: _trim
当前设置:投影=UCS, 边=无
选择剪切边...
选择对象或 <全部选择>:找到 1 个                    //选择 R26.5 的圆
选择对象:
选择要修剪的对象,或按住 Shift 键选择要延伸的对象,或
[栏选(F)/窗交(C)/投影(P)/边(E)/删除(R)/放弃(U)]://单击 R9 的圆在 R26.5 圆外的部分
选择要修剪的对象,或按住 Shift 键选择要延伸的对象,或
[栏选(F)/窗交(C)/投影(P)/边(E)/删除(R)/放弃(U)]://继续单击其他 R9 的圆
```

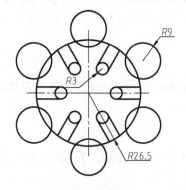

图 3-114　素材图形

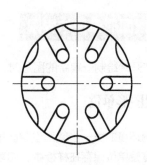

图 3-115　修剪对象

③ 窗口选择对象。按住鼠标左键由右下向左上框选所有图形对象，如图 3-116 所示，然后按住 Shift 键取消选择 R26.5 的圆。

④ 修剪图形。单击【修改】面板中的【修剪】按钮，修剪 R26.5 的圆弧，结果如图 3-117 所示。

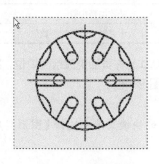

图 3-116　框选对象

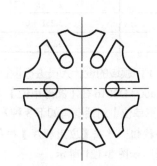

图 3-117　修剪结果

⑤ 快速选择对象。选择【工具】|【快速选择】命令，设置【对象类型】为【直线】，【特性】为【图层】，【值】为"0"，如图 3-118 所示。单击【确定】按钮，选择结果如图 3-119 所示。

⑥ 修剪图形。单击【修改】面板中的【修剪】按钮，依次单击 R3 的圆，修剪结果如图 3-120 所示。

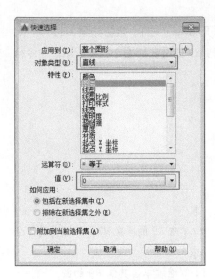

图 3-118　设置选择对象

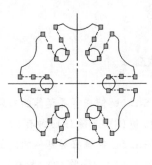

图 3-119　快速选择后的结果

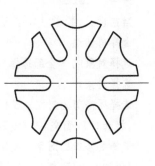

图 3-120　修剪结果

3.6　设置图形单位与界限

通常，在开始绘制一幅新的图形时，为了绘制出精确图形，首先要设置图形的尺寸和度量单位。

3.6.1　设置图形单位

设置绘图环境的第一步就是设定图形的度量单位的类型。单位规定了图形对象的度量方式，可以将设定的度量单位保存在样板中，如表 3-2 所示。

表 3-2　度量单位

度 量 单 位	度 量 示 例	描　　述
分数	32　1/2	整数位加分数
工程	2′　−8.50″	英尺和英寸，英寸部分含小数
建筑	2′　−8　1/2″	英尺和英寸，英寸部分含分数
科学	3.25E+01	基数加幂指数
小数	32.50	十进制整数位加小数位

为了便于不同领域的设计人员进行设计创作，AutoCAD 允许灵活更改绘图单位，以适应不同的工作需求。AutoCAD2016 在【图形单位】对话框中设置图形单位。

打开【图形单位】对话框有如下 3 种方法。

- ▷　**应用程序按钮：** 单击【应用程序】按钮▲，在弹出的快捷菜单中选择【图形实用工具】|【单位】选项，如图 3-121 所示。
- ▷　**菜单栏：** 选择【格式】|【单位】命令。
- ▷　**命令行：** UNITS 或 UN。

执行以上任一种操作后，将打开【图形单位】对话框，如图 3-122 所示。在该对话框中，通过【长度】区域内【类型】下拉列表选择需要使用的度量单位类型，默认的度量单位为【小数】；在【精度】下拉列表中可以选择所需的精度；以及从 AutoCAD 设计中心中插入图块或外部参照时的缩放单位。

第1篇　入门篇

94

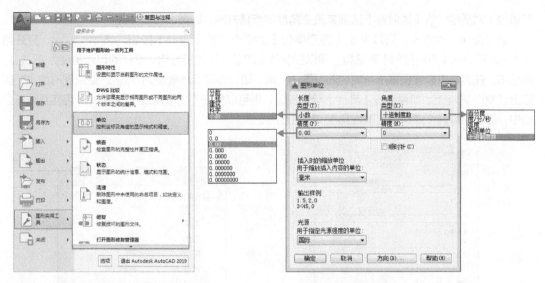

图 3-121 【应用程序】按钮调用【单位】命令 　　　　图 3-122 【图形单位】对话框

　　提示：毫米（mm）是国内机械绘图领域最常用的绘图单位，AutoCAD 默认的绘图单位也是毫米（mm），所以有时候可以省略绘图单位设置这一步骤。

3.6.2　设置角度的类型

　　与度量单位一样，在不同的专业领域和工作环境中，用来表示角度的方法也是不同的，如表 3-3 所示。默认设置是十进制角度。

表 3-3　角度类型

角度类型名称	度 量 示 例	描　　述
十进制度数	32.5′	整数角度和小数部分角度
度/分/秒	32° 30′ 0″	度、分、秒
百分度	36.1111g	百分度数
弧度	0.5672r	弧度数
勘测单位	N 57d30′ E	勘测（方位）单位

　　在图 3-122 所示的【图形单位】对话框中，通过【角度】区域内【类型】下拉列表选择需要使用的度量单位类型，默认的度量单位为【十进制度数】；在【精度】下拉列表中可以选择所需的精度。

　　要注意的是，角度中的 1′ 是 1° 的 1/60，而 1″ 是 1′ 的 1/60。百分度和弧度都只是另外一种表示角度的方法，公制角度的一百分度相当于直角的 1/100，弧度用弧长与圆弧半径的比值来度量角度。弧度的范围从 0～2π，相当于通常角度中的 0°～360°，其中 1 弧度大约等于 57.3°。勘测单位则是以方位角来表示角度的，先以北或南作为起点，然后加上特定的角（度、分、秒）来表示该角相对于正南或正北方向的偏移角，以及偏向哪个方向（东或西）。

　　另外，在这里更改角度类型的设置并不能自动更改标注中角度类型，需要通过【标注样式管理器】来更改标注。

3.6.3　设置角度的测量方法与方向

　　按照惯例，角度都是按逆时针方向递增的，以向右的方向为 0°，也称为东方。可以通过勾选【图形单位】对话框中的【顺时针】选项来改变角度的度量方向，如图 3-123 所示。

要改变 0° 的方向，可以单击【图形单位】对话框中的【方向】按钮 方向(D)...，打开如图 3-124 所示的【方向控制】对话框，用以控制角度的起点和测量方向。默认的起点角度为 0°，方向正东。在其中可以设置基准角度，即设置 0° 角。如：将基准角度设为"北"，则绘图时的 0° 实际上在 90° 方向上。如果选择【其他】单选按钮，则可以单击【拾取角度】按钮，切换到图形窗口中，通过拾取两个点来确定基准角度 0° 的方向。

图 3-123 【图形单位】对话框

图 3-124 【方向控制】对话框

操作技巧：对角度方向的更改会对输入角度以及显示坐标值产生影响，但这不会改变用户坐标系（UCS）设置的绝对坐标值。如果使用动态输入功能，会发现动态输入工具栏提示中显示出来的角度值从来不会超过 180°，这个介于 0°～180° 的值代表的是当前点与 0° 角水平线之间在顺时针和逆时针方向上的夹角。

3.6.4 设置图形界限

AutoCAD 的绘图区域是无限大的，用户可以绘制任意大小的图形，但由于现实中使用的图纸均有特定的尺寸（如常见的 A4 纸大小为 297mm×210mm），为了使绘制的图形符合纸张大小，需要设置一定的图形界限。执行【设置绘图界限】命令操作有以下几种方法。

▷ 菜单栏：选择【格式】|【图形界限】命令。
▷ 命令行：LIMITS。

通过以上任一种方法执行图形界限命令后，在命令行输入图形界限的两个角点坐标，即可定义图形界限。而在执行图形界限操作之前，需要激活状态栏中的【栅格】按钮，只有启用该功能才能查看图形界限的设置效果。它确定的区域是可见栅格指示的区域。

【操作实例 3-13】：设置 A4（297mm×210mm）的图形界限

① 单击快速访问工具栏中的【新建】按钮，新建文件。

② 选择【格式】|【图形界限】命令，设置图形界限，命令行提示如下。此时若选择 ON 选项，则绘图时图形不能超出图形界限，若超出系统不予显示，选择 OFF 选项时准予超出界限图形。

```
命令：_limits↙                                    //调用【图形界限】命令
重新设置模型空间界限：
指定左下角点或 [开(ON)/关(OFF)] <0.0,0.0>: 0,0↙  //指定坐标原点为图形界限左下角点
指定右上角点<420.0,297.0>: 297,210↙              //指定右上角点
```

③ 右击状态栏上的【栅格】按钮▥，在弹出的快捷菜单中选择【网格设置】命令，或在命令行输入 SE 并按 Enter 键，系统弹出【草图设置】对话框，在【捕捉和栅格】选项卡中，取消选中【显示超出界限的栅格】复选框，如图 3-125 所示。

④ 单击【确定】按钮，设置的图形界限以栅格的范围显示，如图 3-126 所示。

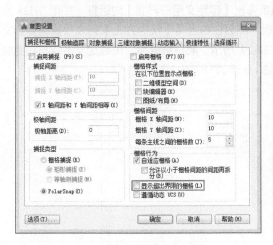

图 3-125 【草图设置】对话框

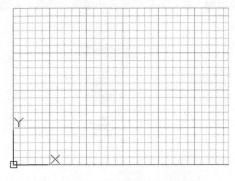

图 3-126 以栅格范围显示图形界限

⑤ 将设置的图形界限（A4 图纸范围）放大至全屏显示，如图 3-127 所示，命令行操作如下。

```
命令：zoom↙                        //调用视图缩放命令
指定窗口的角点，输入比例因子 (nX 或 nXP)，或者
[全部(A)/中心(C)/动态(D)/范围(E)/上一个(P)/比例(S)/窗口(W)/对象(O)] <实时>：A↙
                                 //激活【全部】选项，正在重生成模型
```

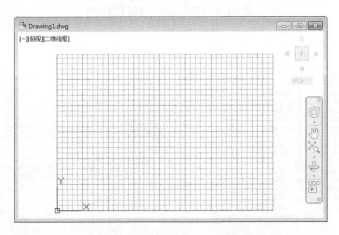

图 3-127 布满整个窗口的栅格

3.7 自定义快捷键与操作界面

包含丰富命令的面板界面和强大的快捷键功能是 AutoCAD 操作的两大亮点。此外，AutoCAD 还支持用户根据自己的操作习惯对快捷键和操作界面进行修改。

3.7.1 自定义快捷键

用户可以修改系统默认的快捷键，或者创建自定义的快捷键。例如【重做】命令默认的快捷键是 Ctrl+Y，在键盘上这两个键因距离太远而操作不方便，此时可以将其设置为 Ctrl+2。

选择【工具】|【自定义】|【界面】命令，系统弹出【自定义用户界面】对话框，如图 3-128 所示。在左上角的列表框中选择【键盘快捷键】选项，然后在右上角【快捷方式】列表中找到要定义的命令，双击其对应的主键值并进行修改，如图 3-129 所示。需注意的是，按键定义不能与其他命令重复，否则系统弹出提示信息对话框，如图 3-130 所示。

图 3-128 【自定义用户界面】对话框

图 3-129　修改【重做】按键

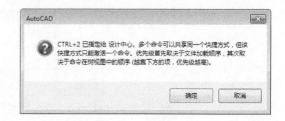

图 3-130　提示对话框

3.7.2 自定义操作界面

AutoCAD 的功能区面板中并没有显示出所有的可用命令按钮，如绘制墙体的【多线】（MLine）命令在功能区中就没有相应的按钮，这给习惯使用面板按钮的用户来说带来了不便。因此学会根据需要添加、删除和更改功能区中的命令按钮，就会大大提高我们的绘图效率。

下面以添加【多线】（MLine）命令按钮为例做讲解。

【操作实例 3-14】：向功能区面板中添加【多线】按钮

① 单击功能区【管理】选项卡【自定义设置】组面板中【用户界面】按钮，系统弹出【自定义用户界面】对话框，如图 3-131 所示。

图 3-131 【自定义用户界面】对话框

② 在【所有文件中的自定义设置】选项框中选择【所有自定义文件】下拉选项，依次展开其下的【功能区】|【面板】|【二维常用选项卡-绘图】树列表，如图 3-132 所示。

③ 在【命令列表】选项框中选择【绘图】下拉选项，在绘图命令列表中找到【多线】选项，如图 3-133 所示。

图 3-132 选择要放置命令按钮的位置

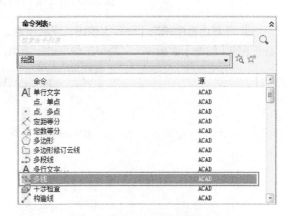

图 3-133 选择要放置的命令按钮

④ 单击【二维常用选项卡-绘图】树列表，显示其下的子选项，并展开【第 3 行】树列表，在

对话框右侧的【面板预览】中可以预览到该面板的命令按钮布置，可见第 3 行中仍留有空位，可将【多线】按钮放置在此，如图 3-134 所示。

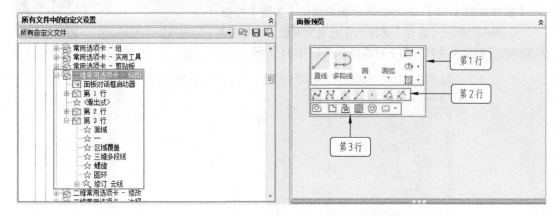

图 3-134 【二维常用选项卡-绘图】中的命令按钮布置图

⑤ 点选【多线】选项并向上拖动至【二维常用选项卡-绘图】树列表下【第 3 行】树列表中，放置在【修订 云线】命令之下，拖动成功后在【面板预览】的第 3 行位置处出现【多线】按钮，如图 3-135 所示。

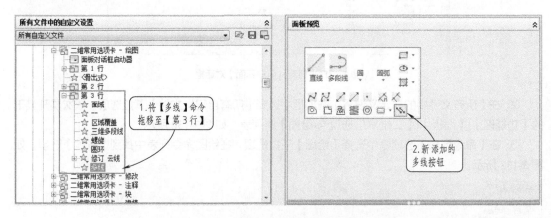

图 3-135 在【第 3 行】中添加【多线】按钮

⑥ 在对话框中单击【确定】按钮，完成设置。这时【多线】按钮便被添加进了【默认】选项卡下的【绘图】面板中，只需单击便可进行调用，如图 3-136 所示。

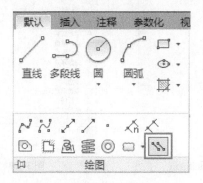

图 3-136 添加至【绘图】面板中的多线按钮

·第4章·

二维机械图形绘制

任何复杂的机械图形都可以分解成多个基本的二维图形，这些图形包括点、直线、圆、多边形、圆弧和样条曲线等，AutoCAD2019 为用户提供了丰富的绘图功能，用户可以非常轻松地绘制这些图形。通过本章的学习，用户将会对 AutoCAD 平面图形的绘制方法有一个全面的了解和认识，并能熟练掌握常用的绘图命令。

4.1 绘制点

点是所有图形中最基本的图形对象，可以作为捕捉和偏移对象的参考点。在 AutoCAD2019 中，可以通过单点、多点、定数等分和定距等分 4 种方法创建点对象。

4.1.1 点样式

从理论上来讲，点是没有长度和大小的图形对象。在 AutoCAD 中，系统默认情况下绘制的点显示为一个小圆点，在屏幕中很难看清，因此可以使用【点样式】设置、调整点的外观形状，也可以调整点的尺寸大小，以便根据需要，让点显示在图形中。在绘制单点、多点、定数等分点或定距等分点之后，我们经常需要调整点的显示方式，以方便对象捕捉，绘制图形。

执行【点样式】命令的方法有以下几种。

▷ 功能区：单击【默认】选项卡【实用工具】面板中的【点样式】按钮 点样式... ，如图 4-1 所示。

▷ 菜单栏：选择【格式】|【点样式】命令。

▷ 命令行：DDPTYPE。

执行该命令后，将弹出如图 4-2 所示的【点样式】对话框，可以在其中设置共计 20 种点的显示样式和大小。

图 4-1 面板中的【点样式】按钮

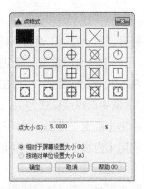

图 4-2 【点样式】对话框

对话框中各选项的含义说明如下。

- ▶ 【点大小（S）】文本框：用于设置点的显示大小，与下面的两个选项有关。
- ▶ 【相对于屏幕设置大小（R）】单选框： 用于按 AutoCAD 绘图屏幕尺寸的百分比设置点的显示大小，在进行视图缩放操作时，点的显示大小并不改变，在命令行输入 RE 命令即可重生成，始终保持与屏幕的相对比例，如图 4-3 所示。
- ▶ 【按绝对单位设置大小（A）】单选框：使用实际单位设置点的大小，同其他的图形元素（如直线、圆），当进行视图缩放操作时，点的显示大小也会随之改变，如图 4-4 所示。

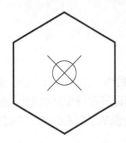   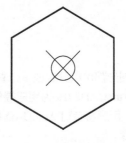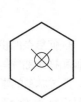

图 4-3　视图缩放时点大小相对于屏幕不变　　　　图 4-4　视图缩放时点大小相对于图形不变

【操作实例 4-1】：设置点样式绘制棘轮

棘轮，是一种外缘或内缘上具有刚性齿形表面或摩擦表面的齿轮，是组成棘轮机构的重要构件，如图 4-5 所示。棘轮机构常用在各种机床和自动机中间歇进给或回转工作台的转位上。本例便通过设置【点样式】进行定位，然后来绘制棘轮。

图 4-5　棘轮机构中的棘轮

① 打开"第 4 章\4-1 设置点样式绘制棘轮.dwg"素材文件，其中已经绘制好了两个辅助圆和一轮廓孔，且图形在合适位置已经创建好了点，但并没有设置点样式，如图 4-6 所示。

② 在【默认】选项卡中，单击【实用工具】面板中的【点样式】按钮 ☑ 点样式...，在弹出的【点样式】对话框中选择点样式为｜ ⊕ ，如图 4-7 所示。

③ 单击【确定】按钮，关闭对话框，返回绘图区，图形结果如图 4-8 所示。

④ 利用【直线】命令绘制轮齿。单击【绘图】面板的【直线】按钮 ╱ ，连接内外圆相邻的点，绘制轮齿，如图 4-9 所示。

⑤ 删去多余图形后结果如图 4-10 所示。

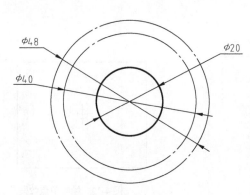

图 4-6　素材文件

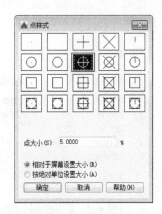

图 4-7　设置点样式

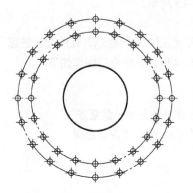

图 4-8　显示点样式的图形结果

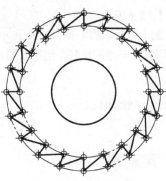

图 4-9　绘制直线进行连接

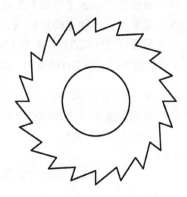

图 4-10　最终图形效果

提示：在自行车中棘轮机构用于单向驱动，在手动绞车中棘轮机构常用以防止逆转。棘轮机构工作时常伴有噪声和振动，因此它的工作频率不能过高。

4.1.2　单点和多点

在 AutoCAD2019 中，点的绘制通常使用【多点】命令来完成，【单点】命令已不太常用。

（1）单点

绘制单点就是执行一次命令只能指定一个点，指定完后自动结束命令。执行【单点】命令有以下几种方法。

⊙　菜单栏：选择【绘图】|【点】|【单点】命令，如图 4-11 所示。

⊙　命令行：PONIT 或 PO。

设置好点样式之后，选择【绘图】|【点】|【单点】命令，根据命令行提示，在绘图区任意位置单击，即完成单点的绘制，结果如图 4-12 所示。命令行操作如下。

```
命令：_point
当前点模式：PDMODE=33　PDSIZE=0.0000
指定点：　　　　　　　　　　//在任意位置单击放置点，放置后便自动结束【单点】命令
```

（2）多点

绘制多点就是指执行一次命令后可以连续指定多个点，直到按 Esc 键结束命令。执行【多点】

命令有以下几种方法。

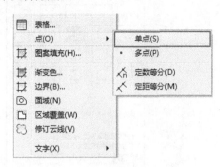

图 4-11　菜单栏中的【单点】

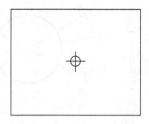

图 4-12　绘制单点效果

- ◉ 功能区：单击【绘图】面板中的【多点】按钮 ⊡ ，如图 4-13 所示。
- ◉ 菜单栏：选择【绘图】|【点】|【多点】命令。

设置好点样式之后，单击【绘图】面板中的【多点】按钮 ⊡ ，根据命令行提示，在绘图区任意 6 个位置单击，按 Esc 键退出，即可完成多点的绘制，结果如图 4-14 所示。命令行操作如下。

```
命令：_point
当前点模式：PDMODE=33  PDSIZE=0.0000        //在任意位置单击放置点
指定点：*取消*                              //按 Esc 键完成多点绘制
```

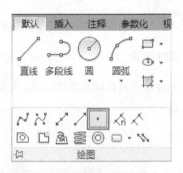

图 4-13　【绘图】面板中的【多点】

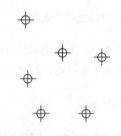

图 4-14　绘制多点效果

4.1.3　定数等分

【定数等分】是将对象按指定的数量分为等长的多段，并在各等分位置生成点的操作方式。执行【定数等分】命令的方法有以下几种。

- ◉ 功能区：单击【绘图】面板中的【定数等分】按钮 ⚲ ，如图 4-15 所示。
- ◉ 菜单栏：选择【绘图】|【点】|【定数等分】命令。
- ◉ 命令行：DIVIDE 或 DIV。

执行命令后，命令行操作步骤提示如下。

```
命令：_divide             //执行【定数等分】命令
选择要定数等分的对象：     //选择要等分的对象，可以是直线、圆、圆弧、样条曲线、多段线
输入线段数目或 [块(B)]：   //输入要等分的段数
```

命令行中部分选项说明如下。

⊛ "输入线段数目"：该选项为默认选项，输入数字即可将被选中的图形进行平分，如图4-16所示。

⊛ "块（B）"：该命令可以在等分点处生成用户指定的块，如图4-17所示。

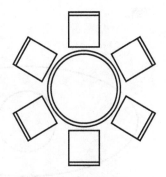

图4-15 【绘图】面板区   图4-16 以点定数等分   图4-17 以块定数等分

　　提示： 在命令操作过程中，命令行有时会出现"输入线段数目或[块(B)]:"这样的提示，其中的英文字母如"块（B）"等，是执行各选项命令的输入字符。如果我们要执行"块（B）"选项，那只需在该命令行中输入"B"即可。

【操作实例4-2】：通过【定数等分】绘制椭圆齿轮

　　【定数等分】除了绘制点外，还可以通过指定【块】来对图形进行编辑，类似于【阵列】命令，但在某些情况下较【阵列】灵活，如非标图形（椭圆、样条曲线等）的等分。椭圆齿轮是非圆齿轮的一种，比较少见，可以产生变化的输出转速，一般多用于油泵上，如图4-18所示。

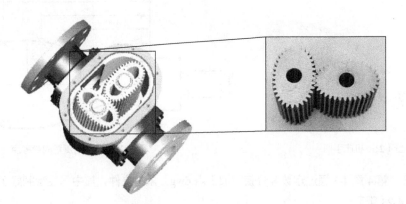

图4-18 油泵内的椭圆齿轮

　　① 单击【快速访问】工具栏中的【打开】按钮 ▭，打开"第4章\4-2 通过定数等分绘制椭圆齿轮.dwg"素材文件，如图4-19所示，素材中已经创建好了名为"齿形"的块。

　　② 在【默认】选项卡中，单击【绘图】面板中的【定数等分】按钮 ▧，根据命令提示绘制图形，命令行操作如下。

命令：_divide	//调用【定数等分】命令
选择要定数等分的对象：	//选择桌子边
输入线段数目或［块(B)］：B↙	//选择"B(块)"选项
输入要插入的块名：齿形↙	//输入"齿形"图块名

| 是否对齐块和对象？[是(Y)/否(N)] <Y>：↙ | //单击 Enter 键 |
| 输入线段数目：30↙ | //输入等分数为 30 |

③ 创建定数等分的结果如图 4-20 所示。学习了后面章节的编辑命令后，还可以对图形进一步修缮。

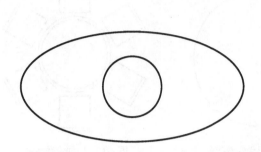

图 4-19　素材文件

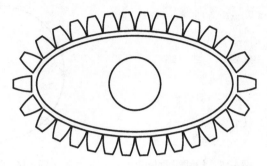

图 4-20　最终效果

【操作实例 4-3】：通过【定数等分】获取加工点

在机械行业，经常会看到一些具有曲线外形的零件，如常见的机床手柄，如图 4-21 所示。要加工这类零件，就势必需要获取曲线轮廓上的若干点来作为加工、检验尺寸的参考，如图 4-22 所示，此时就可以通过【定数等分】的方式来获取这些点。点的数量越多，轮廓就越精细，但加工、质检时工作量就越大，因此推荐等分点数在 5～10 之间。

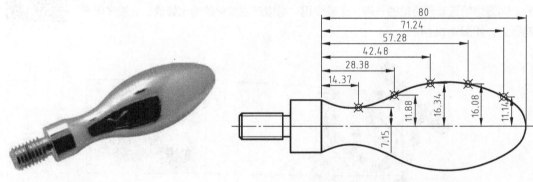

图 4-21　机床手柄

图 4-22　加工与测量的参考点

① 打开"第 4 章\4-3 通过定数等分获取加工点.dwg"素材文件，其中已经绘制好了一手柄零件图形，如图 4-23 所示。

② 坐标归零。要得到各加工点的准确坐标，就必须先定义坐标原点，即数据加工中的"对刀点"。在命令行中输入 UCS，单击 Enter 键，可见 UCS 坐标附着于十字光标上，然后将其放置在手柄曲线的起端，如图 4-24 所示。

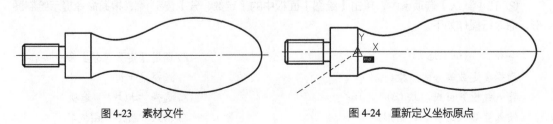

图 4-23　素材文件

图 4-24　重新定义坐标原点

③ 执行定数等分。单击 Enter 键放置 UCS 坐标，接着单击【绘图】面板中的【定数等分】按钮 ，选择上方的曲线（上、下两曲线对称，故选其中一条即可），输入项目数 6，按 Enter 键完成定数等分，如图 4-25 所示。

④ 获取点坐标。在命令行中输入 LIST，选择各等分点，然后单击 Enter 键，即在命令行中得到坐标如图 4-26 所示。

⑤ 这些坐标值即为各等分点相对于新指定原点的坐标，可用作加工或质检的参考。

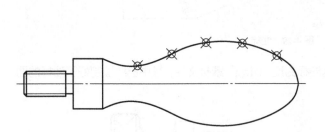

| 图 4-25　定数等分 | 图 4-26　通过 LIST 命令获取点坐标 |

4.1.4　定距等分

【定距等分】是将对象分为长度为指定值的多段，并在各等分位置生成点的操作方式。执行【定距等分】命令的方法有以下几种。

▷ 功能区：单击【绘图】面板中的【定距等分】按钮 ，如图 4-27 所示。

▷ 菜单栏：选择【绘图】|【点】|【定距等分】命令。

▷ 命令行：MEASURE 或 ME。

执行命令后，命令行操作步骤提示如下。

```
命令: _measure          //执行【定距等分】命令
选择要定距等分的对象：   //选择要等分的对象，可以是直线、圆、圆弧、样条曲线、多段线
指定线段长度或〔块(B)〕： //输入要等分的单段长度
```

命令行中部分选项说明如下。

▷ "指定线段长度"：该选项为默认选项，输入的数字即为分段的长度，如图 4-28 所示。

▷ "块（B）"：该命令可以在等分点处生成用户指定的块。

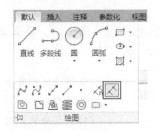

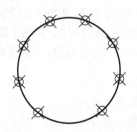

| 图 4-27　定距等分 | 图 4-28　定距等分效果 |

【操作实例 4-4】：设置点样式绘制油标刻度线

油标是减速器中的常见配件，主要用来帮助工作人员检查机体内润滑油脂的保存情况。在油标上通常会设计有刻度线，借此即可准确定义含油量是否足以支持减速器继续工作，如图 4-29 所示。

第1篇　入门篇

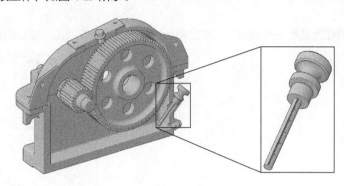

图 4-29　油标

① 打开"第 4 章\4-4 设置点样式绘制油标刻度线.dwg"素材文件，其中已经绘制好了油标的图形，如图 4-30 所示。

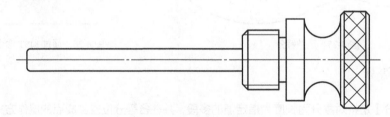

图 4-30　素材文件

② 执行 L【直线】命令，沿着油标中心线绘制一辅助线作为刻度线，如图 4-31 所示。

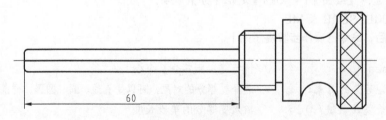

图 4-31　绘制刻度线

③ 在【默认】选项卡中，单击【实用工具】面板中的【点样式】按钮 ![点样式...]，打开【点样式】对话框，根据需要，在对话框中选择第一排最右侧的形状，然后点选【按绝对单位设置大小】单选框，输入点大小为 3，如图 4-32 所示。

④ 在【默认】选项卡中，单击【绘图】面板中的【定距等分】按钮 ![]，将步骤②绘制好的直线段按每段 10mm 长进行分段，结果如图 4-33 所示。命令行操作如下。

```
命令：ME✓                                    //调用【定距等分】命令
选择要定数等分的对象：                          //选择直线
输入线段数目或 [块(B)]：10✓                    //输入等分的距离
                                            //按 Esc 键退出
```

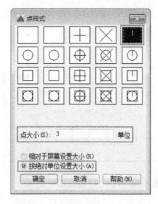

图 4-32 设置点样式

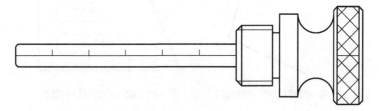

图 4-33 生成刻度

4.2 绘制直线类图形

直线类图形是 AutoCAD 中最基本的图形对象，在 AutoCAD 中，根据用途的不同，可以将线分类为直线、射线、构造线、多线和多线段。不同的直线对象具有不同的特性，下面对直线、射线、构造线进行详细讲解。

4.2.1 直线

直线是绘图中最常用的图形对象，只要指定了起点和终点，就可绘制出一条直线。执行【直线】命令的方法有以下几种。

- ⊚ 功能区：单击【绘图】面板中的【直线】按钮 。
- ⊚ 菜单栏：选择【绘图】|【直线】命令。
- ⊚ 命令行： LINE 或 L。
  执行命令后，命令行操作步骤提示如下。

```
命令：_line                  //执行【直线】命令
指定第一个点：               //输入直线段的起点，用鼠标指定点或在命令行中输入点的坐标
指定下一点或 [放弃(U)]：      //输入直线段的终点。也可以用鼠标指定一定角度后，直接输入
                              直线的长度
指定下一点或 [放弃(U)]：      //输入下一直线段的端点。输入 "U" 表示放弃之前的输入
指定下一点或 [闭合(C)/放弃(U)]://输入下一直线段的端点。输入 "C" 使图形闭合，或按
                              Enter 键结束命令
```

命令行中部分选项说明如下。

- ⊚ "指定下一点"：当命令行提示 "指定下一点" 时，用户可以指定多个端点，从而绘制出多条直线段。但每一段直线又都是一个独立的对象，可以进行单独的编辑操作，如图 4-34 所示。
- ⊚ "闭合（C）"：绘制两条以上直线段后，命令行会出现 "闭合（C）" 选项。此时如果输入 C，则系统会自动连接直线命令的起点和最后一个端点，从而绘制出封闭的图形，如图 4-35 所示。
- ⊚ "放弃（U）"：命令行出现 "放弃（U）" 选项时，如果输入 U，则会擦除最近一次绘制

的直线段，如图 4-36 所示。

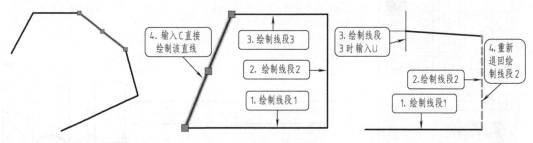

图 4-34　每一段直线均可单独编辑　　　图 4-35　输入 C 绘制封闭图形　　　图 4-36　输入 U 重新绘制直线

【操作实例 4-5】：使用直线绘制连杆机构

直线是应用最多的设计图形，大部分的零件外形轮廓都会以直线表示（尤其是剖面图），除此之外还有中心线、剖面线等辅助线条。另外在机械原理图中，直线还可以用来表示连杆、固定臂等，用以绘制机构的运动简图，如图 4-37 所示。

① 打开素材文件"第 4 章\4-5 使用直线绘制连杆机构.dwg"，其中已创建好了 4 个节点，如图 4-38 所示。

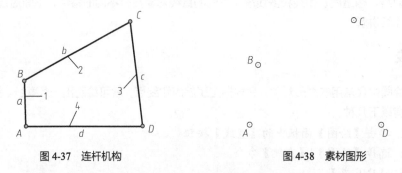

图 4-37　连杆机构　　　　　　　　　　图 4-38　素材图形

② 单击【绘图】面板中的【直线】按钮 ✎ ，可以连续绘制多条相连直线，输入数值可以绘制指定长度的直线，如需绘制图 4-39 所示的图形，则命令行操作如下。

命令：_line	//单击【直线】按钮 ✎
指定第一个点：	//移动至点 A，单击鼠标左键
指定下一点或 [放弃(U)]：	//移动至点 B，单击鼠标左键
指定下一点或 [放弃(U)]：	//移动至点 C，单击鼠标左键
指定下一点或 [闭合(C)/放弃(U)]：	//移动至点 D，单击鼠标左键
指定下一点或 [闭合(C)/放弃(U)]：c ✎	//输入 C，闭合图形

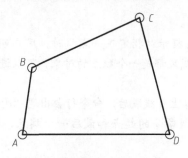

图 4-39　绘制的连杆机构简图

4.2.2　射线

射线是一端固定而另一端无限延伸的，它只有起点和方向，没有终点。射线在 AutoCAD 中使用较少，通常用来作为辅助线，尤其在机械制图中可以作为三视图的投影线使用。

执行【射线】的方法有以下几种。

- ⊙　功能区：单击【绘图】面板中的【射线】按钮 。
- ⊙　菜单栏：选择【绘图】|【射线】命令。
- ⊙　命令行：RAY。

【操作实例 4-6】：根据投影规则绘制相贯线

两立体表面的交线称为相贯线，如图 4-40 所示。它们的表面（外表面或内表面）相交，均出现了箭头所指的相贯线，在画该类零件的三视图时，必然涉及绘制相贯线的投影问题。

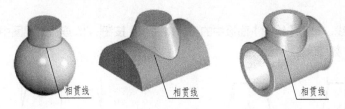

图 4-40　相贯线

① 打开素材文件"第 4 章\4-6 根据投影规则绘制相贯线.dwg"，其中已经绘制好了零件的左视图与俯视图，如图 4-41 所示。

② 绘制水平投影线。单击【绘图】面板中的【射线】按钮 ，以左视图中各端点与交点为起点向左绘制射线，如图 4-42 所示。

③ 绘制竖直投影线。按相同方法，以俯视图中各端点与交点为起点，向上绘制射线，如图 4-43 所示。

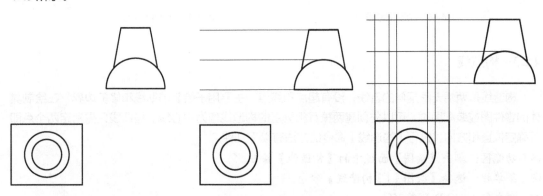

图 4-41　素材图形　　　　　图 4-42　绘制水平投影线　　　　　图 4-43　绘制竖直投影线

④ 绘制主视图轮廓。绘制主视图轮廓之前，先要分析出俯视图与左视图中各特征点的投影关系（俯视图中的点，如 1、2 等，即相当于左视图中的点 1'、2'，下同），然后单击【绘图】面板中的【直线】按钮 ，连接各点的投影在主视图中的交点，即可绘制出主视图轮廓，如图 4-44 所示。

⑤ 求一般交点。目前所得的图形还不足以绘制出完整的相贯线，因此需要另外找出 2 点，借以绘制出投影线来获取相贯线上的点（原则上 5 点才能确定一条曲线）。按"长对正、宽相等、高平齐"的原则，在俯视图和左视图中绘制如图 4-45 所示的两条直线，删除多余射线。

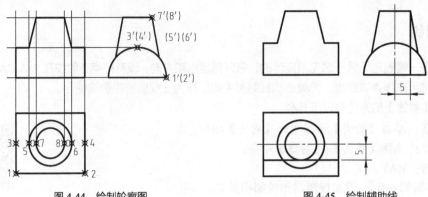

图 4-44　绘制轮廓图　　　　　　　　　　　　　　　图 4-45　绘制辅助线

⑥ 绘制投影线。将辅助线与图形的交点作为起点，分别使用【射线】命令绘制投影线，如图 4-46 所示。

⑦ 绘制相贯线。单击【绘图】面板中的【样条曲线】按钮 ～，连接主视图中各投影线的交点，即可得到相贯线，如图 4-47 所示。

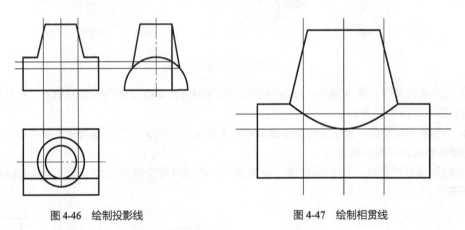

图 4-46　绘制投影线　　　　　　　　　　　　　图 4-47　绘制相贯线

4.2.3　构造线

构造线是两端无限延伸的直线，没有起点和终点，主要用于绘制辅助线和修剪边界，在绘制具体的零件图或装配图时，可以先创建两根互相垂直的构造线作为中心线。构造线只需指定两个点即可确定位置和方向，执行【构造线】命令的方法有以下几种。

▷　功能区：单击【绘图】面板中的【构造线】按钮 ～。
▷　菜单栏：选择【绘图】|【构造线】命令。
▷　命令行：XLINE 或 XL。
　　执行该命令后命令提示如下。

命令：_xline 指定点或 [水平 (H) / 垂直 (V) / 角度 (A) / 二等分 (B) / 偏移 (O)]。

选择【水平】或【垂直】选项，可以绘制水平和垂直的构造线，如图 4-48 所示；选择【角度】选项，可以绘制一定倾斜角度的构造线，如图 4-49 所示。

选择【二等分】选项，可以绘制两条相交直线的角平分线，如图 4-50 所示。绘制角平分线时，使用捕捉功能依次拾取顶点 O、起点 A 和端点 B 即可。

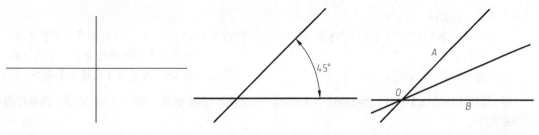

图 4-48　水平和垂直构造线　　　　图 4-49　成角度的构造线　　　　图 4-50　二等分构造线

选择【偏移】选项，可以由已有直线偏移出平行线。该选项的功能类似于【偏移】
命令。通过输入偏移距离和选择要偏移的直线来绘制与该直线平行的构造线。

【操作实例 4-7】：绘制粗糙度符号

① 单击【绘图】面板中的【构造线】按钮 ，绘制 60° 倾斜角的构造线，如图
4-51 所示。命令行操作过程如下。

```
命令：_xline                                          //执行【构造线】命令
指定点或 [水平(H)/垂直(V)/角度(A)/二等分(B)/偏移(O)]：A↙ //选择【角度】选项
输入构造线的角度 (0) 或 [参照(R)]：60↙              //输入构造线的角度
指定通过点：                                          //在绘图区单击任意一点确定通过点
指定通过点：*取消*                                    //按 Esc 键退出【构造线】命令
```

② 单击空格或回车键重复【构造线】命令，绘制第二条构造线，如图 4-52 所示。命令行操作
过程如下。

```
命令：XLINE
指定点或 [水平(H)/垂直(V)/角度(A)/二等分(B)/偏移(O)]：A↙ //选择【角度】选项
输入构造线的角度 (0) 或 [参照(R)]：R↙                //使用参照角度
选择直线对象：                                        //选择上一条构造线作为参照对象
输入构造线的角度 <0>：60↙                           //输入构造线角度
指定通过点：                                          //任意单击一点确定通过点
指定通过点：                                          //按 Esc 键退出命令
```

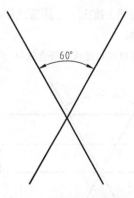

图 4-51　绘制第一条构造线　　　　　图 4-52　绘制第二条构造线

③ 重复【构造线】命令，绘制水平的构造线，如图 4-53 所示。命令行操作过程如下。

```
命令： _xline
指定点或 [水平(H)/垂直(V)/角度(A)/二等分(B)/偏移(O)]：H    //选择【水平】选项
指定通过点：                              //选择两条构造线的交点作为通过点
指定通过点：*取消*                        //按 Esc 键退出【构造线】命令
```

④ 重复【构造线】命令，绘制与水平构造线平行的第一条构造线，如图 4-54 所示。命令行操作过程如下。

```
命令： _xline
指定点或 [水平(H)/垂直(V)/角度(A)/二等分(B)/偏移(O)]：O✓  //选择【偏移】选项
指定偏移距离或 [通过(T)] <150.0000>：5✓        //输入偏移距离
选择直线对象：                            //选择第一条水平构造线
指定向哪侧偏移：                          //在所选构造线上侧单击
```

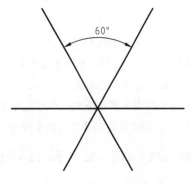

图 4-53　绘制水平构造线

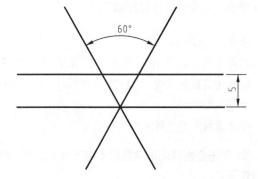

图 4-54　绘制第一条平行构造线

⑤ 重复【构造线】命令，绘制与水平构造线平行的第二条构造线，如图 4-55 所示。命令行操作如下。

```
命令： _xline
指定点或 [水平(H)/垂直(V)/角度(A)/二等分(B)/偏移(O)]：O ✓ //选择【偏移】选项
指定偏移距离或 [通过(T)] <150.0000>：10.5✓        //输入偏移距离
选择直线对象：                            //选择第一条水平构造线
指定向哪侧偏移：                          //在所选构造线上侧单击
```

⑥ 单击【直线】按钮 。用直线依次连接交点 *A*、*B*、*C*、*D*、*E*，然后删除多余的构造线，结果如图 4-56 所示。

提示：*A* 点可以在构造线上任意选取一点。

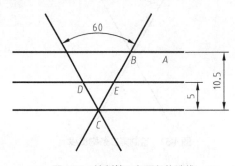

图 4-55　绘制第二条平行构造线

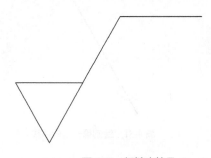

图 4-56　粗糙度符号

4.3 绘制圆、圆弧类图形

在 AutoCAD 中，圆、圆弧、椭圆、椭圆弧和圆环都属于圆类图形，其绘制方法相对于直线对象较复杂，下面对圆、圆弧、椭圆、椭圆弧进行讲解。

4.3.1 圆

圆也是绘图中最常用的图形对象，因此它的执行方式与功能选项也最为丰富。执行【圆】命令的方法有以下几种。

- ➢ 功能区：单击【绘图】面板中的【圆】按钮 ⊘。
- ➢ 菜单栏：选择【绘图】|【圆】命令，然后在子菜单中选择一种绘圆方法。
- ➢ 命令行：CIRCLE 或 C。

执行命令后，命令行操作步骤提示如下。

```
命令：_circle                                    //执行【圆】命令
指定圆的圆心或 [三点(3P)/两点(2P)/切点、切点、半径(T)]：  //选择圆的绘制方式
指定圆的半径或 [直径(D)]：3↙                       //直接输入半径或用鼠标指定半径长度
```

在【绘图】|【圆】命令中提供了 6 种绘制圆的命令，各命令的含义如下。

- ➢ 圆心、半径（R）：用圆心和半径方式绘制圆，如图 4-57 所示。
- ➢ 圆心、直径（D）：用圆心和直径方式绘制圆，如图 4-58 所示。
- ➢ 两点(2P)：通过直径的两个端点绘制圆，系统会提示指定圆直径的第一端点和第二端点，如图 4-59 所示。

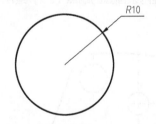 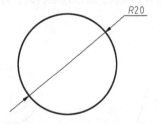 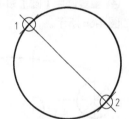

图 4-57　圆心、半径方式画圆　　　　图 4-58　圆心、直径方式画圆　　　　图 4-59　两点画圆

- ➢ 三点（3P）：通过圆上三点绘制圆，系统会提示指定圆直径的第一点、第二点和第三点，如图 4-60 所示。
- ➢ 相切、相切、半径(T)：通过圆与其他两个对象的切点和半径值来绘制圆。系统会提示指定圆的第一切点和第二切点及圆的半径，如图 4-61 所示。
- ➢ 相切、相切、相切（A）：通过三条切线绘制圆，如图 4-62 所示。

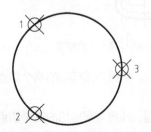 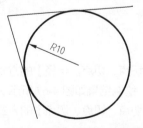 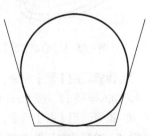

图 4-60　三点画圆　　　　图 4-61　相切、相切、半径画圆　　　　图 4-62　相切、相切、相切画圆

【操作实例 4-8】：绘制圆完善零件图

圆在各种设计图形中都应用频繁，因此对应的创建方法也很多。而熟练掌握各种圆的创建方法，有助于提高绘图效率。

① 打开素材文件"第 4 章\4-8 绘制圆完善零件图.dwg"，其中有一残缺的零件图形，如图 4-63 所示。

② 在【默认】选项卡中，单击【绘图】面板中的【圆】按钮⊘，使用【圆心、半径】的方式，以右侧中心线的交点为圆心，绘制半径为 8 的圆，如图 4-64 所示。

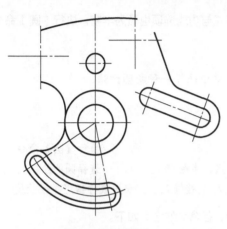

图 4-63　素材图形

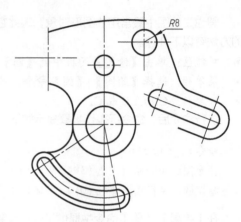

图 4-64　【圆心、半径】绘制圆

③ 重复调用【圆】命令，使用【圆心、直径】的方式，以左侧中心线的交点为圆心，绘制直径为 20 的圆，如图 4-65 所示。

④ 重复调用【圆】命令，使用【两点】的方式绘制圆，分别捕捉两条圆弧的端点 1、2，绘制结果如图 4-66 所示。

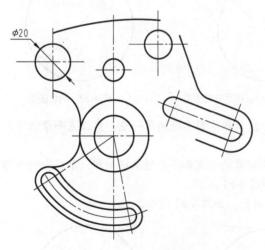

图 4-65　【圆心、直径】绘制圆

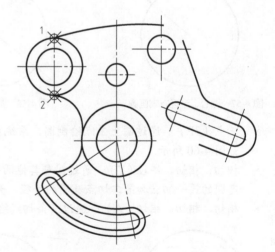

图 4-66　【两点】绘制圆

⑤ 重复调用【圆】命令，使用【切点、切点、半径】的方式绘制圆，捕捉与圆相切的两个切点 3、4，输入半径 13，按 Enter 键确认，绘制结果如图 4-67 所示。

⑥ 重复调用【圆】命令，使用【切点、切点、切点】的方式绘制圆，捕捉与圆相切的三个切点 5、6、7，绘制结果如图 4-68 所示。

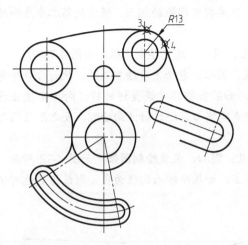

图 4-67 【切点、切点、半径】绘制圆

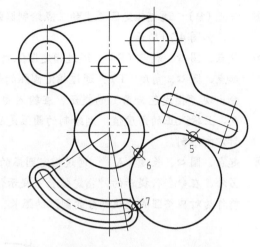

图 4-68 【切点、切点、切点】绘制圆

⑦ 在命令行中输入 TR，调用【修剪】命令，剪切多余弧线，最终效果如图 4-69 所示。

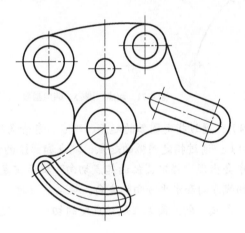

图 4-69 最终效果图

4.3.2 圆弧

圆弧即圆的一部分，在技术制图中，经常需要用圆弧来光滑连接已知的直线或曲线。执行【圆弧】命令的方法有以下几种。

➲ 功能区：单击【绘图】面板中的【圆弧】按钮 。
➲ 菜单栏：选择【绘图】|【圆弧】命令。
➲ 命令行：ARC 或 A。

执行命令后，命令行操作步骤提示如下。

命令：_arc	//执行【圆弧】命令
指定圆弧的起点或 [圆心(C)]：	//指定圆弧的起点
指定圆弧的第二个点或 [圆心(C)/端点(E)]：	//指定圆弧的第二点
指定圆弧的端点：	//指定圆弧的端点

在【绘图】面板【圆弧】按钮的下拉列表中提供了 11 种绘制圆弧的命令，各命令的含义如下。

◉ 三点（P）：通过指定圆弧上的三点绘制圆弧，需要指定圆弧的起点、通过的第二个点和端点，如图 4-70 所示。

◉ 起点、圆心、端点（S）：通过指定圆弧的起点、圆心、端点绘制圆弧，如图 4-71 所示。

◉ 起点、圆心、角度（T）：通过指定圆弧的起点、圆心、包含角度绘制圆弧，执行此命令时会出现"指定包含角"的提示，在输入角时，如果当前环境设置逆时针方向为角度正方向，且输入正的角度值，则绘制的圆弧是从起点绕圆心沿逆时针方向绘制，反之则沿顺时针方向绘制。

◉ 起点、圆心、长度（A）：通过指定圆弧的起点、圆心、长度绘制圆弧，如图 4-72 所示。另外，在命令行提示的"指定弧长"提示信息下，如果所输入的值为负，则该值的绝对值将作为对应整圆的空缺部分的圆弧的弧长。

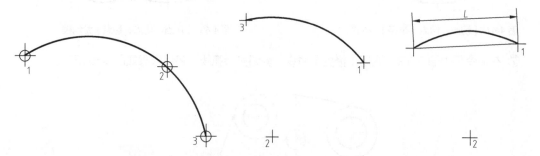

图 4-70　三点画弧　　　　　　图 4-71　起点、圆心、端点画弧　　　图 4-72　起点、圆心、长度画弧

◉ 起点、端点、角度（N）：通过指定圆弧的起点、端点、包含角绘制圆弧。

◉ 起点、端点、方向（D）：通过指定圆弧的起点、端点和圆弧的方向绘制圆弧，如图 4-73 所示。命令执行过程中会出现"指定圆弧的起点切向"提示信息，此时拖动鼠标动态地确定圆弧在起始点处的切线方向和水平方向的夹角。拖动鼠标时，AutoCAD 会在当前光标与圆弧起始点之间形成一条线，即为圆弧在起始点处的切线。确定切线方向后，单击拾取键即可得到相应的圆弧。

◉ 起点、端点、半径（R）：通过指定圆弧的起点、端点和圆弧半径绘制圆弧，如图 4-74 所示。

◉ 圆心、起点、端点（C）：以圆弧的圆心、起点、端点方式绘制圆弧。

◉ 圆心、起点、角度（E）：以圆弧的圆心、起点、角度方式绘制圆弧，如图 4-75 所示。

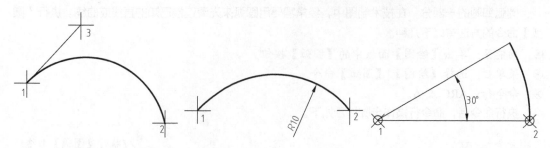

图 4-73　起点、端点、方向画弧　　　图 4-74　起点、端点、半径画弧　　　图 4-75　圆心、起点、角度画弧

◉ 圆心、起点、长度（L）：以圆弧的圆心、起点、弧长方式绘制圆弧。

◉ 连续（O）：绘制其他直线与非封闭曲线后选择【圆弧】|【圆弧】|【圆弧】命令，系统将自动以刚才绘制的对象的终点作为即将绘制的圆弧的起点。

【操作实例 4-9 】： **用圆弧绘制风扇叶片**

圆弧是 AutoCAD 中创建方法最多的图形,这得益于它在机械图形中随处可见的各种应用,如涡轮、桨叶等轮廓,减速器的外形等等。因此熟练掌握各种圆弧的创建方法,对于提高 AutoCAD 的机械造型能力很有帮助。

① 打开素材文件"第 4 章\4-9 用圆弧绘制风扇叶片.dwg",其中已绘制好了水平和垂直的两条中心线,如图 4-76 所示。

② 打开正交模式。单击【绘图】面板中的【构造线】按钮 ,在命令行中选择【偏移】选项,将水平中心线向上分别偏移 60、70,将垂直构造线向两侧分别偏移 50、40,绘制 4 条构造线,得到交点 *A*、*B*、*C*,如图 4-77 所示。

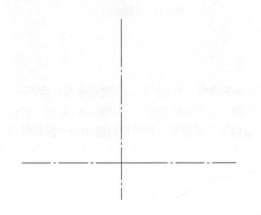

图 4-76　素材图形

图 4-77　绘制偏移构造线

③ 单击【绘图】面板中的【圆】按钮 ,使用【圆心、半径】的方式,依次在 *A*、*B* 点绘制半径为 20、40 的圆,如图 4-78 所示。

④ 在【修改】面板中单击【修剪】按钮 ,修剪出圆弧,如图 4-79 所示。

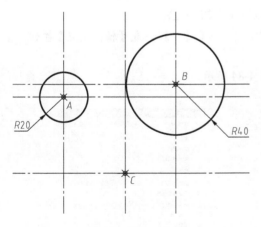

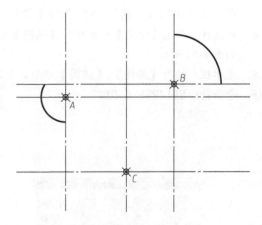

图 4-78　绘制两个圆

图 4-79　修剪出圆弧

⑤ 单击【绘图】面板中的【圆】按钮 ,使用【圆心、直径】的方式,以 *C* 点为圆心绘制直径为 20 和 40 的同心圆,如图 4-80 所示。

⑥ 单击【绘图】面板中的【圆弧】列表下的【起点、端点、半径】按钮 ,依次绘制出半径分别为 40、72、126 的圆弧,如图 4-81 所示。风扇叶片绘制完成。

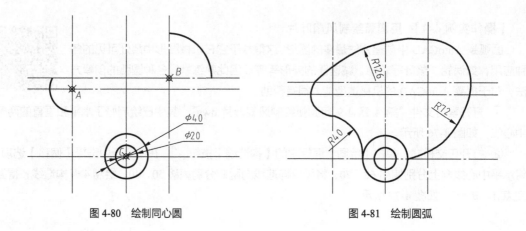

图 4-80　绘制同心圆　　　　　　　　　　图 4-81　绘制圆弧

4.3.3　椭圆

椭圆是到两定点（焦点）的距离之和为定值的所有点的集合，与圆相比，椭圆的半径长度不一，形状由定义其长度和宽度的两条轴决定，较长的称为长轴，较短的称为短轴，如图 4-82 所示。在建筑绘图中，很多图形都是椭圆形的，比如地面拼花、室内吊顶造型等，在机械制图中也一般用椭圆来绘制轴测图上的圆。

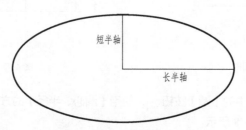

图 4-82　椭圆的长轴和短轴

在 AutoCAD2019 中启动绘制【椭圆】命令有以下几种常用方法。

- ▷　功能区：单击【绘图】面板中的【椭圆】按钮⊙，即【圆心】⊙或【轴，端点】按钮⊙，如图 4-83 所示。
- ▷　菜单栏：执行【绘图】|【椭圆】命令，如图 4-84 所示。
- ▷　命令行：ELLIPSE 或 EL。

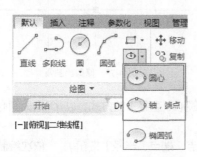

图 4-83　【绘图】面板中的【椭圆】按钮

图 4-84　从菜单栏执行【椭圆】命令

执行命令后，命令行操作步骤提示如下。

```
命令：_ellipse                                      //执行【椭圆】命令
指定椭圆的轴端点或 [圆弧(A)/中心点(C)]：_c           //系统自动选择绘制对象为椭圆
指定椭圆的中心点：                                   //在绘图区中指定椭圆的中心点
指定轴的端点：                                      //在绘图区中指定一点
指定另一条半轴长度或 [旋转(R)]：                     //在绘图区中指定一点或输入数值
```

在【绘图】面板【椭圆】按钮的下拉列表中有【圆心】⬩和【轴，端点】⬩2种方法，各方法含义介绍如下。

➤ 【圆心】⬩：通过指定椭圆的中心点、一条轴的一个端点及另一条轴的半轴长度来绘制椭圆，如图4-85所示。即命令行中的"中心点（C）"选项。

➤ 【轴，端点】⬩：通过指定椭圆一条轴的两个端点及另一条轴的半轴长度来绘制椭圆，如图4-86所示。即命令行中的"圆弧（A）"选项。

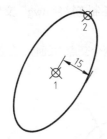
图4-85 【圆心】画椭圆

图4-86 【轴，端点】画椭圆

4.3.4 椭圆弧

椭圆弧是椭圆的一部分。绘制椭圆弧需要确定的参数有：椭圆弧所在椭圆的两条轴及椭圆弧的起点和终点的角度。执行【椭圆弧】命令的方法有以下2种。

➤ 面板：单击【绘图】面板中的【椭圆弧】按钮⬩。

➤ 菜单栏：选择【绘图】|【椭圆】|【椭圆弧】命令。

执行命令后，命令行操作步骤提示如下。

```
命令：_ellipse                                          //执行【椭圆弧】命令
指定椭圆的轴端点或 [圆弧(A)/中心点(C)]：_a               //系统自动选择绘制对象为椭圆弧
指定椭圆弧的轴端点或 [中心点(C)]：                       //在绘图区指定椭圆一轴的端点
指定轴的另一个端点：                                    //在绘图区指定该轴的另一端点
指定另一条半轴长度或 [旋转(R)]：                         //在绘图区中指定一点或输入数值
指定起点角度或 [参数(P)]：                              //在绘图区中指定一点或输入椭圆弧的起始角度
指定端点角度或 [参数(P)/夹角(I)]：                       //在绘图区中指定一点或输入椭圆弧的终止角度
```

【椭圆弧】中各选项含义与【椭圆】一致，唯有在指定另一半轴长度后，会提示指定起点角度与端点角度来确定椭圆弧的大小。

【操作实例4-10】：用椭圆弧绘制连接片

连接片是电子行业中常见的零件，如图4-87所示。它一般用于电子、电脑仪器接地端点，一端焊于接地线，另一端用螺钉锁于机壳。从本例零件图（图 4-88）可知连接片的中间轮廓部分是用一段椭圆弧连接两段 *R*30 的圆弧得到的，而 *R*30 圆弧可以通过倒圆角获得，因此本案例的关键就在于绘制椭圆弧。具体操作步骤如下。

图 4-87　连接片

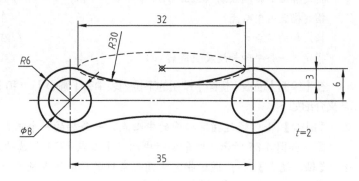

图 4-88　连接片零件图

① 启动 AutoCAD2019，打开"第 4 章\4-10 用椭圆弧绘制连接片.dwg"文件，素材文件内已经绘制好了中心线，如图 4-89 所示。

② 单击【绘图】面板中的【圆】按钮 ◎，以中心线的两个交点为圆心，分别绘制两个直径为 8、12 的圆，如图 4-90 所示。

图 4-89　素材文件

图 4-90　绘制两个直径为 8、12 的圆

③ 单击【绘图】面板中的【直线】按钮 ✎，以水平中心线的中点为起点，向上绘制一长度为 6 的线段，如图 4-91 所示，则命令行操作如下。

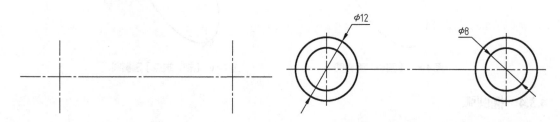

```
命令：_line                    //单击【直线】按钮✎
指定第一个点：                  //指定水平中心线的中点
指定下一点或 [放弃(U)]：6↙      //光标向上移动，引出追踪线确保垂直，输入长度 6
指定下一点或 [闭合(C)/放弃(U)]：*取消*    //按 ESC 退出【直线】命令
```

④ 单击【绘图】面板中的【椭圆】按钮 ◎，以中心点的方式绘制椭圆，选择刚绘制直线的上端点为圆心，然后绘制一长半轴长度为 16、短半轴长度为 3 的椭圆，如图 4-92 所示，命令行操作如下。

```
命令：_ellipse
指定椭圆的轴端点或 [圆弧(A)/中心点(C)]：_c        //以中心点的方式绘制椭圆
指定椭圆的中心点：                               //指定直线的上端点
指定轴的端点：16↙          //光标向左（或右）移动，引出水平追踪线，输入长度 16
指定另一条半轴长度或[旋转(R)]：3↙ //光标向上（或下）移动，引出垂直追踪线，输入长度 3
```

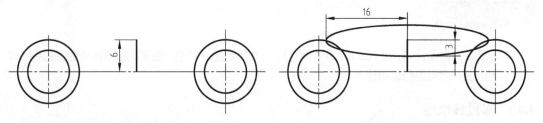

图 4-91　绘制辅助直线　　　　　　　　　　　　　图 4-92　绘制椭圆

⑤ 单击【修改】面板中的【修剪】按钮 ⊹，启用命令后再单击空格或者回车键，然后依次选取外侧要删除的 3 段椭圆，最终剩下所需的一段椭圆弧，如图 4-93 所示。

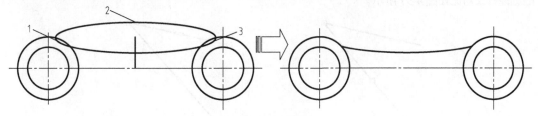

图 4-93　修剪图形

⑥ 倒圆角。单击【修改】面板中的【圆角】按钮 ⌐，输入圆角半径为 30，然后依次选取左侧 φ12 的圆和椭圆弧，结果如图 4-94 所示，命令行操作如下。

```
命令：_fillet
当前设置：模式 = 修剪，半径 = 0.0000
选择第一个对象或 [放弃(U)/多段线(P)/半径(R)/修剪(T)/多个(M)]：r 指定圆角半径
<0.0000>：30✓                                    //输入圆角半径值
选择第一个对象或 [放弃(U)/多段线(P)/半径(R)/修剪(T)/多个(M)]：//选择左侧φ12 的圆
选择第二个对象，或按住 Shift 键选择对象以应用角点或 [半径(R)]：//选择椭圆弧
```

⑦ 按同样方法对右侧进行倒圆角，结果如图 4-95 所示。

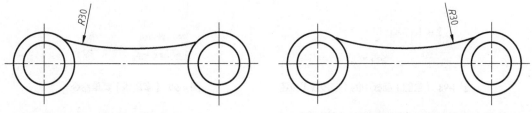

图 4-94　左侧倒圆角　　　　　　　　　　　　　　图 4-95　右侧倒圆角

⑧ 按同样方法绘制下半部分轮廓，然后修剪掉多余线段，即可完成连接片的绘制，如图 4-96 所示。

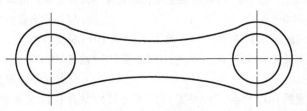

图 4-96　最终图形

4.4 多段线

多段线又称为多义线,是 AutoCAD 中常用的一类复合图形对象。由多段线所构成的图形是一个整体,可以统一对其进行编辑修改。

4.4.1 多段线概述

使用【多段线】命令可以生成由若干条直线和圆弧首尾连接形成的复合线实体。所谓复合对象,即图形的所有组成部分均为一整体,单击时会选择整个图形,不能进行选择性编辑。直线与多段线的选择效果对比如图 4-97 所示。

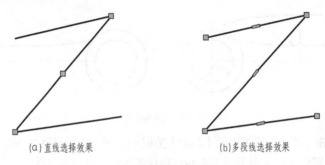

(a)直线选择效果　　　　　　(b)多段线选择效果

图 4-97　直线与多段线的选择效果对比

调用【多段线】命令的方式如下。

- ▷ 功能区:单击【绘图】面板中的【多段线】按钮 ⟋,如图 4-98 所示。
- ▷ 菜单栏:调用【绘图】|【多段线】菜单命令,如图 4-99 所示。
- ▷ 命令行:PLINE 或 PL。

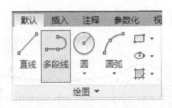

图 4-98　【绘图】面板中的【多段线】按钮

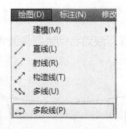

图 4-99　【多段线】菜单命令

执行命令后,命令行操作步骤提示如下。

```
命令:_pline                                    //执行【多段线】命令
指定起点:                      //在绘图区中任意指定一点为起点,有临时的加号标记显示
当前线宽为 0.0000                          //显示当前线宽
指定下一个点或 [圆弧(A)/半宽(H)/长度(L)/放弃(U)/宽度(W)]://指定多段线的端点
指定下一点或 [圆弧(A)/闭合(C)/半宽(H)/长度(L)/放弃(U)/宽度(W)]:
                                          //指定下一段多段线的端点
指定下一点或 [圆弧(A)/闭合(C)/半宽(H)/长度(L)/放弃(U)/宽度(W)]:
                                          //指定下一端点或按 Enter 键结束
```

由于多段线中各子选项众多，因此通过以下两个部分进行讲解：多段线——直线、多段线——圆弧。

4.4.2 多段线——直线

在执行多段线命令时，选择"直线（L）"子选项后便开始创建直线，这是默认的选项。若要开始绘制圆弧，可选择"圆弧（A）"选项。直线状态下的多段线，除"长度（L）"子选项之外，其余皆为通用选项，其含义效果分别介绍如下。

- ▷ "闭合（C）"：该选项含义与【直线】命令中的一致，可连接第一条和最后一条线段，以创建闭合的多段线。
- ▷ "半宽（H）"：指定从宽线段的中心到一条边的宽度。选择该选项后，命令行提示用户分别输入起点与端点的半宽值，而起点宽度将成为默认的端点宽度，如图 4-100 所示。
- ▷ "长度（L）"：按照与上一线段相同的角度、方向创建指定长度的线段。如果上一线段是圆弧，将创建与该圆弧段相切的新直线段。
- ▷ "宽度（W）"：设置多段线起始与结束的宽度值。选择该选项后，命令行提示用户分别输入起点与端点的宽度值，而起点宽度将成为默认的端点宽度，如图 4-101 所示。

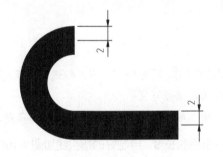

图 4-100　半宽为 2 示例

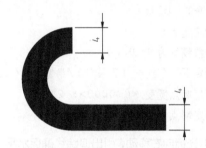

图 4-101　宽度为 4 示例

为多段线指定宽度后，有如下几点需要注意。

- ▷ 带有宽度的多段线其起点与端点仍位于中心处，如图 4-102 所示。
- ▷ 一般情况下，带有宽度的多段线在转折角处会自动相连，如图 4-103 所示；但在圆弧段互不相切、有非常尖锐的角（小于 29°）或者使用点划线线型的情况下将不倒角，如图 4-104 所示。

图 4-102　多段线位于宽度效果的中点　　图 4-103　多段线在转角处自动相连　　图 4-104　多段线在转角处不相连的情况

【操作实例 4-11】：绘制箭头标识

  在 AutoCAD 机械制图中，箭头的绘制和使用是非常频繁的，在机械设计图纸里的标注、说明和序号标注等都离不开箭头的使用。但是箭头并不是随意绘制的，也有一些简单的尺寸要求，如图 4-105 所示。因此，本小节将介绍箭头标识的绘制方法，具体步骤如下。

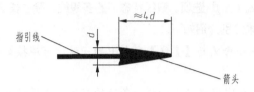

图 4-105   箭头标识

  ① 启动 AutoCAD2019，新建一空白文档。

  ② 绘制指引线。单击【绘图】面板中的【多段线】按钮 ，单击绘图区的任意处将其作为起点，然后设置宽度值。指引线的起点、终点宽度值需一致，命令行操作过程如下。

```
命令: _pline
指定起点:
当前线宽为 0.0000
指定下一个点或 [圆弧(A)/半宽(H)/长度(L)/放弃(U)/宽度(W)]: W↙  //选择【宽度】选项
指定起点宽度 <0.0000>: 2↙              //输入起点宽度
指定端点宽度 <2.0000>: ↙              //输入端点宽度，直接单击回车表示与起点一致
```

  ③ 光标向右移动，引出追踪线确保水平，输入指引线的长度，绘制好的指引线如图 4-106 所示，命令行操作过程如下。

```
指定下一个点或 [圆弧(A)/半宽(H)/长度(L)/放弃(U)/宽度(W)]: 30↙ //输入指引线长度
```

  ④ 设置箭头起点宽度。命令行提示指定下一点，这时可以设置箭头的起点宽度，命令行操作过程如下。

```
指定下一点或 [圆弧(A)/闭合(C)/半宽(H)/长度(L)/放弃(U)/宽度(W)]: W↙
                                        //选择【宽度】选项
指定起点宽度 <2.0000>: 8↙              //输入箭头起点宽度
指定端点宽度 <8.0000>: 0↙              //输入箭头端点宽度
```

  ⑤ 光标向右移动，引出追踪线确保水平，输入箭头的长度（起点宽度的 4 倍），绘制好的箭头如图 4-107 所示，命令行操作过程如下。

```
指定下一点或 [圆弧(A)/闭合(C)/半宽(H)/长度(L)/放弃(U)/宽度(W)]: 32↙
                                        //输入箭头长度
指定下一点或 [圆弧(A)/闭合(C)/半宽(H)/长度(L)/放弃(U)/宽度(W)]: ↙
                                        //完成多段线的绘制
```

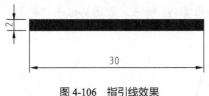

图4-106 指引线效果　　　　　　　　　　　　　图4-107 箭头效果

提示： 在多段线绘制过程中，可能预览图形不会及时显示出带有宽度的转角效果，让用户误以为绘制出错。而其实只要单击 Enter 键完成多段线的绘制，便会自动为多段线添加转角处的平滑效果。

4.4.3 多段线——圆弧

在执行多段线命令时，选择"圆弧（A）"子选项后便开始创建与上一线段（或圆弧）相切的圆弧段，如图 4-108 所示。若要重新绘制直线，可选择"直线（L）"选项。

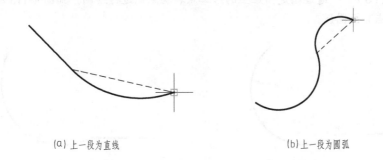

(a) 上一段为直线　　　　　　　　　　　　(b) 上一段为圆弧

图4-108 多段线创建圆弧时自动相切

执行命令后，命令行操作步骤提示如下。

```
命令：_pline                                    //执行【多段线】命令
指定起点：                                       //在绘图区中任意指定一点为起点
当前线宽为 0.0000
指定下一个点或 [圆弧(A)/半宽(H)/长度(L)/放弃(U)/宽度(W)]：A↙
                                                //选择"圆弧"子选项
指定圆弧的端点(按住 Ctrl 键以切换方向)或          //指定圆弧的一个端点
[角度(A)/圆心(CE)/方向(D)/半宽(H)/直线(L)/半径(R)/第二个点(S)/放弃(U)/宽度(W)]：
指定圆弧的端点(按住 Ctrl 键以切换方向)或          //指定圆弧的另一个端点
[角度(A)/圆心(CE)/闭合(CL)/方向(D)/半宽(H)/直线(L)/半径(R)/第二个点(S)/放弃
(U)/宽度(W)]：*取消
```

根据上面的命令行操作过程可知，在执行"圆弧（A）"子选项下的【多段线】命令时，会出现9种子选项，部分选项含义介绍如下。

⊳ **"角度（A）"：** 指定圆弧段从起点开始的包含角，如图 4-109 所示。输入正数将按逆时针方向创建圆弧段。输入负数将按顺时针方向创建圆弧段。方法类似于"起点、端点、角度"画圆弧。

⊳ **"圆心(CE)"：** 通过指定圆弧的圆心来绘制圆弧段，如图 4-110 所示。方法类似于"起点、圆心、端点"画圆弧。

- "方向（D）"：通过指定圆弧的切线来绘制圆弧段，如图 4-111 所示。方法类似于"起点、端点、方向"画圆弧。

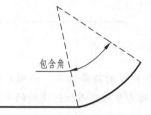

图 4-109　通过角度绘制多段线圆弧

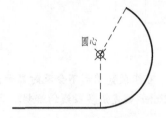

图 4-110　通过圆心绘制多段线圆弧

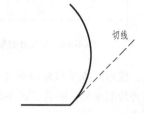

图 4-111　通过切线绘制多段线圆弧

- "直线（L）"：从绘制圆弧切换到绘制直线。
- "半径（R）"：通过指定圆弧的半径来绘制圆弧，如图 4-112 所示。方法类似于"起点、端点、半径"画圆弧。
- "第二个点（S）"：通过指定圆弧上的第二点和端点来进行绘制，如图 4-113 所示。方法类似于"三点"画圆弧。

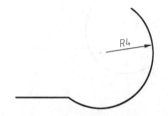

图 4-112　通过半径绘制多段线圆弧

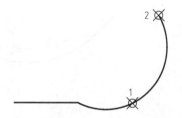

图 4-113　通过第二个点绘制多段线圆弧

【操作实例 4-12】：通过多段线绘制插销座

① 打开素材文件"第 4 章\4-12 通过多段线绘制插销座.dwg"，其中已经绘制好了中心线与起点 *A*，如图 4-114 所示。

② 绘制插销外轮廓。单击【绘图】面板中的【多段线】按钮⟳，以 *A* 为起点，绘制外轮廓如图 4-115 所示。命令行操作过程如下。

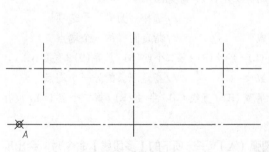

图 4-114　素材文件

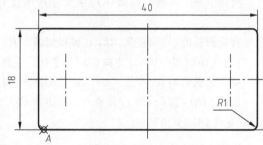

图 4-115　绘制外轮廓

```
命令：_pline                                              //输入命令 PL
指定起点：                                                //以 A 点为多段线的起点
当前线宽为 0.0000
指定下一个点或 [圆弧(A)/半宽(H)/长度(L)/放弃(U)/宽度(W)]：38↙//输入直线长度
指定下一点或 [圆弧(A)/闭合(C)/半宽(H)/长度(L)/放弃(U)/宽度(W)]：a↙//激活圆弧选项
```

指定圆弧的端点或[角度(A)/圆心(CE)/闭合(CL)/方向(D)/半宽(H)/直线(L)/半径(R)/
第二个点(S)/放弃(U)/宽度(W)]：a✓　　　　　　　　　　//激活【角度】选项

　　指定包含角：90✓　　　　　　　　　　　　　　　　//指定角度

　　指定圆弧的端点或 [圆心(CE)/半径(R)]：r✓　　　　//激活【半径】选项

　　指定圆弧的半径：1✓　　　　　　　　　　　　　　//输入半径

　　指定圆弧的弦方向 <0>：45✓　　　　　　　　　　//输入圆弧的弦方向

　　指定圆弧的端点或

[角度(A)/圆心(CE)/闭合(CL)/方向(D)/半宽(H)/直线(L)/半径(R)/第二个点(S)/放弃
(U)/宽度(W)]：l✓　　　　　　　　　　　　　　　//激活【直线】选项

　　……/*重复上述命令，直至外轮廓线闭合*/

　　③ 绘制圆。单击【绘图】面板中的【圆】按钮⊙，在中心线上绘制$\phi 4$ 和$\phi 6$ 的同心圆，结果如图 4-116 所示。

　　④ 偏移中心线。在命令行中输入 O，执行【偏移】命令，将竖直中心线向左偏移 5，将水平中心线向下偏移 4，结果如图 4-117 所示。

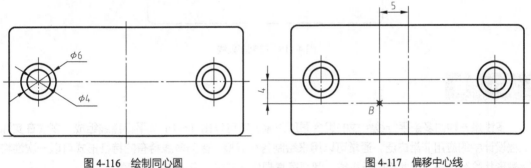

图 4-116　绘制同心圆　　　　　　　　　图 4-117　偏移中心线

　　⑤ 绘制多段线。单击【绘图】面板中的【多段线】按钮⊃，以 B 为起点，绘制轮廓线，结果如图 4-118 所示，命令行操作过程如下。

　　命令：<正交 开>　　　　　　　　　　　　　//按 F8 键打开正交功能

　　命令：_pline　　　　　　　　　　　　　　//执行【多段线】命令

　　指定起点：　　　　　　　　　　　　　　　//以 B 点为多段线的起点

　　当前线宽为 0.0000

　　指定下一个点或 [圆弧(A)/半宽(H)/长度(L)/放弃(U)/宽度(W)]：10✓

　　　　　　　　　　　　　　　　　　//水平向右移动指针，输入直线长度

　　指定下一点或 [圆弧(A)/闭合(C)/半宽(H)/长度(L)/放弃(U)/宽度(W)]：A✓

　　　　　　　　　　　　　　　　　　//激活【圆弧】选项

　　指定圆弧的端点或

[角度(A)/圆心(CE)/闭合(CL)/方向(D)/半宽(H)/直线(L)/半径(R)/第二个点(S)/放弃
(U)/宽度(W)]：A✓　　　　　　　　　　　　//激活【角度】选项

　　指定包含角：180✓　　　　　　　　　　　　//指定角度

　　指定圆弧的端点或 [圆心(CE)/半径(R)]：R✓　　//激活【半径】选项

　　指定圆弧的半径：4✓　　　　　　　　　　　//指定半径

　　指定圆弧的弦方向 <0>：90✓　　　　　　　　//指定圆弧的弦方向

指定圆弧的端点或

[角度 (A)/圆心 (CE)/闭合 (CL)/方向 (D)/半宽 (H)/直线 (L)/半径 (R)/第二个点 (S)/放弃 (U)/宽度 (W)]: L↙　　　　　　　　　　　　　//激活【直线】选项

指定下一点或 [圆弧 (A)/闭合 (C)/半宽 (H)/长度 (L)/放弃 (U)/宽度 (W)]: 10↙

　　　　　　　　　　　　　　　　　　　//水平向左移动指针，输入直线长度

指定下一点或 [圆弧 (A)/闭合 (C)/半宽 (H)/长度 (L)/放弃 (U)/宽度 (W)]: A↙

　　　　　　　　　　　　　　　　　　　//激活【圆弧】选项

指定圆弧的端点或 [角度 (A)/圆心 (CE)/闭合 (CL)/方向 (D)/半宽 (H)/直线 (L)/半径 (R)/第二个点 (S)/放弃 (U)/宽度 (W)]:CL↙　　　　　　//选择【闭合】选项，完成多段线绘制

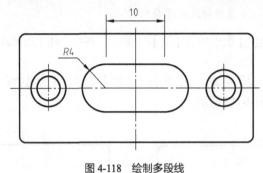

图 4-118　绘制多段线

4.5　多线

多线是一种由多条平行线组成的组合图形对象，它可以由 1～16 条平行直线组成。多线在实际工程设计中的应用非常广泛，通常可以用来绘制各种键槽，因为多线特有的特征形式可以一次性将键槽形状绘制出来，因此相较于直线、圆弧等常规作图方法，有一定的便捷性。

4.5.1　多线概述

使用【多线】命令可以快速生成大量平行直线，多线同多段线一样，也是复合对象，绘制的每一条多线都是一个完整的整体，不能对其进行偏移、延伸、修剪等编辑操作，只能将其分解为多条直线后才能编辑。

稍有不同的是【多线】需要在绘制前设置好样式与其他参数，开始绘制后便不能再随意更改。而【多段线】在一开始并不需做任何设置，而在绘制的过程中可以根据众多的子选项随时进行调整。

4.5.2　设置多线样式

系统默认的 STANDARD 样式由两条平行线组成，并且平行线的间距是定值。如果要绘制不同规格和样式的多线（带封口或更多数量的平行线），就需要设置多线的样式。

执行【多线样式】命令的方法有以下几种。

▷　菜单栏：选择【格式】|【多线样式】命令。

▷　命令行：MLSTYLE。

使用上述方法打开【多线样式】对话框，其中可以新建、修改或者加载多线样式，如图 4-119 所示；单击其中的【新建】按钮，可以打开【创建新的多线样式】对话框，然后定义新多线样式的名称（如平键），如图 4-120 所示。

图 4-119 【多线样式】对话框

图 4-120 【创建新的多线样式】对话框

接着单击【继续】按钮，便打开【新建多线样式：平键】对话框，可以在其中设置多线的各种特性，如图 4-121 所示。

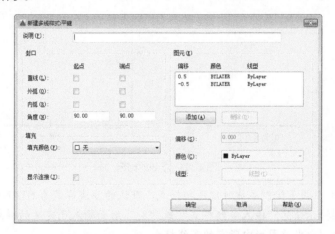

图 4-121 【新建多线样式：平键】对话框

4.5.3 绘制多线

在 AutoCAD 中执行【多线】命令的方法不多，只有以下 2 种。

⊘ 菜单栏：选择【绘图】|【多线】命令。

⊘ 命令行：MLINE 或 ML。

执行命令后，命令行操作步骤提示如下。

```
命令：_mline                                    //执行【多线】命令
当前设置：对正 = 上，比例 = 20.00，样式 = STANDARD    //显示当前的多线设置
指定起点或 [对正(J)/比例(S)/样式(ST)]：   //指定多线起点或修改多线设置
指定下一点：                            //指定多线的端点
指定下一点或 [放弃(U)]：                 //指定下一段多线的端点
指定下一点或 [闭合(C)/放弃(U)]：         //指定下一段多线的端点或按 Enter 键结束
```

执行【多线】的过程中，命令行会出现3种设置类型："对正（J）""比例（S）""样式（ST）"，分别介绍如下。

⊙ "对正（J）"：设置绘制多线时相对于输入点的偏移位置。该选项有【上】、【无】和【下】3个选项，【上】表示多线顶端的线随着光标移动；【无】表示多线的中心线随着光标移动；【下】表示多线底端的线随着光标移动，如图4-122所示。

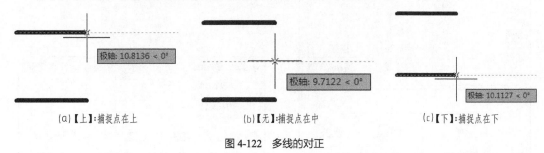

(a)【上】：捕捉点在上   (b)【无】：捕捉点在中   (c)【下】：捕捉点在下

图4-122 多线的对正

⊙ "比例（S）"：设置多线样式中多线的宽度比例，可以快速定义多线的间隔宽度，如图4-123所示。

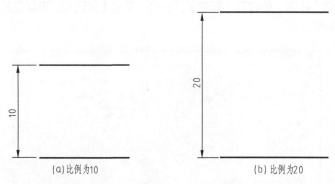

(a) 比例为10   (b) 比例为20

图4-123 多线的比例

⊙ "样式（ST）"：设置绘制多线时使用的样式，默认的多线样式为STANDARD，选择该选项后，可以在提示信息"输入多线样式"或"？"后面输入已定义的样式名。输入"？"则会列出当前图形中所有的多线样式。

【操作实例4-13】：绘制A型平键

平键，是依靠两个侧面作为工作面，靠键与键槽侧面的挤压来传递转矩的键，广泛应用于各种承受应力的连接处，如轴与齿轮的连接，如图4-124所示。

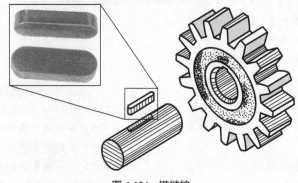

图4-124 键链接

普通平键（GB/T 1096）可以分为三种结构形式，如图 4-125 所示（倒角或倒圆未画），A 型为圆头普通平键，B 型为方头普通平键，C 型为单圆头普通平键。

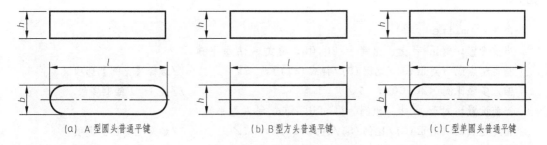

(a) A 型圆头普通平键　　　　　(b) B 型方头普通平键　　　　　(c) C 型单圆头普通平键

图 4-125　普通平键

普通平键均可以直接采购到成品，无须另行加工。键的代号为："键的形式 键宽 b×键高 h×键长 L"，如"键 B8×7×25"，即表示"B 型方头普通平键，8mm 宽、7mm 高、25mm 长"。而 A 型平键一般可以省去"A"不写，如"16×12×76"，即表示的是 A 型平键，如图 4-126 所示，本案例便绘制该 A 型平键。

① 启动 AutoCAD2019，新建空白文档。

② 设置多线样式。选择【格式】|【多线样式】命令，打开【多线样式】对话框。

③ 新建多线样式。单击【新建】按钮，弹出【创建新的多线样式】对话框，在【新样式名】文本框中输入"A 型平键"，如图 4-127 所示。

图 4-126　代号为"16×12×76"的平键　　　　　图 4-127　创建"A 型平键"样式

④ 设置多线端点封口样式。单击【继续】按钮，打开【新建多线样式：A 型平键】对话框，然后在【封口】选项组中选中【外弧】的【起点】和【端点】复选框，如图 4-128 所示。

⑤ 设置多线宽度。在【图元】选项组中选择 0.5 的线型样式，在【偏移】栏中输入 8；再选择-0.5 的线型样式，修改偏移值为-8，结果如图 4-129 所示。

图 4-128　设置平键多线端点封口样式　　　　　图 4-129　设置多线宽度

⑥ 设置当前多线样式。单击【确定】按钮，返回【多线样式】对话框，在【样式】列表框中选

择"A 型平键"样式，单击【置为当前】按钮，将该样式设置为当前，如图 4-130 所示。

⑦ 绘制 A 型平键。选择【绘图】|【多线】命令，绘制平键，如图 4-131 所示。命令行操作如下。

```
命令：_mline
当前设置：对正 = 上，比例 = 20.00，样式 = A 型平键
指定起点或 [对正(J)/比例(S)/样式(ST)]：S↙          //选择【比例】选项
输入多线比例 <20.00>：1↙                          //按 1：1 绘制多线
当前设置：对正 = 上，比例 = 1.00，样式 = A 型平键
指定起点或 [对正(J)/比例(S)/样式(ST)]：J↙          //选择【对正】选项
输入对正类型 [上(T)/无(Z)/下(B)] <上>：Z↙          //按正中线绘制多线
当前设置：对正 = 无，比例 = 1.00，样式 = A 型平键
指定起点或 [对正(J)/比例(S)/样式(ST)]：              //在绘图区任意指定一点
指定下一点：60↙                                    //光标水平移动，输入长度 60
指定下一点或 [放弃(U)]：↙                           //结束绘制
```

图 4-130 将"A 型平键"样式置为当前

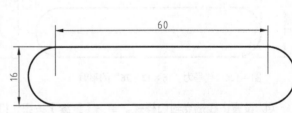

图 4-131 绘制的 A 型平键

⑧ 按投影方法补画另一视图，即可完成 A 型平键的绘制。

4.5.4 编辑多线

之前介绍了多线是复合对象，只能将其分解为多条直线后才能编辑。但在 AutoCAD 中，也可以用自带的【多线编辑工具】对话框中进行编辑。

打开【多线编辑工具】对话框的方法有以下 3 种。

▷ 菜单栏：执行【修改】|【对象】|【多线】命令，如图 4-132 所示。

▷ 命令行：MLEDIT。

▷ 快捷操作：双击绘制的多线图形。

执行上述任一命令后，系统自动弹出【多线编辑工具】对话框，如图 4-133 所示。根据图样单击选择一种适合工具图标，即可使用该工具编辑多线。

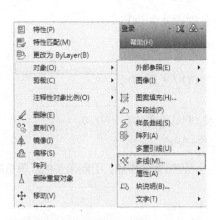

图 4-132 【菜单栏】调用【多线】编辑命令　　　　图 4-133 【多线编辑工具】对话框

4.6　矩形与多边形

多边形图形包括矩形和正多边形，也是在绘图过程中使用较多的一类图形。

4.6.1　矩形

矩形就是我们通常说的长方形，是通过输入矩形的任意两个对角位置确定的，在 AutoCAD 中绘制矩形可以为其设置倒角、圆角以及宽度和厚度值，如图 4-134 所示。

图 4-134　各种样式的矩形

调用【矩形】命令的方法如下。

▷　功能区：在【默认】选项卡中，单击【绘图】面板中的【矩形】按钮▢。

▷　菜单栏：执行【绘图】|【矩形】菜单命令。

▷　命令行：RECTANG 或 REC。

执行该命令后，命令行提示如下。

```
命令：_rectang                                          //执行【矩形】命令
指定第一个角点或 [倒角(C)/标高(E)/圆角(F)/厚度(T)/宽度(W)]://指定矩形的第一个角点
指定另一个角点或 [面积(A)/尺寸(D)/旋转(R)]：            //指定矩形的对角点
```

【操作实例 4-14】：绘制插板平面图

① 启动 AutoCAD2019，新建一空白文档。

② 绘制插板轮廓。单击【绘图】面板中的【矩形】按钮▢，绘制带宽度的矩形，如图 4-135 所示。命令行操作过程如下。

```
命令: _rectang
指定第一个角点或 [倒角(C)/标高(E)/圆角(F)/厚度(T)/宽度(W)]: C✓
指定矩形的第一个倒角距离 <0.0000>: 1✓
指定矩形的第二个倒角距离 <1.0000>: 1✓
指定第一个角点或 [倒角(C)/标高(E)/圆角(F)/厚度(T)/宽度(W)]: W✓
指定矩形的线宽 <0.0000>: 1✓
指定第一个角点或 [倒角(C)/标高(E)/圆角(F)/厚度(T)/宽度(W)]: 0,0
指定另一个角点或 [面积(A)/尺寸(D)/旋转(R)]: 35,40✓
```

③ 绘制辅助线。单击【绘图】面板中的【直线】按钮 ✏ ，连接矩形中点，绘制两条相互垂直的辅助线，如图 4-136 所示。

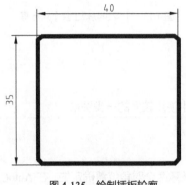

图 4-135　绘制插板轮廓

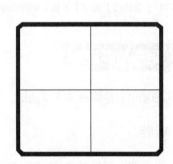

图 4-136　绘制辅助线

④ 偏移中心线。在命令行中输入 O 执行【偏移】命令，分别偏移水平和竖直中心线，如图 4-137 所示。

⑤ 在命令行中输入 FILL 并按 Enter 键，关闭图形填充。命令行操作如下。

```
命令: FILL✓
输入模式[开(ON)]|[关(OFF)]<开>。
命令: off✓                                              //关闭图形填充
```

⑥ 绘制垂直插孔。单击【绘图】面板中的【矩形】按钮 ▭ ，设置倒角距离为 0，矩形宽度为 1，以辅助线交点为对角点，绘制如图 4-138 所示的插孔，绘制完成之后删除多余的构造线。

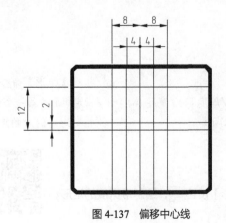

图 4-137　偏移中心线

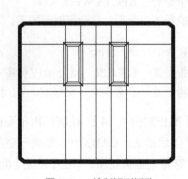

图 4-138　绘制矩形插孔

⑦ 再次偏移辅助线。删去先前偏移所得的辅助线，然后在命令行中输入 O 执行【偏移】命令，分别偏移水平和竖直中心线，如图 4-139 所示。

⑧ 单击【绘图】面板中的【矩形】按钮 ▢，保持矩形参数不变，以构造线交点为对角点绘制矩形，如图 4-140 所示。插板平面图绘制完成。

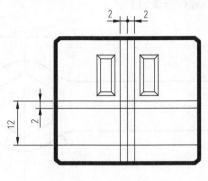

图 4-139　偏移辅助线

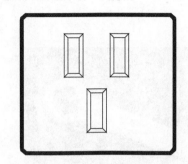

图 4-140　绘制矩形插孔

4.6.2　多边形

正多边形是由三条或三条以上长度相等的线段首尾相接形成的闭合图形，其边数范围值在 3～1024 之间，图 4-141 为各种正多边形效果。

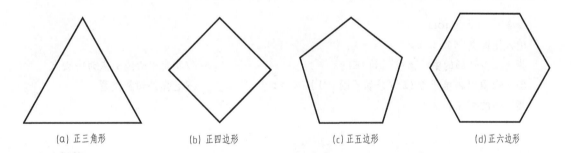

(a) 正三角形　　　　　(b) 正四边形　　　　　(c) 正五边形　　　　　(d) 正六边形

图 4-141　各种正多边形

启动【多边形】命令有以下 3 种方法。

▷　功能区：在【默认】选项卡中，单击【绘图】面板中的【多边形】按钮 ⬠。

▷　菜单栏：选择【绘图】|【多边形】菜单命令。

▷　命令行：POLYGON 或 POL。

执行【多边形】命令后，命令行将出现如下提示。

命令：POLYGON↙	//执行【多边形】命令
输入侧面数 <4>：	//指定多边形的边数，默认状态为四边形
指定正多边形的中心点或 [边(E)]：	//确定多边形的一条边来绘制正多边形，由边数和边长确定
输入选项 [内接于圆(I)/外切于圆(C)] <I>：	//选择正多边形的创建方式
指定圆的半径：	//指定创建正多边形时的内接于圆或外切于圆的半径

【操作实例 4-15】：绘制外六角扳手

外六角扳手如图 4-142 所示，是一种用来装卸外六角螺钉的手工工具，不同规格的螺钉对应不同大小的扳手，具体可以翻阅 GB/T 5782。本案例将绘制适用于 M10 螺钉的外六角扳手，尺寸如图 4-143 所示。图中的"（*SW*）14"即表示对应螺钉的对边宽度为 14，是扳手的主要规格参数。具体操作步骤如下。

图 4-142　外六角扳手

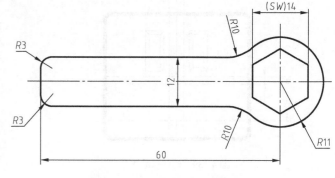

图 4-143　M10 螺钉用外六角扳手

① 打开"第 4 章\4-15 绘制外六角扳手.dwg"素材文件，其中已经绘制好了中心线，如图 4-144 所示。

② 绘制正多边形。单击【绘图】面板中的【正多边形】按钮◯。在中心线的交点处绘制正六边形，外切圆的半径为 7，结果如图 4-145 所示。命令行操作如下。

```
命令: _polygon
输入侧面数 <4>: 6✓
指定正多边形的中心点或 [边(E)]:                 //指定中心线交点为中心点
输入选项 [内接于圆(I)/外切于圆(C)] <I>: C✓      //选择外切圆类型
指定圆的半径: 7✓
```

图 4-144　素材文件

图 4-145　创建正六边形

③ 单击【修改】面板中的【旋转】按钮○，将正六边形旋转 90°，如图 4-146 所示，命令行操作如下。

```
命令: _rotate
UCS 当前的正角方向: ANGDIR=逆时针  ANGBASE=0
选择对象: 找到 1 个
选择对象: ✓                                      //选择正六边形
指定基点:                                        //指定中心线交点为基点
指定旋转角度, 或 [复制(C)/参照(R)] <270>: 90✓    //输入旋转角度
```

④ 单击【绘图】面板中的【圆】按钮◯，以中心线的交点为圆心，绘制半径为 11 的圆，如图 4-147 所示。

图 4-146　旋转图形　　　　　　　　　　　图 4-147　绘制圆

⑤ 绘制矩形。以中心线交点为起始对角点，相对坐标（@-60，12）为终端对角点，绘制一个矩形，如图 4-148 所示。命令行操作如下。

```
命令：_rectang
指定第一个角点或 [倒角(C)/标高(E)/圆角(F)/厚度(T)/宽度(W)]://选择中心线交点
指定另一个角点或 [面积(A)/尺寸(D)/旋转(R)]：@-60,12↙//输入另一角点的相对坐标
```

⑥ 单击【修改】面板中的【移动】按钮✛，将矩形向下移动 6 个单位，如图 4-149 所示，命令行操作过程如下。

```
命令：_move
选择对象：找到 1 个　　　　　　　　　//选择矩形
选择对象：↙　　　　　　　　　　　　//按 Enter 键结束选择
指定基点或 [位移(D)] <位移>：　　　//任意指定一点为基点
指定第二个点或 <使用第一个点作为位移>：6↙//光标向下移动，引出追踪线确保垂直，输入长度 6
```

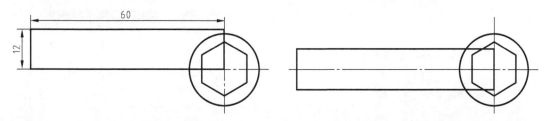

图 4-148　绘制矩形　　　　　　　　　　　图 4-149　移动矩形

⑦ 单击【修改】面板中的【修剪】按钮✂，启用命令后单击空格或者按 Enter 键，将多余线条全部修剪掉，如图 4-150 所示。

⑧ 单击【修改】面板中的【圆角】按钮◠，对图形进行倒圆角操作，最终如图 4-151 所示。

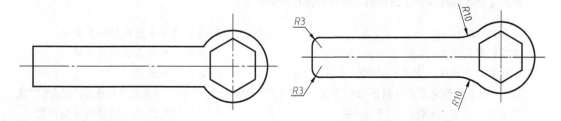

图 4-150　修剪图形　　　　　　　　　　　图 4-151　倒圆角

4.7 样条曲线

样条曲线是经过或接近一系列给定点的平滑曲线，它能够自由编辑，以及控制曲线与点的拟合程度。在景观设计中，常用来绘制水体、流线型的园路及模纹等；在建筑制图中，常用来表示剖面符号等图形；在机械产品设计领域则常用来表示某些产品的轮廓线或剖切线。

4.7.1 绘制样条曲线

在 AutoCAD2019 中，样条曲线可分为"拟合点样条曲线"和"控制点样条曲线"两种，"拟合点样条曲线"的拟合点与曲线重合，如图 4-152 所示；"控制点样条曲线"通过曲线外的控制点控制曲线的形状，如图 4-153 所示。

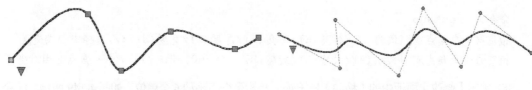

图 4-152 拟合点样条曲线　　　　　　　　　图 4-153 控制点样条曲线

调用【样条曲线】命令的方法如下。

➢ 功能区：单击【绘图】滑出面板上的【样条曲线拟合】按钮 或【样条曲线控制点】按钮 ，如图 4-154 所示。

➢ 菜单栏：选择【绘图】|【样条曲线】命令，然后在子菜单中选择【拟合点】或【控制点】命令，如图 4-155 所示。

➢ 命令行：SPLINE 或 SPL。

图 4-154 【绘图】面板中的样条曲线按钮

图 4-155 样条曲线的菜单命令

执行【样条曲线拟合】命令时，命令行操作介绍如下。

```
命令：_SPLINE                                    //执行【样条曲线拟合】命令
当前设置：方式=拟合    节点=弦                   //显示当前样条曲线的设置
指定第一个点或 [方式(M)/节点(K)/对象(O)]：_M    //系统自动选择
输入样条曲线创建方式 [拟合(F)/控制点(CV)] <拟合>：_FIT  //系统自动选择"拟合"方式
当前设置：方式=拟合    节点=弦                   //显示当前方式下的样条曲线设置
指定第一个点或 [方式(M)/节点(K)/对象(O)]：      //指定样条曲线起点或选择创建方式
```

```
输入下一个点或 [起点切向(T)/公差(L)]：                    //指定样条曲线上的第2点
输入下一个点或 [端点相切(T)/公差(L)/放弃(U)/闭合(C)]： //指定样条曲线上的第3点
                                                         //要创建样条曲线，最少需指定3个点
```

执行【样条曲线控制点】命令时，命令行操作介绍如下。

```
命令：_SPLINE                                            //执行【样条曲线控制点】命令
当前设置：方式=控制点      阶数=3                         //显示当前样条曲线的设置
指定第一个点或 [方式(M)/阶数(D)/对象(O)]：_M              //系统自动选择
输入样条曲线创建方式 [拟合(F)/控制点(CV)] <拟合>：_CV     //系统自动选择"控制点"方式
当前设置：方式=控制点      阶数=3                         //显示当前方式下的样条曲线设置
指定第一个点或 [方式(M)/阶数(D)/对象(O)]：                //指定样条曲线起点或选择创建方式
输入下一个点：                                           //指定样条曲线上的第2点
输入下一个点或 [闭合(C)/放弃(U)]：                        //指定样条曲线上的第3点
```

虽然在AutoCAD2019中，绘制样条曲线有【样条曲线拟合】和【样条曲线控制点】两种方式，但是操作过程却基本一致，只有少数选项有区别（"节点"与"阶数"），因此命令行中各选项均统一介绍如下。

- "拟合（F）"：即执行【样条曲线拟合】命令，通过指定样条曲线必须经过的拟合点来创建3阶（三次）B样条曲线。在公差值大于0（零）时，样条曲线必须在各个点的指定公差距离内。

- "控制点（CV）"：即执行【样条曲线控制点】命令，通过指定控制点来创建样条曲线。使用此方法创建1阶（线性）、2阶（二次）、3阶（三次）直到最高为10阶的样条曲线。通过移动控制点调整样条曲线的形状通常可以获得比移动拟合点更好的效果。

- "节点（K）"：指定节点参数化，是一种计算方法，用来确定样条曲线中连续拟合点之间的零部件曲线如何过渡。该选项下分3个子选项，即"弦"、"平方根"和"统一"。

- "阶数（D）"：设置生成的样条曲线的多项式阶数。使用此选项可以创建1阶（线性）、2阶（二次）、3阶（三次）直到最高10阶的样条曲线。

- "对象（O）"：执行该选项后，选择二维或三维的、二次或三次的多段线，可将其转换成等效的样条曲线，如图4-156所示。

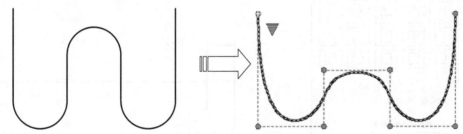

图4-156　将多段线转为样条曲线

提示：根据 DELOBJ 系统变量的设置，可设置保留或放弃原多段线。

【操作实例4-16】：使用样条曲线绘制手柄

手柄是一种为方便工人操作机械而制造的简单配件，常见于各种机床的操作部分，如图4-157所示。手柄一般由钢件、塑件车削而成，由于手柄会直接握在操作者的手中，因此对于外形有一定的要求，需满足人体工程学，使其符合人的手感，所以一般使用样条曲线来绘制它的轮廓。

图 4-157　手柄

本案例绘制的手柄图形如图 4-158 所示，具体的绘制步骤如下。

① 启动 AutoCAD2019，打开"第 4 章\4-16 使用样条曲线绘制手柄.dwg"文件，素材文件内已经绘制好了中心线与各通过点（没设置点样式之前很难观察到），如图 4-159 所示。

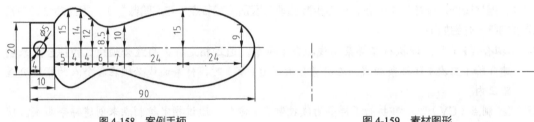

图 4-158　案例手柄

图 4-159　素材图形

② 设置点样式。选择【格式】|【点样式】命令，弹出【点样式】对话框设置点样式，如图 4-160 所示。

③ 绘制样条曲线的通过点。单击【修改】面板中的【偏移】按钮 ，将中心线偏移，并在偏移线交点绘制点，结果如图 4-161 所示。

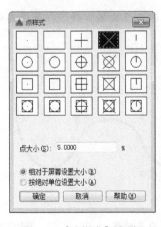

图 4-160　【点样式】对话框

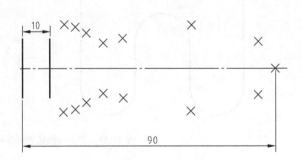

图 4-161　绘制样条曲线的通过点

④ 绘制样条曲线。单击【绘图】面板中的【样条曲线】按钮 ，以左上角辅助点为起点，按顺时针方向依次连接各辅助点，结果如图 4-162 所示。

⑤ 闭合样条曲线。在命令行中输入 C 并按 Enter 键，闭合样条曲线，结果如图 4-163 所示。

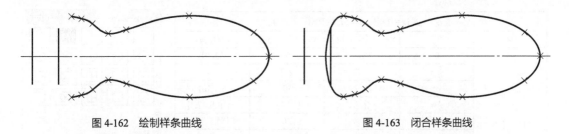

图 4-162 绘制样条曲线	图 4-163 闭合样条曲线

⑥ 绘制圆和外轮廓线。分别单击【绘图】面板中的【直线】和【圆】按钮，绘制直径为 5 的圆，如图 4-164 所示。

⑦ 修剪整理图形。单击【修改】面板中的【修剪】命令，修剪多余样条曲线，并删除辅助点，结果如图 4-165 所示。

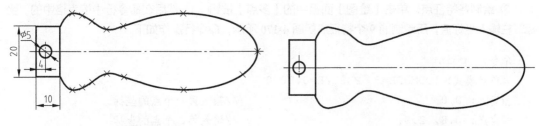

图 4-164 绘制圆和外轮廓线	图 4-165 修剪整理图形

【操作实例 4-17】：使用样条曲线绘制函数曲线

函数曲线又称为数学曲线，是根据函数方程在笛卡儿直角坐标系中绘制出来的规律曲线，如三角函数曲线、心形线、渐开线、摆线等等。本例所绘制的摆线是一个圆沿一直线缓慢地滚动，圆上一固定点所经过的轨迹，如图 4-166 所示。摆线是数学上的经典曲线，也是机械设计中的重要轮廓造型曲线，广泛应用于各类减速器当中，如摆线针轮减速器，其中的传动轮轮廓便是一种摆线，如图 4-167 所示。本例便通过【样条曲线】与【多点】命令，根据摆线的方程来绘制摆线轨迹。

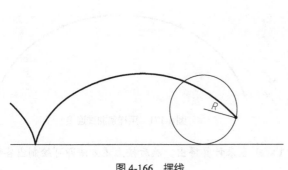

图 4-166 摆线	图 4-167 外轮廓为摆线的传动轮

① 打开"第 4 章\4-17 使用样条曲线绘制函数曲线.dwg"文件，素材文件内含有一个表格，表格中包含摆线的曲线方程和特征点坐标，如图 4-168 所示。

② 设置点样式。选择【格式】|【点样式】命令，在弹出的【点样式】对话框中选择点样式为⊠，如图 4-169 所示。

摆线方程式:$x=R\times(t-\sin t)$,$y=R\times(1-\cos t)$				
R	t	$x=r\times(t-\sin t)$	$y=r\times(1-\cos t)$	坐标(x,y)
R=10	0	0	0	(0,0)
	$\frac{1}{4}\pi$	0.8	2.9	(0.8,2.9)
	$\frac{1}{2}\pi$	5.7	10	(5.7,10)
	$\frac{3}{4}\pi$	16.5	17.1	(16.5,17.1)
	π	31.4	20	(31.4,20)
	$\frac{5}{4}\pi$	46.3	17.1	(46.3,17.1)
	$\frac{3}{2}\pi$	57.1	10	(57.1,10)
	$\frac{7}{4}\pi$	62	2.9	(62,2.9)
	2π	62.8	0	(62.8,0)

图 4-168 素材

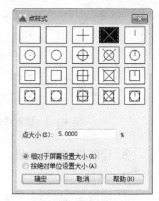

图 4-169 设置点样式

③ 绘制各特征点。单击【绘图】面板中的【多点】按钮，然后在命令行中按表格中的"坐标"栏输入坐标值，所绘制的 9 个特征点如图 4-170 所示，命令行操作如下。

```
命令: _point
当前点模式: PDMODE=3  PDSIZE=0.0000
指定点: 0,0↙              //输入第一个点的坐标
指定点: 0.8, 2.9↙         //输入第二个点的坐标
指定点: 5.7, 10↙          //输入第三个点的坐标
指定点: 16.5, 17.1↙       //输入第四个点的坐标
指定点: 31.4, 20↙         //输入第五个点的坐标
指定点: 46.3, 17.1↙       //输入第六个点的坐标
指定点: 57.1, 10↙         //输入第七个点的坐标
指定点: 62, 2.9↙          //输入第八个点的坐标
指定点: 62.8, 0↙          //输入第九个点的坐标
指定点: *取消*            //按 Esc 键取消多点绘制
```

④ 用样条曲线进行连接。单击【绘图】面板中的【样条曲线拟合】按钮，启用样条曲线命令，然后依次连接绘制的 9 个特征点即可，如图 4-171 所示。

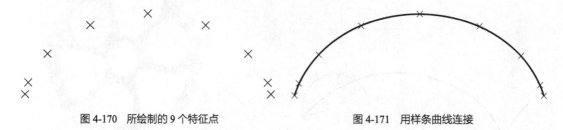

图 4-170 所绘制的 9 个特征点　　　　　图 4-171 用样条曲线连接

提示：函数曲线上的各点坐标可以通过 Excel 表来计算得出，然后按上述方法即可绘制出各种曲线。

4.7.2 编辑样条曲线

与【多线】一样，AutoCAD2019 也提供了专门编辑【样条曲线】的工具。由 SPLINE 命令绘制的样条曲线具有许多特征，如数据点的数量及位置、端点特征性及切线方向等，用 SPLINEDIT（编

辑样条曲线）命令可以改变曲线的这些特征。

要对样条曲线进行编辑，有以下 3 种方法。

- ◈ 功能区：在【默认】选项卡中，单击【修改】面板中的【编辑样条曲线】按钮，如图 4-172 所示。
- ◈ 菜单栏：选择【修改】|【对象】|【样条曲线】菜单命令，如图 4-173 所示。
- ◈ 命令行：SPEDIT。

图 4-172 【修改】面板中的样条曲线编辑

图 4-173 【菜单栏】调用【样条曲线】编辑命令

按上述方法执行【编辑样条曲线】命令后，选择要编辑的样条曲线，便会在命令行中出现如下提示。

输入选项[闭合(C)/合并(J)/拟合数据(F)/编辑顶点(E)/转换为多线段(P)/反转(R)/放弃(U)/退出(X)]:<退出>

选择其中的子选项即可执行对应命令。

4.8 图案填充与渐变色填充

使用 AutoCAD 的图案和渐变色填充功能，可以方便地对图案和渐变色进行填充，以区别不同形体的各个组成部分。

4.8.1 图案填充

在图案填充过程中，用户可以根据实际需求选择不同的填充样式，也可以对已填充的图案进行编辑。执行【图案填充】命令的方法有以下常用 3 种。

- ◈ 功能区：在【默认】选项卡中，单击【绘图】面板中的【图案填充】按钮，如图 4-174 所示。
- ◈ 菜单栏：选择【绘图】|【图案填充】菜单命令，如图 4-175 所示。
- ◈ 命令行：BHATCH 或 CH 或 H。

在 AutoCAD 中执行【图案填充】命令后，将显示【图案填充创建】选项卡，如图 4-176 所示。选择所选的填充图案，在要填充的区域中单击，生成效果预览，然后于空白处单击或单击【关闭】面板上的【关闭图案填充创建】按钮即可创建。

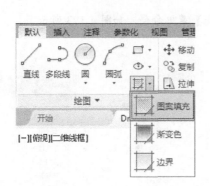

图 4-174 【绘图】面板中的【图案填充】按钮

图 4-175 【图案填充】菜单命令

图 4-176 【图案填充创建】选项卡

该选项卡由【边界】、【图案】、【特性】、【原点】、【选项】和【关闭】6个面板组成，现将部分面板介绍如下。

● 　**【边界】面板**

图 4-177 为展开的【边界】面板中，其中各选项的含义如下。

▷ 　**【拾取点】** ![icon]：单击此按钮，然后在填充区域中单击一点，AutoCAD 自动分析边界集，并从中确定包围该点的闭合边界。

▷ 　**【选择】** ![icon]：单击此按钮，然后根据封闭区域选择对象确定边界。可通过选择封闭对象的方法确定填充边界，但并不自动检测内部对象，如图 4-178 所示。

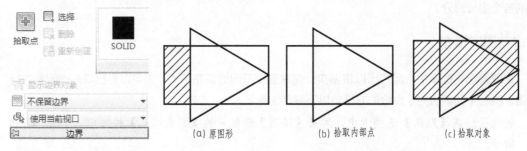

图 4-177 【边界】面板

　　　　　　　(a) 原图形　　　　　　(b) 拾取内部点　　　　　　(c) 拾取对象

图 4-178 创建图案填充

▷ 　**【删除】** ![icon]：用于取消边界，边界即为在一个大的封闭区域内存在的一个独立的小区域。

▷ 　**【重新创建】** ![icon]：编辑填充图案时，可利用此按钮生成与图案边界相同的多段线或面域。

▷ 　**【显示边界对象】** ![icon]：单击此按钮，AutoCAD 显示当前的填充边界。使用显示的夹点可修改图案填充边界。

⊙ 【保留边界对象】▨：创建图案填充时，创建多段线或面域作为图案填充的边缘，并将图案填充对象与其关联。单击下拉按钮▾，在下拉列表中包括【不保留边界】、【保留边界：多段线】、【保留边界：面域】。

⊙ 【选择新边界集】▨：指定对象的有限集（称为边界集），以便由图案填充的拾取点进行评估。单击下拉按钮▾，在下拉列表中展开【使用当前视口】选项，根据当前视口范围中的所有对象定义边界集，选择此选项将放弃当前的任何边界集。

● 【图案】面板

显示所有预定义和自定义图案的预览图案。单击右侧的按钮▾可展开【图案】面板，拖动滚动条选择所需的填充图案，如图 4-179 所示。

图 4-179 　【图案】面板

图 4-180 　【特性】面板

● 【特性】面板

图 4-180 为展开的【特性】面板中的所有选项，其各选项含义如下。

⊙ 【图案】▨：单击下拉按钮▾，在下拉列表中包括【实体】、【图案】、【渐变色】、【用户定义】4 个选项。若选择【图案】选项，则使用 AutoCAD 预定义的图案，这些图案保存在 "acad.pat" 和 "acadiso.pat" 文件中。若选择【用户定义】选项，则采用用户定制的图案，这些图案保存在 ".pat" 类型文件中。

⊙ 【颜色】▨（图案填充颜色）/▨（背景色）：单击下拉按钮▾，在弹出的下拉列表中选择需要的图案颜色和背景颜色，默认状态下为无背景颜色，如图 4-181 与图 4-182 所示。

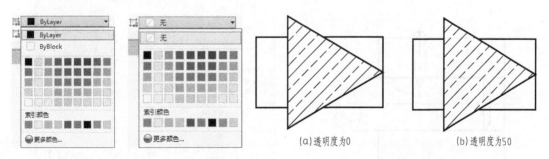

图 4-181 　选择图案颜色　图 4-182 　选择背景颜色　　　　图 4-183 　设置图案填充的透明度

⊙ 【图案填充透明度】▨：通过拖动滑块，可以设置填充图案的透明度，如图 4-183 所示。设置完透明度之后，需要单击状态栏中的【显示/隐藏透明度】按钮▨，透明度才能显示出来。

⊙ 【角度】▨　2：通过拖动滑块，可以设置图案的填充角度，如图 4-184 所示。

⊘ 【比例】▭1⬚: 通过在文本框中输入比例值，可以设置缩放图案的比例，如图 4-185 所示。

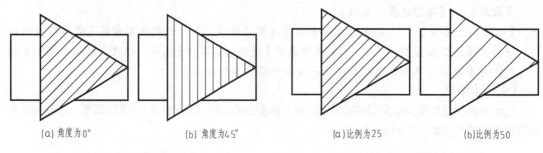

(a) 角度为0°　　　　　　(b) 角度为45°　　　　　(a) 比例为25　　　　(b) 比例为50

图 4-184　设置图案填充的角度　　　　　　　图 4-185　设置图案填充的比例

⊘ 【图层】: 在右方的下拉列表中可以指定图案填充所在的图层。

⊘ 【相对于图纸空间】: 适用于布局。用于设置相对于布局空间单位缩放图案。

⊘ 【双】: 只有在【用户定义】选项时才可用。用于绘制两组相互呈 90° 的直线填充图案，从而构成交叉线填充图案。

⊘ 【ISO 笔宽】: 设置基于选定笔宽缩放 ISO 预定义图案。只有图案设置为 ISO 图案的一种时才可用。

【操作实例 4-18】: 填充机构剖面图

在机械制图中，图案填充多用于剖面的填充，以突出剖切的层次。

① 打开素材文件"第 4 章\4-18 填充机构剖面图.dwg"，如图 4-186 所示。

② 单击【绘图】面板上的⬚按钮，根据命令行提示，选择【设置（T）】选项，系统弹出【图案填充和渐变色】对话框，如图 4-187 所示。

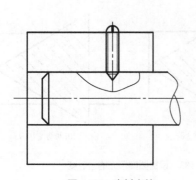

图 4-186　素材文件

图 4-187　【图案填充和渐变色】对话框

③ 展开【图案】列表框，在列表中选择 ANSI31 图案，然后单击【边界】选项组中【添加：拾取点】按钮⬚，系统暂时隐藏对话框，返回绘图界面，分别在如图 4-188 所示的 a、b 和 c 区域内单击，再次选择【设置（T）】选项，系统重新弹出【图案填充和渐变色】对话框。

④ 单击对话框中 [预览] 按钮，系统回到绘图界面显示预览效果，如图 4-189 所示。按 Enter 键结束预览，系统重新弹出【图案填充和渐变色】对话框，在对话框中【角度和比例】选项组，将填充比例修改为 2，然后单击 [确定] 按钮，完成填充，填充效果如图 4-190 所示。

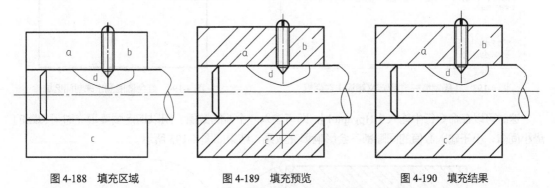

图 4-188　填充区域　　　　　　　图 4-189　填充预览　　　　　　　图 4-190　填充结果

⑤ 在命令行输入 H 并单击 Enter 键，系统弹出【图案填充创建】选项卡，在【图案】面板中选择【ANSI31】样式，角度修改为 90°，填充比例修改为 0.5，然后单击【边界】选项组中【添加：拾取点】按钮 🔳，在 d 区域内单击，按 Enter 键完成填充，结果如图 4-191 所示。

⑥ 在命令行输入 H 并单击 Enter 键，系统弹出【图案填充创建】选项卡，在【图案】面板中选择【ANSI31】样式，角度修改为 90°，填充比例修改为 0.5，然后单击【边界】选项组中【添加：选择对象】按钮 🔳，单击选择轴端的样条曲线，按 Enter 键完成填充，结果如图 4-192 所示。

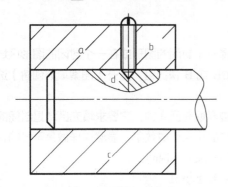 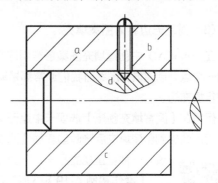

图 4-191　填充区域 d 的结果　　　　　　　　图 4-192　填充样条曲线的结果

4.8.2　无法进行填充的解决方案

在使用 AutoCAD 的填充命令对图形进行填充时，有时会出现无法填充的情况。出现此情况的主要原因可大致分为三种，每种都有不同的解决方案，具体说明如下。

（1）图案填充找不到范围

在使用【图案填充】命令时常常碰到找不到线段封闭范围的情况，尤其是文件本身比较大的时候。此时可以采用【Layiso】（图层隔离）命令让欲填充的范围线所在的层"孤立"或"冻结"，再用【图案填充】命令就可以快速找到所需填充范围。

（2）对象不封闭时进行填充

如果图形不封闭，就会出现这种情况，弹出【图案填充-边界定义错误】对话框，如图 4-193 所示；而且在图纸中会用红色圆圈标示出没有封闭的区域，如图 4-194 所示。

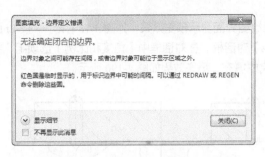

图 4-193 【图案填充-边界定义错误】对话框

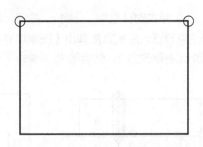

图 4-194 红色圆圈圈出未封闭区域

这时可以在命令行中输入【Hpgaptol】，即可输入一个新的数值，用以指定图案填充时可忽略的最小间隙，小于输入数值的间隙都不会影响填充效果，结果如图 4-195 所示。

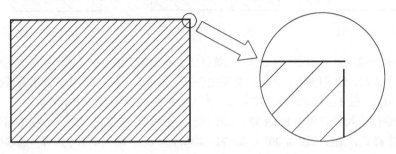

图 4-195 忽略微小间隙进行填充

（3）创建无边界的图案填充

在 AutoCAD 中创建填充图案最常用的方法是选择一个封闭的图形或在一个封闭的图形区域中拾取一个点。创建填充图案时我们通常都是输入 HATCH 或 H 快捷键，打开【图案填充创建】选项卡进行填充的。

但是在【图案填充创建】选项卡中是无法创建无边界填充图案的，它要求填充区域是封闭的。有的用户会想到创建填充后删除边界线或隐藏边界线的显示来达成效果，显然这样做是可行的，不过有一种更正规的方法，下面通过一个例子来进行说明。

【操作实例 4-19】：创建无边界的混凝土填充

① 打开"第 4 章\4-19 创建无边界的混凝土填充.dwg"素材文件。

② 在命令行中输入【-HATCH】命令回车，命令行操作提示如下。

```
命令：-HATCH                              //执行完整的【图案填充】命令
当前填充图案：SOLID                       //当前的填充图案
指定内部点或 [特性(P)/选择对象(S)/绘图边界(W)/删除边界(B)/高级(A)/绘图次序(DR)/
原点(O)/注释性(AN)/图案填充颜色(CO)/图层(LA)/透明度(T)]：P↙    //选择"特性"命令
    输入图案名称或 [?/实体(S)/用户定义(U)/渐变色(G)]：AR-CONC↙//输入混凝土填充的名称
    指定图案缩放比例 <1.0000>:10↙              //输入填充的缩放比例
    指定图案角度 <0>：45↙                      //输入填充的角度
当前填充图案：AR-CONC
指定内部点或 [特性(P)/选择对象(S)/绘图边界(W)/删除边界(B)/高级(A)/绘图次序
(DR)/原点(O)/注释性(AN)/图案填充颜色(CO)/图层(LA)/透明度(T)]：W↙
                              //选择"绘图编辑"命令，手动绘制边界
```

③ 在绘图区依次捕捉点，注意打开捕捉模式，如图 4-196 所示。捕捉完之后按两次 Enter 键。

④ 系统提示指定内部点，点选绘图区的封闭区域回车，绘制结果如图 4-197 所示。

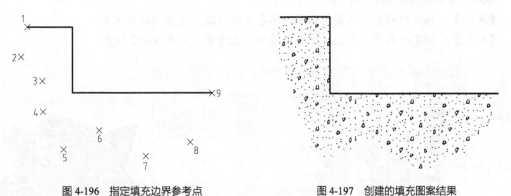

图 4-196　指定填充边界参考点　　　　　　　图 4-197　创建的填充图案结果

4.8.3　渐变色填充

在绘图过程中，有些图形在填充时需要用到一种或多种颜色，例如绘制装潢、美工图纸等。在 AutoCAD2019 中调用【图案填充】的方法有如下几种。

▷　功能区：在【默认】选项卡中，单击【绘图】面板【渐变色】按钮，如图 4-198 所示。

▷　菜单栏：执行【绘图】|【渐变色】命令，如图 4-199 所示。

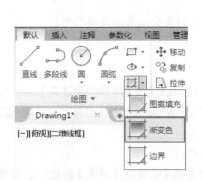

图 4-198　【绘图】面板中的【渐变色】按钮　　　　　图 4-199　【渐变色】菜单命令

执行【渐变色】填充操作后，将弹出如图 4-200 所示的【图案填充创建】选项卡。该选项卡同样由【边界】、【图案】等 6 个面板组成，只是图案换成了渐变色，各面板功能与之前介绍过的图案填充一致，在此不重复介绍。

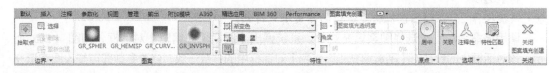

图 4-200　【图案填充创建】选项卡

当在命令行提示"拾取内部点或 [选择对象(S)/放弃(U)/设置(T)]:"时，激活【设置（T）】选项，将打开如图 4-201 所示的【图案填充和渐变色】对话框，并自动切换到【渐变色】选项卡。

该对话框中常用选项含义如下。

▶ 【单色】：指定的颜色将从高饱和度的单色平滑过渡到透明的填充方式。

▶ 【双色】：指定的两种颜色进行平滑过渡的填充方式，如图 4-202 所示。

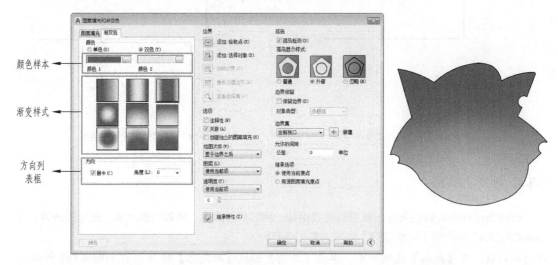

颜色样本

渐变样式

方向列
表框

图 4-201 【渐变色】选项卡   图 4-202 渐变色【双色】填充效果

▶ 【颜色样本】：设定渐变填充的颜色。单击浏览按钮打开【选择颜色】对话框，从中选择 AutoCAD 索引颜色（AIC）、真彩色或配色系统颜色。显示的默认颜色为图形的当前颜色。

▶ 【渐变样式】：在渐变区域有 9 种固定渐变填充的图案，这些图案包括径向渐变、线性渐变等。

▶ 【方向列表框】：在该列表框中，可以设置渐变色的角度以及其是否居中。

4.8.4 编辑填充的图案

在为图形填充了图案后，如果对填充效果不满意，还可以通过【编辑图案填充】命令对其进行编辑。可编辑内容包括填充比例、旋转角度和填充图案等。AutoCAD2019 增强了图案填充的编辑功能，可以同时选择并编辑多个图案填充对象。

执行【编辑图案填充】命令的方法有以下常用的 5 种。

▶ 功能区：在【默认】选项卡中，单击【修改】面板中的【编辑图案填充】按钮，如图 4-203 所示。

▶ 菜单栏：选择【修改】|【对象】|【图案填充】菜单命令，如图 4-204 所示。

▶ 命令行：HATCHEDIT 或 HE。

▶ 快捷操作 1：在要编辑的对象上单击鼠标右键，在弹出的右键快捷菜单中选择【图案填充编辑】选项。

▶ 快捷操作 2：在绘图区双击要编辑的图案填充对象。

调用该命令后，先选择图案填充对象，系统弹出【图案填充编辑】对话框，如图 4-205 所示。该对话框中的参数与【图案填充和渐变色】对话框中的参数一致，修改参数即可修改图案填充效果。

图 4-203 【修改】面板中的【编辑图案填充】按钮

图 4-204 【图案填充】菜单命令

图 4-205 【图案填充编辑】对话框

【操作实例 4-20】：填充简易机械装配图

利用本节所学的图案填充知识填充图案，填充图案时要注意判断零件的类型。

① 启动 AutoCAD2019，打开"第 4 章\4-20 填充简易机械装配图.dwg"文件，素材文件如图 4-206 所示，图形中有从 A～M 共 13 块区域。

② 分析图形。D 与 I 区域从外观上便可以分析出是密封件，因此代表的是同一个物体，可以用同一种网格图案进行填充；B 与 L 区域也可以判断为垫圈之类的密封件，而且由于截面狭小，因此可以使用全黑色进行填充。

③ 填充 D 与 I 区域。单击【绘图】面板中的【图案填充】按钮，打开【图案填充创建】选项卡，在图案面板中选择【ANSI37】这种网格线图案，设置填充比例为 0.5，然后分别在 D 与 I 区域内任意单击一点，按 Enter 键完成选择，即可创建填充，效果如图 4-207 所示。

④ 填充 B 与 L 区域。同样单击【绘图】面板中的【图案填充】按钮，打开【图案填充创建】选项卡，在图案面板中选择【SOLID】实心图案，然后依次在 B 与 L 区域内任意单击一点，按 Enter 键完成填充，如图 4-208 所示。

⑤ 分析图形。A 与 K 区域、C 与 M 区域，均包裹着密封件，由此可以判断为零件体，可以用斜线填充。不过 A 与 K 来自相同零件，C 与 M 来自相同零件，但彼此却不同，因此在剖面线上要予以区分。

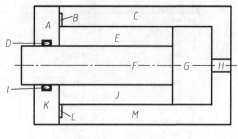

图 4-206 素材文件

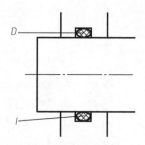

图 4-207 填充 D 与 I 区域

⑥ 填充 A 与 K 区域。按之前的方法打开【图案填充创建】选项卡，在图案面板中选择【ANSI31】斜线图案，设置填充比例为 1，然后依次在 A 与 K 区域内任意单击一点，按 Enter 键完成填充，如图 4-209 所示。

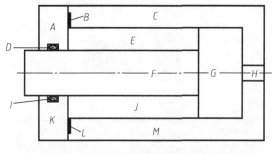

图 4-208 填充 B 与 L 区域

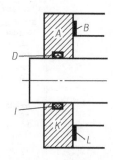

图 4-209 填充 A 与 K 区域

⑦ 填充 C 与 M 区域。方法同上，同样选择【ANSI31】斜线图案，填充比例为 1，不同的是设置填充角度为 90°，填充效果如图 4-210 所示。

⑧ 分析图形。还剩下 E、F、G、H、J 等 5 块区域没有填充，容易看出 F 与 G 属于同一个轴类零件，而轴类零件不需要添加剖面线，因此 F 与 G 不需填充；E、J 区域应为油液空腔，也不需要填充；H 区域为进油口，属于通孔，自然也不需添加剖面线。

⑨ 删除多余文字，最后的填充图案如图 4-211 所示。

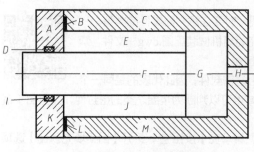

图 4-210 填充 C 与 M 区域

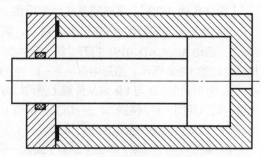

图 4-211 最终的填充图案

· 第**5**章 ·

二维机械图形编辑

前面章节学习了各种图形对象的绘制方法，为了创建图形的更多细节特征以及提高绘图的效率，AutoCAD 提供了许多编辑命令，常用的有：【移动】、【复制】、【修剪】、【倒角】与【圆角】等。本章讲解这些命令的使用方法，以进一步提高读者绘制复杂图形的能力。

5.1 图形修剪类

AutoCAD 绘图不可能一蹴而就，要想得到最终的完整图形，自然需要用到各种修剪命令将多余的部分剪去或删除，因此修剪类命令是 AutoCAD 编辑命令中最为常用的一类。

5.1.1 修剪

【修剪】是将超出边界的多余部分修剪删除掉的命令，与橡皮擦的功能相似。【修剪】操作可以修剪直线、圆、弧、多段线、样条曲线和射线等。在调用命令的过程中，需要设置的参数有"修剪边界"和"修剪对象"两类。要注意的是，在选择修剪对象时光标所在的位置。需要删除哪一部分，则在该部分上单击。

在 AutoCAD2019 中【修剪】命令有以下几种常用调用方法。

⊚ 功能区：单击【修改】面板中的【修剪】按钮 ⊀ ，如图 5-1 所示。

⊚ 菜单栏：执行【修改】|【修剪】命令，如图 5-2 所示。

⊚ 命令行：TRIM 或 TR。

图 5-1 【修改】面板中的【修剪】按钮

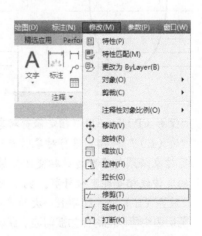

图 5-2 【修剪】菜单命令

执行上述任一命令后，选择作为剪切边的对象（可以是多个对象），命令行提示如下。

```
当前设置:投影=UCS，边=无
选择边界的边...
选择对象或 <全部选择>:              //鼠标选择要作为边界的对象
选择对象:                        //可以继续选择对象或按Enter键结束选择
选择要延伸的对象，或按住 Shift 键选择要延伸的对象，或[栏选(F)/窗交(C)/投影(P)/
边(E)/放弃(U)]:                 //选择要修剪的对象
```

执行【修剪】命令并选择对象之后，在命令行中会出现一些选择类的选项，这些选项的含义如下。

◈ "栏选（F）"：用栏选的方式选择要修剪的对象，如图 5-3 所示。

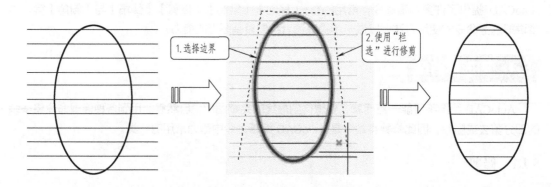

图 5-3　使用"栏选（F）"进行修剪

◈ "窗交（C）"：用窗交方式选择要修剪的对象，如图 5-4 所示。

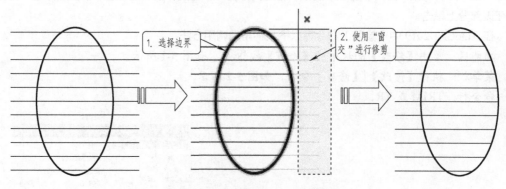

图 5-4　使用"窗交（C）"进行修剪

◈ "投影（P）"：用以指定修剪对象时使用的投影方式，即选择进行修剪的空间。

◈ "边（E）"：指定修剪对象时是否使用【延伸】模式，默认选项为【不延伸】模式，即修剪对象必须与修剪边界相交才能够修剪。如果选择【延伸】模式，则修剪对象与修剪边界的延伸线相交即可被修剪。例如图 5-5 所示的圆弧，使用【延伸】模式才能够被修剪。

◈ "放弃（U）"：放弃上一次的修剪操作。

剪切边也可以同时作为被剪边。默认情况下，选择要修剪的对象（即选择被剪边），系统将以剪切边为界，将被剪切对象上位于拾取点一侧的部分剪切掉。

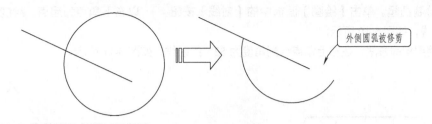

图 5-5　延伸模式修剪效果

利用【修剪】工具可以快速完成图形中多余线段的删除效果，如图 5-6 所示。

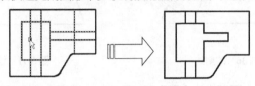

图 5-6　修剪对象

在修剪对象时，可以一次选择多个边界或修剪对象，从而实现快速修剪。如要将一个"井"字形路口打通，在选择修剪边界时可以使用【窗交】方式同时选择 4 条直线，如图 5-7（b）所示；然后单击 Enter 键确认，再将光标移动至要修剪的对象上，如图 5-7（c）所示；单击鼠标左键即可完成一次修剪，依次在其他段上单击，则能得到最终的修剪结果，如图 5-7（d）所示。

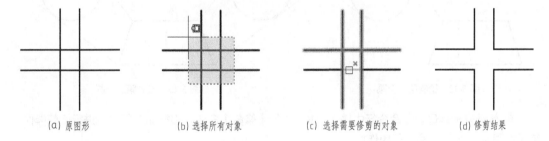

(a) 原图形　　　　　(b) 选择所有对象　　　　　(c) 选择需要修剪的对象　　　　　(d) 修剪结果

图 5-7　一次修剪多个对象

【操作实例 5-1】：修剪圆翼蝶形螺母

蝶形螺母是机械上的常用标准件，多应用于频繁拆卸且受力不大的场合。而为了方便手拧，在螺母两端对角各有圆形或弧形的凸起，如图 5-8 所示。在使用 AutoCAD 绘制这部分"凸起"时，就需用到【修剪】命令。

① 打开"第 5 章\5-1 修剪圆翼蝶形螺母.dwg"素材文件，其中已经绘制好了蝶形螺母的螺纹部分，如图 5-9 所示。

图 5-8　蝶形螺母

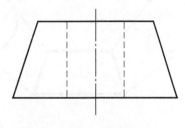

图 5-9　素材图形

② 绘制凸起。单击【绘图】面板中的【射线】按钮 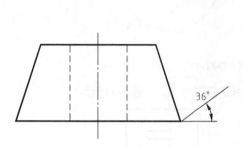，以右下角点为起点，绘制一角度为 36° 的射线，如图 5-10 所示。

③ 使用相同方法，在右上角点绘制角度为 52° 的射线，如图 5-11 所示。

图 5-10　绘制 36° 的射线　　　　　　　　图 5-11　绘制 52° 的射线

④ 绘制圆。在【绘图】面板中的【圆】下拉列表中，选择【相切、相切、半径（T）】 选项，分别在两条射线上指定切点，然后输入半径为 18，如图 5-12 所示。

⑤ 按此方法绘制另一边的图形，效果如图 5-13 所示。

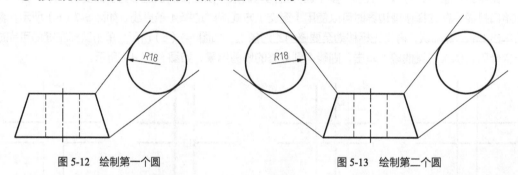

图 5-12　绘制第一个圆　　　　　　　　　图 5-13　绘制第二个圆

⑥ 修剪蝶形螺母。在命令行中输入 TR，执行【修剪】命令，根据命令行提示进行修剪操作，结果如图 5-14 所示。命令行操作如下。

```
命令: _trim                                    //调用【修剪】命令
当前设置:投影=UCS，边=无
选择剪切边...
选择对象或 <全部选择>:↙                        //选择全部对象作为修剪边界
选择要修剪的对象，或按住 Shift 键选择要延伸的对象，或
[栏选(F)/窗交(C)/投影(P)/边(E)/删除(R)/放弃(U)]://分别单击射线和两段圆弧，完成修剪
```

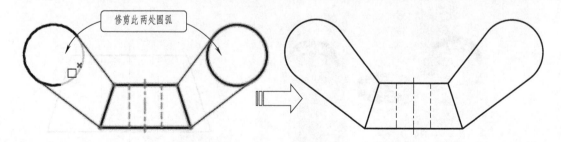

图 5-14　一次修剪多个对象

5.1.2 延伸

【延伸】是将没有和边界相交的部分延伸补齐的命令，它和【修剪】命令是一组相对的命令。【延伸】命令的使用方法与【修剪】命令的使用方法相似。在使用延伸命令时，如果在按下 Shift 键的同时选择对象，则可以切换执行【修剪】命令。

在 AutoCAD2019 中，【延伸】命令有以下几种常用调用方法。

- ▶ 功能区：单击【修改】面板中的【延伸】按钮 ⊣，如图 5-15 所示。
- ▶ 菜单栏：单击【修改】|【延伸】命令，如图 5-16 所示。
- ▶ 命令行： EXTEND 或 EX。

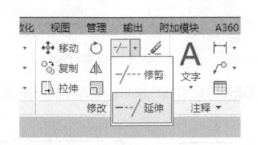

图 5-15 【修改】面板中的【延伸】按钮

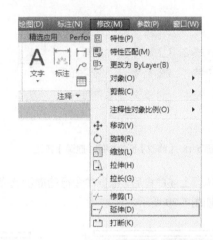

图 5-16 【延伸】菜单命令

执行【延伸】命令后，选择要延伸的对象（可以是多个对象），命令行提示如下。

选择要延伸的对象，或按住 Shift 键选择要延伸的对象，或[栏选(F)/窗交(C)/投影(P)/边(E)/删除(R)/放弃(U)]：

选择延伸对象时，需要注意延伸方向的选择。朝哪个边界延伸，则在靠近边界的那部分上单击。如图 5-17 所示，将直线 *AB* 延伸至边界直线 *M* 时，需要在 *A* 端单击直线，将直线 *AB* 延伸到直线 *N* 时，则在 *B* 端单击直线。

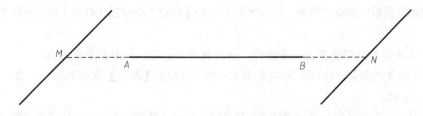

图 5-17 使用【延伸】命令延伸直线

提示：命令行中各选项的含义与【修剪】命令相同，在此不多加赘述。

5.1.3 删除

【删除】命令可将多余的对象从图形中完全清除，是 AutoCAD 最为常用的命令之一，使用也最为简单。在 AutoCAD2019 中执行【删除】命令的方法有以下 4 种。

- ▷ 功能区：在【默认】选项卡中，单击【修改】面板中的【删除】按钮 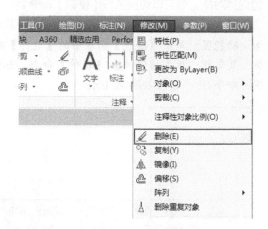，如图 5-18 所示。
- ▷ 菜单栏：选择【修改】|【删除】菜单命令，如图 5-19 所示。
- ▷ 命令行：ERASE 或 E。
- ▷ 快捷操作：选中对象后直接按 Delete。

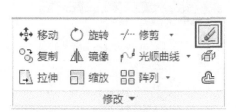

图 5-18　【修改】面板中的【删除】按钮

图 5-19　【删除】菜单命令

执行上述命令后，根据命令行的提示选择需要删除的图形对象，按 Enter 键即可删除已选择的对象，如图 5-20 所示。

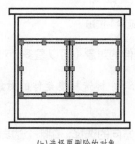
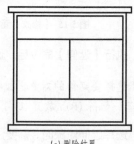

(a) 原对象　　　　　　　　　(b)选择要删除的对象　　　　　　　　(c) 删除结果

图 5-20　删除图形

在绘图时如果意外删错了对象，可以使用 UNDO【撤销】命令或 OOPS【恢复删除】命令将其恢复。

- ▷ UNDO【撤销】：即放弃上一步操作，快捷键为 Ctrl+Z，对所有命令有效。
- ▷ OOPS【恢复删除】：OOPS 可恢复由上一个 ERASE【删除】命令删除的对象，该命令对 ERASE 有效。

此外【删除】命令还有一些隐藏选项，在命令行提示"选择对象"时，除了用选择方法选择要删除的对象外，还可以输入特定字符，执行隐藏操作，介绍如下。

- ▷ 输入 "L"：删除绘制的上一个对象。
- ▷ 输入 "P"：删除上一个选择集。
- ▷ 输入 "All"：从图形中删除所有对象。
- ▷ 输入 " ?"：查看所有选择方法列表。

5.2 图形变化类

在绘图的过程中，可能要对某一图元进行移动、旋转或拉伸等操作来辅助绘图，因此变化类命令也是使用极为频繁的一类编辑命令。

5.2.1 移动

【移动】是将图形从一个位置平移到另一位置的命令，移动过程中图形的大小、形状和倾斜角度均不改变。在调用命令的过程中，需要确定的参数有：需要移动的对象、移动基点和第二点。

【移动】命令有以下几种调用方法。

- ➤ 功能区：单击【修改】面板中的【移动】按钮 ，如图 5-21 所示。
- ➤ 菜单栏：执行【修改】|【移动】命令，如图 5-22 所示。
- ➤ 命令行：MOVE 或 M。

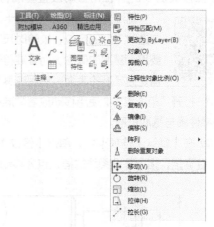

图 5-21 【修改】面板中的【移动】按钮 　　　　　图 5-22 【移动】菜单命令

调用【移动】命令后，根据命令行提示，在绘图区中拾取需要移动的对象后按右键确定，然后拾取移动基点，最后指定第二个点（目标点）即可完成移动操作，如图 5-23 所示。命令行操作如下。

命令：_move	//执行【移动】命令
选择对象：找到 1 个	//选择要移动的对象
指定基点或 [位移(D)] <位移>：	//选取移动的参考点
指定第二个点或 <使用第一个点作为位移>：	//选取目标点，放置图形

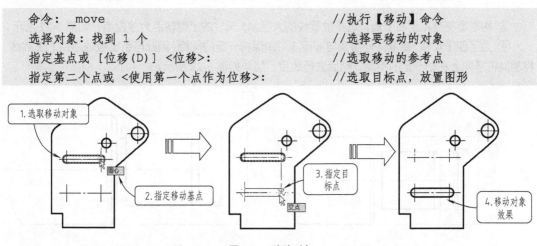

图 5-23 移动对象

161

执行【移动】命令时，命令行中只有一个子选项："位移（D）"，该选项可以输入坐标以表示矢量。输入的坐标值将指定相对距离和方向，图 5-24 为输入坐标（30，10）的位移结果。

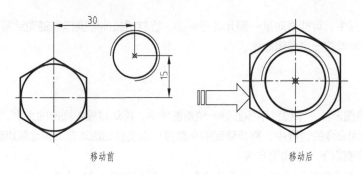

移动前   移动后

图 5-24   位移移动效果图

【操作实例 5-2】：使用移动放置基准符号

基准是机械制造中应用十分广泛的一个概念，机械产品从设计时零件尺寸的标注，制造时工件的定位，校验时尺寸的测量，一直到装配时零部件的装配位置确定等，都要用到基准的概念。而基准符号是用一个大写字母标注在基准方格内的图形，选择要指定为基准的表面，然后在其尺寸或轮廓处放置基准符号即可。

① 打开"第 5 章\5-2 使用移动放置基准符号.dwg"素材文件，如图 5-25 所示，其中已绘制好部分轴零件图与基准符号。

② 在【默认】选项卡中，单击【修改】面板的【移动】按钮 ⊕，选择基准符号，按空格或按 Enter 键确定，指定基准图块的插入点为移动基点，如图 5-26 所示。

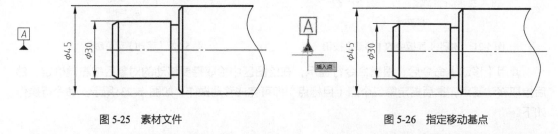

图 5-25   素材文件   图 5-26   指定移动基点

③ 将基准符号拖至右上角，选择轴零件的大径 ϕ45 尺寸的上侧端点为放置点，如图 5-27 所示。

④ 为了便于观察，基准符号需要与被标注对象保持一定的间距，因此可引出极轴追踪的追踪线，将基准符号向上移动一定的距离，然后进行放置，结果如图 5-28 所示。

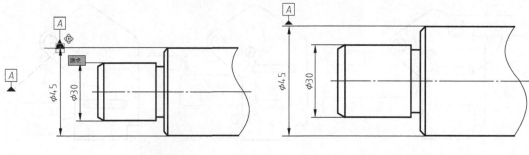

图 5-27   指定放置点   图 5-28   放置基准效果

5.2.2 旋转

【旋转】是将图形对象绕一个固定的点（基点）旋转一定角度的命令。在调用命令的过程中，需要确定的参数有："旋转对象"、"旋转基点"和"旋转角度"。默认情况下逆时针旋转的角度为正值，顺时针旋转的角度为负值。

在 AutoCAD2019 中【旋转】命令有以下几种常用调用方法。

- ➣ 功能区：单击【修改】面板中的【旋转】按钮，如图 5-29 所示。
- ➣ 菜单栏：执行【修改】|【旋转】命令，如图 5-30 所示。
- ➣ 命令行：ROTATE 或 RO。

图 5-29 【修改】面板中的【旋转】按钮

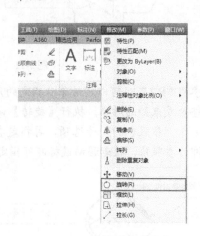

图 5-30 【旋转】菜单命令

按上述方法执行【旋转】命令后，命令行提示如下。

```
命令：ROTATE                                        //执行【旋转】命令
UCS 当前的正角方向：ANGDIR=逆时针 ANGBASE=0 //当前的角度测量方式和基准
选择对象：找到 1 个                                 //选择要旋转的对象
指定基点：                                          //指定旋转的基点
指定旋转角度，或 [复制(C)/参照(R)] <0>：45        //输入旋转的角度
```

在命令行提示"指定旋转角度"时，除了默认的旋转方法，还有"复制（C）"和"参照（R）"两种旋转，分别介绍如下。

- ➣ 默认旋转：利用该方法旋转图形时，源对象将按指定的旋转中心和旋转角度旋转至新位置，不保留对象的原始副本。执行上述任一命令后，选取旋转对象，然后指定旋转中心，根据命令行提示输入旋转角度，按 Enter 键即可完成旋转对象操作，如图 5-31 所示。

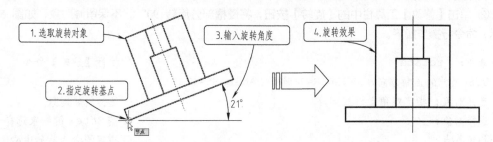

图 5-31 默认方式旋转图形

- "复制（C）"：使用该旋转方法进行对象的旋转时，不仅可以将对象的放置方向调整一定的角度，还可以保留源对象。执行【旋转】命令后，选取旋转对象，然后指定旋转中心，在命令行中激活"复制（C）"子选项，并指定旋转角度，按 Enter 键退出操作，如图 5-32 所示。

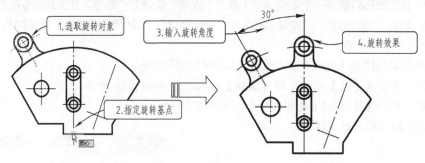

图 5-32 "复制（C）"旋转对象

- "参照（R）"：可以将对象从指定的角度旋转到新的绝对角度，特别适合于旋转角度值为非整数或未知的对象。执行【旋转】命令后，选取旋转对象然后指定旋转中心，在命令行中激活"参照（R）"子选项，再指定参照第一点、参照第二点，这两点的连线与 X 轴的夹角即为参照角，接着移动鼠标即可指定新的旋转角度，如图 5-33 所示。

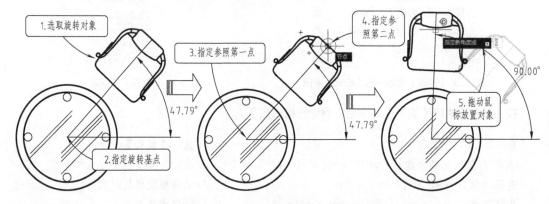

图 5-33 "参照（R）"旋转对象

【操作实例 5-3】：旋转键槽位置

在机械设计中，有时会为了满足不同的工况而将零件设计成各种非常规的形状，往往是在一般基础上偏移一定角度所致，如曲轴、凸轮等等。这时就可使用【旋转】命令来辅助绘制。

① 单击【快速访问】工具栏中的【打开】按钮 📂，打开"第 5 章\5-3 旋转键槽位置.dwg"素材文件，如图 5-34 所示。

② 单击【修改】工具栏中的【旋转】按钮，将键槽部分旋转 90°，不保留源对象，如图 5-35 所示，命令行操作如下。

```
命令：_rotate                                  //执行【旋转】命令
UCS 当前的正角方向：ANGDIR=逆时针  ANGBASE=0
选择对象：指定对角点：找到 4 个                 //选择旋转对象
选择对象：✓                                    //按 Enter 键结束选择
指定基点：                                      //指定圆心为旋转中心
指定旋转角度，或 [复制(C)/参照(R)] <0>：90✓     //输入旋转角度
```

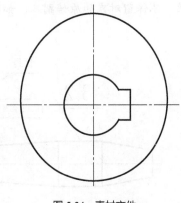

图 5-34　素材文件

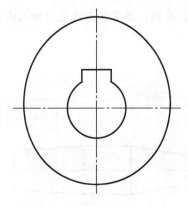

图 5-35　旋转效果

5.2.3　缩放

利用【缩放】工具可以将图形对象以指定的缩放基点为缩放参照，放大或缩小一定比例，创建出与源对象成一定比例且形状相同的新图形对象。在命令执行过程中，需要确定的参数有"缩放对象"、"基点"和"比例因子"。比例因子也就是缩小或放大的比例值，比例因子大于 1 时，缩放结果是使图形变大，反之则使图形变小。

在 AutoCAD2019 中【缩放】命令有以下几种调用方法。

▷　功能区：单击【修改】面板中的【缩放】按钮 ，如图 5-36 所示。

▷　菜单栏：执行【修改】|【缩放】命令，如图 5-37 所示。

▷　命令行：SCALE 或 SC。

图 5-36　【修改】面板中的【缩放】按钮

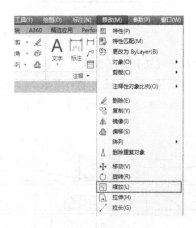

图 5-37　【缩放】菜单命令

执行以上任一方式启用【缩放】命令后，命令行操作提示如下。

命令：_scale	//执行【缩放】命令
选择对象：找到 1 个	//选择要缩放的对象
指定基点：	//选取缩放的基点
指定比例因子或 [复制(C)/参照(R)]：2	//输入比例因子

【缩放】命令与【旋转】差不多，除了默认的操作之外，同样有"复制（C）"和"参照（R）"两个子选项，介绍如下。

- 默认缩放：指定基点后直接输入比例因子进行缩放，不保留对象的原始副本，如图 5-38 所示。

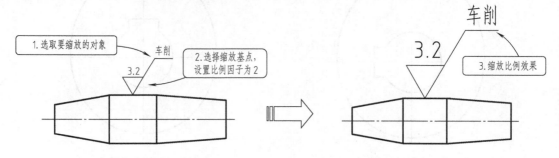

图 5-38　默认方式缩放图形

- "复制（C）"：在命令行输入 c，选择该选项进行缩放后可以在缩放时保留源图形，如图 5-39 所示。

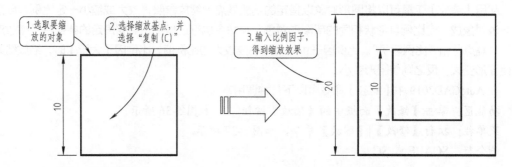

图 5-39　"复制（C）"缩放图形

- "参照（R）"：如果选择该选项，则命令行会提示用户需要输入"参照长度"和"新长度"数值，由系统自动计算出两长度之间的比例数值，从而定义出图形的缩放因子，对图形进行缩放操作，如图 5-40 所示。

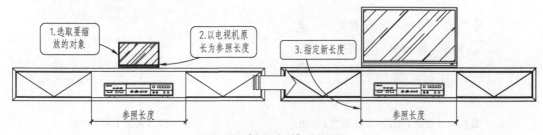

图 5-40　"参照（R）"缩放图形

【操作实例 5-4】：缩放粗糙度符号

粗糙度是衡量零件表面粗糙程度的参数，它反映的是零件表面微观的几何形状误差。在机械设计的零件图中，粗糙度是必须标注的符号，其大小可以根据图形比例来进行适当的缩放。

① 打开"第 5 章\5-4 缩放粗糙度符号.dwg"素材文件，素材图形如图 5-41（a）所示。

② 单击【修改】面板中的【缩放】按钮，将粗糙度按 0.5 的比例缩小，如图 5-41（b）所示。命令行操作如下。

```
命令: _scale                                          //执行【缩放】命令
选择对象: 指定对角点: 找到 6 个                        //选择粗糙度符号
选择对象:                                             //按 Enter 键完成选择
指定基点:                                             //选择粗糙度符号下方端点作为基点
指定比例因子或 [复制(C)/参照(R)]: 0.5                  //输入缩放比例
```

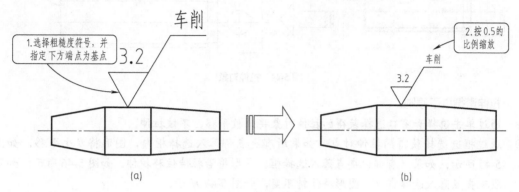

图 5-41　缩放图形效果

5.2.4　拉伸

　　【拉伸】命令通过沿拉伸路径平移图形夹点的位置，使图形产生拉伸变形的效果。它可以对选择的对象按规定方向和角度拉伸或缩短，并且使对象的形状发生改变。

　　【拉伸】命令有以下几种常用调用方法。

▷　功能区: 单击【修改】面板中的【拉伸】按钮，如图 5-42 所示。

▷　菜单栏: 执行【修改】|【拉伸】命令，如图 5-43 所示。

▷　命令行: STRETCH 或 S。

图 5-42　【修改】面板中的【拉伸】按钮

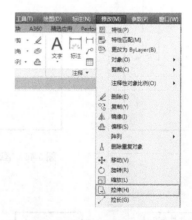

图 5-43　【拉伸】菜单命令

　　拉伸命令需要设置的主要参数有"拉伸对象"、"拉伸基点"和"拉伸位移"等三项。"拉伸位移"决定了拉伸的方向和距离。拉伸对象如图 5-44 所示，命令行操作如下。

```
命令: _stretch                                        //执行【拉伸】命令
以交叉窗口或交叉多边形选择要拉伸的对象...
选择对象: 指定对角点: 找到 1 个
```

选择对象：   //以窗交、圈围等方式选择拉伸对象
指定基点或［位移(D)］〈位移〉：   //指定拉伸基点
指定第二个点或〈使用第一个点作为位移〉：   //指定拉伸终点

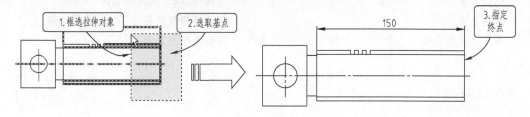

图 5-44　拉伸对象

拉伸遵循以下原则。

- 通过单击选择和窗口选择获得的拉伸对象将只被平移，不被拉伸。
- 通过框选选择获得的拉伸对象，如果所有夹点都落入选择框内，图形将发生平移，如图 5-45 所示；如果只有部分夹点落入选择框，图形将沿拉伸位移拉伸，如图 5-46 所示；如果没有夹点落入选择窗口，图形将保持不变，如图 5-47 所示。

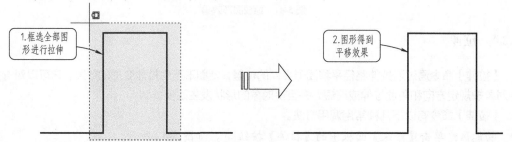

图 5-45　框选全部图形拉伸得到平移效果

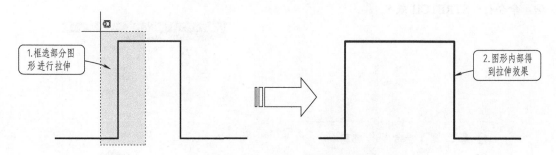

图 5-46　框选部分图形拉伸得到拉伸效果

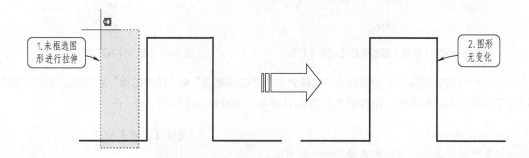

图 5-47　未框选图形拉伸无效果

【操作实例 5-5】：拉伸螺钉图形

在机械设计中，有时需要对螺钉、螺杆等标准图形的长度进行调整，而又不能破坏原图形的结构。这时就可以使用【拉伸】命令来进行修改。

① 打开素材文件"第 5 章\5-5 拉伸螺钉图形.dwg"，素材图形如图 5-48 所示。

② 单击【修改】面板中的【拉伸】按钮，将螺钉长度拉伸至 50，命令行操作如下。

```
命令：_stretch                              //执行【拉伸】命令
以交叉窗口或交叉多边形选择要拉伸的对象...
选择对象：指定对角点：找到 11 个            //框选如图 5-49 所示的对象
选择对象：                                  //按 Enter 键结束选择
指定基点或 [位移(D)] <位移>：
指定第二个点或 <使用第一个点作为位移>：25   //水平向右移动指针，输入拉伸距离
```

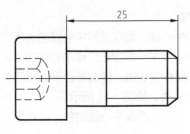

图 5-48　素材图形

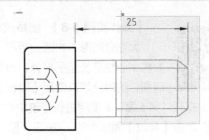

图 5-49　选择拉伸对象

③ 螺钉的拉伸结果如图 5-50 所示。

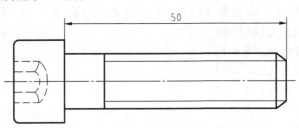

图 5-50　拉伸之后的结果

5.2.5　拉长

拉长图形就是改变原图形的长度，可以把原图形变长，也可以将其缩短。用户可以通过指定一个长度增量、角度增量（对于圆弧）、总长度或者相对于原长的百分比增量来改变原图形的长度，也可以通过动态拖动的方式来直接改变原图形的长度。

调用【拉长】命令的方法如下。

▷　功能区：单击【修改】面板中的【拉长】按钮，如图 5-51 所示。

▷　菜单栏：调用【修改】|【拉长】菜单命令，如图 5-52 所示。

▷　命令行：LENGTHEN 或 LEN。

调用该命令后，命令行显示如下提示。

```
选择要测量的对象或 [增量(DE)/百分比(P)/总计(T)/动态(DY)] <总计(T)>：
```

只有选择了各子选项确定了拉长方式后，才能对图形进行拉长。

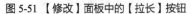

图 5-51 【修改】面板中的【拉长】按钮　　　　　图 5-52 【拉长】菜单命令

【操作实例 5-6】：使用拉长修改中心线

大部分图形（如圆、矩形）均需要绘制中心线，而在绘制中心线的时候，通常需要将中心线延长至图形外，且伸出长度相等。如果一根根去拉伸中心线的话，就略显麻烦，这时就可以使用【拉长】命令来快速延伸中心线，使其符合设计规范。

① 打开"第 5 章\5-6 使用拉长修改中心线.dwg"素材文件，如图 5-53 所示。

② 单击【修改】面板中的 按钮，激活【拉长】命令，在两条中心线的各个端点处单击，向外拉长 3 个单位，命令行操作如下。

```
命令：_lengthen
选择对象或 [增量(DE)/百分数(P)/全部(T)/动态(DY)]:DE✓      //选择"增量"选项
输入长度增量或 [角度(A)] <0.5000>: 3✓                  //输入每次拉长增量
选择要修改的对象或 [放弃(U)]:
选择要修改的对象或 [放弃(U)]:
选择要修改的对象或 [放弃(U)]:
选择要修改的对象或 [放弃(U)]:      //依次在两中心线 4 个端点附近单击，完成拉长
选择要修改的对象或 [放弃(U)]:✓     //按 Enter 结束拉长命令，拉长结果如图 5-54 所示。
```

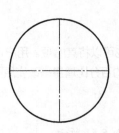

图 5-53　素材文件

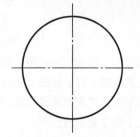

图 5-54　拉长结果

5.3　图形复制类

如果设计图中含有大量重复或相似的图形，就可以使用图形复制类命令进行快速绘制，如【复制】、【偏移】、【镜像】等等。

5.3.1 复制

【复制】是指在不改变图形大小、方向的前提下，重新生成一个或多个与原对象一模一样的图形的命令。在命令执行过程中，需要确定的参数有复制对象、基点和第二点，配合坐标、对象捕捉、栅格捕捉等其他工具，可以精确复制图形。

在 AutoCAD2019 中调用【复制】命令有以下几种常用方法。

- ⊙ 功能区：单击【修改】面板中的【复制】按钮 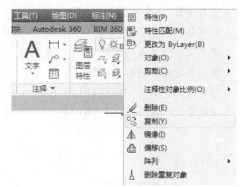，如图 5-55 所示。
- ⊙ 菜单栏：执行【修改】|【复制】命令，如图 5-56 所示。
- ⊙ 命令行：COPY 或 CO 或 CP。

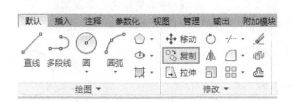

图 5-55　【修改】面板中的【复制】按钮　　　　　　图 5-56　【复制】菜单命令

执行【复制】命令后，选取需要复制的对象，指定复制基点，然后拖动鼠标指定新基点即可完成复制操作，继续单击，还可以复制多个图形对象，如图 5-57 所示。命令行操作如下。

命令： _copy	//执行【复制】命令
选择对象：找到 1 个	//选择要复制的图形
当前设置： 复制模式 = 多个	//当前的复制设置
指定基点或 [位移(D)/模式(O)] <位移>：	//指定复制的基点
指定第二个点或 [阵列(A)] <使用第一个点作为位移>：	//指定放置点 1
指定第二个点或 [阵列(A)/退出(E)/放弃(U)] <退出>：	//指定放置点 2
指定第二个点或 [阵列(A)/退出(E)/放弃(U)] <退出>：	//单击 Enter 键完成操作

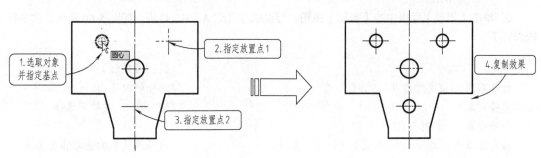

图 5-57　复制对象

执行【复制】命令时，命令行中出现的各选项介绍如下。

- ⊙ "位移（D）"：使用坐标指定相对距离和方向。指定的两点定义一个矢量，指示复制对象的放置离原位置有多远以及以哪个方向放置。基本与【移动】、【拉伸】命令中的"位移（D）"选项一致，在此不多加赘述。

- ➔ "模式(O)"：该选项可控制【复制】命令是否自动重复。选择该选项后会有"单一(S)""多个（M）"两个子选项，"单一（S）"可创建选择对象的单一副本，执行一次复制后便结束命令；而"多个（M）"则可以自动重复。

- ➔ "阵列(A)"：选择该选项，可以以线性阵列的方式快速大量复制对象，如图 5-58 所示。命令行操作如下。

命令：_copy	//执行【复制】命令
选择对象：找到 1 个	//选择复制对象
当前设置：复制模式 = 多个	
指定基点或 [位移(D)/模式(O)] <位移>：	//指定复制基点
指定第二个点或 [阵列(A)] <使用第一个点作为位移>：A	//输入A，选择"阵列"选项
输入要进行阵列的项目数：4	//输入阵列的项目数
指定第二个点或 [布满(F)]：10	//移动鼠标确定阵列间距
指定第二个点或 [阵列(A)/退出(E)/放弃(U)] <退出>：	//按 Enter 键完成操作

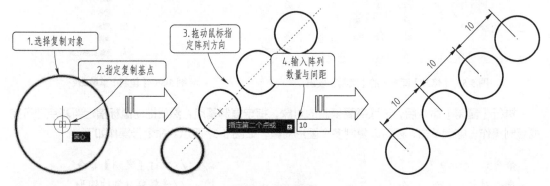

图 5-58　阵列复制

【操作实例 5-7】：使用复制补全螺纹孔

在机械制图中，螺纹孔、沉头孔、通孔等孔系图形十分常见，在绘制这类图形时，可以先单独绘制出一个，然后使用【复制】命令将其放置在其他位置上。

① 打开素材文件"第 5 章\5-7 使用复制补全螺纹孔.dwg"，素材图形如图 5-59 所示。

② 单击【修改】面板中的【复制】按钮，复制螺纹孔到 A、B、C 点，如图 5-60 所示。命令行操作如下。

命令：_copy	//执行【复制】命令
选择对象：指定对角点：找到 2 个	//选择螺纹孔内、外圆弧
选择对象：	//按 Enter 键结束选择
当前设置：复制模式 = 多个	
指定基点或 [位移(D)/模式(O)] <位移>：	//选择螺纹孔的圆心作为基点
指定第二个点或 [阵列(A)] <使用第一个点作为位移>：	//选择 A 点
指定第二个点或 [阵列(A)/退出(E)/放弃(U)] <退出>：	//选择 B 点
指定第二个点或 [阵列(A)/退出(E)/放弃(U)] <退出>：	//选择 C 点
指定第二个点或 [阵列(A)/退出(E)/放弃(U)] <退出>：*取消*	//按 Esc 键退出复制

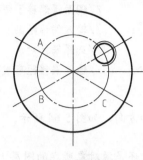

图 5-59　素材图形

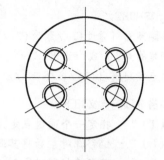

图 5-60　复制的结果

5.3.2　偏移

使用【偏移】工具可以创建与源对象成一定距离的形状相同或相似的新图形对象。可以进行偏移的图形对象包括直线、曲线、多边形、圆、圆弧等，如图 5-61 所示。

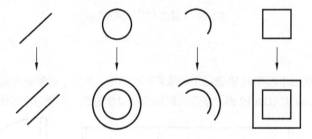

图 5-61　各图形偏移示例

在 AutoCAD2019 中调用【偏移】命令有以下几种常用方法。

◈　功能区：单击【修改】面板中的【偏移】按钮，如图 5-62 所示。

◈　菜单栏：执行【修改】|【偏移】命令，如图 5-63 所示。

◈　命令行：OFFSET 或 O。

图 5-62　【修改】面板中的【偏移】按钮

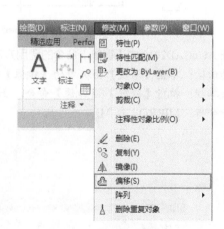

图 5-63　【偏移】菜单命令

偏移命令需要输入的参数有需要偏移的"源对象"、"偏移距离"和"偏移方向"。只要在需要偏移的一侧的任意位置单击即可确定偏移方向，也可以指定偏移对象通过已知的点。执行【偏移】命令后命令行操作如下。

```
命令:  _OFFSET↙                                      //调用【偏移】命令
指定偏移距离或［通过(T)/删除(E)/图层(L)］<通过>:     //输入偏移距离
选择要偏移的对象，或［退出(E)/放弃(U)］<退出>:        //选择偏移对象
指定通过点或［退出(E)/多个(M)/放弃(U)］<退出>:        //输入偏移距离或指定目标点
```

命令行中各选项的含义如下。

- "通过（T）"：指定一个通过点定义偏移的距离和方向，如图 5-64 所示。
- "删除（E）"：偏移源对象后将其删除。
- "图层（L）"：确定将偏移对象创建在当前图层上还是源对象所在的图层上。

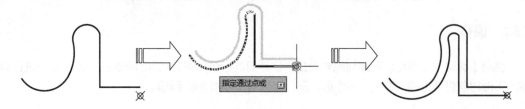

图 5-64 【通过（T）】偏移效果

5.3.3 镜像

【镜像】是指将图形绕指定轴（镜像线）镜像复制的命令，常用于绘制结构规则且有对称特点的图形，如图 5-65 所示。AutoCAD2019 通过指定临时镜像线镜像对象，镜像时可选择删除或保留原对象。

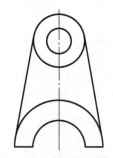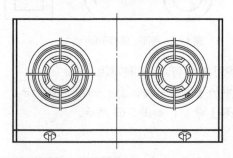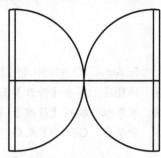

图 5-65 对称图形

在 AutoCAD2019 中【镜像】命令的调用方法如下。

- 功能区：单击【修改】面板中的【镜像】按钮，如图 5-66 所示。
- 菜单栏：执行【修改】|【镜像】命令，如图 5-67 所示。
- 命令行：MIRROR 或 MI。

图 5-66 【功能区】调用【镜像】命令   图 5-67 【菜单栏】调用【镜像】命令

在命令执行过程中，需要确定镜像复制的对象和对称轴。对称轴可以是任意方向的，所选对象将根据该轴线进行对称复制，并且可以选择删除或保留源对象。在实际工程设计中，许多对象都为对称形式，如果绘制了这些图例的一半，就可以通过【镜像】命令迅速得到另一半，如图 5-68 所示。

调用【镜像】命令，命令行提示如下。

命令：_MIRROR	//调用【镜像】命令
选择对象：指定对角点：找到 14 个	//选择镜像对象
指定镜像线的第一点：	//指定镜像线第一点 A
指定镜像线的第二点：	//指定镜像线第二点 B
要删除源对象吗？[是(Y)/否(N)] <N>: ✓	//选择是否删除源对象，或按 Enter 键结束命令

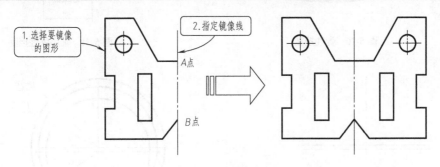

图 5-68　镜像图形

提示： 如果是水平或者竖直方向镜像图形，可以使用【正交】功能快速指定镜像轴。

【镜像】操作十分简单，命令行中的子选项不多，只有在结束命令前可选择是否删除源对象。如果选择"是"，则删除选择的镜像图形，效果如图 5-69 所示。

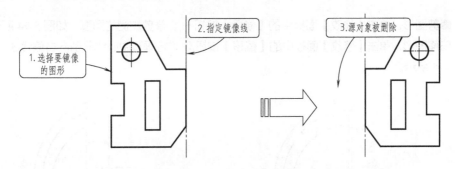

图 5-69　删除源对象的镜像

【操作实例 5-8】：绘制弹性挡圈

弹性挡圈分为轴用与孔用两种，如图 5-70 所示，均用来紧固在轴或孔上的圈形机件，可以防止装在轴或孔上其他零件的窜动。弹性挡圈的应用非常广泛，在各种工程机械与农业机械上都很常见。弹性挡圈通常采用 65Mn 板料冲切制成，截面呈矩形。弹性挡圈的规格与安装槽标准可参阅 GB/T 893（孔用）与 GB/T 894（轴用），本例便利用【偏移】和【镜像】命令绘制如图 5-71 所示的轴用弹性挡圈。

① 打开素材文件"第 5 章\5-8 绘制弹性挡圈.dwg"，素材图形如图 5-72 所示，已经绘制好了 3 条中心线。

② 绘制圆弧。单击【绘图】面板中的【圆】按钮 ⊙，分别在上方的中心线交点处绘制半径为 R115、R129 的圆，下方的中心线交点处绘制半径 R100 的圆，结果如图 5-73 所示。

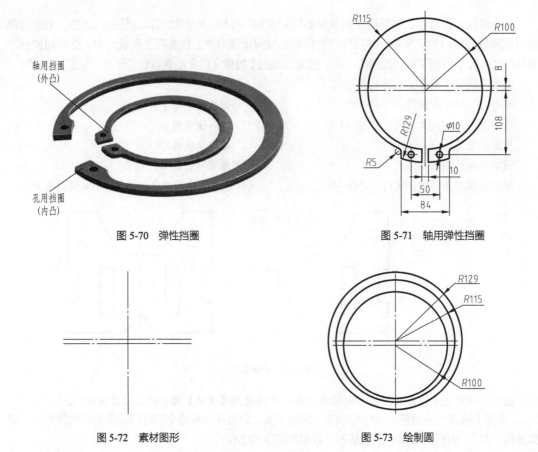

图 5-70　弹性挡圈

图 5-71　轴用弹性挡圈

图 5-72　素材图形

图 5-73　绘制圆

③ 修剪图形。单击【修改】面板中的【修剪】按钮 ，修剪左侧的圆弧，如图 5-74 所示。

④ 偏移图形。单击【修改】面板中的【偏移】按钮 ，将垂直中心线分别向右偏移 5、42，结果如图 5-75 所示。

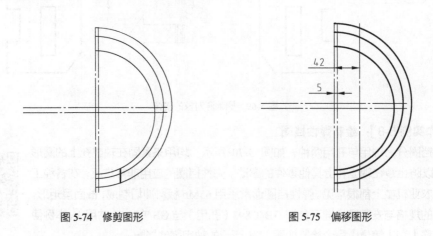

图 5-74　修剪图形

图 5-75　偏移图形

⑤ 绘制直线。单击【绘图】面板中的【直线】按钮 ，绘制直线，删除辅助线，结果如图 5-76 所示。

⑥ 偏移中心线。单击【修改】面板中的【偏移】按钮 ，将竖直中心线向右偏移 25，将下方的水平中心线向下偏移 108，如图 5-77 所示。

⑦ 绘制圆。单击【绘图】面板中的【圆】按钮⊘，在偏移出的辅助中心线交点处绘制直径为10的圆，如图 5-78 所示。

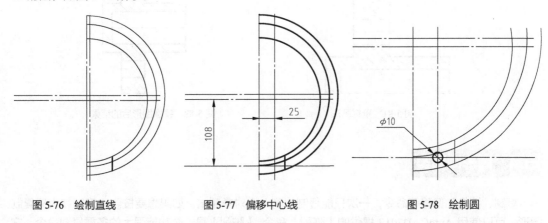

图 5-76　绘制直线　　　　　　　图 5-77　偏移中心线　　　　　　　图 5-78　绘制圆

⑧ 修剪图形。单击【修改】面板中的【修剪】按钮✁，修剪出右侧图形，如图 5-79 所示。

⑨ 镜像图形。单击【修改】面板中的【镜像】按钮⚖，以垂直中心线作为镜像线，镜像图形，结果如图 5-80 所示。

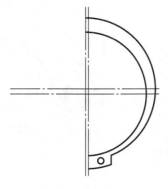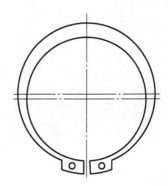

图 5-79　修剪的结果　　　　　　　　　图 5-80　镜像图形

【操作实例 5-9】：镜像绘制压盖剖面图

大多数机械零件图形如轴、盘、盖等，在结构上都具有对称性，因此灵活使用AutoCAD 中提供的【镜像】命令，可以省去大量的绘图工作。

① 打开"第 5 章\5-9 镜像绘制压盖剖面图.dwg"素材文件，素材图形如图 5-81所示。

② 镜像复制图形。单击【修改】面板中的【镜像】按钮⚖，以水平中心线为镜像线，镜像复制图形，如图 5-82 所示，命令行操作如下。

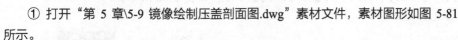

```
命令：_mirror                        //执行【镜像】命令
选择对象：指定对角点：找到 19 个      //框选水平中心线以上所有图形
选择对象：↙                         //按 Enter 键完成对象选择
指定镜像线的第一点：                 //选择水平中心线一个端点
指定镜像线的第二点：                 //选择水平中心线另一个端点
要删除源对象吗？[是(Y)/否(N)] <N>:N↙ //选择不删除源对象，按 Enter 键完成镜像
```

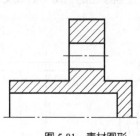

图 5-81　素材图形

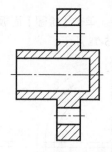

图 5-82　镜像图形后的结果

5.4　图形阵列类

　　复制、镜像和偏移等命令，一次只能复制得到一个对象副本。如果想要按照一定规律大量复制图形，可以使用 AutoCAD2019 提供的【阵列】命令。【阵列】是一个功能强大的多重复制命令，它可以一次将选择的对象复制多个并按指定的规律进行排列。

　　在 AutoCAD2019 中，提供了三种【阵列】方式：矩形阵列、极轴（即环形）阵列、路径阵列，可以按照矩形、环形（极轴）和路径的方式，以定义的距离、角度和路径复制出源对象的多个对象副本，如图 5-83 所示。

矩形阵列

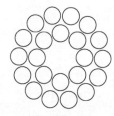
极轴（环形）阵列

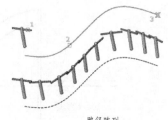
路径阵列

图 5-83　阵列的三种方式

5.4.1　矩形阵列

　　矩形阵列就是将图形呈行列类进行排列，如园林平面图中的道路绿化、建筑立面图的窗格、规律摆放的桌椅等。调用【阵列】命令的方法如下。

- ▷　功能区：在【默认】选项卡中，单击【修改】面板中的【矩形阵列】按钮⊞，如图 5-84 所示。
- ▷　菜单栏：执行【修改】|【阵列】|【矩形阵列】命令，如图 5-85 所示。
- ▷　命令行：ARRAYRECT。

图 5-84　【功能区】调用【矩形阵列】命令

图 5-85　【菜单栏】调用【矩形阵列】命令

使用矩形阵列需要设置的参数有阵列的"源对象"、"行"和"列"的数目、"行距"和"列距"。"行"和"列"的数目决定了需要复制的图形对象有多少个。

调用【阵列】命令，功能区显示矩形方式下的【阵列创建】选项卡，如图 5-86 所示，命令行提示如下。

命令：_arrayrect	//调用【矩形阵列】命令
选择对象：找到 1 个	//选择要阵列的对象
类型 = 矩形　关联 = 是	//显示当前的阵列设置
选择夹点以编辑阵列或 [关联(AS)/基点(B)/计数(COU)/间距(S)/列数(COL)/行数(R)/层数(L)/退出(X)]：✓	//设置阵列参数，按 Enter 键退出

图 5-86 【阵列创建】选项卡

命令行中主要选项介绍如下。

- "关联（AS）"：指定阵列中的对象是关联的还是独立的。选择"是"，则单个阵列对象中的所有阵列项目皆关联，类似于块，更改源对象则所有项目都会更改，如图 5-87（a）所示；选择"否"，则创建的阵列项目均作为独立对象，更改一个项目不影响其他项目，如图 5-87（b）所示。图 5-86【阵列创建】选项卡中的【关联】按钮亮显则为"是"，反之为"否"。

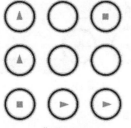
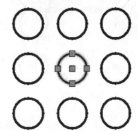

(a)选择"是"：所有对象关联　　　　　(b)选择"否"：所有对象独立

图 5-87 阵列的关联效果

- "基点（B）"：定义阵列基点和基点夹点的位置，默认为质心，如图 5-88 所示。该选项只有在启用"关联"时才有效。效果同【阵列创建】选项卡中的【基点】按钮。

(a)默认为质心处　　　　　(b)其余位置

图 5-88 不同的基点效果

⟩ "计数（COU）"：可指定行数和列数，并使用户在移动光标时可以动态观察阵列结果，
如图 5-89 所示。效果同【阵列创建】选项卡中的【列数】、【行数】文本框。

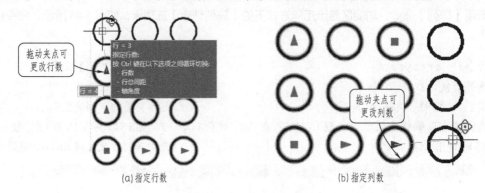

(a)指定行数   (b)指定列数

图 5-89　更改阵列的行数与列数

提示： 在执行矩形阵列命令的过程中，如果希望阵列的图形往相反的方向复制，则在列数或行
数前面加 "–" 符号即可，也可以向反方向拖动夹点。

⟩ "间距（S）"：指定行间距和列间距并使用户在移动光标时可以动态观察结果，如图 5-90
所示。效果同【阵列创建】选项卡中的两个【介于】文本框。

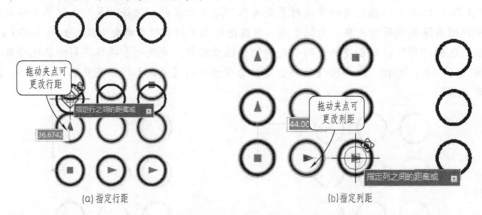

(a)指定行距   (b)指定列距

图 5-90　更改阵列的行距与列距

⟩ "列数（COL）"：依次编辑列数和列间距，效果同【阵列创建】选项卡中的【列】面板。

⟩ "行数（R）"：依次指定阵列中的行数、行间距以及行之间的增量标高。"增量标高"指三
维效果中 Z 方向上的增量，图 5-91 即为"增量标高"为 10 的效果。

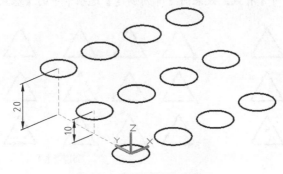

图 5-91　阵列的增量标高效果

⊙ "层数（L）"：指定三维阵列的层数和层间距，效果同【阵列创建】选项卡中的【层级】面板，二维情况下无须设置。

【操作实例5-10】：使用矩形阵列快速绘制螺纹孔

机械设备上的螺钉安装孔，一般均为对称的矩形布置，此时就可以使用【矩形阵列】命令来快速绘制。

① 打开"第5章\5-10 使用矩形阵列快速绘制螺纹孔.dwg"素材文件，如图5-92所示，其中已经绘制好了一螺纹孔。

② 在【默认】选项卡中，单击【修改】面板中的【矩形阵列】按钮▦，结果如图5-93所示。命令行操作如下。

```
命令：_arrayrect↙                                    //调用【矩形阵列】命令
选择对象：找到 4 个                                    //选择螺纹孔
选择对象：↙                                          //按Enter键结束对象选择
类型 = 矩形   关联 = 是
选择夹点以编辑阵列或 [关联(AS)/基点(B)/计数(COU)/间距(S)/列数(COL)/行数(R)/
层数(L)/退出(X)] <退出>：cou  ↙                       //激活【计数】选项
输入列数数或 [表达式(E)] <4>：2↙                      //输入列数为2
输入行数数或 [表达式(E)] <3>：2↙                      //输入行数为2
选择夹点以编辑阵列或 [关联(AS)/基点(B)/计数(COU)/间距(S)/列数(COL)/行数(R)/
层数(L)/退出(X)] <退出>：s↙                           //激活【间距】选项
指定列之间的距离或 [单位单元(U)] <88.5878>：100↙ //输入列间距
指定行之间的距离 <777.4608>：-39↙                    //输入行间距
选择夹点以编辑阵列或 [关联(AS)/基点(B)/计数(COU)/间距(S)/列数(COL)/行数(R)/
层数(L)/退出(X)] <退出>：↙                            //按Enter键结束命令操作
```

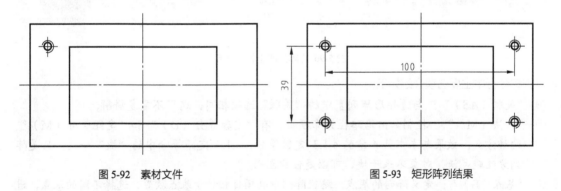

图5-92 素材文件　　　　　　　　图5-93 矩形阵列结果

5.4.2 路径阵列

路径阵列可沿曲线（可以是直线、多段线、三维多段线、样条曲线、螺旋、圆弧、圆或椭圆）阵列复制图形，通过设置不同的基点，能得到不同的阵列结果。在园林设计中，使用路径阵列可快速复制园路与街道旁的树木，或者草地中的汀步图形。

调用【路径阵列】命令的方法如下。

⊙ 功能区：在【默认】选项卡中，单击【修改】面板中的【路径阵列】按钮🔙，如图5-94所示。

- 菜单栏：执行【修改】|【阵列】|【路径阵列】命令，如图 5-95 所示。
- 命令行：ARRAYPATH。

图 5-94 【功能区】调用【路径阵列】命令

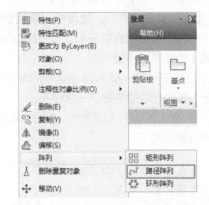

图 5-95 【菜单栏】调用【路径阵列】命令

路径阵列需要设置的参数有"阵列路径""阵列对象""阵列数量"和"方向"等。调用【阵列】命令，功能区显示路径方式下的【阵列创建】选项卡，如图 5-96 所示，命令行提示如下。

```
命令: _arraypath                                    //调用【路径阵列】命令
选择对象: 找到 1 个                                   //选择要阵列的对象
选择对象:
类型 = 路径  关联 = 是                               //显示当前的阵列设置
选择路径曲线:                                        //选取阵列路径
选择夹点以编辑阵列或 [关联 (AS)/方法 (M)/基点 (B)/切向 (T)/项目 (I)/行 (R)/层 (L)/
对齐项目 (A)/Z 方向 (Z)/退出 (X)] <退出>: ↙          //设置阵列参数，按 Enter 键退出
```

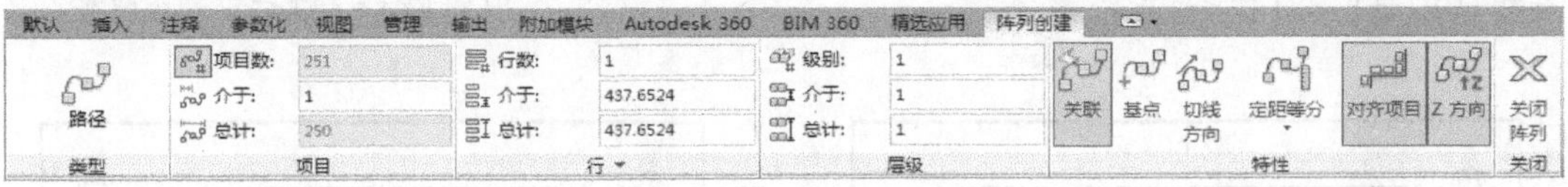

图 5-96 【阵列创建】选项卡

命令行中主要选项介绍如下。

- "关联（AS）"：与【矩形阵列】中的"关联"选项相同，这里不重复讲解。
- "方法（M）"：控制如何沿路径分布项目，有"定数等分（D）"和"定距等分（M）"两种方式。效果与本书第 4 章的 4.1.3 定数等分、4.1.4 定距等分中的"块"一致，只是阵列方法较灵活，对象不限于块，可以是任意图形。
- "基点（B）"：定义阵列的基点。路径阵列中的项目相对于基点放置，选择不同的基点，进行路径阵列的效果也不同，如图 5-97 所示。效果同【阵列创建】选项卡中的【基点】按钮。

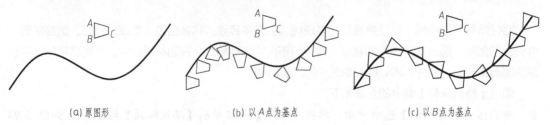

(a) 原图形   (b) 以 A 点为基点   (c) 以 B 点为基点

图 5-97 不同基点的路径阵列

⊙ "切向（T）"：指定阵列中的项目如何相对于路径的起始方向对齐，不同基点、切向的阵列效果如图 5-98 所示。效果同【阵列创建】选项卡中的【切线方向】按钮。

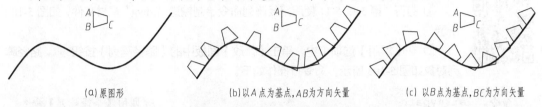

(a)原图形　　　　　(b)以A点为基点，AB为方向矢量　　　　　(c)以B点为基点，BC为方向矢量

图 5-98　不同基点、切向的路径阵列

⊙ "项目（I）"：根据"方法"设置，指定项目数（方法为定数等分）或项目之间的距离（方法为定距等分），如图 5-99 所示。效果同【阵列创建】选项卡中的【项目】面板。

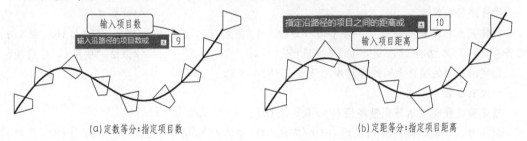

(a)定数等分：指定项目数　　　　　(b)定距等分：指定项目距离

图 5-99　根据所选方法输入阵列的项目数

⊙ "行（R）"：指定阵列中的行数、它们之间的距离以及行之间的增量标高，如图 5-100 所示。效果同【阵列创建】选项卡中的【行】面板。

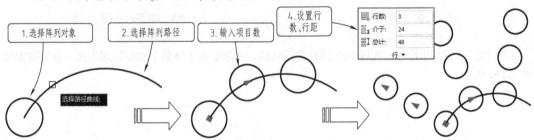

图 5-100　路径阵列的"行"效果

⊙ "层（L）"：指定三维阵列的层数和层间距，效果同【阵列创建】选项卡中的【层级】面板，二维情况下无须设置。

⊙ "对齐项目（A）"：指定是否对齐每个项目以与路径的方向相切，对齐相对于第一个项目的方向，效果对比如图 5-101 所示。【阵列创建】选项卡中的【对齐项目】按钮亮显则开启，反之关闭。

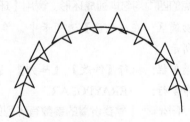

（a）开启"对齐项目"效果　　　　　（b）关闭"对齐项目"效果

图 5-101　对齐项目效果

⊛ "Z 方向（Z）"：控制是否保持项目的原始 Z 方向或沿三维路径自然倾斜项目。

【操作实例 5-11】：使用路径阵列命令绘制输送带

① 打开"第 5 章\5-11 使用路径阵列命令绘制输送带.dwg"素材文件，如图 5-102 所示。

② 在【常用】选项卡中，单击【修改】面板中的【路径阵列】按钮 ⟋。路径阵列对象如图 5-103 所示，命令行操作如下。

```
命令：_arraypath                                      //调用【路径阵列】命令
选择对象：指定对角点：找到 1 个                         //选择对象
选择对象：↙
类型 = 路径   关联 = 是
选择路径曲线：                                         //选择路径
选择夹点以编辑阵列或 [关联(AS)/方法(M)/基点(B)/切向(T)/项目(I)/行(R)/层(L)/
对齐项目(A)/Z 方向(Z)/退出(X)] <退出>：I↙              //激活"项目(I)"选项
  指定沿路径的项目之间的距离或 [表达式(E)] <35.475>：↙
  最大项目数 = 14
  指定项目数或 [填写完整路径(F)/表达式(E)] <14>：↙
  选择夹点以编辑阵列或 [关联(AS)/方法(M)/基点(B)/切向(T)/项目(I)/行(R)/层(L)/
对齐项目(A)/Z 方向(Z)/退出(X)] <退出>：↙               //按 Enter 键退出
```

图 5-102 素材文件   图 5-103 路径阵列对象

③ 调用【分解】命令，对阵列的图形进行分解。然后配合【修剪】命令整理图形，最终效果如图 5-104 所示。

图 5-104 整理图形

5.4.3 环形阵列

【环形阵列】即极轴阵列，是以某一点为中心点进行环形复制的命令，阵列结果是使阵列对象沿中心点的四周均匀排列成环形。调用【环形阵列】命令的方法如下。

⊛ 功能区：在【默认】选项卡中，单击【修改】面板中的【环形阵列】按钮 ⟋，如图 5-105 所示。

⊛ 菜单栏：执行【修改】|【阵列】|【环形阵列】命令，如图 5-106 所示。

⊛ 命令行： ARRAYPOLAR。

【环形阵列】需要设置的参数有阵列的"源对象""项目总数""中心点位置"和"填充角度"。填充角度是指全部项目排成的环形所占有的角度。例如，对于 360° 填充，所有项目将排满 1 圈，如图 5-107 所示；对于 120° 填充，所有项目只排满 1/3 圈，如图 5-108 所示。

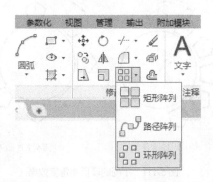

图 5-105 【功能区】调用【环形阵列】命令

图 5-106 【菜单栏】调用【环形阵列】命令

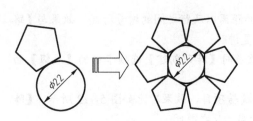

图 5-107 指定项目总数和填充角度（360°）

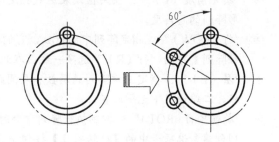

图 5-108 指定项目总数和填充角度（120°）

调用【阵列】命令，功能区面板显示【阵列创建】选项卡，如图 5-109 所示，命令行提示如下。

命令: _arraypolar	//调用【环形阵列】命令
选择对象: 找到 1 个	//选择阵列对象
选择对象:	
类型 = 极轴 关联 = 是	//显示当前的阵列设置
指定阵列的中心点或 [基点 (B) / 旋转轴 (A)]:	//指定阵列中心点
选择夹点以编辑阵列或 [关联 (AS) / 基点 (B) / 项目 (I) / 项目间角度 (A) / 填充角度 (F) / 行 (ROW) / 层 (L) / 旋转项目 (ROT) / 退出 (X)] <退出>: ✓	//设置阵列参数并按 Enter 键退出

图 5-109 【阵列创建】选项卡

命令行主要选项介绍如下。

- ⊘ "关联（AS）"：与【矩形阵列】中的"关联"选项相同，这里不重复讲解。
- ⊘ "基点（B）"：指定阵列的基点，默认为质心，效果同【阵列创建】选项卡中的【基点】按钮。
- ⊘ "项目（I）"：使用值或表达式指定阵列中的项目数，默认为 360° 填充下的项目数，如图 5-110 所示。
- ⊘ "项目间角度（A）"：使用值表示项目之间的角度，如图 5-111 所示。同【阵列创建】选项卡中的【项目】面板。

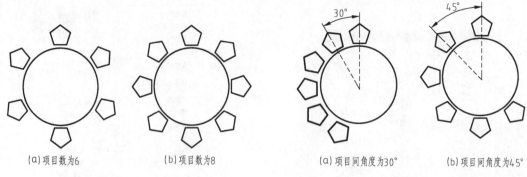

(a)项目数为6　　　　　　　　(b)项目数为8　　　　　　(a)项目间角度为30°　　　(b)项目间角度为45°

图 5-110　不同的项目数效果　　　　　　　　图 5-111　不同的项目间角度效果

▶ "填充角度（F）"：使用值或表达式指定阵列中第一个和最后一个项目之间的角度，即环形阵列的总角度。

▶ "行（ROW）"：指定阵列中的行数、它们之间的距离以及行之间的增量标高，效果与【路径阵列】中的"行（R）"选项一致，在此不重复讲解。

▶ "层（L）"：指定三维阵列的层数和层间距，效果同【阵列创建】选项卡中的【层级】面板，二维情况下无须设置。

▶ "旋转项目（ROT）"：控制执行阵列命令时是否旋转项目，效果对比如图 5-112 所示。【阵列创建】选项卡中的【旋转项目】按钮亮显则开启，反之关闭。

(a) 开启"旋转项目"效果　　　　　　　　　　　(b) 关闭"旋转项目"效果

图 5-112　旋转项目效果

【操作实例 5-12】：使用环形阵列命令绘制齿轮

　　由于齿轮的轮齿数量非常多，而且形状复杂，因此在机械制图中通常采用简化画法进行表示。但有时为了建模需要，想让三维模型表达得更加准确，就需要绘制准确的齿形，然后通过环形阵列的方式进行布置。

　　① 按 Ctrl+O 快捷键，打开"第 5 章\5-12 使用环形阵列命令绘制齿轮.dwg"素材文件，如图 5-113所示。

　　② 在【常用】选项卡中，单击【修改】面板中的【环形阵列】按钮 🔡，阵列复制轮齿，如图5-114 所示，命令行操作如下。

```
命令：_arraypolar                        //调用【环形阵列】按钮
选择对象：指定对角点：找到 1 个            //选择轮齿图形
选择对象：↙
类型 = 极轴   关联 = 是
指定阵列的中心点或 [基点(B)/旋转轴(A)]：    //捕捉圆心作为中心点
```

选择夹点以编辑阵列或［关联(AS)/基点(B)/项目(I)/项目间角度(A)/填充角度(F)/行(ROW)/层(L)/旋转项目(ROT)/退出(X)］<退出>: I↙　　　　　//激活"项目(I)"选项

输入阵列中的项目数或［表达式(E)］<6>: 20↙　　　　　//输入项目个数

选择夹点以编辑阵列或［关联(AS)/基点(B)/项目(I)/项目间角度(A)/填充角度(F)/行(ROW)/层(L)/旋转项目(ROT)/退出(X)］<退出>: ↙　　　　　//按 Enter 键退出阵列

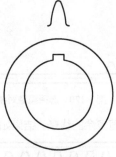

图 5-113　素材文件

图 5-114　阵列复制轮齿

【操作实例 5-13】: 使用阵列命令绘制同步带

同步带是以钢丝绳或玻璃纤维为强力层, 外覆以聚氨酯或氯丁橡胶的环形带, 带的内周制成齿状, 使其与齿形带轮啮合, 如图 5-115 所示。同步带广泛用于纺织、机床、烟草、通信电缆、轻工、化工、冶金、仪表仪器、食品、矿山、石油、汽车等各行业各种类型的机械传动中。因此本案例将使用阵列的方式绘制如图 5-116 所示的同步带。

图 5-115　同步带的应用

图 5-116　同步带效果图形

① 打开"第 5 章\5-13 使用阵列命令绘制同步带.dwg"素材文件, 如图 5-117 所示。

② 矩形阵列。单击【修改】面板中的【矩形阵列】按钮🔡, 选择单个齿轮作为阵列对象, 设置列数为 12, 行数为 1, 距离为−18, 阵列结果如图 5-118 所示。

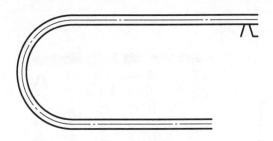

图 5-117　素材文件

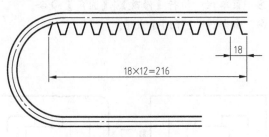

18

18×12=216

图 5-118　矩形阵列后的结果

③ 分解阵列图形。单击【修改】面板中的【分解】按钮, 将矩形阵列的齿分解, 并删除左端多余的部分。

④ 环形阵列。单击【修改】面板中的【环形阵列】按钮 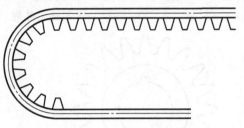，选择最左侧的一个齿作为阵列对象，设置填充角度为 180，项目数量为 8，结果如图 5-119 所示。

⑤ 镜像齿条。单击【修改】面板中的【镜像】按钮 ，选择如图 5-120 所示的 8 个齿作为镜像对象，以通过圆心的水平线作为镜像线，镜像结果如图 5-121 所示。

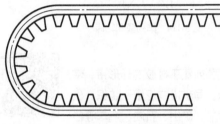

图 5-119　环形阵列后的结果

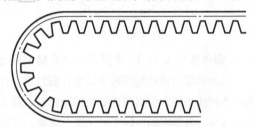

图 5-120　选择镜像对象

⑥ 修剪图形。单击【修改】面板中的【修剪】按钮 ，修剪多余的线条，结果如图 5-122 所示。

图 5-121　镜像后的结果

图 5-122　修剪之后的结果

5.5　辅助绘图类

图形绘制完成后，有时还需要对细节部分做一定的处理，这些细节处理包括倒角、倒圆、曲线及多段线的调整等等；此外部分图形可能还需要分解或打断进行二次编辑，如矩形、多边形等。

5.5.1　圆角

利用【圆角】命令可以将两条相交的直线通过一个圆弧连接起来，通常用来表示在机械加工中把工件的棱角切削成圆弧面，是倒钝、去毛刺的常用手段，因此多见于机械制图中，如图 5-123 所示。

在 AutoCAD2019 中【圆角】命令有以下几种调用方法。

- 功能区：单击【修改】面板中的【圆角】按钮 ，如图 5-124 所示。
- 菜单栏：执行【修改】|【圆角】命令。
- 命令行：FILLET 或 F。

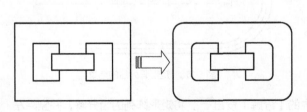

图 5-123　绘制圆角

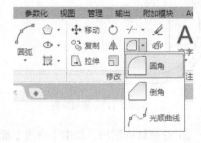

图 5-124　【修改】面板中的【圆角】按钮

执行【圆角】命令后，命令行显示如下。

```
命令: _fillet                                    //执行【圆角】命令
当前设置: 模式 = 修剪，半径 = 3.0000            //当前圆角设置
选择第一个对象或 [放弃(U)/多段线(P)/半径(R)/修剪(T)/多个(M)]:
                                                //选择要倒圆的第一个对象
选择第二个对象，或按住 Shift 键选择对象以应用角点或 [半径(R)]:
                                                //选择要倒圆的第二个对象
```

创建的圆弧的方向和长度由选择对象所拾取的点确定，始终在距离所选位置的最近处创建圆角，如图 5-125 所示。

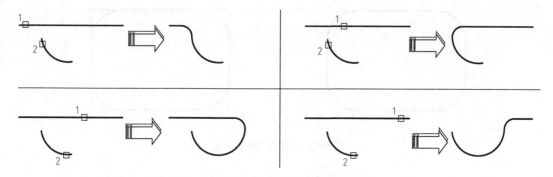

图 5-125　所选对象位置与所创建圆角的关系

重复【圆角】命令之后，圆角的半径和修剪选项无须重新设置，直接选择圆角对象即可，系统默认以上一次圆角的参数创建之后的圆角。

命令行中各选项的含义如下。

- "放弃（U）": 放弃上一次的圆角操作。
- "多段线（P）": 选择该项将对多段线中每个顶点处的相交直线进行圆角，并且圆角后的圆弧线段将成为多段线的新线段[除非"修剪（T）"选项设置为"不修剪"]，如图 5-126 所示。

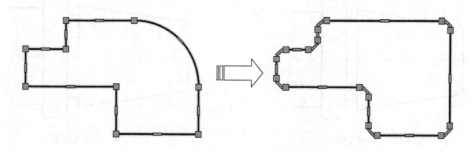

图 5-126　"多段线（P）"倒圆

- "半径（R）": 选择该项，可以设置圆角的半径，更改此值不会影响现有圆角。0 半径值可用于创建锐角，还原已倒圆的对象，或为两条直线、射线、构造线、二维多段线创建半径为 0 的圆角以及延伸对象以使其相交，如图 5-127 所示。

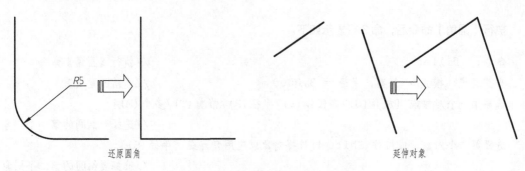

图 5-127　半径值为 0 的倒圆角作用

◈　"修剪（T）"：选择该项，设置是否修剪对象。修剪与不修剪的效果对比如图 5-128 所示。

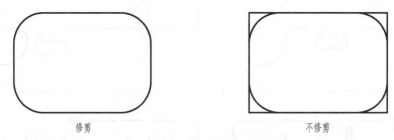

图 5-128　倒圆角的修剪效果

◈　"多个（M）"：选择该选项，可以在依次调用命令的情况下对多个对象进行圆角。

【操作实例 5-14 】：机械轴零件倒圆角

在机械设计中，倒圆角的作用有如下几个：去除锐边（安全着想）、工艺圆角（铸造件在尺寸发生剧变的地方，必须有圆角过渡）、防止工件的引力集中。本例通过对一轴零件的局部图形进行倒圆操作，可以进一步帮助读者理解倒圆的操作及含义。

① 打开"第 5 章\5-14 机械轴零件倒圆角.dwg"素材文件，如图 5-129 所示。

② 为方便装配将轴零件的左侧设计成一锥形段，因此还可对左侧进行倒圆，使其更为圆润，此处的倒圆半径可适当增大。单击【修改】面板中的【圆角】按钮◻，设置圆角半径为 3，对轴零件最左侧进行倒圆，如图 5-130 所示。

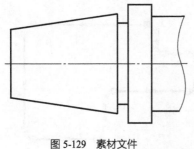

图 5-129　素材文件

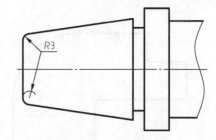

图 5-130　方便装配倒圆

③ 锥形段的右侧截面处较尖锐，需进行倒圆处理。重复倒圆命令，设置倒圆半径为 1，操作结果如图 5-131 所示。

④ 退刀槽倒圆。为在加工时便于退刀，且在装配时与相邻零件保证靠紧，通常会在台肩处加工出退刀槽。该槽也是轴类零件的危险截面，如果轴失效发生断裂，多半是断于该处。因此为了避免退刀槽处的截面变化太大，会在此处设计有圆角，以防止应力集中，本例便在退刀槽两端处进行倒

圆处理，圆角半径为1，效果如图 5-132 所示。

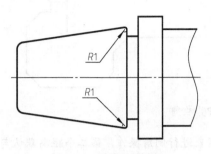

图 5-131　尖锐截面倒圆

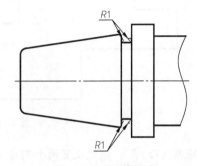

图 5-132　退刀槽倒圆

5.5.2　倒角

【倒角】命令用于将两条非平行直线或多段线以一斜线相连，在机械、家具、室内等设计图中均有应用。默认情况下，需要选择进行倒角的两条相邻的直线，然后按当前的倒角大小对这两条直线倒角。图 5-133 为绘制倒角的图形。

在 AutoCAD2019 中，【倒角】命令有以下几种调用方法。

- ▷　功能区：单击【修改】面板中的【倒角】按钮，如图 5-134 所示。
- ▷　菜单栏：执行【修改】|【倒角】命令。
- ▷　命令行：CHAMFER 或 CHA。

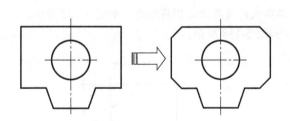

图 5-133　绘制倒角

图 5-134　【修改】面板中的【倒角】按钮

使用倒角命令分两个步骤，第一步是确定倒角的大小，通过命令行里的【距离】选项实现，第二步是选择需要倒角的两条边。调用【倒角】命令，命令行提示如下。

```
命令: _chamfer                              //调用【倒角】命令
("修剪"模式) 当前倒角距离 1 = 0.0000, 距离 2 = 0.0000
选择第一条直线或 [放弃(U)/多段线(P)/距离(D)/角度(A)/修剪(T)/方式(E)/多个(M)]:
                                //选择倒角的方式，或选择第一条倒角边
选择第二条直线，或按住 Shift 键选择直线以应用角点或 [距离(D)/角度(A)/方法(M)]:
                                //选择第二条倒角边
```

命令行中各选项的含义如下。

- ▷　"放弃（U）"：放弃上一次的倒角操作。
- ▷　"多段线（P）"：对整个多段线每个顶点处的相交直线进行倒角，并且倒角后的线段将成为多段线的新线段。如果多段线包含的线段过短以至于无法容纳倒角距离，则不对这些线段倒角，如图 5-135 所示（倒角距离为 3）。

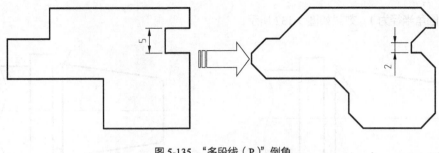

图 5-135 "多段线（P）"倒角

- "距离（D）"：通过设置两个倒角边的倒角距离来进行倒角操作，第二个距离默认与第一个距离相同。如果将两个距离均设定为 0，CHAMFER 将延伸或修剪两条直线，以使它们终止于同一点，同半径为 0 的倒圆角，如图 5-136 所示。

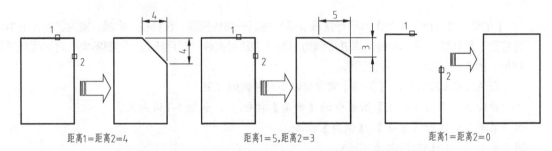

距离1=距离2=4　　　　　　距离1=5,距离2=3　　　　　　距离1=距离2=0

图 5-136　不同"距离（D）"的倒角

- "角度（A）"：用第一条线的倒角距离和第二条线的角度设定倒角距离，如图 5-137 所示。
- "修剪（T）"：设定是否对倒角进行修剪，如图 5-138 所示。

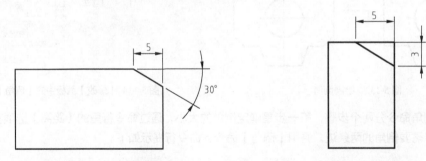

图 5-137 【角度】倒角方式　　　　　　　　　　图 5-138　不修剪的倒角效果

- "方式（E）"：选择倒角方式，与选择【距离(D)】或【角度(A)】的作用相同。
- "多个（M）"：选择该项，可以对多组对象进行倒角。

【操作实例 5-15】：机械零件倒斜角

除了倒圆角处理之外，还可以对锐边进行倒斜角处理，也能起到相同的效果。

① 打开素材文件"第 5 章\5-15 机械零件倒斜角.dwg"，如图 5-139 所示。

② 单击【修改】面板中的【倒角】按钮，在直线 *A*、*B* 之间创建倒角，如图 5-140 所示。命令行操作如下。

> 命令：_chamfer　　　　　　　　　　　　　　　　//执行【倒角】命令
> （"修剪"模式）当前倒角距离 1 = 0.0000, 距离 2 = 0.0000

```
选择第一条直线或 [放弃(U)/多段线(P)/距离(D)/角度(A)/修剪(T)/方式(E)/多个(M)]: D↙
                                                    //选择【距离】选项

指定 第一个 倒角距离 <0.0000>: 1↙
指定 第二个 倒角距离 <1.0000>: 1↙                   //输入两个倒角距离
选择第一条直线或 [放弃(U)/多段线(P)/距离(D)/角度(A)/修剪(T)/方式(E)/多个(M)]:
                                                    //单击直线 A

选择第二条直线, 或按住 Shift 键选择直线以应用角点或 [距离(D)/角度(A)/方法(M)]:
                                                    //单击直线 B
```

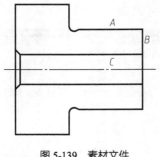

图 5-139　素材文件

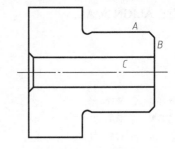

图 5-140　A、B 间倒角

③ 重复【倒角】命令, 在直线 B、C 之间倒角, 如图 5-141 所示。命令行操作如下。

```
命令: _chamfer
("修剪" 模式) 当前倒角距离 1 = 1.0000, 距离 2 = 1.0000
选择第一条直线或 [放弃(U)/多段线(P)/距离(D)/角度(A)/修剪(T)/方式(E)/多个(M)]: T↙
                                                    //选择【修剪】选项
输入修剪模式选项 [修剪(T)/不修剪(N)] <修剪>: N↙      //选择【不修剪】
选择第一条直线或 [放弃(U)/多段线(P)/距离(D)/角度(A)/修剪(T)/方式(E)/多个(M)]: D↙
                                                    //选择【距离】选项

指定 第一个 倒角距离 <1.0000>: 2↙
指定 第二个 倒角距离 <2.0000>: 2↙                   //输入两个倒角距离
选择第一条直线或 [放弃(U)/多段线(P)/距离(D)/角度(A)/修剪(T)/方式(E)/多个(M)]:
                                                    //单击直线 B

选择第二条直线, 或按住 Shift 键选择直线以应用角点或 [距离(D)/角度(A)/方法(M)]:
                                                    //单击直线 C
```

④ 以同样的方法创建其他位置的倒角, 如图 5-142 所示。
⑤ 连接倒角之后的角点, 并修剪线条, 如图 5-143 所示。

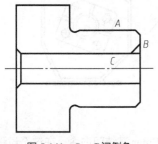

图 5-141　B、C 间倒角

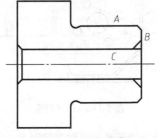

图 5-142　其他倒角

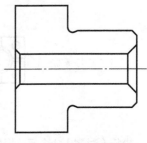

图 5-143　连线和修剪图形

5.5.3 对齐

【对齐】命令可以使当前的对象与其他对象对齐，既适用于二维对象，也适用于三维对象。在对齐二维对象时，可以指定一对或二对对齐点（源点和目标点），在对齐三维对象时则需要指定三对对齐点。

在 AutoCAD2019 中【对齐】命令有以下几种常用调用方法。

- ▷ 功能区：单击【修改】面板中的【对齐】按钮，如图 5-144 所示。
- ▷ 菜单栏：执行【修改】|【三维操作】|【对齐】命令，如图 5-145 所示。
- ▷ 命令行：ALIGN 或 AL。

图 5-144 【修改】面板中的【对齐】按钮

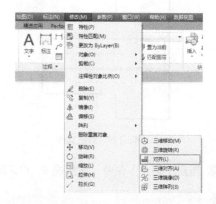

图 5-145 【对齐】菜单命令

执行上述任一命令后，根据命令行提示，依次选择源点和目标点，按 Enter 键结束操作，如图 5-146 所示。

命令： _align	//执行【对齐】命令
选择对象：找到 1 个	//选择要对齐的对象
指定第一个源点：	//指定源对象上的一点
指定第一个目标点：	//指定目标对象上的对应点
指定第二个源点：	//指定源对象上的一点
指定第二个目标点：	//指定目标对象上的对应点
指定第三个源点或 <继续>：✓	//按 Enter 键完成选择
是否基于对齐点缩放对象？[是(Y)/否(N)] <否>：✓	//按 Enter 键结束命令

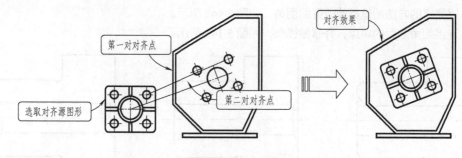

图 5-146 对齐对象

执行【对齐】命令后，根据命令行提示选择要对齐的对象，并按 Enter 键结束命令。在这个过程中，可以指定一对、两对或三对对齐点（一个源点和一个目标点合称为一对"对齐点"）来对齐选定对象。对齐点的对数不同，操作结果也不同，具体介绍如下。

- **一对对齐点（一个源点、一个目标点）**

当只选择一对源点和目标点时，所选的对象将在二维或三维空间从源点 1 移动到目标点 2，类似于【移动】操作，如图 5-147 所示。

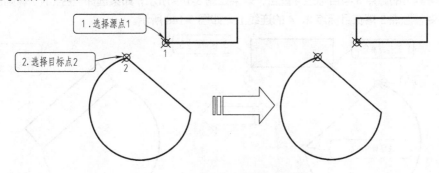

图 5-147 一对对齐点仅能移动对象

该对齐方法的命令行操作如下。

命令：ALIGN	//执行【对齐】命令
选择对象：找到 1 个	//选择图中的矩形
指定第一个源点：	//选择点 1
指定第一个目标点：	//选择点 2
指定第二个源点：✓	//按 Enter 键结束操作，矩形移动至对象上

- **两对对齐点（两个源点、两个目标点）**

当选择两对对齐点时，可以移动、旋转和缩放选定对象，以便与其他对象对齐。第一对源点和目标点定义对齐的基点（点 1、2），第二对对齐点定义旋转的角度（点 3、4），效果如图 5-148 所示。

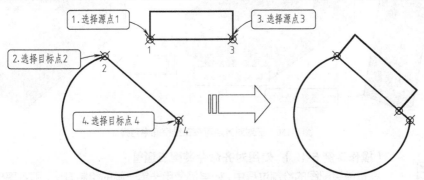

图 5-148 两对对齐点可将对象移动并对齐

该对齐方法的命令行操作如下。

命令：ALIGN	//执行【对齐】命令
选择对象：找到 1 个	//选择图中的矩形
指定第一个源点：	//选择点 1
指定第一个目标点：	//选择点 2
指定第二个源点：	//选择点 3

指定第二个目标点：	//选择点 4
指定第三个源点或 <继续>:↙	//按 Enter 键完成选择
是否基于对齐点缩放对象？［是(Y)/否(N)］<否>:↙	//按 Enter 键结束操作

在输入了第二对点后，系统会给出【缩放对象】的提示。如果选择"是（Y）"，则源对象将进行缩放，使得其上的源点 3 与目标点 4 重合，效果如图 5-149 所示；如果选择"否（N）"，则源对象大小保持不变，源点 3 落在目标点 2、4 的连线上，如图 5-148 所示。

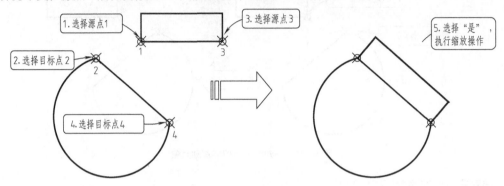

图 5-149　对齐时的缩放效果

提示：只有使用两对点对齐对象时才能使用缩放。

● **三对对齐点（三个源点、三个目标点）**

对于二维图形来说，两对对齐点已可以满足绝大多数的使用需要，只有在三维空间中才会用得上三对对齐点。当选择三对对齐点时，选定的对象可在三维空间中进行移动和旋转，使之与其他对象对齐，如图 5-150 所示。

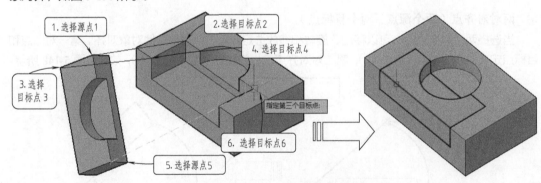

图 5-150　三对对齐点可在三维空间中对齐

【操作实例 5-16】：使用对齐命令装配三通管

在机械装配图的绘制过程中，如果仍使用一笔一画的绘制方法，则效率极为低下，无法体现出 AutoCAD 绘图的强大功能，也不能满足现代设计的需要。因此对 AutoCAD 掌握熟练，熟悉其中的各种绘制、编辑命令，对提高工作效率有很大的帮助。在本例中，如果使用【移动】、【旋转】等方法，难免费时费力，而使用【对齐】命令，则可以一步到位，极为简便。

① 打开"第 5 章\5-16 使用对齐命令装配三通管.dwg"素材文件，其中已经绘制好了三通管和装配管，但图形比例不一致，如图 5-151 所示。

② 单击【修改】面板中的【对齐】按钮 ，执行【对齐】命令，选择整个装配管图形，然后根据三通管和装配管的对接方式，按图 5-152 所示选择对应的两对对齐点（1 对应 2、3 对应 4）。

第 1 篇　入门篇

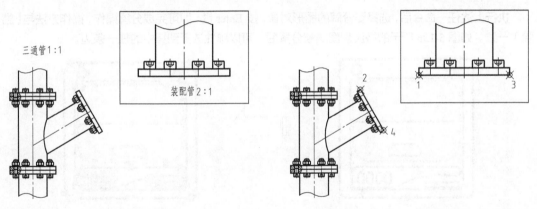

图 5-151 素材图形　　　　　　　　　　　图 5-152 选择对齐点

③ 两对对齐点指定完毕后，单击 Enter 键，命令行提示"是否基于对齐点缩放对象"，输入 Y，选择"是"，再单击 Enter 键，即可将装配管对齐至三通管中，效果如图 5-153 所示。

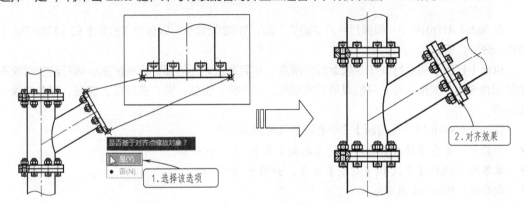

图 5-153 三对对齐点的对齐效果

5.5.4 分解

【分解】是将某些特殊的对象分解成多个独立部分的命令，以便于更具体的编辑。主要用于将复合对象，如矩形、多段线、块、填充等，还原为一般的图形对象。分解后的对象，其颜色、线型和线宽都可能发生改变。

在 AutoCAD2019 中【分解】命令有以下几种调用方法。

▷ 功能区：单击【修改】面板中的【分解】按钮 ，如图 5-154 所示。
▷ 菜单栏：选择【修改】|【分解】命令，如图 5-155 所示。
▷ 命令行：EXPLODE 或 X。

图 5-154 【修改】面板中的【分解】按钮

图 5-155 【分解】菜单命令

执行上述任一命令后，选择要分解的图形对象，按 Enter 键，即可完成分解操作，操作方法与【删除】一致。如图 5-156 所示的微波炉图块被分解后，可以单独选择到其中的任一条边。

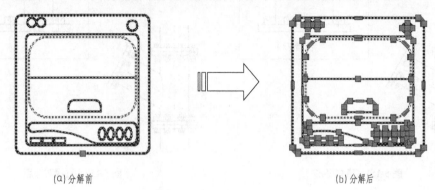

(a) 分解前　　　　　　　　　　　　　　　(b) 分解后

图 5-156　图形分解前后对比

5.5.5　打断

在 AutoCAD2019 中，根据打断点数量的不同，"打断"命令可以分为【打断】和【打断于点】两种，分别介绍如下。

执行【打断】命令可以在对象上指定两点，然后两点之间的部分会被删除。被打断的对象不能是组合形体，如图块等，只能是单独的线条，如直线、圆弧、圆、多段线、椭圆、样条曲线、圆环等。

在 AutoCAD2019 中【打断】命令有以下几种调用方法。

▷　功能区：单击【修改】面板上的【打断】按钮，如图 5-157 所示。

▷　菜单栏：执行【修改】|【打断】命令，如图 5-158 所示。

▷　命令行：BREAK 或 BR。

图 5-157　【修改】面板中的【打断】按钮　　　　　图 5-158　【打断】菜单命令

【打断】命令可以在选择的线条上创建两个打断点，从而将线条断开。如果在对象之外指定一点为第二个打断点，系统将以该点到被打断对象的垂直点位置为第二个打断点，除去两点间的线段。图 5-159 为图形打断效果，可以看到利用【打断】命令能快速完成图形效果的调整。对应的命令行操作如下。

命令：_break	//执行【打断】命令
选择对象：	//选择要打断的图形
指定第二个打断点 或 [第一点(F)]：F↙	//选择"第一点"选项，指定打断的第一点
指定第一个打断点：	//选择 A 点
指定第二个打断点：	//选择 B 点

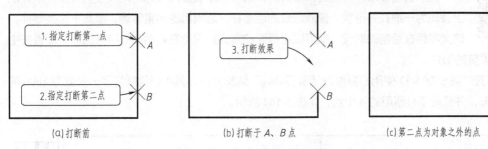

图 5-159　图形打断效果

默认情况下，系统会以选择对象时的拾取点作为第一个打断点。若此时直接在对象上选取另一点，即可去除两点之间的图形线段，但这样的打断效果往往不符要求，因此可在命令行中输入字母 F，执行"第一点（F）"选项，通过指定第一点来获取准确的打断效果。

【打断于点】是从【打断】命令派生出来的，【打断于点】是指通过指定一个打断点，将对象从该点处断开成两个对象的命令。在 AutoCAD2019 中【打断于点】命令不能通过命令行输入和菜单调用，因此只有以下 2 种调用方法。

⊙　功能区：单击【修改】面板中的【打断于点】按钮□，如图 5-160 所示。

⊙　工具栏：调出【修改】工具栏，单击其中的【打断于点】按钮□。

【打断于点】命令在执行过程中，需要输入的参数只有"打断对象"和一个"打断点"。打断之后的对象外观无变化，没有间隙，但选择时可见已在打断点处分成两个对象，如图 5-161 所示。对应命令行操作如下。

命令：_break	//执行【打断于点】命令
选择对象：	//选择要打断的图形
指定第二个打断点 或 [第一点(F)]：_f	//系统自动选择"第一点"选项
指定第一个打断点：	//指定打断点
指定第二个打断点：@	//系统自动输入@结束命令

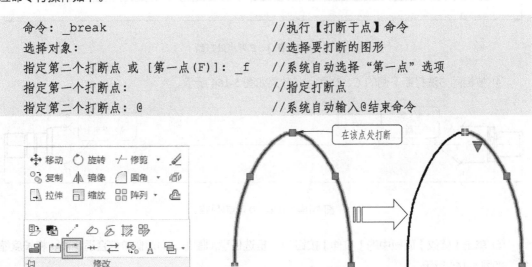

图 5-160　【修改】面板中的【打断于点】按钮　　　　　图 5-161　打断于点的图形

提示：不能在一点打断闭合对象（例如圆）。

读者可以发现【打断于点】与【打断】的命令行操作相差无几，甚至在命令行中的代码都是"_break"。这是由于【打断于点】可以理解为【打断】命令的一种特殊情况，即第二点与第一点重合。因此，如果在执行【打断】命令时，要想让输入的第二个点和第一个点相同，那在指定第二点时在命令行输入"@"字符即可——此操作即相当于【打断于点】。

【操作实例 5-17】：使用打断修改活塞杆

有些机械零部件可能具有很大的长细比，即长度尺寸比径向尺寸大很多，从外观上表现为一细长杆形状。像液压缸的活塞杆、起重机的吊臂等等，都属于这类零件。这类零件在绘制的时候，就可以用打断的方式只保留左右两端的特征图形，而省去中间简单而重复的部分。

① 打开"第 5 章\5-17 使用打断修改活塞杆.dwg"素材文件，其中已绘制好了一长度为 1000 的活塞杆图形，并预设了打断用的 4 个点，如图 5-162 所示。

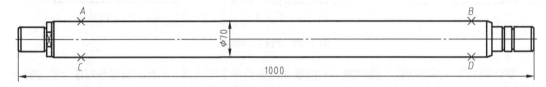

图 5-162　素材图形

② 可见，如果完全按照真实的零件形状出图打印，那左右两端的重要结构便相距甚远，影响观察效果，而且也超出了一般图纸的打印范围，因此可用【打断】命令对其进行修改。

③ 在【默认】选项卡中，单击【修改】面板中的【打断】按钮□，选择图形 φ70 段上侧的 A、B 两点，作为打断点，打断效果如图 5-163 所示。

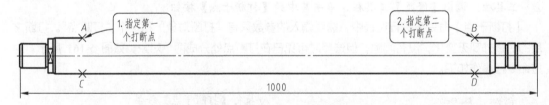

图 5-163　在 A、B 两点处打断

④ 按相同方法打断下侧的 C、D 两点，效果如图 5-164 所示。

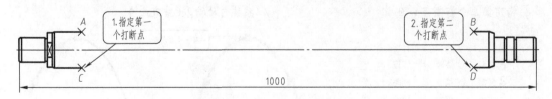

图 5-164　在 C、D 两点处打断

⑤ 单击【修改】面板中的【拉伸】按钮□，框选任意侧图形，向对侧拉伸合适距离，将长度缩短，如图 5-165 所示。

⑥ 再使用【样条曲线】连接 AC、BD，即可得到该活塞杆的打断效果，如图 5-166 所示。

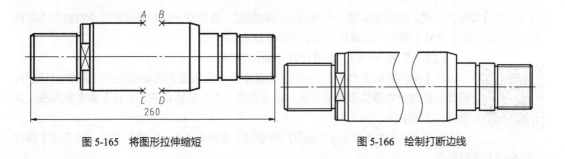

图 5-165　将图形拉伸缩短　　　　　　　　　图 5-166　绘制打断边线

5.5.6　合并

【合并】命令用于将独立的图形对象合并为一个整体。它可以将多个对象进行合并，对象包括直线、多段线、三维多段线、圆弧、椭圆弧、螺旋线和样条曲线等。

在 AutoCAD2019 中【合并】命令有以下几种调用方法。

▶ 功能区：单击【修改】面板中的【合并】按钮 ⊷ ，如图 5-167 所示。

▶ 菜单栏：执行【修改】|【合并】命令，如图 5-168 所示。

▶ 命令行：JOIN 或 J。

图 5-167　【修改】面板中的【合并】按钮

图 5-168　【合并】菜单命令

执行以上任一命令后，选择要合并的对象按 Enter 键退出，如图 5-169 所示。命令行操作如下。

命令：_join	//执行【合并】命令
选择源对象或要一次合并的多个对象：找到 1 个	//选择源对象
选择要合并的对象：找到 1 个，总计 2 个	//选择要合并的对象
选择要合并的对象：✓	//按 Enter 键完成操作

选择要合并
的两处直线

图 5-169　合并图形

【合并】命令产生的对象类型取决于所选定的对象类型、首先选定的对象类型以及对象是否共线（或共面）。因此【合并】操作的结果与所选对象及选择顺序有关。

【操作实例 5-18】：使用合并还原活塞杆

在【操作实例 5-17】中，使用【打断】命令只保留了活塞杆左右两端的特征图形，而如果反过来需要恢复完整效果，则可以通过本小节所学的【合并】命令来完成，具体操作方法如下。

① 打开"第 5 章\5-17 使用打断修改活塞杆-OK.dwg"素材文件，或延续【操作实例 5-17】进行操作。

② 单击【修改】面板中的【合并】按钮 ⊶，分别单击打断线段的两端，如图 5-170 所示。

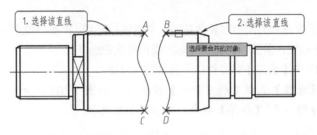

图 5-170　选择要合并的线段

③ 单击 Enter 键确认，可见上侧线段被合并为一根，接着按相同方法合并下侧线段，删除样条曲线，结果如图 5-171 所示。

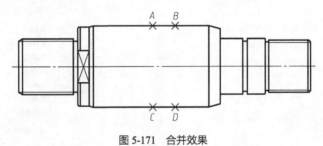

图 5-171　合并效果

④ 再使用【拉伸】命令，将其拉伸至原来的长度即可还原。

5.6　通过夹点编辑图形

所谓"夹点"，指的是图形对象上的一些特征点，如端点、顶点、中点、中心点等，图形的位置和形状通常是由夹点的位置决定的。在 AutoCAD 中，夹点是一种集成的编辑模式，利用夹点可以编辑图形的大小、位置、方向以及对图形进行镜像复制操作等。

5.6.1　夹点模式概述

在夹点模式下，图形对象以虚线显示，图形上的特征点（如端点、圆心、象限点等）将显示为小方框，如图 5-172 所示，这样的小方框称为夹点。

夹点有未激活和被激活两种状态。蓝色小方框显示的夹点处于未激活状态，单击某个未激活夹点，该夹点以红色小方框显示，处于被激活状态，被称为热夹点。以热夹点为基点，可以对图形对象进行拉伸、平移、复制、缩放和镜像等操作。同时按 Shift 键可以选择激活多个热夹点。

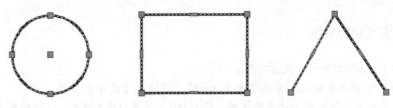

图 5-172　不同对象的夹点

5.6.2　利用夹点拉伸对象

如需利用夹点来拉伸图形，则操作方法如下。

⊙　快捷操作：在不执行任何命令的情况下选择对象，然后单击其中一个夹点，系统自动将其作为拉伸的基点，即进入"拉伸"编辑模式。通过移动夹点，就可以将图形对象拉伸至新位置。夹点编辑中的【拉伸】与 STRETCH【拉伸】命令一致，效果如图 5-173 所示。

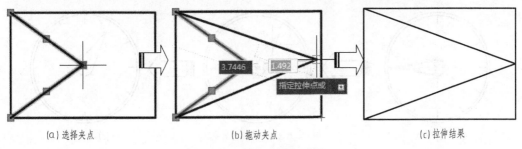

（a）选择夹点　　　　　　　　　　（b）拖动夹点　　　　　　　　　　（c）拉伸结果

图 5-173　利用夹点拉伸对象

　　提示：对于某些夹点，拖动时只能移动而不能拉伸，如文字、块、直线中点、圆心、椭圆中心和点对象上的夹点。

5.6.3　利用夹点移动对象

如需利用夹点来移动图形，则操作方法如下。

⊙　快捷操作：选中一个夹点，单击 1 次 Enter 键，即进入【移动】模式。

⊙　命令行：在夹点编辑模式下确定基点后，输入 MO 进入【移动】模式，选中的夹点即为基点。通过夹点进入【移动】模式后，命令行提示如下。

```
**  MOVE  **
指定移动点或［基点(B)/复制(C)/放弃(U)/退出(X)］。
```

使用夹点移动对象，可以将对象从当前位置移动到新位置，同 MOVE【移动】命令，如图 5-174 所示。

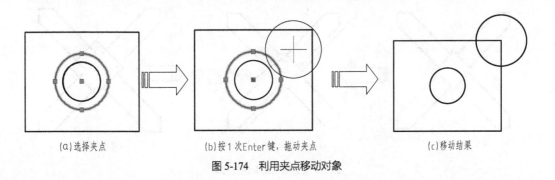

（a）选择夹点　　　　　　（b）按 1 次 Enter 键，拖动夹点　　　　　　（c）移动结果

图 5-174　利用夹点移动对象

5.6.4 利用夹点旋转对象

如需利用夹点来移动图形，则操作方法如下。

- ⊙ 快捷操作：选中一个夹点，单击 2 次 Enter 键，即进入【旋转】模式。
- ⊙ 命令行：在夹点编辑模式下确定基点后，输入 RO 进入【旋转】模式，选中的夹点即为基点。
  通过夹点进入【移动】模式后，命令行提示如下。

** 旋转 **

指定旋转角度或 ［基点(B)/复制(C)/放弃(U)/参照(R)/退出(X)］：

默认情况下，输入旋转角度值或通过拖动方式确定旋转角度后，即可将对象绕基点旋转指定的角度。也可以选择【参照】选项，以参照方式旋转对象。操作方法同 ROTATE【旋转】命令，利用夹点旋转对象如图 5-175 所示。

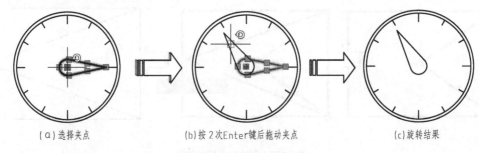

(a)选择夹点　　　　　　(b)按 2 次Enter键后拖动夹点　　　　　　(c)旋转结果

图 5-175　利用夹点旋转对象

5.6.5 利用夹点缩放对象

如需利用夹点来缩放图形，则操作方法如下。

- ⊙ 快捷操作：选中一个夹点，单击 3 次 Enter 键，即进入【缩放】模式。
- ⊙ 命令行：选中的夹点即为缩放基点，输入 SC 进入【缩放】模式。
  通过夹点进入【缩放】模式后，命令行提示如下。

** 比例缩放 **

指定比例因子或 ［基点(B)/复制(C)/放弃(U)/参照(R)/退出(X)］。

默认情况下，当确定了缩放的比例因子后，AutoCAD 将相对于基点进行缩放对象操作。当比例因子大于 1 时放大对象；当比例因子大于 0 而小于 1 时缩小对象，操作同 SCALE【缩放】命令，如图 5-176 所示。

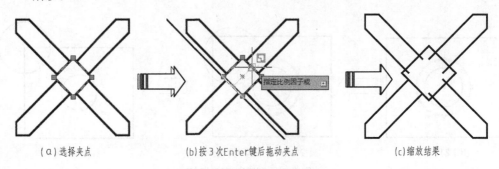

(a)选择夹点　　　　　　(b)按 3 次Enter键后拖动夹点　　　　　　(c)缩放结果

图 5-176　利用夹点缩放对象

5.6.6 利用夹点镜像对象

如需利用夹点来镜像图形，则操作方法如下。

⊙ 快捷操作：选中一个夹点，单击 4 次 Enter 键，即进入【镜像】模式。

⊙ 命令行：输入 MI 进入【镜像】模式，选中的夹点即为镜像线第一点。
通过夹点进入【镜像】模式后，命令行提示如下。

```
** 镜像 **
指定第二点或 [基点(B)/复制(C)/放弃(U)/退出(X)]：
```

指定镜像线上的第二点后，AutoCAD 将以基点作为镜像线上的第一点，将对象进行镜像操作并删除源对象。利用夹点镜像对象如图 5-177 所示。

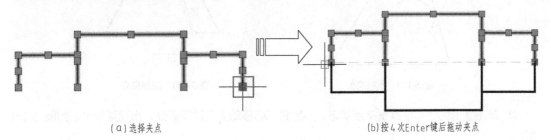

(a) 选择夹点 　　　　　　　　　　　　　　　　　(b) 按 4 次 Enter 键后拖动夹点

图 5-177　利用夹点镜像对象

5.6.7 利用夹点复制对象

如需利用夹点来复制图形，则操作方法如下。

⊙ 命令行：选中夹点后进入【移动】模式，然后在命令行中输入 C，调用"复制（C）"选项即可，命令行操作如下。

```
** MOVE **                                          //进入【移动】模式
指定移动点 或 [基点(B)/复制(C)/放弃(U)/退出(X)]：C↙     //选择"复制"选项

** MOVE（多个）**                                   //进入【复制】模式
指定移动点 或 [基点(B)/复制(C)/放弃(U)/退出(X)]：↙
                                     //指定放置点，并按 Enter 键完成操作
```

使用夹点复制功能，选定中心夹点进行拖动时需按住 Ctrl 键，复制效果如图 5-178 所示。

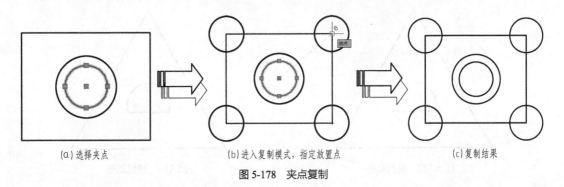

(a) 选择夹点 　　　　　(b) 进入复制模式，指定放置点 　　　　　(c) 复制结果

图 5-178　夹点复制

【操作实例 5-19】：夹点操作调整图形

　　与夹点操作和按钮绘图综合运用一样，夹点操作和快捷键绘图同样结合了二者优点，提高了绘图效率，并且在某些图形中运用快捷键绘图往往比按钮绘图更加节省制图时间。

　　① 打开"第 5 章\5-19 夹点操作调整图形.dwg"素材文件，如图 5-179 所示。

　　② 单击图形的三角形使其呈夹点状态，然后用光标单击左端点向左水平拖动，输入直线长为 80，如图 5-180 所示。

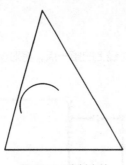

图 5-179　素材文件

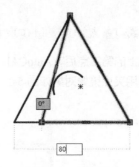

图 5-180　拉伸夹点

　　③ 单击图形的圆弧使其呈夹点状态，然后将光标移动到右边夹点处，出现菜单栏，如图 5-181 所示。

　　④ 选择【拉长】，拖动光标拉长圆弧，如图 5-182 所示。

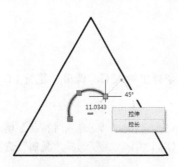

图 5-181　拉伸圆弧

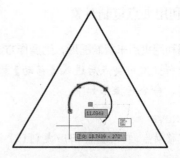

图 5-182　拉伸效果

　　⑤ 输入 L，执行【直线】命令，以圆弧右端点为起始点，绘制一条水平的线段，端点连接到圆弧，如图 5-183 所示。

　　⑥ 输入 TR，执行【修剪】命令删除多余的线条，如图 5-184 所示。

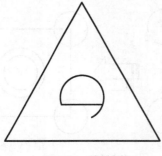

图 5-183　绘制直线

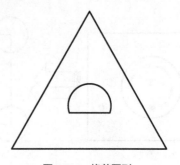

图 5-184　修剪图形

⑦ 输入 O，执行【偏移】命令将三角形依次向内偏移 3 和 5，如图 5-185 所示。

⑧ 输入 L，执行【直线】命令连接大三角形各个边的中点，如图 5-186 所示。

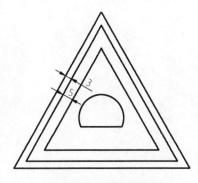

图 5-185　偏移图形

图 5-186　连接中点

⑨ 输入 O，执行【偏移】命令将上一步中绘制的直线依次向外偏移 5，如图 5-187 所示。

⑩ 利用 TR【修剪】和 E【删除】命令删除多余的线条，最终效果如图 5-188 所示。

图 5-187　偏移直线

图 5-188　最终效果

第**2**篇 精 通 篇

·第6章·

创建图形标注

使用 AutoCAD 进行设计绘图时，首先要明确的一点就是：**图形中的线条长度，并不代表物体的真实尺寸，一切数值应按标注为准**。无论是零件加工还是装配件外形，所依据的是标注的尺寸值，因而尺寸标注是绘图中最为重要的部分。像一些成熟的设计师，在现场或无法使用 AutoCAD 的场合，会直接用笔在纸上手绘出一张草图，图不一定要画得好看，但记录的数据却力求准确。由此也可见，图形仅是标注的辅助而已。

对于不同的对象，其定位所需的尺寸类型也不同。AutoCAD 2019 包含了一套完整的尺寸标注的命令，可以标注直径、半径、角度、直线及圆心位置等对象，还可以标注引线、形位公差等辅助说明。

6.1　图形标注的国家标准

为了统一图样中标注尺寸的基本规范，在标注机械图纸时应严格遵守各类国家标准（下简称国标）。与图形标注有关的国标文件为 GB/T 4458.4《机械制图　尺寸注法》。下面简单介绍各类基本尺寸的标注方法，读者也可以自行打开素材中附赠的相应国标文件进行查阅。

（1）尺寸界线的画法

尺寸界线用细实线绘制，并应由图形的轮廓线、轴线或对称中心线处引出。也可利用轮廓线、轴线或对称中心线作尺寸界线，如图 6-1 所示。

（2）曲线轮廓的尺寸注法

当表示曲线轮廓上各点的坐标时，可将尺寸线或其延长线作为尺寸界线，如图 6-2 所示。

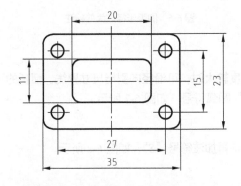

图 6-1　尺寸界线的画法

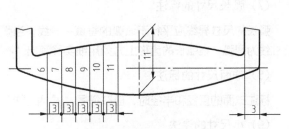

图 6-2　曲线轮廓的尺寸注法

相关链接：【尺寸界线】以及其他尺寸组成部分的概念可以查阅本书第 6 章的 6.2.1 节。

（3）尺寸界线与尺寸线斜交的注法

尺寸界线一般应与尺寸线垂直，必要时才允许倾斜，如图 6-3 所示。

（4）圆弧过渡区域的尺寸注法

在圆弧光滑过渡处标注尺寸时，应用细实线将轮廓线延长，从它们的交点处引出尺寸界线，如图 6-4 所示。

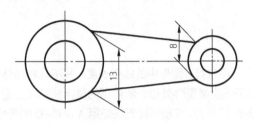

图 6-3 尺寸界线与尺寸线斜交的注法

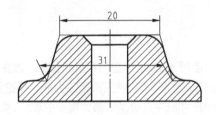

图 6-4 圆弧过渡区域的尺寸注法

（5）对称机件的尺寸标注

当对称机件的图形只画出一半或略大于一半时，尺寸线应略超过对称中心线或断裂处的边界，此时仅在尺寸线的一端画出箭头，如图 6-5 所示。

（6）直径及半径尺寸的标注

直径尺寸的数字前应加标注符号"ϕ"，半径尺寸的数字前加符号"R"，其尺寸线段通过圆弧的中心。当圆弧的半径过大时，可以使用如图 6-6 所示的两种圆弧标注方法。

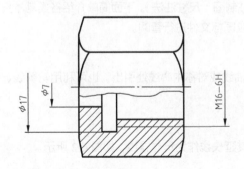

图 6-5 对称机件的尺寸标注

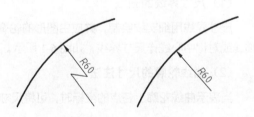

图 6-6 圆弧半径过大的标注

（7）弧长尺寸的标注

弧长的尺寸界线应平行于该弧的垂直平分线，当弧度较大时，可沿径向引出尺寸界线。弧长的尺寸线为圆弧，在弧长的齿形上方须用细实线画出"⌒"圆弧符号，如图 6-7 所示。

（8）球面尺寸的标注

标注球面的直径和半径时，应在符号"ϕ"和"R"前再加注符号"S"，如图 6-8 所示。

（9）小尺寸的注法

在没有足够的位置画箭头或注写数字时，可按图 6-9 的形式标注，此时，允许用圆点或斜线代替箭头。

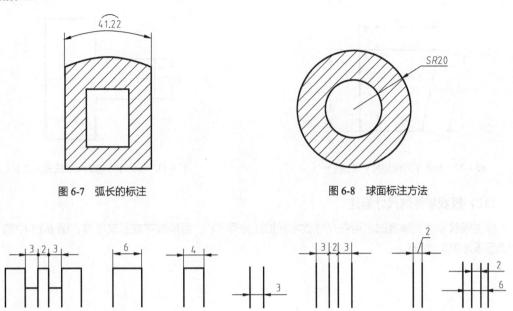

图 6-7　弧长的标注　　　　　　　　　　　图 6-8　球面标注方法

图 6-9　小尺寸的注法

（10）尺寸数字的注写位置

线性尺寸数字的方向，有以下两种注写方法，一般应采用方法 1 注写；在不致引起误解时，也允许采用方法 2。但在一张图样中，应尽可能采用同一种方法。

▷　方法 1：数字应按图 6-10 所示的方向注写，并尽可能避免在图示 30° 范围内标注尺寸，当无法避免时可按图 6-11 的形式标注。

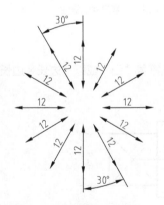

图 6-10　尺寸数字的注写方向

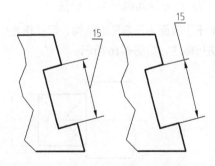

图 6-11　向左倾斜 30° 范围内的尺寸数字的注写

▷　方法 2：对于非水平方向的尺寸，其数字可水平地注写在尺寸线的中断处（图 6-12、图 6-13）。

（11）角度尺寸标注

角度尺寸的尺寸界限应沿径向引出，尺寸线应画成圆弧，其圆心是该角的顶点，尺寸线的终端应画成箭头。角度的数字一律写成水平方向，一般注写在尺寸线的中断处，角度尺寸标注如图 6-14 所示。

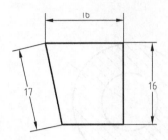

图 6-12　非水平方向的尺寸注法（一）

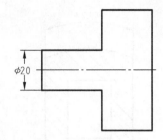

图 6-13　非水平方向的尺寸注法（二）

（12）板状零件的尺寸标注

标注板状零件的厚度时，可在尺寸数字前加注符号"t"，后接数字表示其厚度，图 6-15 中的 $t2$ 即表示板厚度为 2mm。

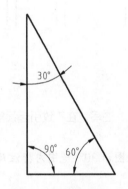

图 6-14　角度尺寸的标注

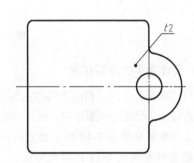

图 6-15　角度尺寸的标注

（13）正方形结构尺寸的标注

对于正截面为正方形的结构，可在正方形边长尺寸之前加注符号"□"或以"边长×边长"的形式进行标注，如图 6-16 所示。

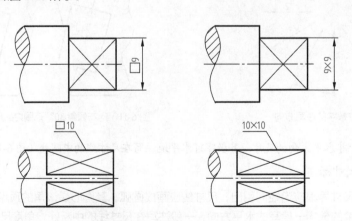

图 6-16　正方形结构的尺寸注法

（14）倒角的标注

45°的倒角可按图 6-17 的形式标注，非 45°的倒角应按图 6-18 的形式标注。

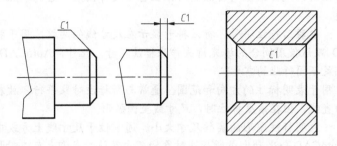

图 6-17　45°的倒角注法

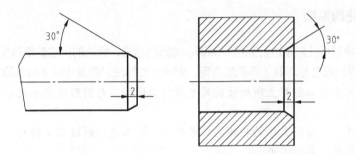

图 6-18　非 45°的倒角

6.2　尺寸标注的组成与原则

尺寸标注在 AutoCAD 中是一个复合体，以块的形式存储在图形中。在标注尺寸时需要遵循一定的规则，以避免标注混乱或引起歧义。

6.2.1　尺寸标注的组成

在 AutoCAD 中，一个完整的尺寸标注由"尺寸界线""尺寸线""尺寸箭头""尺寸文字"4 个要素构成，如图 6-19 所示。AutoCAD 的尺寸标注命令和样式设置，都是围绕着这 4 个要素进行的。

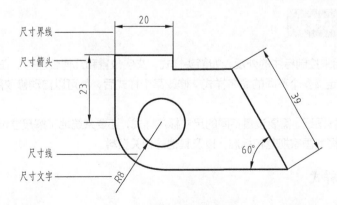

图 6-19　尺寸标注的组成要素

各组成部分的作用与含义介绍如下。

- "尺寸界线"：也称为投影线，用于标注尺寸的界限，由图样中的轮廓线、轴线或对称中心线引出。标注时，延伸线从所标注的对象上自动延伸出来，它的端点与所标注的对象接近但并未相连。
- "尺寸箭头"：也称为标注符号。标注符号显示在尺寸线的两端，用于指定标注的起始位置。AutoCAD 默认使用闭合的填充箭头作为标注符号。此外，AutoCAD 还提供了多种箭头符号，以满足不同行业的需要。
- "尺寸线"：用于表明标注的方向和范围。通常与所标注对象平行，放在两延伸线之间，一般情况下为直线，但在角度标注时，尺寸线呈圆弧形。
- "尺寸文字"：表明标注图形的实际尺寸大小，通常位于尺寸线上方或中断处。在进行尺寸标注时，AutoCAD 会生动生成所标注对象的尺寸数值，我们也可以对标注的文字进行修改、添加等编辑操作。

6.2.2 尺寸标注的原则

尺寸标注要求对标注对象进行完整、准确、清晰的标注，标注的尺寸数值真实地反映标注对象的大小。国家标准对尺寸标注做了详细的规定，要求尺寸标注必须遵守以下基本原则。

- 物体的真实大小应以图形上所标注的尺寸数值为依据，与图形的显示大小和绘图的精确度无关。
- 图形中的尺寸为图形所表示的物体的最终尺寸，如果是绘制过程中的尺寸（如在涂镀前的尺寸等），则必须另加说明。
- 物体的每一尺寸，一般只标注一次，并应标注在最能清晰反映该结构的视图上。
  对机械制图进行尺寸标注时，应遵循如下规定。
- 符合国家标准的有关规定，标注制造零件所需的全部尺寸，不重复不遗漏，尺寸排列整齐，并符合设计和工艺的要求。
- 每个尺寸一般只标注一次，尺寸数字为零件的真实大小，与所绘图形的比例及准确性无关。尺寸标注以毫米为单位，若采用其他单位则必须注明单位名称。
- 标注文字中的字体按照国家标准规定书写，图样中的字体为仿宋体，字号分 1.8、2.5、3.5、5、7、10、14、和 20 等 8 种，其字体高度应按 $\sqrt{2}$ 的比率递增。
- 字母和数字分 A 型和 B 型，A 型字体的笔画宽度（d）与字体高度（h）符合 $d=h/14$，B 型字体的笔画宽度与字体高度符合 $d=h/10$。在同一张纸上，只允许选用一种形式的字体。
- 字母和数字分直体和斜体两种，但在同一张纸上只能采用一种书写形式，常用的是斜体。

6.3　尺寸标注样式

【标注样式】用来控制标注的外观，如箭头样式、文字位置和几何公差等。在同一个 AutoCAD 文档中，可以同时定义多个不同的命名样式。修改某个样式后，就可以自动修改所有用该样式创建的对象。

绘制不同的工程图纸，需要设置不同的尺寸标注样式，还要系统地了解尺寸设计和制图的知识，请参考有关机械制图的国家规范和标准，以及其他的相关资料。

6.3.1 新建标注样式

同之前介绍过的【多线】命令一样，尺寸标注在 AutoCAD 中也需要指定特定的样式来进行下一步操作。但尺寸标注样式的内容相当丰富，涵盖了从箭头形状到尺寸线的消隐、伸出距离、文字对齐方式等诸多方面。因此可以通过在 AutoCAD 中设置不同的标注样式，使其适应不同的绘图环境。

如果要新建标注样式，可以通过【标注样式和管理器】对话框来完成。在 AutoCAD 2019 中调用【标注样式和管理器】有如下几种常用方法。

- ➭ 功能区：在【默认】选项卡中单击【注释】面板下拉列表中的【标注样式】按钮，如图6-20 所示。
- ➭ 菜单栏：执行【格式】|【标注样式】命令，如图 6-21 所示。
- ➭ 命令行： DIMSTYLE 或 D。

图 6-20 【注释】面板中的【标注样式】按钮

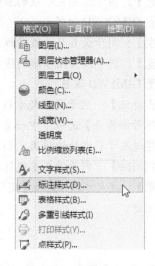

图 6-21 【标注样式】菜单命令

执行上述任一命令后，系统弹出【标注样式管理器】对话框，如图 6-22 所示。

单击【新建】按钮，系统弹出【创建新标注样式】对话框，如图 6-23 所示。然后在【新样式名】文本框中输入新样式的名称，单击【继续】按钮，即可打开【新建标注样式】对话框进行新建。

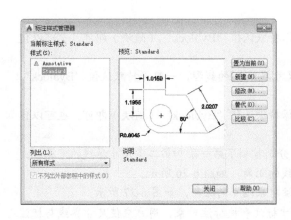

图 6-22 【标注样式管理器】对话框

图 6-23 【创建新标注样式】对话框

6.3.2 设置标注样式

在上文新建标注样式的介绍中，打开【新建标注样式】对话框之后的操作是最重要的，这也是

215

本小节所要着重讲解的。在【新建标注样式】对话框中可以设置尺寸标注的各种特性，对话框中有【线】、【符号和箭头】、【文字】、【调整】、【主单位】、【换算单位】和【公差】共7个选项卡，每一个选项卡对应一种特性的设置，分别介绍如下。

（1）【线】选项卡

切换到【新建标注样式】对话框中的【线】选项卡，可见【线】选项卡中包括【尺寸线】和【尺寸界线】两个选项组。在该选项卡中可以设置尺寸线、尺寸界线的格式和特性。

● **【尺寸线】选项组**

▷ **【颜色】**：用于设置尺寸线的颜色，一般保持默认值"Byblock"（随块）即可。也可以使用变量DIMCLRD设置。

▷ **【线型】**：用于设置尺寸线的线型，一般保持默认值"Byblock"（随块）即可。

▷ **【线宽】**：用于设置尺寸线的线宽，一般保持默认值"Byblock"（随块）即可。也可以使用变量DIMLWD设置。

▷ **【超出标记】**：用于设置尺寸线超出量。若尺寸线两端是箭头，则此框无效；当在对话框的【符号和箭头】选项卡中设置了箭头的形式是"倾斜"和"建筑标记"时，可以设置尺寸线超过尺寸界线外的距离，如图6-24所示。

▷ **【基线间距】**：用于设置基线标注中尺寸线的间距。

▷ **【隐藏】**：【尺寸线1】和【尺寸线2】分别控制了第一条和第二条尺寸线的可见性，如图6-25所示。

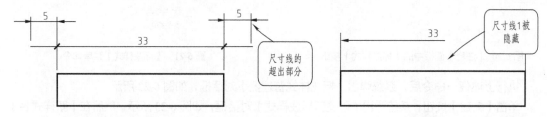

图6-24 【超出标记】设置为5时的示例　　　　图6-25 隐藏【尺寸线1】效果图

● **【尺寸界线】选项组**

▷ **【颜色】**：用于设置延伸线的颜色，一般保持默认值"Byblock"（随块）即可。也可以使用变量DIMCLRD设置。

▷ **【线型】**：分别用于设置【尺寸界线1】和【尺寸界线2】的线型，一般保持默认值"Byblock"（随块）即可。

▷ **【线宽】**：用于设置延伸线的宽度，一般保持默认值"Byblock"（随块）即可。也可以使用变量DIMLWD设置。

▷ **【隐藏】**：【尺寸界线1】和【尺寸界线2】分别控制了第一条和第二条尺寸界线的可见性。

▷ **【超出尺寸线】**：控制尺寸界线超出尺寸线的距离，如图6-26所示。

▷ **【起点偏移量】**：控制尺寸界线起点与标注对象端点的距离，如图6-27所示。

提示：在机械制图的标注中，为了区分尺寸标注和被标注对象，用户应使尺寸界线与标注对象不接触，因此尺寸界线的【起点偏移量】一般设置为2～3mm。

（2）【符号和箭头】选项卡

【符号和箭头】选项卡中包括【箭头】、【圆心标记】、【折断标注】、【弧长符号】、【半径折弯标注】和【线性折弯标注】共6个选项组，如图6-28所示。

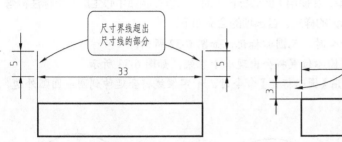

图 6-26 【超出尺寸线】设置为 5 时的示例　　　　图 6-27 【起点偏移量】设置为 3 时的示例

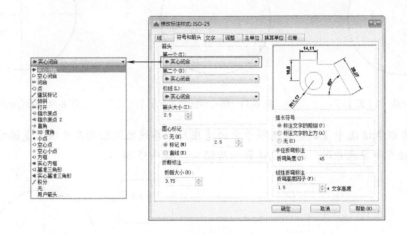

图 6-28 【符号和箭头】选项卡

● **【箭头】选项组**

▷ **【第一个】以及【第二个】**：用于选择尺寸线两端的箭头样式。在建筑绘图中通常设为"建筑标注"或"倾斜"样式，如图 6-29 所示；机械制图中通常设为"箭头"样式，如图 6-30 所示。

▷ **【引线】**：用于设置快速引线标注（命令：LE）中的箭头样式，如图 6-31 所示。

▷ **【箭头大小】**：用于设置箭头的大小。

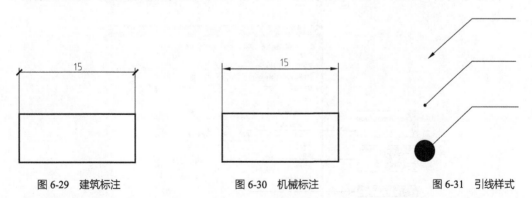

图 6-29　建筑标注　　　　　　图 6-30　机械标注　　　　　　图 6-31　引线样式

提示：AutoCAD 中提供了 19 种箭头，如果选择了第一个箭头的样式，第二个箭头会自动选择和第一个箭头一样的样式。也可以在第二个箭头下拉列表中选择不同的样式。

● 【圆心标记】选项组

圆心标记是一种特殊的标注类型，在使用【圆心标记】时，可以在圆弧中心生成一个标注符号，【圆心标记】选项组用于设置圆心标记的样式。各选项的含义如下。

▷ 【无】：使用【圆心标记】命令时，无圆心标记，如图 6-32 所示。

▷ 【标记】：创建圆心标记。在圆心位置将会出现小十字架，如图 6-33 所示。

▷ 【直线】：创建中心线。在使用【圆心标记】命令时，十字架线将会延伸到圆或圆弧外边，如图 6-34 所示。

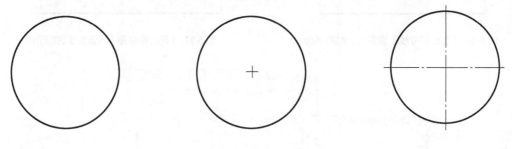

图 6-32　圆心标记为【无】　　　　图 6-33　圆心标记为【标记】　　　　图 6-34　圆心标记为【直线】

提示：可以取消选中【调整】选项卡中的【在尺寸界线之间绘制尺寸线】复选框，这样就能在标注直径或半径尺寸时，同时创建圆心标记，如图 6-35 所示。

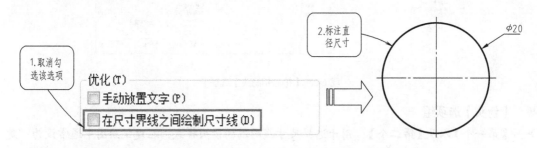

图 6-35　标注时同时创建尺寸与圆心标记

（3）【文字】选项卡

【文字】选项卡包括【文字外观】、【文字位置】和【文字对齐】3 个选项组，如图 6-36 所示。

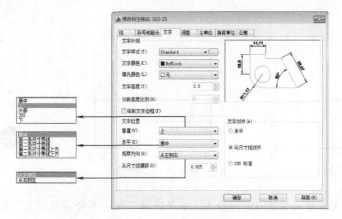

图 6-36　【文字】选项卡

- **【文字外观】选项组**
  - ▷ **【文字样式】**：用于选择标注的文字样式。也可以单击其后的⊡按钮，系统弹出【文字样式】对话框，选择文字样式或新建文字样式。
  - ▷ **【文字颜色】**：用于设置文字的颜色，一般保持默认值"Byblock"（随块）即可。也可以使用变量 DIMCLRT 设置。
  - ▷ **【填充颜色】**：用于设置标注文字的背景色。默认为"无"，如果图纸中尺寸标注很多，就会出现图形轮廓线、中心线、尺寸线与标注文字相重叠的情况，这时若将【填充颜色】设置为"背景"，即可有效改善图形，如图 6-37 所示。

图 6-37 【填充颜色】为"背景"效果

  - ▷ **【文字高度】**：设置文字的高度，也可以使用变量 DIMCTXT 设置。
  - ▷ **【分数高度比例】**：设置标注文字的分数相对于其他标注文字的比例，AutoCAD 将该比例值与标注文字高度的乘积作为分数的高度。
  - ▷ **【绘制文字边框】**：设置是否给标注文字加边框。
- **【文字对齐】选项组**

  在【文字对齐】选项组中，可以设置标注文字的对齐方式，如图 6-38 所示。各选项的含义如下。
  - ▷ **【水平】单选按钮**：无论尺寸线的方向如何，文字始终水平放置。
  - ▷ **【与尺寸线对齐】单选按钮**：文字的方向与尺寸线平行。
  - ▷ **【ISO 标准】单选按钮**：按照 ISO 标准对齐文字。当文字在尺寸界线内时，文字与尺寸线对齐。当文字在尺寸界线外时，文字水平排列。

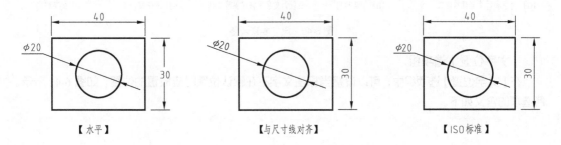

图 6-38 尺寸文字对齐方式

（4）【调整】选项卡

【调整】选项卡包括【调整选项】、【文字位置】、【标注特征比例】和【优化】4 个选项组，可以设置标注文字、尺寸线、尺寸箭头的位置，如图 6-39 所示。

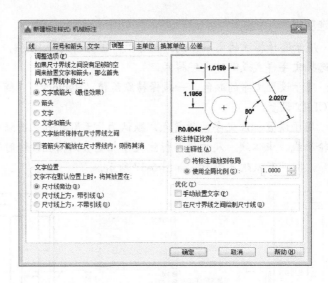

图6-39 【调整】选项卡

● **【调整选项】选项组**

在【调整选项】选项组中，可以设置当尺寸界线之间没有足够的空间同时放置标注文字和箭头时，应从尺寸界线之间移出的对象，如图6-40所示。各选项的含义如下。

▶ **【文字或箭头（最佳效果）】单选按钮：** 表示由系统选择一种最佳方式来安排尺寸文字和尺寸箭头的位置。

▶ **【箭头】单选按钮：** 表示将尺寸箭头放在尺寸界线外侧。

▶ **【文字】单选按钮：** 表示将标注文字放在尺寸界线外侧。

▶ **【文字和箭头】单选按钮：** 表示将标注文字和尺寸线都放在尺寸界线外侧。

▶ **【文字始终保持在尺寸界线之间】单选按钮：** 表示标注文字始终放在尺寸界线之间。

▶ **【若箭头不能放在尺寸界线内，则将其消除】单选按钮：** 表示当尺寸界线之间不能放置箭头时，不显示标注箭头。

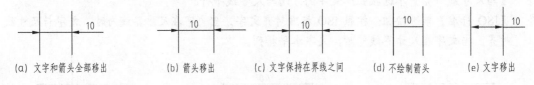

(a) 文字和箭头全部移出　　(b) 箭头移出　　(c) 文字保持在界线之间　　(d) 不绘制箭头　　(e) 文字移出

图6-40 尺寸要素调整

● **【文字位置】选项组**

在【文字位置】选项组中，可以设置当标注文字不在默认位置时应放置的位置，如图6-41所示。各选项的含义如下。

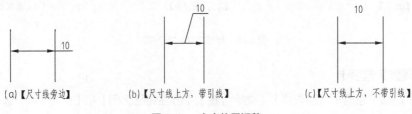

(a)【尺寸线旁边】　　　　(b)【尺寸线上方，带引线】　　　　(c)【尺寸线上方，不带引线】

图6-41 文字位置调整

- ⊛ 【尺寸线旁边】单选按钮：表示当标注文字在尺寸界线外部时，将文字放置在尺寸线旁边。
- ⊛ 【尺寸线上方，带引线】单选按钮：表示当标注文字在尺寸界线外部时，将文字放置在尺寸线上方并加一条引线相连。
- ⊛ 【尺寸线上方，不带引线】单选按钮：表示当标注文字在尺寸界线外部时，将文字放置在尺寸线上方，不加引线。

● 【标注特征比例】选项组

在【标注特征比例】选项组中，可以设置标注尺寸的特征比例以便通过设置全局比例来调整标注的大小。各选项的含义如下。

- ⊛ 【注释性】复选框：选择该复选框，可以将标注定义成可注释性对象。
- ⊛ 【将标注缩放到布局】单选按钮：选中该单选按钮，可以根据当前模型空间视口与图纸之间的缩放关系设置比例。
- ⊛ 【使用全局比例】单选按钮：选择该单选按钮，可以对全部尺寸标注设置缩放比例，该比例不改变尺寸的测量值，效果如图 6-42 所示。

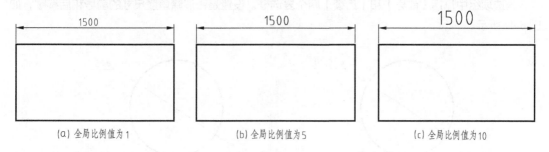

图 6-42　设置全局比例

(5)【主单位】选项卡

【主单位】选项卡包括【线性标注】、【测量单位比例】、【消零】、【角度标注】和【消零】5 个选项组，如图 6-43 所示。

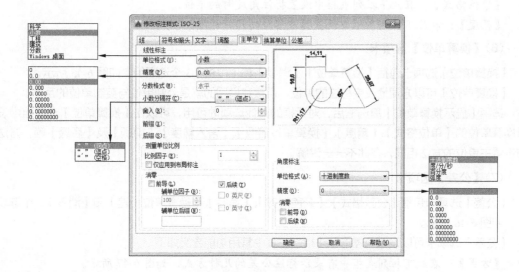

图 6-43　【主单位】选项卡

【主单位】选项卡可以对标注尺寸的精度进行设置，并能给标注文本加入前缀或者后缀等。

- **【线性标注】选项组**

▷ **【单位格式】**：设置除角度标注之外的其余各标注类型的尺寸单位，包括【科学】、【小数】、【工程】、【建筑】、【分数】等选项。

▷ **【精度】**：设置除角度标注之外的其他标注的尺寸精度。

▷ **【分数格式】**：当单位格式是分数时，可以设置分数的格式，包括【水平】、【对角】和【非堆叠】3 种方式。

▷ **【小数分隔符】**：设置小数的分隔符，包括【逗点】、【句点】和【空格】3 种方式。

▷ **【舍入】**：用于设置除角度标注外的尺寸测量值的舍入值。

▷ **【前缀】和【后缀】**：设置标注文字的前缀和后缀，在相应的文本框中输入字符即可。

- **【测量单位比例】选项组**

使用【比例因子】文本框可以设置测量尺寸的缩放比例，AutoCAD 的实际标注值为测量值与该比例的积。选中【仅应用到布局标注】复选框，可以设置该比例关系仅适用于布局。

- **【消零】选项组**

该选项组中包括【前导】和【后续】两个复选框。设置是否消除角度尺寸的前导和后续零，如图 6-44 所示。

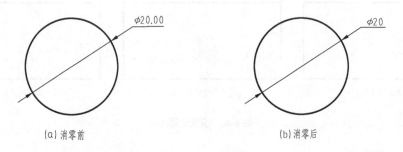

（a）消零前 　　　　　　　　　　　　　（b）消零后

图 6-44 【后续】消零示例

- **【角度标注】选项组**

▷ **【单位格式】**：在此下拉列表框中设置标注角度时的单位。

▷ **【精度】**：在此下拉列表框中设置标注角度的尺寸精度。

（6）【换算单位】选项卡

【换算单位】选项卡包括【换算单位】、【消零】和【位置】3 个选项组，如图 6-45 所示。

【换算单位】可以方便地改变标注的单位，通常我们用的就是公制单位与英制单位的互换。

选中【显示换算单位】复选框后，对话框的其他选项才可用，可以在【换算单位】选项组中设置换算单位的【单位格式】、【精度】、【换算单位倍数】、【舍入精度】、【前缀】及【后缀】等，方法与设置主单位的方法相同，在此不一一讲解。

（7）【公差】选项卡

【公差】选项卡包括【公差格式】、【公差对齐】、【消零】、【换算单位公差】和【消零】5 个选项组，如图 6-46 所示。

【公差】选项卡可以设置公差的标注格式，其中常用功能含义如下。

▷ **【方式】**：在此下拉列表框中有表示标注公差的几种方式，如图 6-47 所示。

▷ **【上偏差】和【下偏差】**：设置尺寸上偏差、下偏差值。

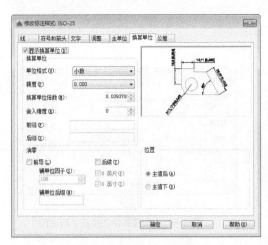

图 6-45 【换算单位】选项卡

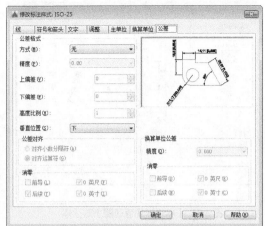

图 6-46 【公差】选项卡

- ➲ 【高度比例】：确定公差文字的高度比例因子。确定后系统会将该比例因子与尺寸文字高度之积作为公差文字的高度。
- ➲ 【垂直位置】：控制公差文字相对于尺寸文字的位置，包括【上】、【中】和【下】3 种方式。
- ➲ 【换算单位公差】：当标注换算单位时，可以设置换算单位精度和是否消零。

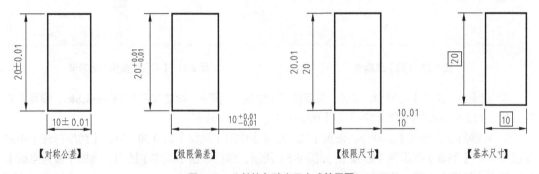

图 6-47 公差的各种表示方式效果图

【操作实例 6-1】：创建机械制图标注样式

机械制图有其特有的标注规范，因此本案例便运用上文介绍的知识，来创建用于机械制图的标注样式，步骤如下。

① 启动 AutoCAD2019，新建空白文档。

② 在命令行中输入 D 并单击 Enter 键，弹出【标注样式管理器】对话框，如图 6-48 所示。

③ 单击【新建】按钮弹出【创建新标注样式】对话框，在【新样式名】文本框中输入"机械图标注样式"，如图 6-49 所示。

④ 单击【继续】按钮，弹出【修改标注样式：机械标注】对话框，切换到【线】选项卡，设置【基线间距】为 8，设置【超出尺寸线】为 2.5，设置【起点偏移量】为 2，如图 6-50 所示。

⑤ 切换到【符号和箭头】选项卡，设置【引线】为【无】，设置【箭头大小】为 2.5，设置【圆心标记】为 2.5，设置【弧长符号】为【标注文字的上方】，设置【折弯角度】为 90，如图 6-51 所示。

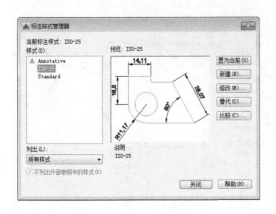

图 6-48 【标注样式管理器】对话框

图 6-49 【创建新标注样式】对话框

图 6-50 【线】选项卡

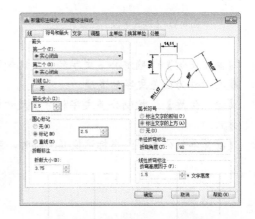

图 6-51 【符号和箭头】选项卡

⑥ 切换到【文字】选项卡，单击【文字样式】中的 按钮，设置文字为 gbenoR.Shx，设置【文字高度】为 2.5，设置【文字对齐】为【ISO 标准】，如图 6-52 所示。

⑦ 切换到【主单位】选项卡，设置【线性标注】中的【精度】为 0.00，设置【角度标注】中的精度为 0.0，【消零】都设为【后续】，如图 6-53 所示。然后单击【确定】按钮，选择【置为当前】后，单击【关闭】按钮，创建完成。

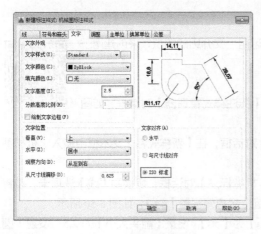

图 6-52 【文字】选项卡

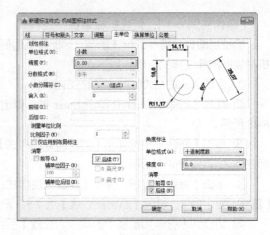

图 6-53 【主单位】选项卡

【操作实例 6-2】：创建公制-英制的换算样式

在现实的设计工作中，有时会碰到一些国外设计师所绘制的图纸，或绘图发往国外。此时就必须注意图纸上所标注的尺寸是"公制"还是"英制"。一般来说，图纸上如果标有单位标记，如 INCHES、in（英寸），或在标注数字后有"'"标记，则为英制尺寸；反之，带有 METRIC、mm（毫米）字样的，则为公制尺寸。

1 in（英寸）= 25.4 mm（毫米），因此英制尺寸如果换算为我国所用的公制尺寸，需放大 25.4 倍，反之缩小 1/25.4（约 0.0393）。本例便通过新建标注样式的方式，在公制尺寸旁添加英制尺寸的参考，高效、快速地完成尺寸换算。

① 打开"第 6 章\6-2 创建公制-英制的换算样式.dwg"素材文件，其中已绘制好一法兰零件图形，并已添加公制尺寸标注，如图 6-54 所示。

② 单击【注释】面板中的【标注样式】按钮，打开【标注样式管理器】对话框，选择当前正在使用的【ISO-25】标注样式，单击【修改】按钮，如图 6-55 所示。

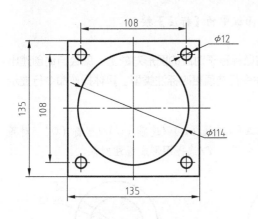

图 6-54　素材文件

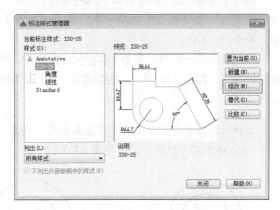

图 6-55　【标注样式管理器】对话框

③ 启用换算单位。打开【修改标注样式：ISO-25】对话框，切换到其中的【换算单位】选项卡，勾选【显示换算单位】复选框，然后在【换算单位倍数】文本框中输入 0.0393701，即毫米换算至英寸的比例值，再在【位置】区域选择换算尺寸的放置位置，如图 6-56 所示。

④ 单击【确定】按钮，返回绘图区，可见在原标注区域的指定位置处添加了带括号的数值，该值即为英制尺寸，如图 6-57 所示。

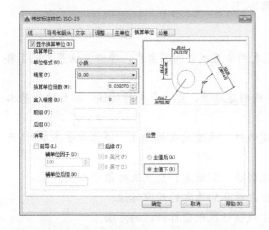

图 6-56　【修改标注样式：ISO-25】对话框

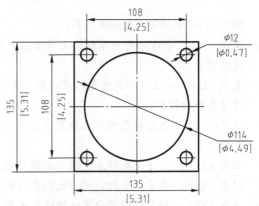

图 6-57　添加了英制尺寸的效果图

6.4 标注的创建

为了更方便、快捷地标注图纸中的各个方向和形式的尺寸，AutoCAD2019 提供了智能标注、线性标注、对齐标注、角度标注和多重引线标注等多种标注类型。掌握这些标注方法可以为各种图形灵活添加尺寸标注，使其成为生产制造或施工的依据。

6.4.1 智能标注

【智能标注】命令为 AutoCAD2019 的新增功能，可以根据选定的对象类型自动创建相应的标注，例如选择一条线段，则创建线性标注；选择一段圆弧，则创建半径标注。可以看作是以前【快速标注】命令的加强版。

执行【智能标注】命令有以下几种方式。

▷ 功能区：在【默认】选项卡中，单击【注释】面板中的【标注】按钮 。

▷ 命令行：DIM。

使用上面任一种方式启动【智能标注】命令，将鼠标置于对应的图形对象上，就会自动创建出相应的标注，如图 6-58 所示。如果需要，可以使用命令行选项更改标注类型。具体操作命令行提示如下。

> 选择对象或指定第一个尺寸界线原点或 [角度（A）/基线（B）/连续（C）/坐标（O）/对齐（G）/分发（D）/图层（L）/放弃（U）]：　　　　　　　//选择图形或标注对象

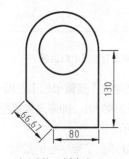

(a) 线性、对齐标注

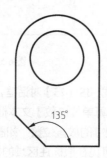

(b) 角度标注

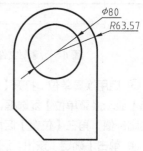

(c) 半径、直径标注

图 6-58　智能标注

命令行中各选项的含义说明如下。

▷ 角度（A）：创建一个角度标注来显示三个点或两条直线之间的角度，操作方法基本同【角度标注】。

▷ 基线（B）：从上一个或选定标准的第一条界线创建线性、角度或坐标标注，操作方法基本同【基线标注】。

▷ 连续（C）：从选定标注的第二条尺寸界线创建线性、角度或坐标标注，操作方法基本同【连续标注】。

▷ 坐标（O）：创建坐标标注，提示选取部件上的点，如端点、交点或对象中心点。

▷ 对齐（G）：将多个平行、同心或同基准的标注对齐到选定的基准标注。

▷ 分发（D）：指定可用于分发一组选定的孤立线性标注或坐标标注的方法。

▷ 图层（L）：为指定的图层指定新标注，以替代当前图层。输入 "USe CuRRent" 或 "." 以使用当前图层。

【操作实例 6-3】：使用智能标注注释图形

如果读者在使用 AutoCAD2019 之前，用过 UG、SolidWorks 或 PCCAD 等设计软件的话，那对【智能标注】命令的操作肯定不会感到陌生。传统的 AutoCAD 标注方法需要根据对象的类型来选择不同的标注命令，这种方式效率低下，已不合时宜。因此，快速选择对象，实现无差别标注的方法就应运而生，本例便仅通过【智能标注】对图形添加标注，读者也可以使用传统方法进行标注，以此来比较二者之间的差异。

① 打开"第 6 章\6-3 使用智能标注注释图形.dwg"素材文件，其中已绘制好一示例图形，如图 6-59 所示。

② 标注水平尺寸。在【默认】选项卡中，单击【注释】面板上的【标注】按钮，然后移动光标至图形上方的水平线段，系统自动生成线性标注，如图 6-60 所示。

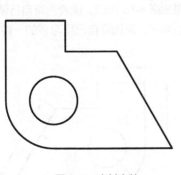

图 6-59 素材文件

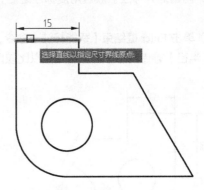

图 6-60 标注水平尺寸

③ 标注竖直尺寸。放置好上一步骤创建的尺寸，即可继续执行【智能标注】命令。接着选择图形左侧的竖直线段，即可得到如图 6-61 所示的竖直尺寸。

④ 标注半径尺寸。放置好竖直尺寸，接着选择左下角的圆弧段，即可创建半径标注，如图 6-62 所示。

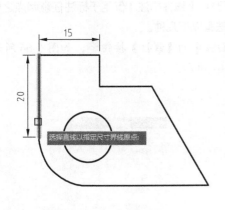

图 6-61 标注竖直尺寸

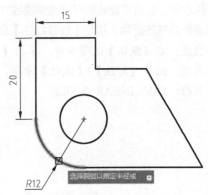

图 6-62 标注半径尺寸

⑤ 标注角度尺寸。放置好半径尺寸，继续执行【智能标注】命令。选择图形底边的水平线，然后不要放置标注，直接选择右侧的斜线，即可创建角度标注，如图 6-63 所示。

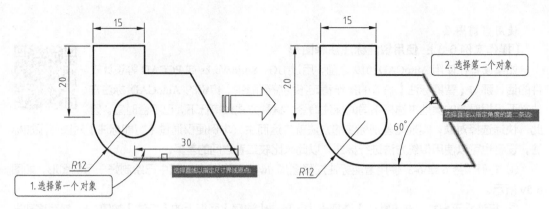

图 6-63　标注角度尺寸

⑥ 创建对齐标注。放置角度标注之后，移动光标至右侧的斜线，得到如图 6-64 所示的对齐标注。

⑦ 单击 Enter 键结束【智能标注】命令，最终标注结果如图 6-65 所示。读者也可自行使用【线性】、【半径】等传统命令进行标注，以比较两种方法之间的异同，来选择自己所习惯的一种。

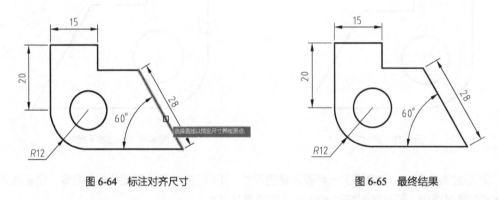

图 6-64　标注对齐尺寸　　　　　　　　　　　图 6-65　最终结果

6.4.2　线性标注

使用水平、竖直或旋转的尺寸线创建线性的标注尺寸。【线性标注】仅用于标注任意两点之间的水平或竖直方向的距离。执行【线性标注】命令的方法有以下几种。

▷　功能区：在【默认】选项卡中，单击【注释】面板中的【线性】按钮⊢，如图 6-66 所示。

▷　菜单栏：选择【标注】|【线性】命令，如图 6-67 所示。

▷　命令行：DIMLINEAR 或 DLI。

图 6-66　【注释】面板中的【线性】按钮

图 6-67　【线性】菜单命令

执行【线性标注】命令后，依次指定要测量的两点，即可得到线性标注尺寸。命令行操作提示如下。

命令：_dimlinear	//执行【线性标注】命令
指定第一个尺寸界线原点或 <选择对象>：	//指定测量的起点
指定第二条尺寸界线原点：	//指定测量的终点
指定尺寸线位置或	//放置标注尺寸，结束操作

执行【线性标注】命令后，有两种标注方式，即【指定原点】和【选择对象】。这两种方式的操作方法与区别介绍如下。

（1）指定原点

默认情况下，在命令行提示下指定第一条尺寸界线的原点，并在"指定第二条尺寸界线原点"提示下指定第二条尺寸界线原点后，命令提示行如下。

指定尺寸线位置或[多行文字（M）/文字（T）/角度（A）/水平（H）/垂直（V）/旋转（R）]

因为线性标注有水平和竖直方向两种可能，因此指定尺寸线的位置后，尺寸值才能够完全确定。以上命令行中其他选项的功能说明如下。

- "多行文字（M）"：选择该选项将进入多行文字编辑模式，可以使用【多行文字编辑器】对话框输入并设置标注文字。其中，文字输入窗口中的尖括号（<>）表示系统测量值。
- "文字（T）"：以单行文字形式输入尺寸文字。
- "角度（A）"：设置标注文字的旋转角度，效果如图 6-68 所示。

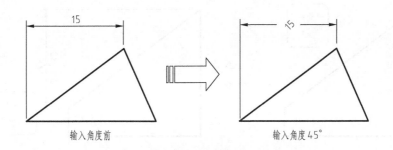

图 6-68　线性标注时输入角度效果

- "水平和垂直"：标注水平尺寸和垂直尺寸。可以直接确定尺寸线的位置，也可以选择其他选项来指定标注的文字内容或文字的旋转角度。
- "旋转（R）"：旋转标注对象的尺寸线，测量值也会随之调整，相当于【对齐标注】。指定原点标注的操作方法示例如图 6-69 所示，命令行的操作过程如下。

命令：_dimlinear	//执行【线性标注】命令
指定第一个尺寸界线原点或 <选择对象>：	//选择矩形的一个顶点
指定第二条尺寸界线原点：	//选择矩形另一侧边的顶点
指定尺寸线位置或	
[多行文字（M）/文字（T）/角度（A）/水平（H）/垂直（V）/旋转（R）]：	
	//向上拖动指针，在合适位置单击放置尺寸线
标注文字 = 50	//生成尺寸标注

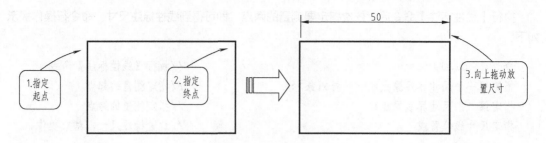

图 6-69 线性标注之【指定原点】

（2）选择对象

执行【线性标注】命令之后，直接按 Enter 键，则要求选择标注尺寸的对象。选择了对象之后，系统便以对象的两个端点作为两条尺寸界线的起点。

该标注的操作方法示例如图 6-70 所示，命令行的操作过程如下。

```
命令：_dimlinear                          //执行【线性标注】命令
指定第一个尺寸界线原点或 <选择对象>：↙      //按 Enter 键选择"选择对象"选项
选择标注对象：                            //单击直线 AB
指定尺寸线位置或
[多行文字（M）/文字（T）/角度（A）/水平（H）/垂直（V）/旋转（R）]：
            //水平向右拖动指针，在合适位置放置尺寸线（若上下拖动，则生成水平尺寸）
标注文字 = 30
```

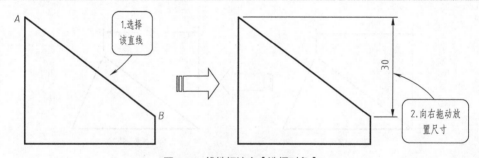

图 6-70 线性标注之【选择对象】

【操作实例 6-4】：标注零件图的线性尺寸

机械零件上具有多种结构特征，需灵活使用 AutoCAD 中提供的各种标注命令才能为其添加完整的注释。本例便先为零件图添加最基本的线性尺寸。

① 打开"第 6 章\6-4 标注零件图的线性尺寸.dwg"素材文件，其中已绘制好一零件图形，如图 6-71 所示。

② 单击【注释】面板中的【线性】按钮 ⊢，执行【线性标注】命令，具体操作如下。

```
命令：_dimlinear
指定第一个尺寸界线原点或 <选择对象>：          //指定标注对象起点
指定第二条尺寸界线原点：                      //指定标注对象终点
指定尺寸线位置或
[多行文字（M）/文字（T）/角度（A）/水平（H）/垂直（V）/旋转（R）]：
标注文字 = 48                    //单击左键，确定尺寸线放置位置，完成操作
```

③ 用同样的方法标注其他水平或垂直方向的尺寸，标注完成后，其效果如图 6-72 所示。

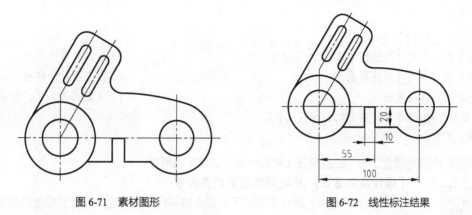

图 6-71　素材图形　　　　　　　　　　　　　图 6-72　线性标注结果

6.4.3　对齐标注

在对直线段进行标注时，如果该直线的倾斜角度未知，那么使用【线性标注】的方法将无法得到准确的测量结果，这时可以使用【对齐标注】完成如图 6-73 所示的标注效果。

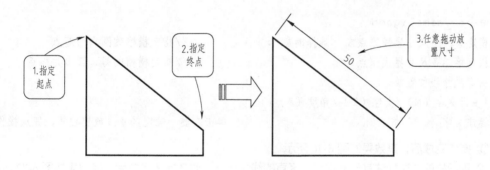

图 6-73　对齐标注

在 AutoCAD 中调用【对齐标注】有如下几种常用方法。

▷　功能区：在【默认】选项卡中，单击【注释】面板中的【对齐】按钮，如图 6-74 所示。

▷　菜单栏：执行【标注】|【对齐】命令，如图 6-75 所示。

▷　命令行：DIMALIGNED 或 DAL。

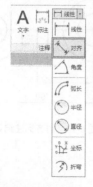

图 6-74　【注释】面板中的【对齐】按钮

图 6-75　【对齐】菜单命令

231

【对齐标注】的使用方法与【线性标注】相同，指定两目标点后就可以创建尺寸标注，命令行操作如下。

```
命令：_dimaligned
指定第一个尺寸界线原点或 <选择对象>：        //指定测量的起点
指定第二条尺寸界线原点：                    //指定测量的终点
指定尺寸线位置或                          //放置标注尺寸，结束操作
[多行文字（M）/文字（T）/角度（A）]：
标注文字 = 50
```

命令行中各选项含义与【线性标注】中的一致，这里不再赘述。

【操作实例 6-5】：标注零件图的对齐尺寸

在机械零件图中，有许多非水平、垂直的平行轮廓，这类尺寸的标注就需要用到【对齐】命令。本例延续【操作实例 6-4】的结果，为零件图添加对齐尺寸。

① 单击【快速访问】工具栏中的【打开】按钮🗁，打开"第 6 章\6-4 标注零件图的线性尺寸-OK.dwg"素材文件，如图 6-72 所示。

② 在【默认】选项卡中，单击【注释】面板中的【对齐】按钮，执行【对齐标注】命令，具体步骤如下。

```
命令：_dimaligned
指定第一个尺寸界线原点或 <选择对象>：        //指定横槽的圆心为起点
指定第二条尺寸界线原点：                    //指定横槽的另一圆心为终点
指定尺寸线位置或
[多行文字（M）/文字（T）/角度（A）]：
标注文字 = 30                            //单击左键，确定尺寸线放置位置，完成操作
```

③ 操作完成后，其效果如图 6-76 所示。

④ 用同样的方法标注其他非水平、竖直的线性尺寸，对齐标注完成后，其效果如图 6-77 所示。

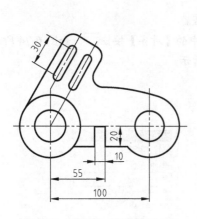

图 6-76　标注第一个对齐尺寸 30

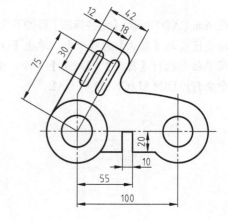

图 6-77　对齐标注结果

6.4.4　角度标注

利用【角度】标注命令不仅可以标注两条呈一定角度的直线或 3 个点之间的夹角，选择圆弧的

话，还可以标注圆弧的圆心角。

在 AutoCAD 中调用【角度】标注有如下几种方法。

- ⊘ 功能区：在【默认】选项卡中，单击【注释】面板中的【角度】按钮 △，如图 6-78 所示。
- ⊘ 菜单栏：执行【标注】|【角度】命令，如图 6-79 所示。
- ⊘ 命令行：DIMANGULAR 或 DAN。

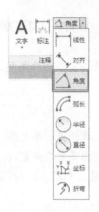

图 6-78 【注释】面板中的【角度】按钮

图 6-79 【角度】菜单命令

通过以上任意一种方法执行该命令后，选择图形上要标注角度尺寸的对象，即可进行标注。操作示例如图 6-80 所示，命令行操作过程如下。

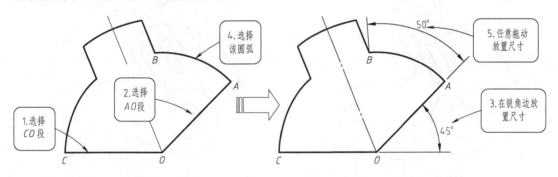

图 6-80 角度标注

```
命令：_dimangular
选择圆弧、圆、直线或 <指定顶点>：                    //选择直线 CO
选择第二条直线：                                    //选择直线 AO
指定标注弧线位置或 [多行文字 (M)/文字 (T)/角度 (A)/象限点 (Q)]：
                                  //在锐角内放置圆弧线，结束命令
标注文字 = 45
✓                                //单击 Enter，重复【角度标注】命令
命令：_dimangular                 //执行【角度标注】命令
选择圆弧、圆、直线或 <指定顶点>：                    //选择圆弧 AB
指定标注弧线位置或 [多行文字 (M)/文字 (T)/角度 (A)/象限点 (Q)]：
                                  //在合适位置放置圆弧线，结束命令
标注文字 = 50
```

相关链接:【角度标注】的计数仍默认从逆时针开始算起。也可以参考本书第 3 章的 3.6.2 小节进行修改。

【操作实例6-6】：标注零件图的角度尺寸

在机械零件图中,有时会出现一些转角、拐角之类的特征,这部分特征可以通过角度标注并结合旋转剖面图来进行表达,常见于一些叉架类零件图。本例延续【操作实例 6-5】的结果,为零件图添加角度尺寸。

① 单击【快速访问】工具栏中的【打开】按钮 ,打开"第 6 章\6-5 标注零件图的对齐尺寸-OK.dwg"素材文件,如图 6-81 所示。

② 在【默认】选项卡中,单击【注释】面板上的【角度】按钮 ,标注角度,其具体步骤如下。

```
命令: _dimangular
选择圆弧、圆、直线或 <指定顶点>:                        //选择第一条直线
选择第二条直线:                                       //选择第二条直线
指定标注弧线位置或[多行文字(M)/文字(T)/角度(A)/象限点(Q)]://指定尺寸线位置
标注文字 = 30
```

③ 标注完成后,其效果如图 6-82 所示。

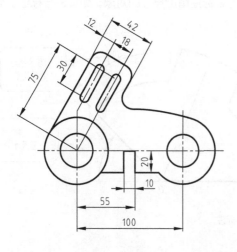

图 6-81　素材图形

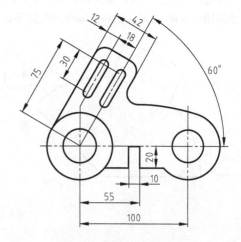

图 6-82　角度标注结果

6.4.5 半径标注

利用【半径标注】可以快速标注圆或圆弧的半径大小,系统自动在标注值前添加半径符号"*R*"。执行【半径标注】命令的方法有以下几种。

▶ 功能区:在【默认】选项卡中,单击【注释】面板中的【半径】按钮 ,如图 6-83 所示。

▶ 菜单栏:执行【标注】|【半径】命令,如图 6-84 所示。

▶ 命令行:DIMRADIUS 或 DRA。

执行任一命令后,命令行提示选择需要标注的对象,单击圆或圆弧即可生成半径标注,拖动指针在合适的位置放置尺寸线。该标注方法的操作示例如图 6-85 所示,命令行操作过程如下。

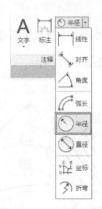

图 6-83 【注释】面板中的【半径】按钮　　　　　　　　　　图 6-84 【半径】菜单命令

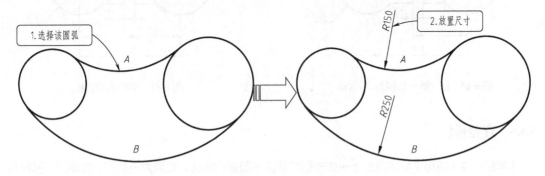

图 6-85　半径标注

```
命令: _dimradius                              //执行【半径标注】命令
选择圆弧或圆:                                 //单击选择圆弧 A
标注文字 = 150
指定尺寸线位置或 [多行文字 (M) /文字 (T) /角度 (A) ]:
                          //在圆弧内侧合适位置放置尺寸线,结束命令
```

单击 Enter 键可重复上一命令,按此方法重复【半径标注】命令,即可标注圆弧 *B* 的半径。

【半径标注】中命令行各选项含义与之前所介绍的一致,在此不重复介绍。唯独半径标记 "*R*" 需引起注意。

在系统默认情况下,系统自动加注半径符号 "*R*"。但如果在命令行中选择【多行文字】和【文字】选项重新确定尺寸文字时,只有输入的尺寸文字加前缀,才能使标注出的半径尺寸有半径符号 "*R*",否则没有该符号。

【操作实例 6-7】: 标注零件图的半径尺寸

本例延续【操作实例 6-6】的结果,为零件图添加半径尺寸。

① 单击【快速访问】工具栏中的【打开】按钮📂,打开 "第 6 章\6-6 标注零件图的角度尺寸-OK.dwg" 素材文件,如图 6-82 所示。

② 单击【注释】面板中的【半径】按钮◎,选择右侧的圆弧为对象,标注半径如图 6-86 所示,命令行操作如下。

```
命令: _dimradius
选择圆弧或圆:                                 //选择右侧圆弧
```

标注文字 = 30

指定尺寸线位置或[多行文字（M）/文字（T）/角度（A）]://在合适位置放置尺寸线，结束命令

③ 用同样的方法标注其他不为整圆的圆弧以及倒圆角，效果如图 6-87 所示。

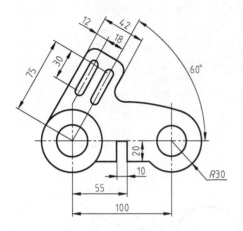

图 6-86　标注第一个半径尺寸 R30

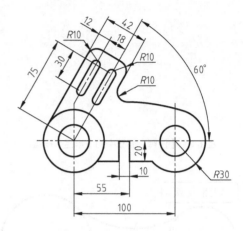

图 6-87　半径标注结果

6.4.6　直径标注

【半径标注】适用于标注图纸上一些未画成整圆的圆弧和圆角。如果为一整圆，宜使用【直径标注】。利用【直径标注】可以标注圆或圆弧的直径大小，系统自动在标注值前添加直径符号"ϕ"。执行【直径标注】命令的方法有以下几种。

▷　功能区：在【默认】选项卡中，单击【注释】面板中的【直径】按钮🔘，如图 6-88 所示。

▷　菜单栏：执行【标注】|【角度】命令，如图 6-89 所示。

▷　命令行：DIMDIAMETER 或 DDI。

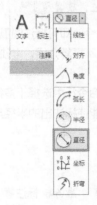

图 6-88　【注释】面板中的【直径】按钮

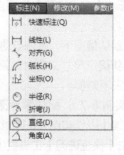

图 6-89　【直径】菜单命令

【直径标注】的方法与【半径标注】的方法相同，执行【直径标注】命令之后，选择要标注的圆弧或圆，然后指定尺寸线的位置即可，如图 6-90 所示，命令行操作如下。

命令：_dimdiameter　　　　　　　　　　　　　　　//执行【直径标注】命令

选择圆弧或圆:　　　　　　　　　　　　　　　//单击选择圆

标注文字 = 160

指定尺寸线位置或[多行文字(M)/文字(T)/角度(A)]://在合适位置放置尺寸线,结束命令

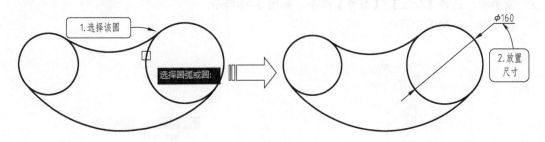

图 6-90　直径标注

【直径标注】中命令行各选项含义与【半径标注】一致,在此不重复介绍。

【操作实例 6-8 】:标注零件图的直径尺寸

图纸中整圆的直径一般用【直径标注】命令标注,而不用【半径标注】。本例延续【操作实例 6-7】的结果,为零件图添加直径尺寸。

① 单击【快速访问】工具栏中的【打开】按钮　,打开"第 6 章\6-7 标注零件图的半径尺寸-OK.dwg"素材文件,如图 6-87 所示。

② 单击【注释】面板中的【直径】按钮　,选择右侧的圆为对象,标注直径如图 6-91 所示,命令行操作如下。

命令: _dimdiameter

选择圆弧或圆:　　　　　　　　　　　　　　　//选择右侧圆

标注文字 = 30

指定尺寸线位置或[多行文字(M)/文字(T)/角度(A)]://在合适位置放置尺寸线,结束命令

③ 用同样的方法标注其他圆的直径尺寸,效果如图 6-92 所示。

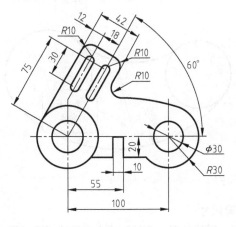

图 6-91　标注第一个直径尺寸 φ30

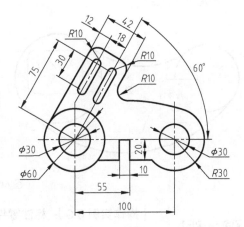

图 6-92　直径标注结果

6.4.7　折弯标注

当圆弧半径相对于图形尺寸较大时,半径标注的尺寸线相对于图形显得过长,这时可以使用【折

弯标注】。该标注方式与半径、直径标注方式基本相同，但需要指定一个位置代替圆或圆弧的圆心。

执行【折弯标注】命令的方法有以下几种。

- ➲ 功能区：在【默认】选项卡中，单击【注释】面板中的【折弯】按钮，如图6-93所示。
- ➲ 菜单栏：选择【标注】|【折弯】命令，如图6-94所示。
- ➲ 命令行：DIMJOGGED。

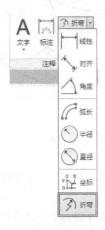

图6-93 【注释】面板中的【折弯】按钮　　　　　　　图6-94 【折弯】菜单命令

【折弯标注】操作示例如图6-95所示。命令行操作如下。

命令：_dimjogged	//执行【折弯标注】命令
选择圆弧或圆：	//单击选择圆弧
指定图示中心位置：	//指定A点
标注文字 = 250	
指定尺寸线位置或 [多行文字 (M) /文字 (T) /角度 (A)]：	
指定折弯位置：	//指定折弯位置，结束命令

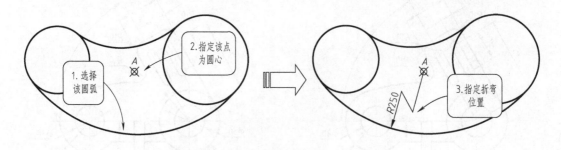

图6-95 折弯标注

【操作实例6-9】：标注零件图的折弯尺寸

机械设计中为追求零件外表面的流线、圆润效果，会设计成大半径的圆弧轮廓。这类图形在标注时如直接采用【半径标注】，则连线过大，影响视图显示效果，因此推荐使用【折弯标注】来注释这部分图形。本例仍延续【操作实例6-8】进行操作。

① 单击【快速访问】工具栏中的【打开】按钮，打开"第6章\6-8 标注零件图的直径尺寸-OK.dwg"素材文件，如图6-92所示。

② 在【默认】选项卡中，单击【注释】面板中的【折弯】按钮 ，选择上侧圆弧为对象，标注折弯半径如图 6-96 所示。

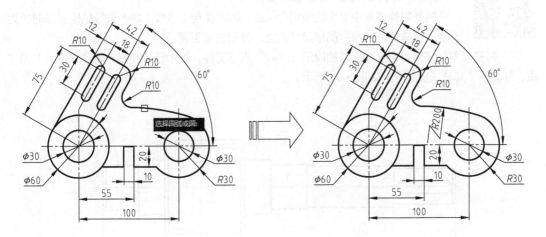

图 6-96　折弯标注结果

6.4.8　连续标注

【连续标注】是以指定的尺寸界线（必须以【线性】、【坐标】或【角度】标注界限）为基线进行标注，但【连续标注】所指定的基线仅作为与该尺寸标注相邻的连续标注尺寸的基线，依此类推，下一个尺寸标注都以前一个标注与其相邻的尺寸界线为基线进行标注。

在 AutoCAD2019 中调用【连续标注】有如下几种常用方法。

▷　功能区：在【注释】选项卡中，单击【标注】面板中的【连续】按钮 ，如图 6-97 所示。

▷　菜单栏：执行【标注】|【连续】命令，如图 6-98 所示。

▷　命令行：DIMCONTINUE 或 DCO。

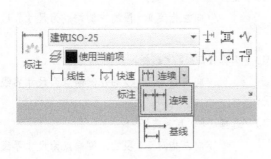

图 6-97　【标注】面板上的【连续】按钮

图 6-98　【连续】菜单命令

标注连续尺寸前，必须存在一个尺寸界线起点。进行连续标注时，系统默认将上一个尺寸界线终点作为连续标注的起点，提示用户选择第二条延伸线起点，重复指定第二条延伸线起点，则创建出连续标注尺寸。

在执行【连续标注】时，可随时执行命令行中的"选择（S）"选项进行重新选取，也可以执行"放弃（U）"命令退回到上一步进行操作。

【操作实例 6-10】：连续标注轴段尺寸

轴类零件通常由多个轴段组合而成，因此使用【连续】命令进行轴段标注时极为方便，这样标注出来的图形尺寸完整、外形美观工整。

① 打开"第 6 章\6-10 连续标注轴段尺寸.dwg"素材文件，其中已绘制好一轴零件图，共分 7 段，并标注了部分长度尺寸，如图 6-99 所示。

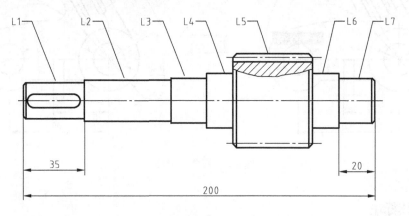

图 6-99　素材图形

② 分析图形可知，L5 段为齿轮段，因此其两侧的 L4、L6 为轴肩，而 L3 和 L7 段则为轴承安装段，这几段长度为重要尺寸，需要标明；而 L2 为伸出段，没有装配关系，因此可不标尺寸，作为补偿环。

③ 在【注释】选项卡中，单击【标注】面板中的【连续】按钮 ，执行【连续标注】命令，命令行提示如下。

```
命令：_DIMCONTINUE            //调用【连续标注】命令
选择连续标注：                //选择 L7 段的标注 20 为起始标注
指定第二条尺寸界线原点或 [放弃（U）/选择（S）] <选择>：
                             //向左指定 L6 段的左侧端点为尺寸界线原点
标注文字 = 15
指定第二条尺寸界线原点或 [放弃（U）/选择（S）] <选择>：
                             //向左指定 L5 段的左侧端点为尺寸界线原点
标注文字 = 45
指定第二条尺寸界线原点或 [放弃（U）/选择（S）] <选择>：
                             //向左指定 L4 段的左侧端点为尺寸界线原点
标注文字 = 15
指定第二条尺寸界线原点或 [放弃（U）/选择（S）] <选择>：
                             //向左指定 L3 段的左侧端点为尺寸界线原点
标注文字 = 20                //按 Esc 键退出绘制
```

④ 标注连续尺寸后的图形结果如图 6-100 所示。

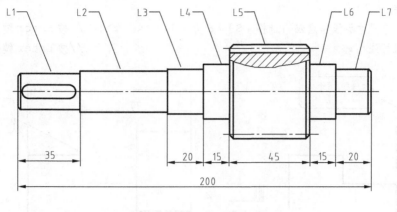

图 6-100 标注的连续尺寸效果

6.4.9 基线标注

【基线标注】用于以同一尺寸界线为基准的一系列尺寸标注，即从某一点引出的尺寸界线作为第一条尺寸界线，依次进行多个对象的尺寸标注。

在 AutoCAD2019 中调用【基线】标注有如下几种常用方法。

- ➦ 功能区：在【注释】选项卡中，单击【标注】面板中的【基线】按钮 ，如图 6-101 所示。
- ➦ 菜单栏：执行【标注】|【基线】命令，如图 6-102 所示。
- ➦ 命令行：DIMBASELINE 或 DBA。

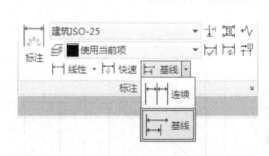

图 6-101 【标注】面板上的【基线】按钮

图 6-102 【基线】菜单命令

按上述方式执行【基线标注】命令后，将光标移动到第一条尺寸界线起点，单击鼠标左键，即完成一个尺寸标注。重复拾取第二条尺寸界线的终点即可以完成一系列基线尺寸的标注，如图 6-103 所示，命令行操作如下。

```
命令：_dimbaseline                           //执行【基线标注】命令
选择基准标注：                               //选择作为基准的标注
指定第二个尺寸界线原点或 [选择 (S) /放弃 (U)] <选择>：
                                  //指定标注的下一点，系统自动放置尺寸
标注文字 = 20
指定第二个尺寸界线原点或 [选择 (S) /放弃 (U)] <选择>：
```

标注文字 = 30

指定第二个尺寸界线原点或［选择（S）/放弃（U）］<选择>:↙ //按 Enter 键完成标注

选择基准标注：↙ //按 Enter 键结束命令

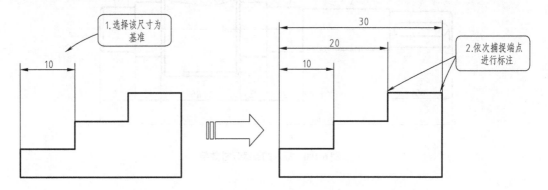

图 6-103　基线标注示例

在机械零件图中，为了确定零件上各结构特征（点、线、面）的位置关系，必须确定一个"基准"，因此"基准"即是零件上用来确定其他点、线、面的位置所依据的点、线、面。在加工过程中，作为基准的点、线、面应首先加工出来，以便尽快为后续工序的加工提供精基准，称为"基准先行"。而到了质检环节，各尺寸的校验也应以基准为准。

在零件图中如果各尺寸标注边共用一个点、线、面，则可以认定该点、线、面为定位基准，如图 6-104 中的平面 *A*，即是平面 *B*、平面 *C* 以及平面 *D* 的基准，在加工时需先精加工平面 *A*，才能进行其他平面的加工；同理，图 6-105 中的平面 *E* 是平面 *F* 和平面 *G* 的设计基准，也是 $\phi16$ 孔的垂直度和平面 *F* 平行度的设计基准（形位公差的基准按基准符号为准）。

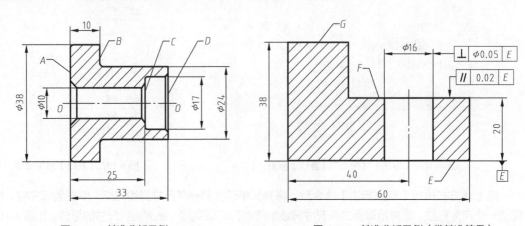

图 6-104　基准分析示例　　　　　　　图 6-105　基准分析示例（带基准符号）

提示：图 6-104 中所示的钻套中心线 *O—O* 是各外圆表面 $\phi38$、$\phi24$ 及内孔 $\phi10$、$\phi17$ 的设计基准。

【操作实例 6-11】：基线标注密封沟槽尺寸

如果机械零件中有多个面平行的结构特征，那就可以先确定基准面，然后使用【基线标注】的命令来添加标注。而在各类工程机械的设计中，液压部分的密封沟槽就具有这样的特征，如图 6-106 所示，因此非常适合使用【基线标注】。本例便通过【基线标注】命令对图 6-106 中的活塞密封沟槽添加尺寸标注。

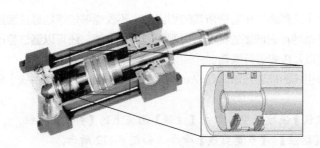

图 6-106　液压缸中的活塞结构示意图

① 打开"第 6 章\6-11 基线标注密封沟槽尺寸.dwg"素材文件，其中已绘制好一活塞的半边剖面图，如图 6-107 所示。

② 标注第一个水平尺寸。单击【注释】面板中的【线性】按钮，在活塞上端添加一个水平标注，如图 6-108 所示。

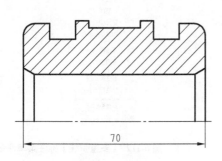

图 6-107　素材图形

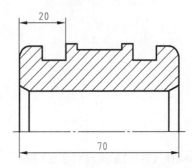

图 6-108　添加第一个水平标注

提示：如果图形为对称结构，那在绘制剖面图时可以选择只绘制半边图形，如图 6-107 所示。

③ 标注沟槽定位尺寸。切换至【注释】选项卡，单击【标注】面板中的【基线】按钮，系统自动以步骤②创建的标注为基准，接着依次选择活塞图上各沟槽的右侧端点用作定位尺寸，如图 6-109 所示。

④ 补齐沟槽定型尺寸。退出【基线】命令，重新切换到【默认】选项卡，再次执行【线性】标注，依次将各沟槽的定型尺寸补齐，如图 6-110 所示。

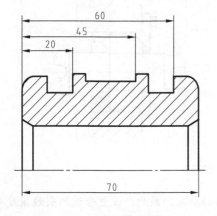

图 6-109　标注沟槽定位尺寸

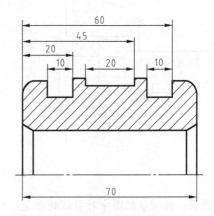

图 6-110　补齐沟槽的定型尺寸

6.4.10 多重引线标注

使用【多重引线】工具添加和管理所需的引出线，不仅能够快速地标注装配图的证件号和引出公差，而且能够更清楚地标识制图的标准、说明等内容。此外，还可以通过修改【多重引线样式】对引线的格式、类型以及内容进行编辑。

本小节介绍多重引线的标注方法。在 AutoCAD2019 中启用【多重引线】标注有如下几种常用方法。

- ⊙ 功能区：在【默认】选项卡中，单击【注释】面板上的【引线】按钮 ，如图 6-111 所示。
- ⊙ 菜单栏：执行【标注】|【多重引线】命令，如图 6-112 所示。
- ⊙ 命令行：MLEADER 或 MLD。

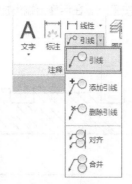

图 6-111 【注释】面板上的【引线】按钮

图 6-112 【多重引线】标注菜单命令

执行上述任一命令后，在图形中单击确定引线箭头位置；然后在打开的文字出入窗口中输入注释内容即可，如图 6-113 所示，命令行提示如下。

```
命令：_mleader                              //执行【多重引线】命令
指定引线箭头的位置或 [引线基线优先（L）/内容优先（C）/选项（O）] <选项>：
                                           //指定引线箭头位置
指定引线基线的位置：    //指定基线位置，并输入注释文字，空白处单击即可结束命令
```

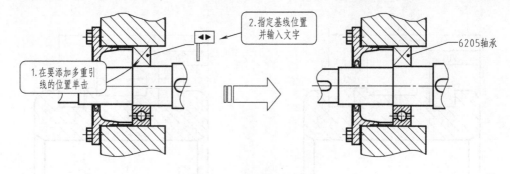

图 6-113 多重引线标注示例

提示：机械装配图中对引线的规范、整齐有严格的要求，因此，设置合适的引线角度可以让机械装配图的引线标注达到事半功倍的效果，且外观工整，彰显专业。

【操作实例 6-12】：标注装配图

利用前面所学的知识标注如图 6-114 所示的装配图。

① 打开素材文件"第 6 章\6-12 标注装配图.dwg"，如图 6-115 所示。其中已经创建好了所需表格与相应的标注、技术要求等。读者可以先细心审阅该装配图，此即实际设计工作中最基本的图纸。

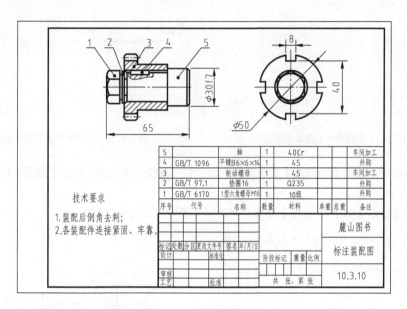

图 6-114 完整的装配图效果

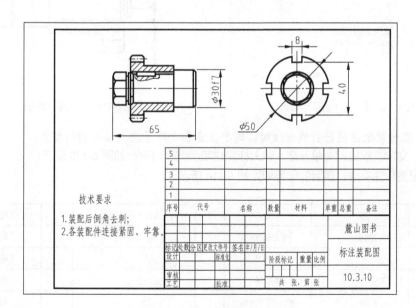

图 6-115 素材图形

② 单击【注释】面板中的【多重引线样式】按钮 ，修改当前的多重引线样式。在【引线格式】选项卡中设置箭头符号为"小点"，大小为"5"，如图 6-116 所示。

③ 在【引线结构】选项卡中取消选择【自动包含基线】复选框，如图 6-117 所示。

245

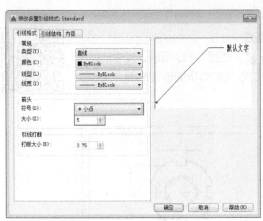

图 6-116 【引线格式】选项卡设置

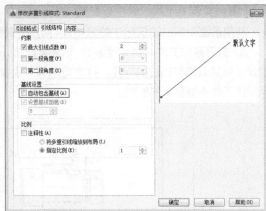

图 6-117 【引线结构】选项卡设置

④ 在【内容】选项卡中设置【文字高度】为"8"，设置引线连接位置为【最后一行加下划线】，如图 6-118 所示。

⑤ 选择【标注】|【多重引线】命令，标注零件序号，如图 6-119 所示。

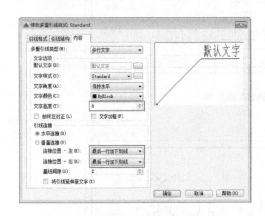

图 6-118 【内容】选项卡设置

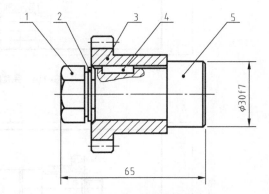

图 6-119 标注零件序号

提示：在对装配图进行引线标注时，需要注意各个序号应按顺序排列整齐。

⑥ 输入文字。双击相关单元格，输入标题栏和明细表内容，如图 6-120 所示。

⑦ 装配图标注完成，最后的结果即如图 6-114 所示。

6	5		轴	1	40Cr			车间加工
5	4	GB/T 1096	平键 B6x6x14	1	45			外购
4	3		制动螺母	1	45			车间加工
3	2	GB/T 97.1	垫圈 16	1	Q235			外购
2	1	GB/T 6170	1型六角螺母 M16	1	10级			外购
1	序号	代　号	名　称	数量	材　料	单重	总重	备　注
	A	B	C	D	E	F	G	H

图 6-120 在明细表中输入文字内容

【操作实例 6-13】：多重引线标注机械装配图

在机械装配图中，有时会因为零部件过多，而采用分类编号的方法（如螺钉一类、螺母一类、加工件一类），不同类型的编号在外观上自然也不能一样（如外围带圈、带方块），因此就需要灵活使用【多重引线】命令中的"块（B）"选项来进行标注。此外，还需要指定【多重引线】的角度，让引线在装配图中达到工整、整齐的效果。

① 打开"第 6 章\6-13 多重引线标注装配图.dwg"素材文件，其中已绘制好一球阀的装配图和一名称为"1"的属性图块，如图 6-121 所示。

② 绘制辅助线。单击【修改】面板中的【偏移】按钮，将图形中的竖直中心线向右偏移 50，用作多重引线的对齐线，如图 6-122 所示。

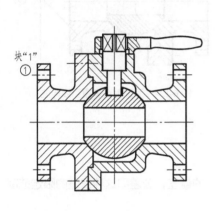

图 6-121 素材图形

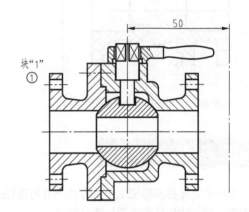

图 6-122 多重引线标注菜单命令

③ 在【默认】选项卡中，单击【注释】面板上的【引线】按钮，执行【多重引线】命令，并选择命令行中的"选项（O）"命令，设置内容类型为"块"，指定块"1"；然后选择"第一个角度（F）"选项，设置角度为 60°，再设置"第二个角度（F）"为 180°，在手柄处添加引线标注，如图 6-123 所示，命令行操作如下。

```
命令: _mleader
    指定引线箭头的位置或 [引线基线优先（L）/内容优先（C）/选项（O）] <选项>:
    输入选项 [引线类型（L）/引线基线（A）/内容类型（C）/最大节点数（M）/第一个角度（F）
/第二个角度（S）/退出选项（X）] <退出选项>: C↙          //选择"内容类型"选项
    选择内容类型 [块（B）/多行文字（M）/无（N）] <多行文字>: B↙ //选择"块"选项
    输入块名称 <1>: 1                                    //输入要调用的块名称
    输入选项 [引线类型（L）/引线基线（A）/内容类型（C）/最大节点数（M）/第一个角度（F）
/第二个角度（S）/退出选项（X）] <内容类型>: F↙          //选择"第一个角度"选项
    输入第一个角度约束 <0>: 60                           //输入引线箭头的角度
    输入选项 [引线类型（L）/引线基线（A）/内容类型（C）/最大节点数（M）/第一个角度（F）
/第二个角度（S）/退出选项（X）] <第一个角度>: S↙        //选择"第二个角度"选项
    输入第二个角度约束 <0>: 180                          //输入基线的角度
    输入选项 [引线类型（L）/引线基线（A）/内容类型（C）/最大节点数（M）/第一个角度（F）
/第二个角度（S）/退出选项（X）] <第二个角度>: X↙        //退出"选项"
    指定引线箭头的位置或 [引线基线优先（L）/内容优先（C）/选项（O）] <选项>:
                                                        //在手柄处单击放置引线箭头
```

④ 按相同方法，标注球阀中的阀芯和阀体，分别标注序号 2、3，如图 6-124 所示。

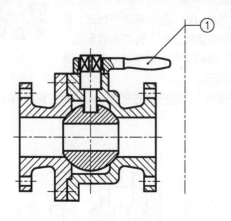 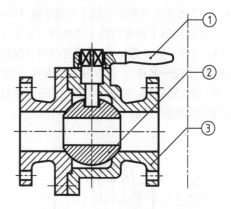

图 6-123　添加第一个多重引线标注　　　　　　　图 6-124　添加其余多重引线标注

6.5　几何公差的标注

几何公差是指实际加工出的零件尺寸与理想尺寸之间的偏差，公差即这种误差的限定范围，在零件图上重要的尺寸均需要标明公差值。

6.5.1　机械行业中的几何公差

在机械设计的制图工作中，标注几何公差是其中很重要的一项工作内容。而要想掌握好几何公差的标注，就必须先了解什么是几何公差。

（1）公差

几何公差是一种对误差的控制。举个例子来说，某零件的设计尺寸是 ϕ25mm，要加工 8 个，由于误差的存在，最后做出来的成品尺寸如表 6-1 所示。

表 6-1　加工结果　　　　　　　　　　　　　　　　　　　　　　　　　　　mm

设计尺寸	1 号	2 号	3 号	4 号	5 号	6 号	7 号	8 号
ϕ25.00	ϕ24.3	ϕ24.5	ϕ24.8	ϕ25	ϕ25.2	ϕ25.5	ϕ25.8	ϕ26.2

如果不了解几何公差的概念，可能就会认为只有 4 号零件符号要求，其余都属于残次品。其实不然，如果 ϕ25mm 的几何公差为 ±0.4mm，那尺寸在 ϕ（25±0.4）mm 之间的零件都能算合格产品（3、4、5 号）。

判断该零件是否合格，取决于零件尺寸是否在 ϕ（25±0.4）mm 这个范围之内。因此，ϕ（25±0.4）mm 这个范围就显得十分重要了，那这个范围又该如何确定呢？这个范围通常可以根据设计人员的经验确定，但如果要与其他零件进行配合的话，则必须严格按照国家标准（GB/T 1800）进行取值。

这些公差从 A～Z 共计 22 个公差带（大小写字母容易混淆的除外，大写字母表示孔，小写字母表示轴），精度等级从 IT1～IT13 共计 13 个等级。通过选择不同的公差带，再选用相应的精度等级，就可以最终确定尺寸的公差范围。如 ϕ100H8，则表示尺寸为 ϕ100mm，公差带分布为 H，精度等级为 IT8，通过查表就可以知道该尺寸的范围为 100.00～100.54mm 之间。

（2）配合

$\phi 100H8$ 表示的是孔的尺寸，与之对应的轴尺寸又该如何确定呢？这时就需要引入配合的概念。

配合是零件之间互换性的基础。而所谓互换性，就是指一个零件不用改变即可代替另一零件，并能满足同样要求的能力。比如，自行车坏了，那可以在任意自行车店进行维修，因为自行车店内有可以互换的各种零部件，所以无须返厂进行重新加工。因此通俗地讲，配合就是指多大的孔，对应多大的轴。

机械设计中将配合分为三种：间隙配合、过渡配合、过盈配合，分别介绍如下。

▷ 间隙配合：间隙配合是指具有间隙（不包括最小间隙等于零）的配合，如图 6-125 所示。间隙配合主要用于活动连接，如滑动轴承和轴的配合。

▷ 过渡配合：过渡配合指可能具有间隙或过盈的配合，如图 6-126 所示。过渡配合用于方便拆卸和定位的连接，如滚动轴承内径和轴。

▷ 过盈配合：过盈配合即指孔小于轴的配合，如图 6-127 所示。过盈配合属于紧密配合，必须采用特殊工具挤压进去，或利用热胀冷缩的方法才能进行装配。过盈配合主要用在相对位置不能移动的连接，如大齿轮和轮毂。

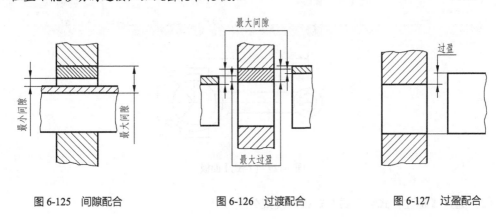

图 6-125　间隙配合　　　　图 6-126　过渡配合　　　　图 6-127　过盈配合

孔和轴常用的配合如图 6-128 所示（基孔制），其中灰色显示的为优先选用配合。

基准孔	轴																				
	a	b	c	d	e	f	g	h	js	k	m	n	p	r	s	t	u	v	x	y	z
	间隙配合								过渡配合			过盈配合									
H6						$\frac{H6}{f5}$	$\frac{H6}{g5}$	$\frac{H6}{h5}$	$\frac{H6}{js5}$	$\frac{H6}{k5}$	$\frac{H6}{m5}$	$\frac{H6}{n5}$	$\frac{H6}{p5}$	$\frac{H6}{r5}$	$\frac{H6}{s5}$	$\frac{H6}{t5}$					
H7						$\frac{H7}{f6}$	$\frac{H7}{g6}$	$\frac{H7}{h6}$	$\frac{H7}{js6}$	$\frac{H7}{k6}$	$\frac{H7}{m6}$	$\frac{H7}{n6}$	$\frac{H7}{p6}$	$\frac{H7}{r6}$	$\frac{H7}{s6}$	$\frac{H7}{t6}$	$\frac{H7}{u6}$	$\frac{H7}{v6}$	$\frac{H7}{x6}$	$\frac{H7}{y6}$	$\frac{H7}{z6}$
H8					$\frac{H8}{e7}$	$\frac{H8}{f7}$	$\frac{H8}{g7}$	$\frac{H8}{h7}$	$\frac{H8}{js7}$	$\frac{H8}{k7}$	$\frac{H8}{m7}$	$\frac{H8}{n7}$	$\frac{H8}{p7}$	$\frac{H8}{r7}$	$\frac{H8}{s7}$	$\frac{H8}{t7}$	$\frac{H8}{u7}$	$\frac{H8}{v7}$	$\frac{H8}{x7}$	$\frac{H8}{y7}$	$\frac{H8}{z7}$
H8				$\frac{H8}{d8}$	$\frac{H8}{e8}$	$\frac{H8}{f8}$		$\frac{H8}{h8}$													
H9			$\frac{H9}{c9}$	$\frac{H9}{d9}$	$\frac{H9}{e9}$	$\frac{H9}{f9}$		$\frac{H9}{h9}$													
H10			$\frac{H10}{c10}$	$\frac{H10}{d10}$				$\frac{H10}{h10}$													
H11	$\frac{H11}{a11}$	$\frac{H11}{b11}$	$\frac{H11}{c11}$	$\frac{H11}{d11}$				$\frac{H11}{h11}$													
H12		$\frac{H12}{b12}$						$\frac{H12}{h12}$													

图 6-128　基孔制的优先与常用配合

6.5.2 标注几何公差

在 AutoCAD 中有两种添加几何公差的方法:一种是通过【标注样式管理器】对话框中的【公差】选项卡修改标注;另一种是编辑尺寸文字,在文本中添加公差值。

(1) 通过【文字编辑器】选项卡标注公差

在【公差】选项卡中设置的公差将应用于整个标注样式,因此所有该样式的尺寸标注都将添加相同的公差。实际中零件上不同的尺寸有不同的公差要求,这时就可以双击某个尺寸文字,利用【格式】面板标注公差。

双击尺寸文字之后,进入【文字编辑器】选项卡,如图 6-129 所示。如果是对称公差,可在尺寸值后直接输入"±公差值",例如"200±0.5"。如果是非对称公差,在尺寸值后面按"上偏差^下偏差"的格式输入公差值,然后选择该公差值,单击【格式】面板中的【堆叠】按钮,即可将公差变为上、下标的形式。

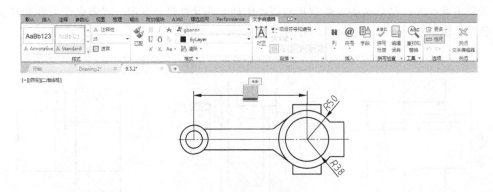

图 6-129 【格式】面板

(2) 通过【标注样式管理器】对话框设置公差

选择【格式】|【标注样式】命令,弹出【标注样式管理器】对话框,选择某一个标注样式,切换到【公差】选项卡,如图 6-130 所示。

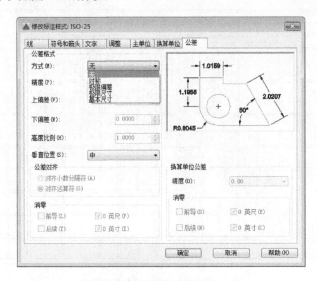

图 6-130 【公差】选项卡

在【公差格式】选项组的【方式】下拉列表框中选择一种公差样式，不同的公差样式所需要的参数也不同。

▷ 对称：选择此方式，则【下偏差】微调框将不可用，因为上下公差值对称。

▷ 极限偏差：选择此方式，需要在【上偏差】和【下偏差】微调框中输入上下极限公差。

▷ 极限尺寸：选择此方式，同样在【上偏差】和【下偏差】微调框中输入上下极限公差，但尺寸上不显示公差值，而是以尺寸的上下极限表示。

▷ 基本尺寸：选择此方式，将在尺寸文字周围生成矩形方框，表示基本尺寸。

在【公差】选项卡的【公差对齐】选项组下有两个选项，通过这两个选项可以控制公差的对齐方式，各项的含义如下。

▷ 对齐小数分隔符（A）：通过值的小数分隔符来堆叠值。

▷ 对齐运算符（G）：通过值的运算符堆叠值。

图 6-131 为【对齐小数分隔符】与【对齐运算符】的标注区别。

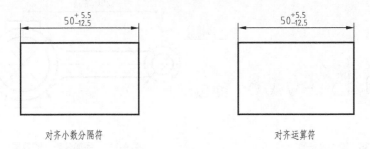

图 6-131　公差对齐方式

【操作实例 6-14】：标注连杆公差

连杆和通过【文字编辑器】选项卡标注公差的方法都已经介绍过了，因此本案例将同时使用【标注样式管理器】与【文字编辑器】选项卡来标注公差。

① 打开素材文件"第 6 章\6-14 标注连杆公差.dwg"，如图 6-132 所示。

② 选择【格式】|【标注样式】命令，在弹出的对话框中新建名为"圆弧标注"的标注样式，在【公差】选项卡中设置公差值，如图 6-133 所示。

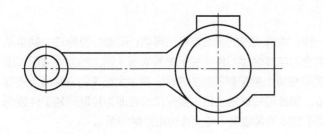

图 6-132　素材图形

图 6-133　设置公差值

③ 将"圆弧标注"样式设置为当前样式。单击【注释】面板中的【直径】按钮，标注圆弧直径，如图 6-134 所示。

④ 将"ISO-25"标注样式设置为当前样式，单击【注释】面板中的【线性】按钮，标注线性尺寸，如图 6-135 所示。

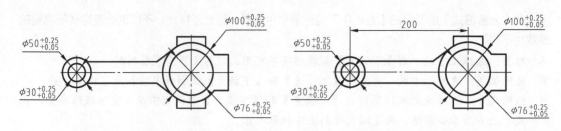

| 图 6-134 圆弧的标注效果 | 图 6-135 标注线性尺寸 |

⑤ 双击标注的线性尺寸，在文本框中输入上下偏差，如图 6-136 所示。

⑥ 选中公差值"+0.15^-0.08"，然后单击【格式】面板中的【堆叠】按钮，按 Ctrl+Enter 组合键退出文字编辑，添加公差后的效果如图 6-137 所示。

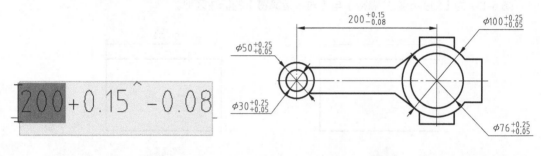

图 6-136 输入公差值　　　　图 6-137 添加公差后的效果

6.6 形位公差的标注

实际加工出的零件不仅有尺寸误差，而且还有形状上的误差和位置上的误差，例如加工出的轴不是绝对理想的圆柱，平键的表面不是理想平面，这种形状或位置上的误差限值称为形位公差。AutoCAD 有标注形位公差的命令，但一般需要与引线和基准符号配合使用才能够完整地表达公差信息。

6.6.1 机械行业中的形位公差

形位公差的标注与几何公差的标注一样，均有相应的标准与经验可循，不能任意标注。就拿某根轴零件来说，轴上的形位公差标注要结合它与其他零部件的装配关系来看（轴上的零件装配如图 6-138 所示）。该轴为一阶梯轴，在不同的阶梯段上装配有不同的零件，其中大齿轮的安装段上还有一凸出的部分，用来阻拦大齿轮进行定位。因此可知该轴上的主要形位公差即为控制同轴零件装配精度的同轴度，以及凸出部分侧壁上相对于轴线的垂直度（与大齿轮相接触的面）。

6.6.2 形位公差的结构

通常情况下，形位公差的标注主要由公差框格和指引线组成，而公差框格内又主要包括公差代号、公差值以及基准代号，以及简单形位公差的标注方法。

（1）基准代号和公差指引

大部分的形位公差都要以另一个位置的对象作为参考，即公差基准。AutoCAD 中没有专门的基

第
2
篇

精
通
篇

础符号工具，需要用户绘制，通常可将基准符号创建为外部块，方便随时调用。公差的指引线一般使用【多重引线】命令绘制，绘制不含文字注释的多重引线即可，如图 6-139 所示。除此之外还可以修改【快速引线】命令（LE）的设置，来快速绘制形位公差。

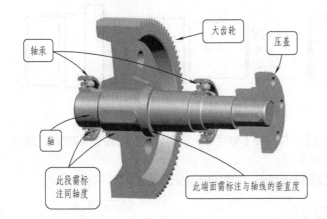

图 6-138　轴的装配

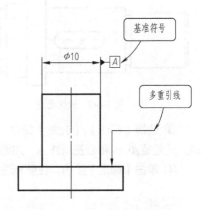

图 6-139　基准符号与多重引线

（2）形位公差

创建公差指引后，插入形位公差并放置到指引位置即可。调用【形位公差】命令有以下几种常用方法。

- ⊙ 功能区：单击【注释】选项卡中【标注】面板下的【公差】按钮。
- ⊙ 菜单栏：选择【标注】|【公差】命令。
- ⊙ 命令行：TOLERANCE 或 TOL。

执行以上任一命令后，弹出【形位公差】对话框，如图 6-140 所示。单击对话框中的【符号】黑色方块，弹出【特征符号】对话框，如图 6-141 所示，在该对话框中选择公差符号。

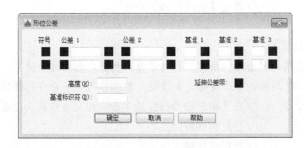

图 6-140　【形位公差】对话框

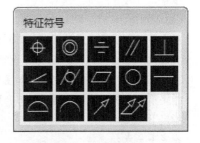

图 6-141　【特征符号】对话框

在【公差 1】选项组的文本框中输入公差值，单击色块会弹出【附加符号】对话框，在该对话框中选择所需的包容符号，其中符号Ⓜ代表材料的一般中等情况；Ⓘ代表材料的最大状况；Ⓢ代表材料的最小状况。

在【基准 1】选项组的文本框中输入公差代号，单击【确定】按钮，最后在指引线处放置形位公差即完成公差标注。

【操作实例 6-15】：标注轴的形位公差

形位公差的作用已经介绍过，因此本例便根据前文所学的方法来创建形位公差，以期让读者达到学以致用的目的，并能举一反三。

① 打开素材文件"第 6 章\6-15 标注轴的形位公差.dwg"，如图 6-142 所示。

② 单击【绘图】面板中的【矩形】、【直线】按钮，绘制基准符号，并添加文字，如图 6-143 所示。

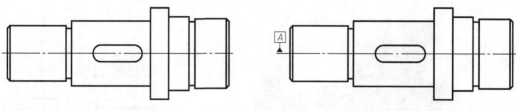

图 6-142　素材图形　　　　　　　　　　　　　　　　图 6-143　绘制基准符号

③ 选择【标注】|【公差】命令，弹出【形位公差】对话框，选择公差类型为【同轴度】，然后输入公差值ϕ0.03 和公差基准 A，如图 6-144 所示。

④ 单击【确定】按钮，在要标注的位置附近单击，放置该形位公差，如图 6-145 所示。

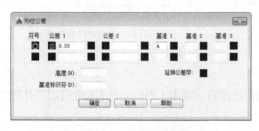

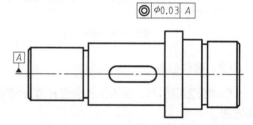

图 6-144　设置公差参数　　　　　　　　　　　　　　图 6-145　生成的形位公差

⑤ 单击【注释】面板中的【多重引线】按钮，绘制多重引线指向公差位置，如图 6-146 所示。

⑥ 使用【快速引线】命令快速绘制形位公差。在命令行中输入 LE 并按 Enter 键，利用快速引线标注形位公差，命令行操作如下。

```
命令：LE✓                    //调用【快速引线】命令
QLEADER
指定第一个引线点或 [设置（S）] <设置>：
              //选择【设置】选项，弹出【引线设置】对话框，设置类型为【公差】，
                  如图 6-147 所示，单击【确定】按钮，继续执行以下命令行操作
指定第一个引线点或 [设置（S）] <设置>：//在要标注公差的位置单击，指定引线箭头位置
指定下一点：                   //指定引线转折点
指定下一点：                   //指定引线端点
```

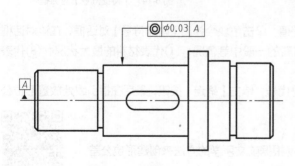

图 6-146　添加多重引线　　　　　　　　　　　　　　图 6-147　【引线设置】对话框

⑦ 在需要标注形位公差的地方定义引线，如图 6-148 所示。定义之后，弹出【形位公差】对话框，设置公差参数，如图 6-149 所示。

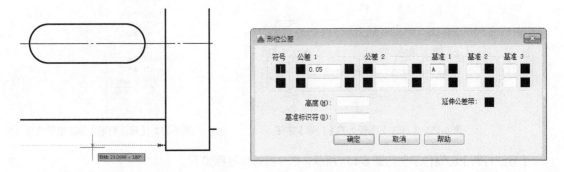

图 6-148　绘制快速引线　　　　　　　　　　图 6-149　设置公差参数

⑧ 单击【确定】按钮，创建的形位公差标注如图 6-150 所示。

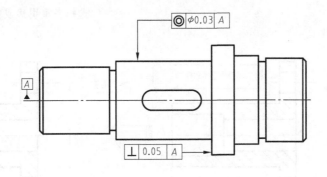

图 6-150　标注的形位公差

6.7　标注的编辑

在创建尺寸标注后，如未能达到预期的效果，还可以对尺寸标注进行编辑，如修改尺寸标注文字的内容、编辑标注文字的位置、更新标注和关联标注等，而不必删除所标注的尺寸对象再重新进行标注。

6.7.1　标注打断

在图纸内容丰富，标注繁多的情况下，过于密集的标注线就会影响图纸的观察效果，甚至让用户混淆尺寸，引起疏漏，造成损失。因此为了使图纸尺寸结构清晰，就可使用【标注打断】命令在标注线交叉的位置将其打断。

执行【标注打断】命令的方法有以下几种。

▷　功能区：在【注释】选项卡中，单击【标注】面板中的【打断】按钮，如图 6-151 所示。

▷　菜单栏：选择【标注】|【标注打断】命令，如图 6-152 所示。

▷　命令行：DIMBREAK。

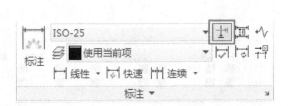

图 6-151 【标注】面板上的【打断】按钮　　　　　　图 6-152 【标注打断】标注菜单命令

【标注打断】的操作示例如图 6-153 所示，命令行操作过程如下。

命令：_DIMBREAK　　　　　　　　　　　　　//执行【标注打断】命令
选择要添加/删除折断的标注或 [多个（M）]：　//选择线性尺寸标注 50
选择要折断标注的对象或 [自动（A）/手动（M）/删除（R）] <自动>:↙
　　　　　　　　　　　　　　　　　　　　　　//选择多重引线或直接按 Enter 键

1 个对象已修改

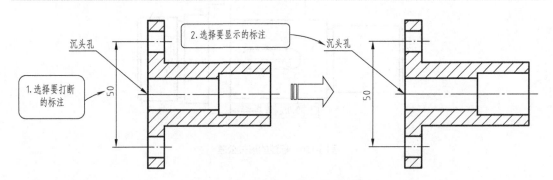

图 6-153 【标注打断】操作示例

命令行中各选项的含义如下。

⊳ "多个（M）"：指定要向其中添加折断或要从中删除折断的多个标注。

⊳ "自动（A）"：此选项是默认选项，用于在标注相交位置自动生成打断。普通标注的打断
距离为【修改标注样式】对话框中【箭头和符号】选项卡下【折断大小】文本框中的值；
多重引线的打断距离则通过【修改多重引线样式】对话框中【引线格式】选项卡下的【打
断大小】文本框中的值来控制。

⊳ "手动（M）"：选择此项，需要用户指定两个打断点，将两点之间的标注线打断。

⊳ "删除（R）"：选择此项可以删除已创建的打断。

【操作实例 6-16】：打断标注优化图形

如果图形中孔系繁多，结构复杂，那么图形的定位尺寸、定形尺寸就相当丰富，
再加上互相交叉，就会对我们观察图形有一定影响。而且这类图形打印出来之后，如
果打印机像素不高，就可能模糊成一团，让加工人员无从下手。因此本例便通过对一
定位块的标注进行优化，来让读者进一步理解【标注打断】命令的操作。

① 打开素材文件"第 6 章\6-16 打断标注优化图形.dwg"，如图 6-154 所示，可见各标注相互交

叉，有尺寸被遮挡。

② 在【注释】选项卡中，单击【标注】面板中的【打断】按钮 ，然后在命令行中输入 M，执行"多个（M）"选项，接着选择最上方的尺寸 40，连按两次 Enter 键，完成打断标注的选取，结果如图 6-155 所示，命令行操作如下。

```
命令：_DIMBREAK
选择要添加/删除折断的标注或 [多个（M）]：M↙//选择"多个"选项
选择标注：找到 1 个                    //选择最上方的尺寸 40 为要打断的尺寸
选择标注：↙                           //按 Enter 键完成选择
选择要折断标注的对象或 [自动（A）/删除（R）] <自动>：↙
                         //按 Enter 键完成要显示的标注选择，即所有其他标注
1 个对象已修改
```

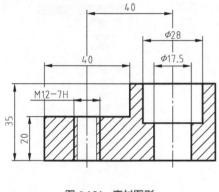

图 6-154　素材图形

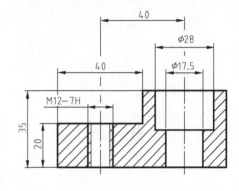

图 6-155　打断尺寸 40

③ 根据相同的方法，打断其余要显示的尺寸，最终结果如图 6-156 所示。

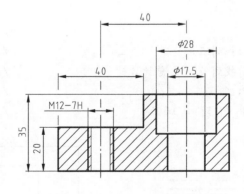

图 6-156　图形的最终打断效果

6.7.2　调整标注间距

在 AutoCAD 中进行基线标注时，如果没有设置合适的基线间距，可能使尺寸线之间的间距过大或过小，标注间距过小如图 6-157 所示。利用【调整间距】命令，可调整互相平行的线性尺寸或角度尺寸之间的距离。

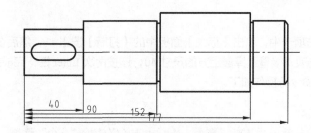

图 6-157　标注间距过小

【调整间距】命令的执行方式有以下几种。

- ▶ 功能区：在【注释】选项卡中，单击【标注】面板中的【调整间距】按钮▣，如图 6-158 所示。
- ▶ 菜单栏：选择【标注】|【调整间距】命令，如图 6-159 所示。
- ▶ 命令行：DIMSPACE。

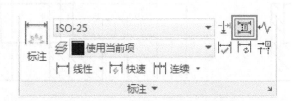

图 6-158　【标注】面板上的【调整间距】按钮　　　　图 6-159　【调整间距】标注菜单命令

【调整间距】命令的操作示例如图 6-160 所示，命令行操作如下。

命令：_DIMSPACE	//执行【调整间距】命令
选择基准标注：	//选择尺寸 29
选择要产生间距的标注:找到 1 个	//选择尺寸 49
选择要产生间距的标注:找到 1 个,总计 2	//选择尺寸 69
选择要产生间距的标注:↙	//单击 Enter 键,结束选择
输入值或 [自动（A）] <自动>: 10↙	//输入间距值

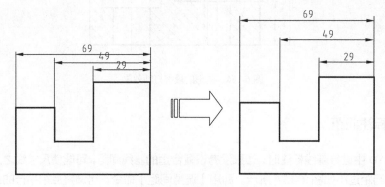

图 6-160　调整标注间距的效果

【调整间距】命令可以通过"输入值"和"自动（A）"这两种方式来创建间距，两种方式的含义解释如下。

- "输入值"：为默认选项。可以输入一个值用以定义间距距离。如果输入的值为 0，则可以将多个标注对齐在同一水平线上，如图 6-161 所示。

- "自动（A）"：根据所选择的基准标注的标注样式中指定的文字高度自动计算间距。所得的间距是标注文字高度的 2 倍，如图 6-162 所示。

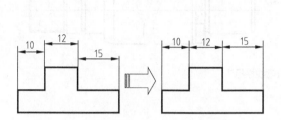

图 6-161 输入间距值为 0 的效果

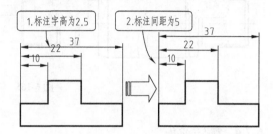

图 6-162 "自动（A）"根据字高自动调整间距

6.7.3 折弯线性标注

在标注一些长度较大的轴类打断视图的长度尺寸时，可以对应地使用折弯线性标注。在 AutoCAD 2019 中调用【折弯线性】标注有如下几种常用方法。

- 功能区：在【注释】选项卡中，单击【标注】面板中的【折弯线性】按钮 ，如图 6-163 所示。

- 菜单栏：执行【标注】|【折弯线性】命令，如图 6-164 所示。

- 命令行：DIMJOGLINE。

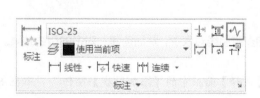

图 6-163 【标注】面板上的【折弯线性】按钮   图 6-164 【折弯线性】标注菜单命令

执行上述任一命令后，选择需要添加折弯的线性标注或对齐标注，然后指定折弯位置即可，如图 6-165 所示，命令行操作如下。

```
命令：_DIMJOGLINE                          //执行【折弯线性】标注命令
选择要添加折弯的标注或 [删除（R）]：       //选择要折弯的标注
指定折弯位置 （或按 ENTER 键）：          //指定折弯位置，结束命令
```

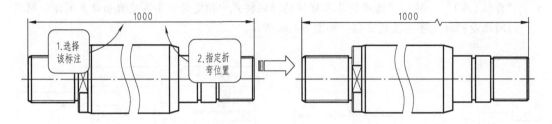

图 6-165　折弯线性标注

6.7.4　翻转箭头

当尺寸界限内的空间狭窄时，可使用翻转箭头将尺寸箭头翻转到尺寸界限之外，使尺寸标注更清晰。选中需要翻转箭头的标注，则标注会以夹点形式显示，指针移到尺寸线夹点上，弹出快捷菜单，选择其中的【翻转箭头】命令即可翻转该侧的一个箭头。使用同样的操作翻转另一端的箭头，操作示例如图 6-166 所示。

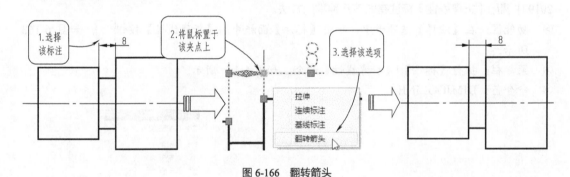

图 6-166　翻转箭头

6.7.5　编辑多重引线

使用【多重引线】命令注释对象后，可以对引线的位置和注释内容进行编辑。在 AutoCAD2019 中，提供了 4 种【多重引线】的编辑方法，分别介绍如下。

（1）添加引线

【添加引线】命令可以将引线添加至现有的多重引线对象中，从而创建一对多的引线效果。执行方法如下。

▷ **功能区 1：** 在【默认】选项卡中，单击【注释】面板中的【添加引线】按钮 ⼎，如图 6-167 所示。

▷ **功能区 2：** 在【注释】选项卡中，单击【引线】面板中的【添加引线】按钮 ⼎，如图 6-168 所示。

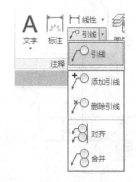

图 6-167 【注释】面板上的按钮

图 6-168 【引线】面板上的按钮

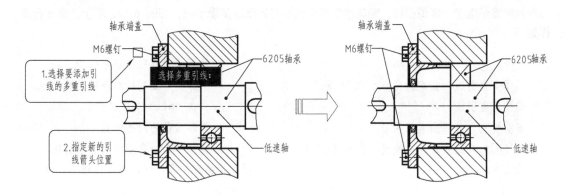

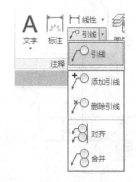

单击【添加引线】按钮$\nearrow$执行命令后，直接选择要添加引线的【多重引线】，然后在指定引线的箭头放置点即可，如图 6-169 所示，命令行操作如下。

选择多重引线：	//选择要添加引线的多重引线
找到 1 个	
指定引线箭头位置或〔删除引线（R）〕：	//指定新的引线箭头位置，按 Enter 结束命令

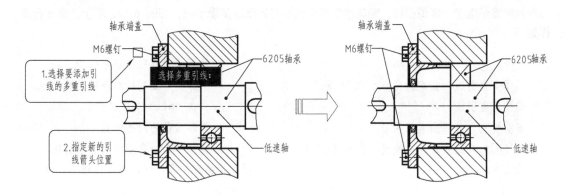

图 6-169 【添加引线】操作示例

（2）删除引线

【删除引线】命令可以将引线从现有的多重引线对象中删除，即将【添加引线】命令所创建的引线删除。执行方式如下。

➢ 功能区 1：在【默认】选项卡中，单击【注释】面板中的【删除引线】按钮$\nearrow$，如图 6-167 所示。

➢ 功能区 2：在【注释】选项卡中，单击【引线】面板中的【删除引线】按钮$\nearrow$，如图 6-168 所示。

单击【删除引线】按钮$\nearrow$执行命令后，直接选择要删除引线的【多重引线】即可，如图 6-170 所示，命令行操作如下。

选择多重引线：	//选择要删除引线的多重引线
找到 1 个	
指定要删除的引线或〔添加引线（A）〕：✓	//按 Enter 结束命令

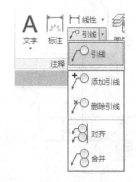

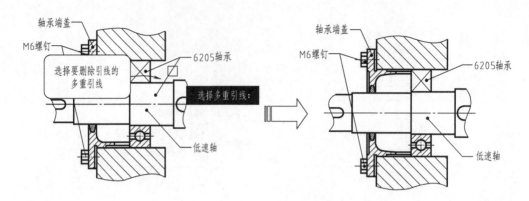

图 6-170 【删除引线】操作示例

(3) 对齐引线

【对齐】引线命令可以将选定的多重引线对齐，并按一定的间距进行排列。执行方式如下。

- ➧ 功能区1：在【默认】选项卡中，单击【注释】面板中的【对齐】按钮，如图6-167所示。
- ➧ 功能区2：在【注释】选项卡中，单击【引线】面板中的【对齐】按钮，如图6-168所示。
- ➧ 命令行：MLEADERALIGN。

单击【对齐】按钮执行命令后，选择所有要进行对齐的多重引线，然后单击Enter键确认，接着根据提示指定一多重引线，则其余多重引线均对齐至该多重引线，如图6-171所示，命令行操作如下。

命令：_mleaderalign	//执行【对齐引线】命令
选择多重引线：指定对角点：找到 6 个	//选择所有要进行对齐的多重引线
选择多重引线：↙	//单击Enter完成选择
当前模式：使用当前间距	//显示当前的对齐设置
选择要对齐到的多重引线或 [选项(O)]：	//选择作为对齐基准的多重引线
指定方向：	//移动光标指定对齐方向，单击左键结束命令

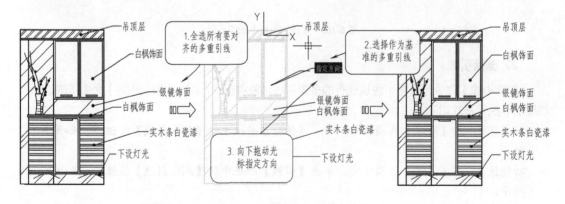

图 6-171 【对齐引线】操作示例

(4) 合并引线

【合并引线】命令可以将包含"块"的多重引线组织成一行或一列，并使用单引线显示结果，多见于机械行业中的装配图。在装配图中，有时会遇到若干个零部件成组出现的情况，如 1 个螺栓，就可能配有 2 个弹性垫圈和 1 个螺母。如果都一一对应一条多重引线来表示，那图形就非常凌乱，因此一组紧固件以及装配关系清楚的零件组，可采用公共指引线，如图 6-172 所示。

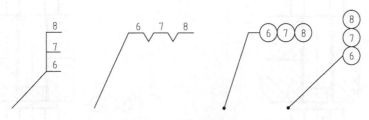

图 6-172　零件组的编号形式

执行方式如下。

- ▷ 功能区 1：在【默认】选项卡中，单击【注释】面板中的【合并】按钮 ⫽⁸，如图 6-167 所示。
- ▷ 功能区 2：在【注释】选项卡中，单击【引线】面板中的【合并】按钮 ⫽⁸，如图 6-168 所示。
- ▷ 命令行：MLEADERCOLLECT。

单击【合并】按钮 ⫽⁸ 执行命令后，选择所有要合并的多重引线，然后单击 Enter 确认，接着根据提示选择多重引线的排列方式，或直接单击鼠标左键放置多重引线，如图 6-173 所示，命令行操作如下。

命令：_mleadercollect　　　　　　　//执行【合并引线】命令
选择多重引线：指定对角点：找到 3 个　　//选择所有要进行对齐的多重引线
选择多重引线：↙　　　　　　　　　　//单击 Enter 完成选择
指定收集的多重引线位置或 [垂直 (V) /水平 (H) /缠绕 (W)] <水平>：
　　　　　　　　　　　　　　　　　//选择引线排列方式，或单击左键结束命令

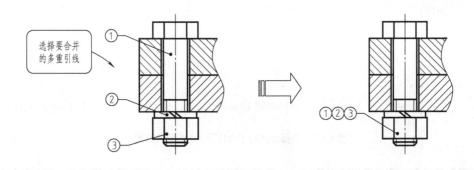

图 6-173　【合并引线】操作示例

提示：*执行【合并】命令的多重引线，其注释的内容必须是"块"。如果是多行文字，则无法操作。*

命令行中提供了 3 种多重引线合并的方式，分别介绍如下。

- ▷ "垂直（V）"：将多重引线集合放置在一列或多列中，如图 6-174 所示。
- ▷ "水平（H）"：将多重引线集合放置在一行或多行中，为默认选项，如图 6-175 所示。
- ▷ "缠绕（W）"：指定缠绕的多重引线集合的宽度。选择该选项后，可以指定"缠绕宽度"和"数目"，可以指定序号的列数，效果如图 6-176 所示。

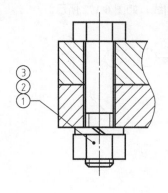

图 6-174 "垂直（V）"合并多重引线

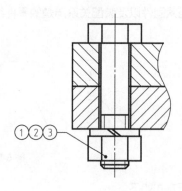

图 6-175 "水平（H）"合并多重引线

(a) 列数量为2

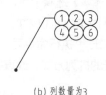

(b) 列数量为3

图 6-176 不同数量的合并效果

对【多重引线】执行【合并】命令时，最终的引线序号应按顺序依次排列，而不能出现数字颠倒、错位的情况。错位现象的出现是由于用户在操作时没有按顺序选择多重引线，因此无论是单独点选还是一次性框选，都需要考虑各引线的选择先后顺序，如图 6-177 所示。

(a) 合并前

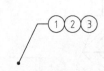

(b) 正确排列(选择顺序1、2、3)

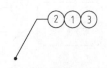

(c) 错误排列(选择顺序2、1、3)

图 6-177 选择顺序对【合并引线】的影响效果

除了序号排列效果，最终合并引线的水平基线和箭头所指点也与选择顺序有关，具体总结如下。

➲ 水平基线即为所选的第一个多重引线的基线；

➲ 箭头所指点即为所选的最后一个多重引线的箭头所指点。

【操作实例 6-17】：合并引线调整序列号

装配图中有一些零部件是成组出现的，因此可以采用公共指引线的方式来调整，使得图形显示效果更为简洁。

① 打开素材文件"第 6 章\6-17 合并引线调整序列号.dwg"，此文件图形为装配图的一部分，其中已经创建好了 3 个多重引线标注，序号 21、22、23，如图 6-178 所示。

② 在【默认】选项卡中，单击【注释】面板中的【合并】按钮 /8，选择序号 21 为第一个多重引线，然后选择序号 22，最后选择序号 23，如图 6-179 所示。

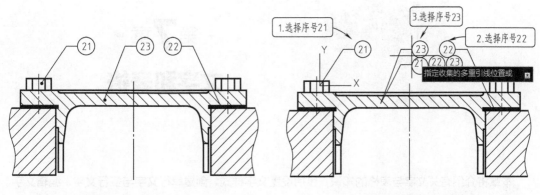

图 6-178　素材图形　　　　　　　　　　　图 6-179　选择要合并的多重引线

③ 此时可预览到合并后引线序号顺序为 21、22、23，且引线箭头点与原引线 23 一致。在任意点处单击放置，即可结束命令，最终图形效果如图 6-180 所示。

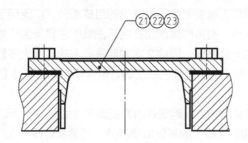

图 6-180　图形最终效果

本章将介绍有关文字与表格的知识，包括设置文字样式、创建单行文字与多行文字、编辑文字、创建表格和编辑表格的方法等等。

7.1 文字、表格的国家标准

文字和表格是机械制图和工程制图中不可缺少的组成部分，广泛用于各种注释说明、零件明细等。其实在实际的设计工作中，很多时候就是在完善图纸的注释与创建零部件的明细表。不管图纸多么复杂，所传递的信息也十分有限，因此文字说明是必需的；而大多数机械产品，均由各种各样的零部件组成，有车间自主加工的，有外包加工的，也有外购的标准件（如螺钉等），这些都需要设计人员在设计时加以考虑。

这种考虑的结果，便在装配图上以明细表的方式体现，如图 7-1 所示。明细表的重要性不亚于图纸，是公司 BOM 表（物料清单）的基础组成部分，如果没有设计人员提供产品的明细表，那公司管理部门以及采购部门就无法制作出相应的 BOM 表，也就无法向生产部门（车间）传递下料、加工等信息，也无法对外采购所需的零部件。

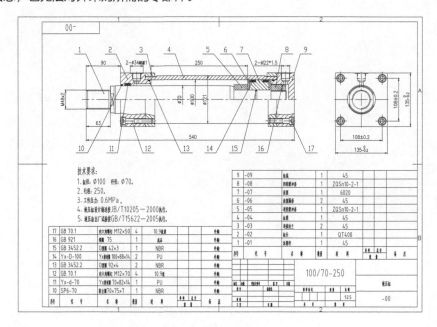

图 7-1　图纸中的明细表

7.1.1　文字的国家标准

机械制图所用的字体应该字体端正、笔画清楚、排列整齐、间隔均匀。在本书第 1 章的 1.4.3 节中已对制图所用文字做了简单介绍，现补充细节如下，具体详情可翻阅 GB/T 14665《机械工程 CAD 制图规则》。

▶ 数字：一般均以正体输出。

▶ 小数点：小数点进行输出时，应占一个字位，并位于中间靠下处。

▶ 字母：除表示变量外，一般应以正体输出。

▶ 汉字：汉字在输出时一般采用正体，并采用国家正式公布和推行的简化字。

▶ 标点符号：标点符号应按 GB/T 15834 的规定正确使用，除省略号和破折号为两个字位外，其余均为一个字位。

字体高度与图纸幅面之间的选用关系如表 7-1 所示。

表 7-1　字体高度与图纸幅面之间的关系

字符类别	图幅				
	A0	A1	A2	A3	A4
	字体高度 h				
字母与数字	5			3.5	
汉字	7			5	

提示：h 为汉字、字母和数字的高度。

字体的最小字（词）距、行距以及间隔线或基准线与书写字体之间的最小距离如表 7-2 所示。

表 7-2　最小间距

字体	最小距离	
汉字	字距	1.5
	行距	2
	间隔线或基准线与汉字的间距	1
字母与数字	字符	0.5
	词距	1.5
	行距	1
	间隔线或基准线与字母、数字的间距	1

提示：当汉字与字母、数字混合使用时，字体的最小间距、行距等应根据汉字的规定使用。

7.1.2　表格的国家标准

现对制图所用表格做简单介绍，具体详情可翻阅 GB/T 10609.1《技术制图　标题栏》和 GB/T 10609.2《技术制图　明细栏》。

（1）零件图标题栏

● **零件图标题栏的基本要求**

▶ 每张技术图样中均应有标题栏。

▶ 标题栏在技术图样中应按 GB/T 14689 中所规定的位置配置。

▶ 标题栏中的字体（签字除外）应符合 GB/T 14691 中的要求。

▶ 标题栏的线型应按 GB/T 17450 中规定的粗实线和细实线的要求绘制。

- ⟡ 标题栏中的年月日应按照 GB/T 7408 的规定格式填写。
- ⟡ 需缩微复制的图样，其标题栏应满足 GB/T 10609.4 的要求。
- ● **零件图标题栏的组成**

标题栏一般由更改区，签字区、其他区、名称及代号区组成，见图 7-2 和图 7-3。也可按实际需要增加或减少。

图 7-2　零件图标题栏的形式（一）

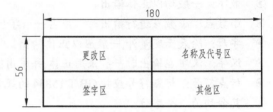

图 7-3　零件图标题栏的形式（二）

- ⟡ 更改区：一般由更改标记、处数、分区、更改文件号、签名和年月日等组成。
- ⟡ 签字区：一般由设计、审核、工艺、标准化、批准、签名和年月日等组成。
- ⟡ 其他区：一般由材料标记、阶段标记、重量、比例、共　张/第　张和投影符号等组成。
- ⟡ 名称及代号区：一般由单位名称、图样名称、图样代号和存储代号等组成。
- ● **标题栏的填写**

零件图标题栏的形式与尺寸可参考图 7-4，填写要求介绍如下。

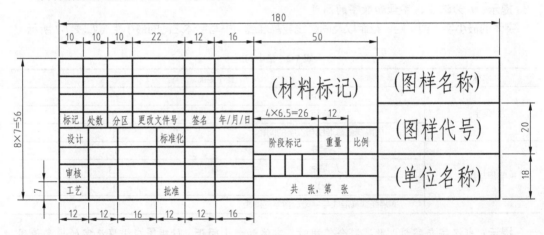

图 7-4　零件图标题栏的形式与尺寸参考

①　更改区的填写　更改区中的内容应按由下而上的顺序填写，也可根据实际情况顺延，或放在图样中其他地方，但应有表头。

- ⟡ 标记：按照有关规定或要求填写更改标记。
- ⟡ 处数：填写同一标记所表示的更改数量。
- ⟡ 分区：必要时，按照有关规定填写。
- ⟡ 更改文件号：填写更改所依据的文件号。
- ⟡ 签名和年月日：填写更改人的姓名和更改的时间。

②　签字区的填写　签字区一般按设计、审核、工艺、标准化、批准等有关规定签署姓名和年月日。

③　其他区

- **材料标记**：对于需要该项目的图样一般应按照相应标准或规定填写所使用的材料。
- **阶段标记**：按有关规定由左向右填写图样的各生产阶段。
- **重量**：填写所绘制图样相应产品的计算重量，以千克（公斤)为计量单位时，允许不写出其计量单位。
- **比例**：填写绘制图样时所采用的比例。
- **共 张/第 张**：填写同一图样代号中图样的总张数及该张所在的张次。

④ 名称及代号区

- **单位名称**：填写绘制图样单位的名称或单位代号。必要时，也可不予填写。
- **图样名称**：填写所绘制对象的名称。
- **图样代号**：按有关标准或规定填写图样的代号。

（2）装配图明细栏

- **装配图明细栏的基本要求**

- 明细栏一般配置在装配图中标题栏的上方，按由下而上的顺序填写，其格数应根据需要而定，如图 7-5 所示。

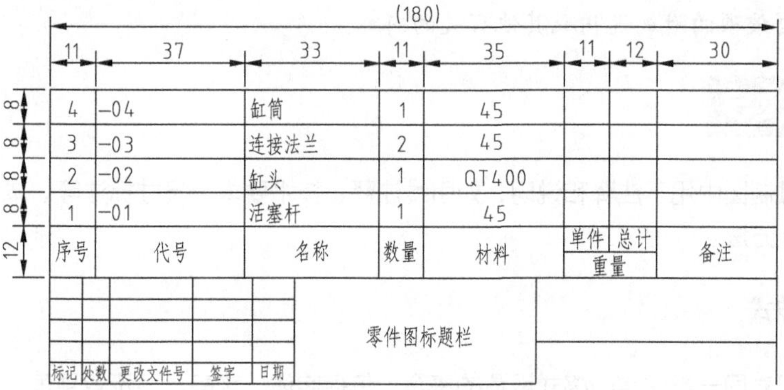

图 7-5　装配图明细栏的形式与尺寸参考

- 当由下而上延伸位置不够时，可以紧靠在标题栏的左边自下而上延续，如图 7-6 所示。

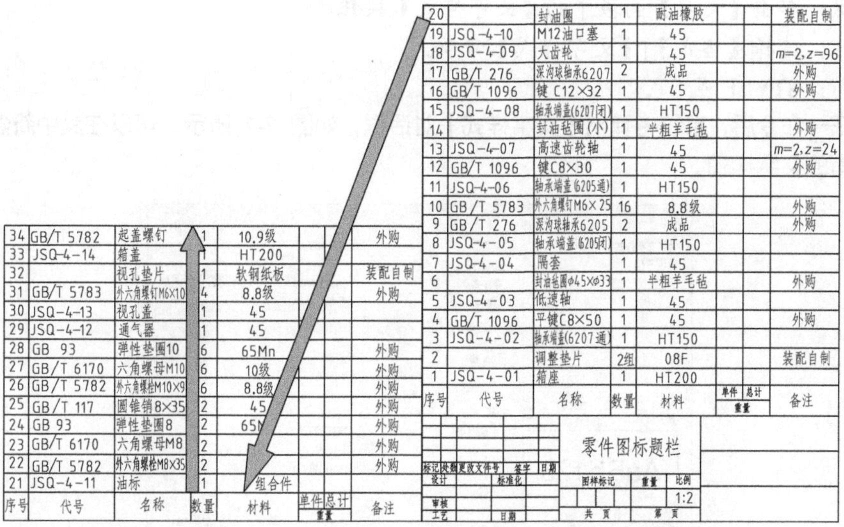

图 7-6　装配图明细栏延伸注法

⊗ 当有两张或两张以上同一图样代号的装配图，而又需要延伸注法时，明细栏应放在第一张装配图上。

⊗ 明细栏中的字体应符合 GB/T 14691 中的要求。

⊗ 明细栏中的线型应按 GB/T 17450 和 GB/T 4457.4 中规定的粗实线和细实线的要求绘制。

⊗ 需缩微复制的图样，其明细栏应满足 GB/T 10609.4 的规定。

● **装配图明细栏的组成和填写**

明细栏一般由序号、代号、名称、数量、材料、重量（单件、总计）、备注等组成，也可按实际需要增加或减少。

⊗ 序号：填写图样中相应组成部分的序号。

⊗ 代号：填写图样中相应组成部分的图样代号或标准编号。

⊗ 名称：填写图样中相应组成部分的名称。必要时，也可写出其形式与尺寸。

⊗ 数量：填写图样中相应组成部分在装配中的数量。

⊗ 材料：填写图样中相应组成部分的材料标记。

⊗ 重量：填写图样相应组成部分单件和总件数的计算重量，以千克（公斤）为计量单位时，允许不写出其计量单位。

⊗ 备注：填写该项的附加说明或其他有关的内容。

7.2 创建文字

文字在机械制图中用于注释和说明，如引线注释、技术要求、尺寸标注等。本节将详细讲解文字的创建和编辑方法。

7.2.1 文字样式

文字样式是对同一类文字的格式设置的集合，包括字体、字高、显示效果等。在插入文字前，应首先定义文字样式，以指定字体、高度等参数，然后用定义好的文字样式进行标注。

在 AutoCAD2019 中打开【文字样式】对话框有以下几种常用方法。

⊗ 功能区：单击【文字】面板中的【文字样式】按钮 A。

⊗ 菜单栏：选择【格式】|【文字样式】命令。

⊗ 命令行：STYLE 或 ST。

执行任一命令后，系统将弹出【文字样式】对话框，如图 7-7 所示，可以在其中新建文字样式或修改已有的文字样式。

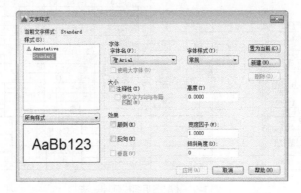

图 7-7 【文字样式】对话框

在【样式】列表框中显示系统已有文字样式的名称，中间部分显示为文字属性，右侧则有【置为当前】、【新建】、【删除】3个按钮，该对话框中常用选项的含义如下。

➤ 　【样式】列表框：列出了当前可以使用的文字样式，默认文字样式为 Standard（标准）。

➤ 　【字体】选项组：选择一种字体类型作为当前文字类型，在 AutoCAD2019 中存在两种类型的字体文件：SHX 字体文件和 TrueType 字体文件，这两类字体文件都支持英文显示，但显示中、日、韩等非 ASCII 码的亚洲文字时就会出现一些问题。因此一般需要选择【使用大字体】复选框，才能够显示中文字体。只有对于后缀名为.shx 的字体，才可以使用大字体。

➤ 　【大小】选项组：可对文字进行注释性和高度设置，在【高度】文本框中输入数值可指定文字的高度，如果不进行设置，使用其默认值 0，则可在插入文字时再设置文字高度。

➤ 　【置为当前】按钮：单击该按钮，可以将选择的文字样式设置成当前的文字样式。

➤ 　【新建】按钮：单击该按钮，弹出【新建文字样式】对话框，在【样式名】文本框中输入新建样式的名称，单击【确定】按钮，新建文字样式将显示在【样式】列表框中。

➤ 　【删除】按钮：单击该按钮，可以删除所选的文字样式，但无法删除已经被使用了的文字样式和默认的 Standard 样式。

提示：如果要重命名文字样式，可在【样式】列表框中右击要重命名的文字样式，在弹出的快捷菜单中选择【重命名】命令即可，但无法重命名默认的 Standard 样式。

机械制图中所标注的文字都需要一定的文字样式，如果不希望使用系统的默认文字样式，在创建文字之前就应创建所需的文字样式。新建文字样式的步骤如下。

① 新建文字样式。选择【格式】|【文字样式】命令，弹出【文字样式】对话框，如图 7-7 所示。

② 新建样式。单击【新建】按钮，弹出【新建文字样式】对话框，在【样式名】文本框中输入"机械设计文字样式"，如图 7-8 所示。

图 7-8 【新建文字样式】对话框

③ 单击【确定】按钮，返回【文字样式】对话框。新建的样式出现在对话框左侧的【样式】列表框中，如图 7-9 所示。

④ 设置字体样式。在【字体】下拉列表框中选择 gbenor.shx 样式，选择【使用大字体】复选框，在【大字体】下拉列表框中选择 gbcbig.shx 样式，如图 7-10 所示。

图 7-9 新建的文字样式

图 7-10 设置字体样式

⑤ 设置文字高度。在【大小】选项组的【高度】文本框中输入 2.5，如图 7-11 所示。

⑥ 设置宽度和倾斜角度。在【效果】选项组的【宽度因子】文本框中输入 0.7，【倾斜角度】保持默认值，如图 7-12 所示。

图 7-11　设置文字高度　　　　　　　　　　　图 7-12　设置宽度和倾斜角度

⑦ 单击【置为当前】按钮，将文字样式置为当前，关闭对话框，完成设置。

【操作实例 7-1】：将"???"还原为正常文字

在进行实际的设计工作时，因为要经常与其他设计师进行图纸交流，所有会碰到许多外来图纸，这时就很容易碰到图纸中文字或标注显示不正常的情况。这一般都是样式出现了问题，因为电脑中没有样式所选用的字体，故显示问号或其他乱码。

① 打开"第 7 章\7-1 将'???'还原为正常文字.dwg"素材文件，所创建的文字显示为问号，内容不明，如图 7-13 所示。

② 点选出现问号的文字，单击鼠标右键，在弹出的下拉列表中选择【特性】选项，系统弹出【特性】管理器。在【特性】管理器【文字】列表中，可以查看文字的【内容】、【样式】、【高度】等特性，并且能够修改。将其修改为【宋体】样式，如图 7-14 所示。

图 7-13　素材文件　　　　　　　　　　　图 7-14　修改文字样式

③ 文字得到正确显示，如图 7-15 所示。

机械设计

图 7-15　正常显示的文字

7.2.2　创建单行文字

AutoCAD 提供了两种创建文字的方法：单行文字和多行文字。对简短的注释文字输入一般使用单行文字。执行【单行文字】命令的方法有以下几种。

▷　**功能区**：在【默认】选项卡中，单击【注释】面板上的【单行文字】按钮 AI。或在【注释】选项卡中，单击【文字】面板上的【单行文字】按钮 AI。

- 菜单栏：选择【绘图】|【文字】|【单行文字】命令。
- 命令行：DTEXT 或 DT。
  调用【单行文字】命令后，就可以根据命令行的提示输入文字，命令行提示如下：

```
命令：_dtext                                //执行【单行文字】命令
当前文字样式："Standard" 文字高度：2.5000 注释性：否//显示当前文字样式
指定文字的起点或[对正(J)/样式(S)]：        //在绘图区域合适位置任意拾取一点
指定高度 <2.5000>：3.5↙                    //指定文字高度
指定文字的旋转角度 <0>：↙                  //指定文字旋转角度，一般默认为 0
```

命令行中各选项的含义如下。

- 指定文字的起点：默认情况下，所指定的起点位置即是文字行基线的起点位置。在指定起点位置后，继续输入文字的旋转角度即可进行文字的输入。输入完成后，按两次 Enter 键或将鼠标移至图纸的其他任意位置并单击，然后按 Esc 键即可结束单行文字的输入。
- 对正（J）：可以设置文字的对正方式。
- 样式（S）：可以设置当前使用的文字样式。可以在命令行中直接输入文字样式的名称，也可以输入"?"，在"AutoCAD 文本窗口"中显示当前图形已有的文字样式。

在调用命令的过程中，需要输入的参数有文字起点、文字高度（此提示只有在当前文字样式的字高为 0 时才显示）、文字旋转角度和文字内容。文字起点用于指定文字的插入位置，是文字对象的左下角点。文字旋转角度指文字相对于水平位置的倾斜角度。设置完成后，绘图区域将出现一个带光标的矩形框，在其中输入相关文字即可，如图 7-16 所示。

图 7-16 输入单行文字

提示：输入单行文字之后，按 Ctrl+Enter 组合键才可结束文字输入。按 Enter 键将执行换行，可输入另一行文字，但每一行文字为独立的对象。输入单行文字之后，不退出的情况下，可在其他位置继续单击，创建其他文字。

【操作实例 7-2】：用单行文字注释断面图

单行文字输入完成后，可以不退出命令，而直接在另一个要输入文字的地方单击鼠标，同样会出现文字输入框。因此在需要进行多次单行文字标注的图形中使用此方法，可以大大节省时间。如机械制图中的断面图标识，可以在最后统一使用单行文字进行标注。

① 打开"第 7 章\7-2 用单行文字注释断面图.dwg"素材文件，其中已绘制好了一轴类零件图，其中包含两个断面图，如图 7-17 所示。

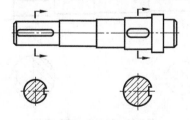

图 7-17 素材文件

② 在【默认】选项卡中，单击【注释】面板中的【文字】下拉列表中的【单行文字】按钮 A ，然后根据命令行提示输入文字"A"，如图 7-18 所示，命令行提示如下。

```
命令：_text
当前文字样式："Standard" 文字高度：2.5000 注释性：否 对正：左
指定文字的起点 或 [对正(J)/样式(S)]：    //在左侧剖切符号的上半部分单击一点
指定高度 <2.5000>：8↙                      //指定文字高度
指定文字的旋转角度 <0>：↙                  //直接单击 Enter 键确认默认角度
                                          //输入文字"A"
                                          //在左侧剖切符号的下半部分单击一点
                                          //输入文字"A"
```

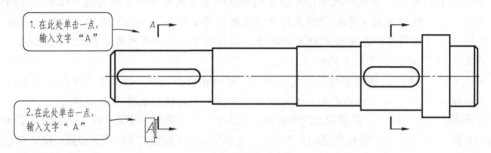

图 7-18　输入剖切标记 *A*

③ 输入完成后，可以不退出命令，直接移动鼠标至右侧的剖切符号处，按相同方法输入剖切标记"B"，如图 7-19 所示。

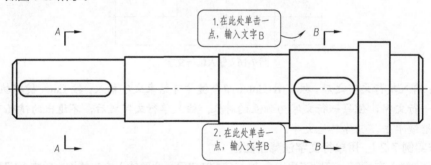

图 7-19　输入剖切标记 *B*

④ 按相同方法，无须退出命令，直接移动鼠标至合适位置，然后输入剖切标记"*A—A*""*B—B*"即可，全部完毕后即可按 Ctrl+Enter 键结束操作，最终效果如图 7-20 所示。

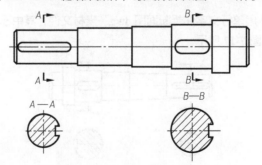

图 7-20　输入单行文字效果

7.2.3 创建多行文字

多行文字常用于标注图形的技术要求和说明等，与单行文字不同的是，多行文字整体是一个文字对象，每一单行不能单独编辑。多行文字的优点是有更丰富的段落和格式编辑工具，特别适合创建大篇幅的文字注释。

执行【多行文字】命令的方法有以下几种。

▷ 功能区：在【默认】选项卡中，单击【注释】面板上的【多行文字】按钮A。或在【注释】选项卡中，单击【文字】面板上的【多行文字】按钮A。

▷ 菜单栏：选择【绘图】|【文字】|【多行文字】命令。

▷ 命令行：MTEXT 或 T。

执行【多行文字】命令后，命令行提示如下。

```
命令: _mtext                           //执行【多行文字】命令
当前文字样式: "Standard"  文字高度:  2.5  注释性:  否
指定第一角点:                          //指定文本范围的第一点
指定对角点或 [高度 (H)/对正 (J)/行距 (L)/旋转 (R)/样式 (S)/宽度 (W)/栏 (C)]:
                                      //指定文本范围的对角点，如图 7-21 所示
```

图 7-21　指定文本范围

执行以上操作可以确定段落的宽度，系统进入【文字编辑器】选项卡，如图 7-22 所示。【文字编辑器】选项卡包含【样式】面板、【格式】面板、【段落】面板、【插入】面板、【拼写检查】面板、【工具】面板、【选项】面板和【关闭】面板。在文本框中输入文字内容，然后在选项卡的各面板中设置字体、颜色、字高、对齐等文字格式，最后单击【文字编辑器】选项卡中的【关闭】按钮，或单击编辑器之外任何区域，便可以退出编辑器窗口，多行文字即创建完成。

图 7-22　【文字编辑器】选项卡

【操作实例 7-3】：用多行文字创建技术要求

技术要求是机械图纸的补充，需要用文字注解说明制造和检验零件时在技术指标上应达到的要求。技术要求的内容包括零件的表面结构要求、零件的热处理和表面修饰的说明、加工材料的特殊性、成品尺寸的检验方法、各种加工细节的补充等等。本例将使用多行文字创建一般性的技术要求，可适用于各类机加工零件。

① 设置文字样式。选择【格式】|【文字样式】命令，新建名称为"文字"的文字样式，如图 7-23 所示。

② 在【文字样式】对话框中设置字体为【仿宋】，字体样式为【常规】，高度为 3.5，宽度因子 为 0.7，并将该字体设置为当前，如图 7-24 所示。

图 7-23 【新建文字样式】对话框

图 7-24 设置文字样式

③ 在命令行中输入 T 并按 Enter 键，根据命令行提示指定一个矩形范围作为文本区域，如图 7-25 所示。

图 7-25 指定文本框

④ 在文本框中输入如图 7-26 所示的多行文字，输入一行之后，按 Enter 键换行。在文本框外任 意位置单击，结束输入，结果如图 7-27 所示。

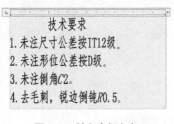

图 7-26 输入多行文字

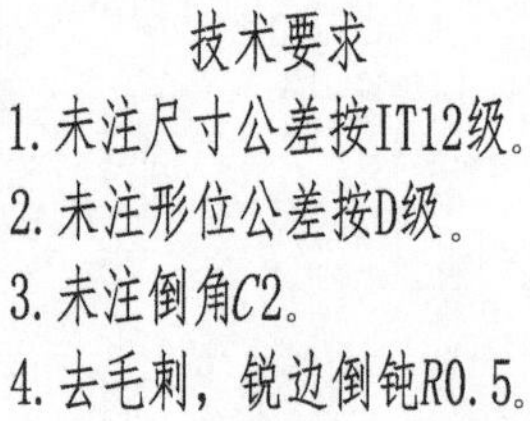

技术要求

1. 未注尺寸公差按IT12级。

2. 未注形位公差按D级。

3. 未注倒角C2。

4. 去毛刺，锐边倒钝R0.5。

图 7-27 创建的多行文字

7.2.4 插入特殊符号

机械绘图中，往往需要标注一些特殊的字符，这些特殊字符不能从键盘上直接输入，因此 AutoCAD 提供了插入特殊符号的功能，插入特殊符号有以下几种方法。

（1）使用文字控制符

AutoCAD 的控制符由"两个百分号（%%）+ 一个字符"构成，当输入控制符时，这些控制符会临时显示在屏幕上，当结束文本创建命令时，这些控制符将从屏幕上消失，转换成相应的特殊符号。

表 7-3 为机械制图中常用的控制符及含义。

表 7-3　常用的控制符及含义

控 制 符	含　义
%%C	⌀直径符号
%%P	±正负公差符号
%%D	°度
%%O	上划线
%%U	下划线

（2）使用【文字编辑器】选项卡

在多行文字编辑过程中，单击【文字编辑器】选项卡中的【符号】按钮，弹出如图 7-28 所示的下拉菜单，选择某一符号即可插入该符号到文本中。

7.2.5　创建堆叠文字

如果要创建堆叠文字（一种垂直对齐的文字或分数），可先输入要堆叠的文字，然后在其间使用"/"、"#"或"^"分隔。选中要堆叠的字符，然后单击【文字编辑器】选项卡中【格式】面板中的【堆叠】按钮 ，则文字按照要求自动堆叠。堆叠文字在机械绘图中应用很多，可以用来创建尺寸公差、分数等，如图 7-29 所示。需要注意的是，这些分割符号必须是英文格式的符号。

图 7-28　特殊符号下拉菜单

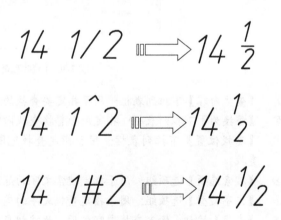

图 7-29　文字堆叠效果

7.2.6　编辑文字

在 AutoCAD 中，可以对已有的文字特性和内容进行编辑。

（1）编辑文字内容

执行【编辑文字】命令的方法有以下几种。

- 功能区：单击【文字】面板中的【编辑文字】按钮，然后选择要编辑的文字。
- 菜单栏：选择【修改】|【对象】|【文字】|【编辑】命令，然后选择要编辑的文字。
- 命令行：DDEDIT 或 ED。
- 鼠标动作：双击要修改的文字。

执行以上任一操作，将进入该文字的编辑模式。文字的可编辑特性与文字的类型有关，单行文字没有格式特性，只能编辑文字内容。而多行文字除了可以修改文字内容外，还可使用【文字编辑器】选项卡修改段落的对齐、字体等。修改文字之后，按 Ctrl+Enter 组合键即完成文字编辑。

（2）文字的查找与替换

在一个图形文件中往往有大量的文字注释，有时需要查找某个词语，并将其替换，例如替换某个拼写上的错误，这时就可以使用【查找】命令查找到特定的词语。

执行【查找】命令的方法有以下几种。
- 功能区：单击【文字】面板中的【查找】按钮。
- 菜单栏：选择【编辑】|【查找】命令。
- 命令行：FIND。

执行以上任一操作之后，弹出【查找和替换】对话框，如图 7-30 所示。该对话框中各选项的含义如下。

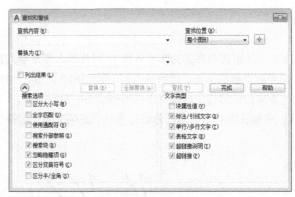

图 7-30 【查找和替换】对话框

- 【查找内容】下拉列表框：用于指定要查找的内容。
- 【替换为】下拉列表框：指定用于替换查找内容的文字。
- 【查找位置】下拉列表框：用于指定查找范围是在整个图形中查找还是仅在当前选择中查找。
- 【搜索选项】选项组：用于指定搜索文字的范围和大小写区分等。
- 【文字类型】选项组：用于指定查找文字的类型。
- 【查找】按钮：输入查找内容之后，此按钮变为可用，单击即可查找指定内容。
- 【替换】按钮：用于将光标当前选中的文字替换为指定文字。
- 【全部替换】按钮：将图形中所有的查找结果替换为指定文字。

【操作实例 7-4】：标注孔的精度尺寸

在机械制图中，不带公差的尺寸是很少见的，这是因为在实际的生产中，误差是始终存在的。因此制定公差就是为了确定产品的几何参数，使其变动量在一定的范围之内，以便达到互换或配合的要求。

如图 7-31 所示的零件图，内孔设计尺寸为ϕ25mm，公差为 K7，公差范围在

−0.015~+0.006 之间，因此最终的内孔尺寸只需在 ϕ24.985~25.006 mm 之间，就可以算作合格。而图 7-32 中显示实际测量值为 24.99mm，在公差范围内，因此可以算合格产品。本例便标注该尺寸公差，操作步骤如下。

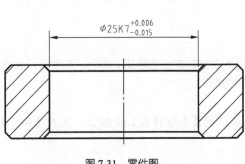

图 7-31 零件图

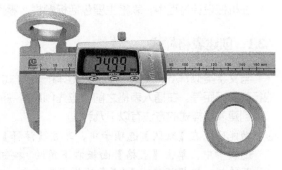

图 7-32 实际的测量尺寸

① 打开素材文件"第 7 章\7-4 标注孔的精度尺寸.dwg"，如图 7-33 所示，已经标注好了所需的尺寸。

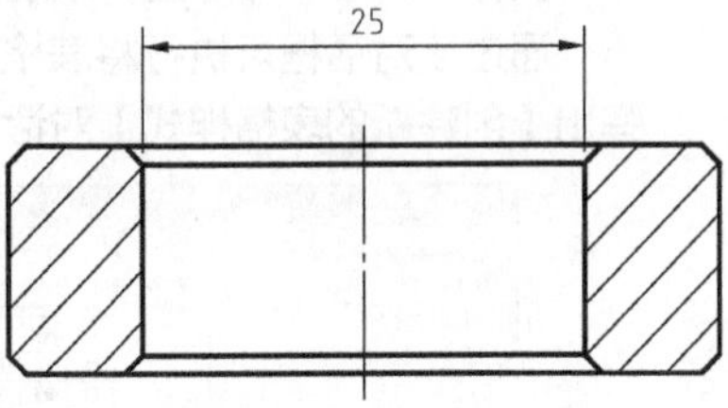

② 添加直径符号。双击尺寸 25，打开【文字编辑器】选项卡，然后将鼠标移动至 25 之前，输入"%%C"，为其添加直径符号，如图 7-34 所示。

③ 输入公差文字。再将鼠标移动至 25 的后方，依次输入"K7 +0.006^−0.015"，如图 7-35 所示。

图 7-33 素材图形

④ 创建尺寸公差。接着按住鼠标左键，向后拖移，选中 "+0.006^−0.015"文字，然后单击【文字编辑器】选项卡中【格式】面板中的【堆叠】按钮 ，即可创建尺寸公差，如图 7-36 所示。

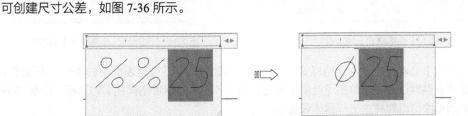

图 7-34 添加直径符号

图 7-35 输入公差文字

图 7-36 堆叠公差文字

7.3 创建表格

在机械设计过程中，表格主要包括标题栏、零件参数表、材料明细表等内容。

7.3.1 创建表格样式

与文字类似，AutoCAD 中的表格也有一定样式，包括表格内文字的字体、颜色、高度以及表格的行高、行距等。在插入表格之前，应先创建所需的表格样式。

创建表格样式的方法有以下几种。

- ➢ 功能区：在【默认】选项卡中，单击【注释】面板上的【表格样式】按钮。或在【注释】选项卡中，单击【表格】面板右下角的按钮。
- ➢ 菜单栏：选择【格式】|【表格样式】命令。
- ➢ 命令行： TABLESTYLE 或 TS。

执行上述任一命令后，系统弹出【表格样式】对话框，如图 7-37 所示。

通过该对话框可执行将表格样式置为当前、修改、删除或新建操作。单击【新建】按钮，系统弹出【创建新的表格样式】对话框，如图 7-38 所示。

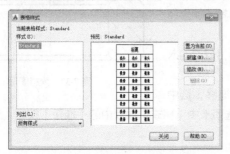

图 7-37　【表格样式】对话框　　　　　　　　　图 7-38　【创建新的表格样式】对话框

在【新样式名】文本框中输入表格样式名称，在【基础样式】下拉列表框中选择一个表格样式为新的表格样式提供默认设置，单击【继续】按钮，系统弹出【新建表格样式】对话框，如图 7-39 所示，在该对话框中可以对样式进行具体设置。

【新建表格样式】对话框由【起始表格】、【常规】、【单元样式】和【单元样式预览】4 个选项组组成。

当单击【新建表格样式】对话框中【管理单元样式】按钮时，弹出如图 7-40 所示的【管理单元格式】对话框，在该对话框里可以对单元格式进行添加、删除和重命名。

图 7-39　【新建表格样式】对话框　　　　　　　　图 7-40　【管理单元样式】对话框

7.3.2 插入表格

表格是在行和列中包含数据的对象，在设置表格样式后便可以从空格或表格样式创建表格对象，还可以将表格链接至 Microsoft Excel 电子表格中的数据。本小节将主要介绍利用【表格】工具插入表格的方法。在 AutoCAD2019 中插入表格有以下几种常用方法：

- ▶ 功能区：单击【注释】面板中的【表格】按钮 ▦。
- ▶ 菜单栏：选择【绘图】|【表格】命令。
- ▶ 命令行：TABLE 或 TB。

执行上述任一命令后，系统弹出【插入表格】对话框，如图 7-41 所示。

设置好表格样式、列数和列宽、行数和行高后，单击【确定】按钮，并在绘图区指定插入点，将会在当前位置按照表格设置插入一个表格，然后在此表格中添加上相应的文本信息即可完成表格的创建，如图 7-42 所示。

图 7-41 【插入表格】对话框

齿轮参数表	
参数项目	参数值
齿向公差	0.0120
齿形公差	0.0500
齿距极限公差	±0.011
公法线长度跳动公差	0.0250
齿圈径向跳动公差	0.0130

图 7-42 在图形中插入表格

7.3.3 编辑表格

在添加完成表格后，不仅可根据需要对表格整体或表格单元执行拉伸、合并或添加等编辑操作，而且还可以对表格的表指示器进行所需的编辑，其中包括编辑表格形状和编辑表格单元等设置。

（1）编辑表格形状

选中整个表格，单击鼠标右键，弹出的快捷菜单如图 7-43 所示。可以对表格进行剪切、复制、删除、移动、缩放和旋转等简单操作，还可以均匀调整表格的行、列大小，删除所有特性替代。当选择【输出】命令时，还可以打开【输出数据】对话框，以.csv 格式输出表格中的数据。

当选中表格后，也可以通过拖动夹点来编辑表格，其各夹点的含义，如图 7-44 所示。

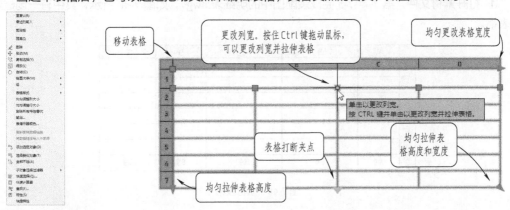

图 7-43 快捷菜单   图 7-44 选中表格时各夹点的含义

（2）编辑表格单元

当选中表格单元时，其右键快捷菜单如图 7-45 所示。

当选中表格单元格后，在表格单元格周围出现夹点，也可以通过拖动这些夹点来编辑单元格，其各夹点的含义如图 7-46 所示。

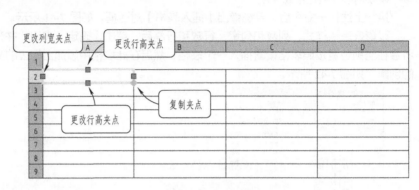

图 7-45　快捷菜单

图 7-46　通过夹点调整单元格

> **提示：要选择多个单元，可以按鼠标左键并在与欲选择的单元上拖动；也可以按住 shift 键并在欲选择的单元内按鼠标左键，可以同时选中这两个单元以及它们之间的所有单元。**

【操作实例 7-5】：完成装配图中的明细表

按本节中介绍的方法，完成如图 7-47 所示的装配图明细表。

4	加强筋	120X60X6	16	1.7500	28.0000
3	圆管	Φ168X6-1200	4	35	140
2	底板	200X270X20	4	3.6000	14.4000
1	六角头螺栓C级	M10X30	24	0.0200	0.4800
序号	名称	规格	数量	单重	总重

图 7-47　装配图中的表格

① 打开素材文件"第 7 章\7-5 完成装配图中的明细表.dwg"，如图 7-48 所示，其中有一创建好的表格。

	A	B	C	D	E
1					
2					
3					
4					
5					
6					
7	序号	名称	规格	单重	总重

图 7-48　素材表格

② 双击激活 A6 单元格，然后输入序号"1"，按 Ctrl+Enter 组合键完成文字输入，如图 7-49 所示。

	A	B	C	D	E
1					
2					
3					
4					
5					
6		1			
7	序号	名称	规格	单重	总重

图 7-49　输入文字的效果

③ 用同样的方法输入其他文字，如图 7-50 所示。

	A	B	C	D	E
1					
2					
3	4	加强筋	120x60x6	1.7500	
4	3	圆管	φ168×6-1200	35	
5	2	底板	200x270x20	3.6000	
6	1	六角头螺栓 C级	M10x30	0.0200	
7	序号	名称	规格	单重	总重

图 7-50　输入其他文字

④ 选中 D 列上任意一个单元格，系统弹出【表格单元】选项卡，单击【列】面板上的【在左侧插入列】按钮，插入的新列如图 7-51 所示。

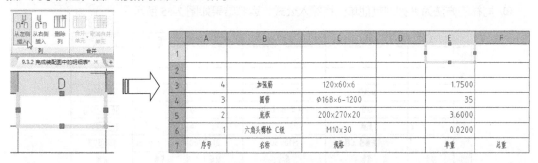

图 7-51　插入列的结果

⑤ 在 D7 单元格输入表头名称"数量"，然后在 D 列的其他单元格输入对应的数量，如图 7-52 所示。

	A	B	C	D	E	F
1						
2						
3	4	加强筋	120x60x6	16.0000	1.7500	
4	3	圆管	φ168×6-1200	4	35	
5	2	底板	200x270x20	4	3.6000	
6	1	六角头螺栓 C级	M10x30	24.0000	0.0200	
7	序号	名称	规格	数量	单重	总重

图 7-52　输入新表格栏

⑥ 选中 F6 单元格，系统弹出【表格单元】选项卡，单击【插入】面板上的【公式】按钮，在选项中选择【方程式】，系统激活该单元格，进入文字编辑模式，输入公式（直接在单元格中输入文本 D6*E6 即可），如图 7-53 所示，注意乘号使用数字键盘上的 "*" 号。

	A	B	C	D	E	F
1						
2						
3	4	加强筋	120×60×6	16.0000	1.7500	
4	3	圆管	Φ168×6-1200	4	35	
5	2	底板	200×270×20	4	3.6000	
6	1	六角头螺栓 C级	M10×30	24.0000	0.0200	=D6×E6
7	序号	名称	规格	数量	单重	总重

图 7-53　输入方程式

⑦ 按 Ctrl+Enter 组合键完成公式输入，系统自动计算出方程结果，如图 7-54 所示。

	A	B	C	D	E	F
1						
2						
3	4	加强筋	120×60×6	16.0000	1.7500	
4	3	圆管	Φ168×6-1200	4	35	
5	2	底板	200×270×20	4	3.6000	
6	1	六角头螺栓 C级	M10×30	24.0000	0.0200	0.4800
7	序号	名称	规格	数量	单重	总重

图 7-54　方程式计算结果

⑧ 同样的方法为 F 列的其他单元格输入公式，运算结果如图 7-55 所示。

	A	B	C	D	E	F
1						
2						
3	4	加强筋	120×60×6	16.0000	1.7500	28.0000
4	3	圆管	Φ168×6-1200	4	35	140.0000
5	2	底板	200×270×20	4	3.6000	14.4000
6	1	六角头螺栓 C级	M10×30	24.0000	0.0200	0.4800
7	序号	名称	规格	数量	单重	总重

图 7-55　总重的计算结果

⑨ 选中第一行和第二行的任意两个单元格，如图 7-56 所示。然后单击【行】面板上的【删除行】按钮，将选中的两行删除。

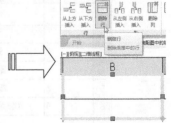

	A	B	C	D	E	F
1						
2						
3	4	加强筋	120×60×6	16.0000	1.7500	28.0000
4	3	圆管	Φ168×6-1200	4	35	140.0000
5	2	底板	200×270×20	4	3.6000	14.4000
6	1	六角头螺栓 C级	M10×30	24.0000	0.0200	0.4800
7	序号	名称	规格	数量	单重	总重

图 7-56　选中两个单元格并删除

⑩ 框选"数量栏"所有单元格，然后单击【单元格式】面板上的【数据格式】按钮，在弹出选项中选择【整数】，将数据转换为整数显示，如图 7-57 所示。

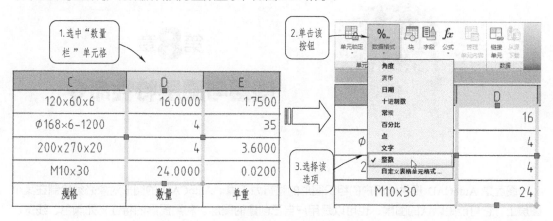

图 7-57　将数量栏单元格格式设置为整数

⑪ 框选第一行到第四行的所有单元格，然后单击【单元样式】面板上的【对齐】按钮，在展开选项中选择【正中】，对齐效果如图 7-58 所示。装配图表格填写完毕。

	A	B	C	D	E	F
1	4	加强筋	120x60x6	16	1.7500	28.0000
2	3	圆管	Ø168×6-1200	4	35	140.0000
3	2	底板	200x270x20	4	3.6000	14.4000
4	1	六角头螺栓 C级	M10x30	24	0.0200	0.4800
5	序号	名称	规格	数量	单重	总重

图 7-58　文字内容的对齐效果

第8章

图层与图层特性命令

图层是 AutoCAD 提供给用户的组织图形的强有力工具。AutoCAD 的图形对象必须绘制在某个图层上，它可能是默认的图层，也可以是用户自己创建的图层。利用图层的特性，如颜色、线宽、线型等，可以非常方便地区分不同的对象。此外，AutoCAD 还提供了大量的图层管理功能（打开/关闭、冻结/解冻、加锁/解锁等），这些功能使用户在组织图层时非常方便。

8.1 图线的国家标准

图纸上的图线应根据机械制图国家标准（GB/T 4457.4）的要求，在线宽与线型上有所区别，此外在 AutoCAD 中，还可以对它们设置不同的颜色来进一步以示区分。

（1）制图的常用线型与应用场合

在本书第 1 章的 1.4.5 小节中介绍了机械制图中所用的几种图线类型，而这些图线的具体应用场合可参照表 8-1~表 8-6。

表 8-1 细实线的应用场合

过渡线	尺寸线与尺寸界线	指引线和基准线
剖面线	重合断面轮廓线	短中心线
螺纹牙底线	表示平面的对角线	零件成形前的弯折线

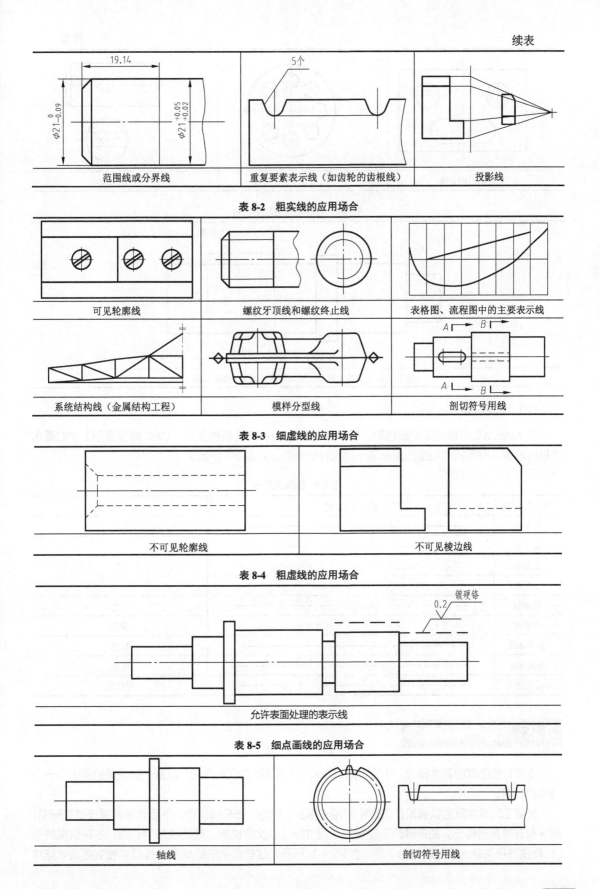

范围线或分界线	重复要素表示线（如齿轮的齿根线）	投影线

表 8-2　粗实线的应用场合

可见轮廓线	螺纹牙顶线和螺纹终止线	表格图、流程图中的主要表示线
系统结构线（金属结构工程）	模样分型线	剖切符号用线

表 8-3　细虚线的应用场合

不可见轮廓线	不可见棱边线

表 8-4　粗虚线的应用场合

镀硬铬
0.2

允许表面处理的表示线

表 8-5　细点画线的应用场合

轴线	剖切符号用线

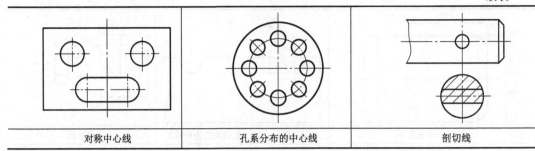

| 对称中心线 | 孔系分布的中心线 | 剖切线 |

表 8-6　粗点画线的应用场合

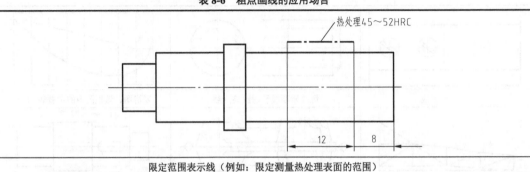

限定范围表示线（例如：限定测量热处理表面的范围）

（2）线型的颜色

在 AutoCAD 中设置图层颜色时，可以参照 GB/T 14665《机械工程　CAD 制图规则》中的要求来进行设置，并且相同类型的图形应采用同样的颜色，如表 8-7 所示。

表 8-7　图线的颜色

线 型 名 称	图 线 形 式	颜 色
粗实线		白色
细实线		
波浪线		绿
双折线		
粗虚线		白色
细虚线		黄色
粗点画线		棕色
细点画线		红色
双点画线		洋红色

8.2　图层的基本概念

本节介绍图层的基本概念，使读者对 AutoCAD 图层的含义和作用，以及一些使用的原则有一个清晰的认识。

图层工具在实际的机械设计工作中应用非常多，因为一张机械图纸，不管是零件图还是装配图，都含有非常多的信息。如各种外形轮廓线、尺寸标注、文字说明、辅助线和中心线、各种绘图符号（粗糙度符号与基准、公差符号）等，如图 8-1 所示。这些图纸的组成部分根据机械制图国家标准

（GB/T 4457.4）的要求，除在线宽与线型上有所区别外，在 AutoCAD 中，还可以对它们设置不同的颜色来进一步以示区分，如图 8-2 所示。

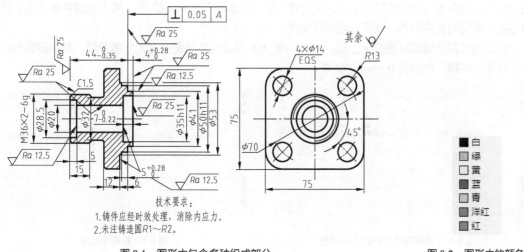

图 8-1　图形中包含多种组成部分　　　　　　　　图 8-2　图形中的颜色

提示： AutoCAD 中的黑色与白色指的是同一种颜色。当背景颜色为黑色的时候，即为白色；而当背景为白，即为黑色。

8.3　图层的创建与设置

图层的新建、设置等操作通常在【图层特性管理器】选项板中进行。此外，用户也可以使用【图层】面板或【图层】工具栏快速管理图层。【图层特性管理器】选项板中可以控制图层的颜色、线型、线宽、透明度、是否打印等等，本节仅介绍其中常用的前三种，后面的设置操作方法与此相同，便不再介绍。

8.3.1　新建并命名图层

在使用 AutoCAD 进行绘图工作前，用户宜先根据自身行业要求创建好对应的图层。AutoCAD 的图层创建和设置都在【图层特性管理器】选项板中进行。

打开【图层特性管理器】选项板有以下几种方法。

- 功能区：在【默认】选项卡中，单击【图层】面板中的【图层特性】按钮，如图 8-3 所示。
- 菜单栏：选择【格式】|【图层】命令，如图 8-4 所示。
- 命令行：LAYER 或 LA。

图 8-3　【图层】面板中的【图层特性】按钮

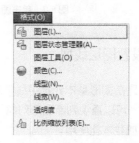

图 8-4　菜单栏中的图层

289

执行任一命令后，弹出【图层特性管理器】选项板，如图 8-5 所示，单击对话框上方的【新建】按钮 ，即可新建一个图层项目。默认情况下，创建的图层会依次以"图层 1""图层 2"等按顺序进行命名，用户也可以自行输入易辨别的名称，如"轮廓线""中心线"等。输入图层名称之后，依次设置该图层对应的颜色、线型、线宽等特性。

设置为当前的图层项目前会出现 ✅ 符号。图 8-6 为将粗实线图层置为当前图层，颜色设置为红色，线型为实线，线宽为 0.3mm 的结果。

图 8-5 【图层特性管理器】选项板

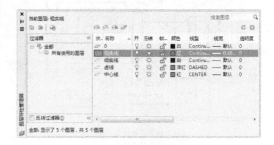

图 8-6 粗实线图层

提示：图层的名称最多可以包含 255 个字符，并且中间可以含有空格，图层名区分大小写字母。图层名不能包含的符号有：<、>、^、"、";、？、*、|、,、=、'等，如果用户在命名图层时提示失败，可检查是否含有了这些非法字符。

8.3.2　设置图层颜色

如前文所述，为了区分不同的对象，通常为不同的图层设置不同的颜色。设置图层颜色之后，该图层上的所有对象均显示为该颜色（修改了对象特性的图形除外）。

打开【图层特性管理器】选项板，单击某一图层对应的【颜色】项目，如图 8-7 所示，弹出【选择颜色】对话框，如图 8-8 所示。在调色板中选择一种颜色，单击【确定】按钮，即完成颜色设置。

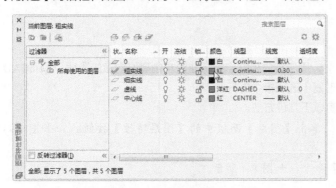

图 8-7　单击图层颜色项目

图 8-8　【选择颜色】对话框

8.3.3　设置图层线型

线型是指图形基本元素中线条的组成和显示方式，如实线、中心线、点画线、虚线等。通过线型的区别，可以直观判断图形对象的类别。在 AutoCAD 中默认的线型是实线（Continuous），其他的线型需要加载才能使用。

在【图层特性管理器】选项板中，单击某一图层对应的【线型】项目，弹出【选择线型】对话框，如图 8-9 所示。在默认状态下，【选择线型】对话框中只有 Continuous 一种线型。如果要使用其他线型，必须将其添加到【选择线型】对话框中。单击【加载】按钮，弹出【加载或重载线型】对话框，如图 8-10 所示，从对话框中选择要使用的线型，单击【确定】按钮，完成线型加载。

图 8-9 【选择线型】对话框

图 8-10 【加载或重载线型】对话框

【操作实例 8-1】：调整中心线线型比例

有时设置好了非连续线型（如虚线、中心线）的图层，但绘制时仍会显示出实线的效果。这通常是因为线型的【线型比例】值过大，修改数值即可显示出正确的线型效果，如图 8-11 所示。具体操作方法说明如下。

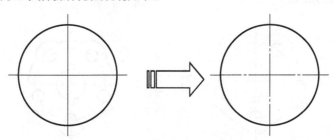

图 8-11 线型比例的变化效果

① 打开"第 8 章\8-1 调整中心线线型比例.dwg"素材文件，如图 8-12 所示，图形的中心线为实线显示。

② 在【默认】选项卡中，单击【特性】面板中【线型】下拉列表中的【其他】按钮，如图 8-13 所示。

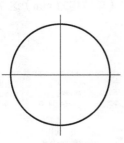

图 8-12 素材图

图 8-13 【特性】面板中的【其他】按钮

③ 系统弹出【线型管理器】对话框，在中间的线型列表框中选中中心线所在的图层【CENTER】，然后在右下方的【全局比例因子】文本框中输入新值为 0.25，如图 8-14 所示。

④ 设置完成之后，单击对话框中的【确定】按钮返回绘图区，可以看到中心线的效果发生了变

化，为合适的点画线，如图 8-15 所示。

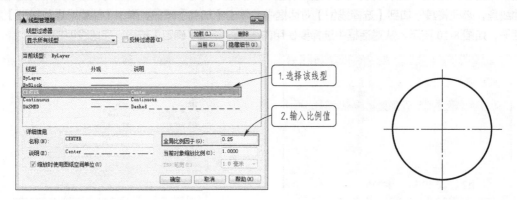

图 8-14 【线型管理器】对话框 　　　　　　　图 8-15　修改线型比例值之后的图形

8.3.4　设置图层线宽

线宽即线条显示的宽度。使用不同宽度的线条表现对象的不同部分，可以提高图形的表达能力和可读性，如图 8-16 所示。

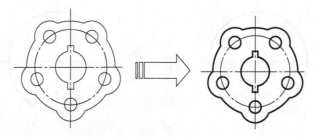

图 8-16　线宽变化

在【图层特性管理器】选项板中，单击某一图层对应的【线宽】项目，弹出【线宽】对话框，如图 8-17 所示，从中选择所需的线宽即可。

如果需要自定义线宽，在命令行中输入 LWEIGHT 或 LW 并按 Enter 键，弹出【线宽设置】对话框，如图 8-18 所示，通过调整线宽比例，可使图形中的线宽显示得更宽或更窄。

机械、建筑制图中通常采用粗、细两种线宽，在 AutoCAD 中常设置粗细比例为 2 : 1。共有 0.25/0.13、0.35/0.18、0.5/0.25、0.7/0.35、1/0.5、1.4/0.7、2/1（单位均为 mm）这 7 种组合，同一图纸只允许采用一种组合。其余行业制图请查阅相关标准。

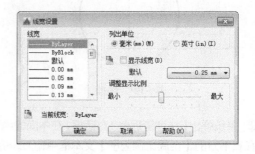

图 8-17 【线宽】对话框 　　　　　　　　　图 8-18 【线宽设置】对话框

【操作实例 8-2】：创建机械绘图用图层

本例介绍绘图基本图层的创建，在该实例中要求分别建立【轮廓线】、【中心线】、【标注线】、【剖面线】和【虚线】层，这些图层的主要特性如表 8-8 所示（根据 GB/T 17450《技术制图　图线》所述适用于机械工程制图）。

表 8-8　图层列表

序号	图层名	线宽/mm	线　型	颜色	打印属性
1	轮廓线	0.3	CONTINUOUS	黑	打印
2	标注线	0.18	CONTINUOUS	绿	打印
3	中心线	0.18	CENTER	红	打印
4	剖面线	0.18	CONTINUOUS	黄	打印
5	符号线	0.18	CONTINUOUS	33	打印
6	虚线	0.18	DASHED	洋红	打印

① 单击【图层】面板中的【图层特性】按钮，打开如图 8-19 所示的【图层特性管理器】选项板。

图 8-19　【图层特性管理器】选项板

② 新建图层。单击【新建】按钮，新建【图层 1】，如图 8-20 所示。此时文本框呈可编辑状态，在其中输入文字"中心线"并按 Enter 键，完成中心线图层的创建，如图 8-21 所示。

图 8-20　新建图层

图 8-21　重命名图层

③ 设置图层特性。单击中心线图层对应的【颜色】项目，弹出【选择颜色】对话框，选择红色作为该图层的颜色，如图 8-22 所示。单击【确定】按钮，返回【图层特性管理器】选项板。

④ 单击中心线图层对应的【线型】项目，弹出【选择线型】对话框，如图 8-23 所示。

图 8-22　选择图层颜色

图 8-23　【选择线型】对话框

⑤ 加载线型。对话框中没有需要的线型，单击【加载】按钮，弹出【加载或重载线型】对话框，如图 8-24 所示，选择 CENTER 线型，单击【确定】按钮，将其加载到【选择线型】对话框中，如图 8-25 所示。

图 8-24　【加载或重载线型】对话框

图 8-25　加载的 CENTER 线型

⑥ 选择 CENTER 线型，单击【确定】按钮即为中心线图层指定了线型。

⑦ 单击中心线图层对应的【线宽】项目，弹出【线宽】对话框，选择线宽为 0.18 mm，如图 8-26 所示，单击【确定】按钮，即为中心线图层指定了线宽。

⑧ 创建的中心线图层如图 8-27 所示。

图 8-26　选择线宽

图 8-27　创建的中心线图层

⑨ 重复上述步骤，分别创建【轮廓线】、【标注线】、【剖面线】、【符号线】和【虚线】图层，为各图层选择合适的颜色、线型和线宽特性，结果如图 8-28 所示。

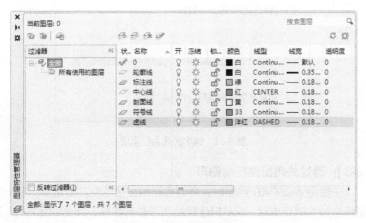

图 8-28　创建剩余的图层

8.4　图层的其他操作

在 AutoCAD 中，还可以对图层进行隐藏、冻结以及锁定等其他操作，这样在使用 AutoCAD 绘制复杂的图形对象时，就可以有效地降低误操作，提高绘图效率。

8.4.1　打开与关闭图层

在绘图的过程中可以将暂时不用的图层关闭，被关闭的图层中的图形对象将不可见，并且不能被选择、编辑、修改以及打印。在 AutoCAD 中关闭图层的常用方法有以下几种。

- ⊚ 对话框：在【图层特性管理器】对话框中选中要关闭的图层，单击 按钮即可关闭选择图层，图层被关闭后该按钮将显示为 ，表明该图层已经被关闭，如图 8-29 所示。
- ⊚ 功能区：在【默认】选项卡中，打开【图层】面板中的【图层控制】下拉列表，单击目标图层 按钮即可关闭图层，如图 8-30 所示。

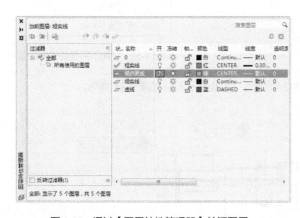

图 8-29　通过【图层特性管理器】关闭图层

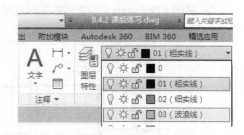

图 8-30　通过功能面板图标关闭图层

提示：当关闭的图层为【当前图层】时，将弹出如图 8-31 所示的确认对话框，此时单击【关闭当前图层】链接即可。如果要恢复关闭的图层，重复以上操作，单击图层前的【关闭】图标 即可打开图层。

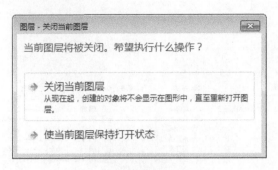

图 8-31　确定关闭当前图层

【操作实例 8-3】：通过关闭图层控制图形

在使用 AutoCAD 绘图时，有时会在绘图区的空白处随意绘制一些辅助图形。待图纸全部绘制完毕后，既不想让辅助图形影响整张设计图的完整性，又不想删除这些辅助图形，这时就可以使用图层【关闭】工具来将其隐藏。

① 打开素材文件"第 8 章\8-3 通过关闭图层控制图形.dwg"，其中已经绘制好了一完整图形，但在图形上方还有绘制过程中遗留的辅助图，如图 8-32 所示。

② 冻结图层。在【默认】选项卡中，打开【图层】面板中的【图层控制】下拉列表，在列表框内找到【Defpoints】层，单击该层前的【冻结】按钮 ☼，变成 ❉，即可冻结【Defpoints】层，如图 8-33 所示。

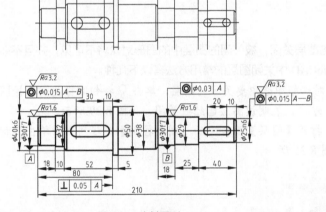

图 8-32　素材图形

图 8-33　关闭不需要的图形图层

③ 关闭【Defpoints】层之后的图形如图 8-34 所示，可见上方的辅助图形被消隐。

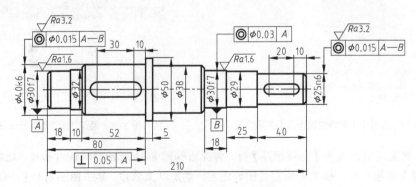

图 8-34　图层关闭之后的结果

8.4.2 冻结与解冻图层

将长期不需要显示的图层冻结，可以提高系统运行速度，减少了图形刷新的时间，因为这些图层将不会被加载到内存中。AutoCAD 不会在被冻结的图层上显示、打印或重生成对象。

在 AutoCAD 中冻结图层的常用方法有以下几种。

▷ 对话框：在【图层特性管理器】对话框中单击要冻结的图层前的【冻结】按钮 ☼，即可冻结该图层，图层冻结后将显示为 ❄，如图 8-35 所示。

▷ 功能区：在【默认】选项卡中，打开【图层】面板中的【图层控制】下拉列表，单击目标图层 ☼ 按钮，如图 8-36 所示。

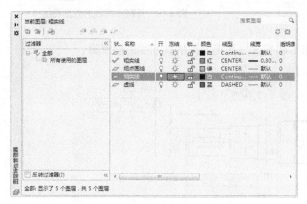

图 8-35　通过图层特性管理器冻结图层

图 8-36　通过功能面板图标冻结图层

提示：如果要冻结的图层为【当前图层】时，将弹出如图 8-37 所示的对话框，提示无法冻结【当前图层】，此时需要将其他图层设置为【当前图层】才能冻结该图层。如果要恢复冻结的图层，重复以上操作，单击图层前的【解冻】图标 ❄ 即可解冻图层。

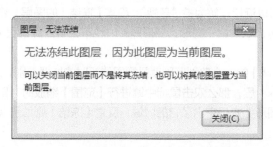

图 8-37　图层无法冻结

【操作实例 8-4】：通过冻结图层控制图形

除了图层【关闭】工具可以隐藏图形外，还可以使用【冻结】工具来达到相同的效果。本例便同样使用【操作实例 8-3】中的素材，仅将操作换为【冻结】，然后解释这两种操作之间的异同。

① 打开素材文件"第 8 章\8-3 通过关闭图层控制图形.dwg"，如图 8-38 所示。

② 冻结图层。在【默认】选项卡中，打开【图层】面板中的【图层控制】下拉列表，在列表框内找到【Defpoints】层，单击该层前的【冻结】按钮 ☼，变成 ❄，即可冻结【Defpoints】层，如图 8-39 所示。

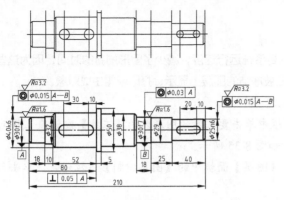

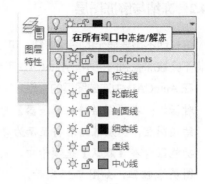

图 8-38 素材图形

图 8-39 冻结不需要的图形图层

③ 冻结【Defpoints】层之后的图形如图 8-40 所示，可见上方的辅助图形被消隐。

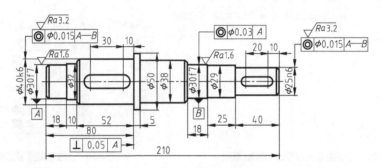

图 8-40 图层冻结之后的结果

图层的【冻结】和【关闭】，都能使得该图层上的对象全部被隐藏，看似效果一致，其实仍有不同。被【关闭】的图层，不能显示、不能编辑、不能打印，但仍然存在于图形当中，图形刷新时仍会计算该层上的对象，可以近似理解为被"忽视"；而被【冻结】的图层，除了不能显示、不能编辑、不能打印之外，还不会再被认为属于图形，图形刷新时也不会再计算该层上的对象，可以理解为被"无视"。

图层【冻结】和【关闭】的一个典型区别就是视图刷新时的处理差别，以【操作实例 8-4】为例，如果选择关闭【Defpoints】层，那么双击鼠标中键进行【范围】缩放时，则效果如图 8-41 所示，辅助图虽然已经隐藏，但图形上方仍空出了它的区域；反之【冻结】则如图 8-42 所示，相当于删除了辅助图。

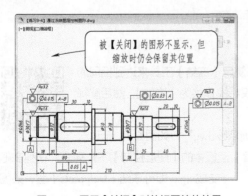

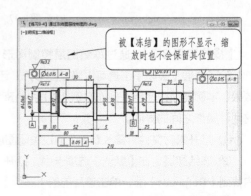

图 8-41 图层【关闭】时的视图缩放效果

图 8-42 图层【冻结】时的视图缩放效果

8.4.3 锁定与解锁图层

如果某个图层上的对象只需要显示而不需要选择和编辑，那么可以锁定该图层。被锁定图层上的对象仍然可见，但会淡化显示，而且可以被选择、标注和测量，但不能被编辑、修改和删除，另外还可以在该层上添加新的图形对象。因此使用 AutoCAD 绘图时，可以将中心线、辅助线等基准线条所在的图层锁定。

锁定图层的常用方法有以下几种。

- ⊙ 对话框：在【图层特性管理器】对话框中单击【锁定】图标 🔓，即可锁定该图层，图层锁定后该图标将显示为 🔒，如图 8-43 所示。
- ⊙ 功能区：在【默认】选项卡中，打开【图层】面板中的【图层控制】下拉列表，单击 🔓 图标即可锁定该图层，如图 8-44 所示。

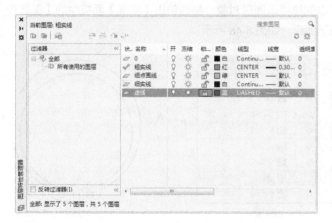

图 8-43　通过图层特性管理器锁定图层　　　　图 8-44　通过功能面板图标锁定图层

提示：如果要解除图层锁定，重复以上的操作单击【解锁】按钮 🔒，即可解锁已经锁定的图层。

8.4.4 设置当前图层

当前图层是当前工作状态下所处的图层。设定某一图层为当前图层之后，接下来所绘制的对象都位于该图层中。如果要在其他图层中绘图，就需要更改当前图层。

在 AutoCAD 中设置当前图层有以下几种常用方法。

- ⊙ 对话框：在【图层特性管理器】选项板中选择目标图层，单击【置为当前】按钮 ✅，如图 8-45 所示。被置为当前的图层在项目前会出现 ✅ 符号。
- ⊙ 功能区 1：在【默认】选项卡中，单击【图层】面板中【图层控制】下拉列表，在其中选择需要的图层，即可将其设置为当前图层，如图 8-46 所示。
- ⊙ 功能区 2：在【默认】选项卡中，单击【图层】面板中【置为当前】按钮 🔲 置为当前，即可将所选图形对象的图层置为当前，如图 8-47 所示。
- ⊙ 命令行：在命令行中输入 CLAYER 命令，然后输入图层名称，即可将该图层置为当前。

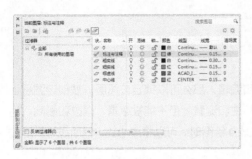

图 8-45 【图层特性管理器】中置为当前　　图 8-46 【图层控制】下拉列表　　图 8-47 【置为当前】按钮

8.4.5 转换图形所在图层

在 AutoCAD 中还可以十分灵活地进行图层转换，即将某一图层内的图形转换至另一图层，同时使其颜色、线型、线宽等特性发生改变。

如果某图形对象需要转换图层，可以先选择该图形对象，然后单击【图层】面板中的【图层控制】下拉列表框，选择要转换的目标图层即可，如图 8-48 所示。

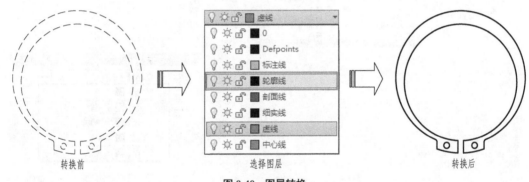

图 8-48　图层转换

绘制复杂的图形时，由于图形元素的性质不同，用户常需要将某个图层上的对象转换到其他图层上，同时使其颜色、线型、线宽等特性发生改变。除了之前所介绍的方法之外，在 AutoCAD 中转换图层的其余方法如下。

（1）通过【图层控制】列表转换图层

选择图形对象后，在【图层控制】下拉列表选择所需图层。操作结束后，列表框自动关闭，被选中的图形对象转移至刚选择的图层上。

（2）通过【图层】面板中的命令转换图层

在【图层】面板中，有如下命令可以帮助转换图层。

> 　　【匹配图层】按钮 ![匹配图层]：先选择要转换图层的对象，然后单击 Enter 键确认，再选择目标图层对象，即可将原对象匹配至目标图层。

> 　　【更改为当前图层】按钮 ![图标]：选择图形对象后单击该按钮，即可将对象图层转换为当前图层。

【操作实例 8-5】：切换图形至 Defpoints 层

【操作实例 8-4】中素材遗留的辅助图，已经事先设置好了为【Defpoints】层，这在现实的工作当中是不大可能出现的。因此习惯的做法是最后新建一个单独的图层，然后将要隐藏的图形转移至该图层上，再进行冻结、关闭等操作。

① 打开"第 8 章\8-5 切换图形至 Defpoints 层.dwg"素材文件，其中已经绘制好了一完整图形，在图形上方还有绘制过程中遗留的辅助图，如图 8-49 所示。

② 选择要切换图层的对象。框选上方的辅助图，如图 8-50 所示。

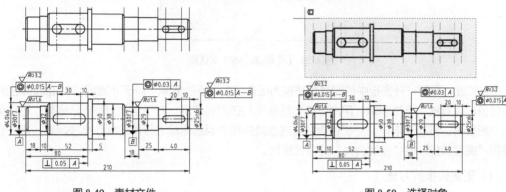

图 8-49　素材文件　　　　　　　　　　　　　　图 8-50　选择对象

③ 切换图层。在【默认】选项卡中，打开【图层】面板中的【图层控制】下拉列表，在列表框内选择【Defpoints】层并单击，如图 8-51 所示。

④ 此时图形对象由其他图层转换为【Defpoints】层，如图 8-52 所示。再延续【操作实例 8-4】的操作，即可完成冻结。

图 8-51　【图层控制】下拉列表

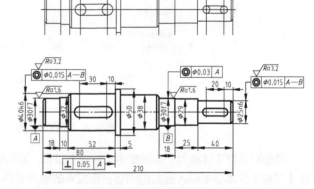

图 8-52　最终效果

8.4.6　删除多余图层

在图层创建过程中，如果新建了多余的图层，此时可以在【图层特性管理器】选项板中单击【删除】按钮 将其删除，但 AutoCAD 规定以下 4 类图层不能被删除。

▷　图层 0 和图层 Defpoints。

▷　当前图层。要删除当前层，可以改变当前层为其他层。

▷　包含对象的图层。要删除该层，必须先删除该层中所有的图形对象。

▷　依赖外部参照的图层。要删除该层，必先删除外部参照。

如果图形中图层太多且杂不易管理，而找到不使用的图层进行删除时，却被系统提示无法删除，如图 8-53 所示。

图 8-53 【图层-未删除】对话框

不仅如此，局部打开图形中的图层也被视为已参照并且不能删除。对于 0 图层和 Defpoints 图层是系统自己建立的，无法删除，用户应该把图形绘制在别的图层；对于当前图层无法删除，可以更改当前图层再进行删除操作；对于包含对象或依赖外部参照的图层进行移动操作比较困难，用户可以使用"图层转换"或"图层合并"的方式删除。

（1）图层转换的方法

图层转换是将当前图像中的图层映射到指定图形或标准文件中的其他图层名和图层特性，然后使用这些贴图对其进行转换。下面介绍其操作步骤。

单击功能区【管理】选项卡【CAD 标准】组面板中【图层转换器】按钮，系统弹出【图层转换器】对话框，如图 8-54 所示。

图 8-54 【图层转换器】对话框

单击对话框【转换为】功能框中【新建】按钮，系统弹出【新图层】对话框，如图 8-55 所示。在【名称】文本框中输入现有的图层名称或新的图层名称，并设置线型、线宽、颜色等属性，单击【确定】按钮。

单击对话框【设置】按钮，弹出如图 8-56 所示的【设置】对话框。在此对话框中可以设置转换后图层的属性状态和转换时的请求，设置完成后单击【确定】按钮。

图 8-55 【新图层】对话框

图 8-56 【设置】对话框

在【图层转换器】对话框【转换自】选项列表中选择需要转换的图层名称，在【转换为】选项列表中选择需要转换到的图层。这时激活【映射】按钮，单击此按钮，在【图层转换映射】列表中将显示图层转换映射列表，如图 8-57 所示。

映射完成后单击【转换】按钮，系统弹出【图层转换器-未保存更改】对话框，如图 8-58 所示，选择【仅转换】选项即可。这时打开【图层特性管理器】对话框，会发现选择的【转换自】图层不见了，这是由于转换后图层被系统自动删除，如果选择的【转换自】图层是 0 图层和 Defpoints 图层，将不会被删除。

图 8-57　【图层转换器】对话框

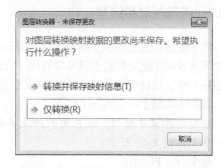

图 8-58　【图层转换器-未保存更改】对话框

（2）图层合并的方法

可以通过合并图层来减少图形中的图层数。将所合并图层上的对象移动到目标图层，并从图形中清理原始图层。以这种方法同样可以删除顽固图层，下面介绍其操作步骤。

在命令行中输入 LAYMRG 并单击 Enter 键，系统提示：选择要合并的图层上的对象或［命名（N）］。可以用鼠标在绘图区框选图形对象，也可以输入 N 并单击 Enter 键。输入 N 并单击 Enter 键后弹出【合并图层】对话框，如图 8-59 所示。在【合并图层】对话框中选择要合并的图层，单击【确定】按钮。

如需继续选择合并对象可以框选绘图区对象或输入 N 并单击 Enter 键；如果选择完毕，单击 Enter 键即可。命令行提示：选择目标图层上的对象或［名称（N）］。可以用鼠标在绘图区框选图形对象，也可以输入 N 并单击 Enter 键。输入 N 并单击 Enter 键弹出【合并图层】对话框，如图 8-60 所示。

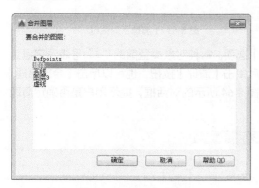

图 8-59　选择要合并的图层

图 8-60　选择合并到的图层

在【合并图层】对话框中选择要合并的图层，单击【确定】按钮。系统弹出【合并到图层】对话框，如图 8-61 所示。单击【是】按钮。这时打开【图层特性管理器】对话框，图层列表中【墙体】被删除了。

图 8-61 【合并到图层】

8.4.7 清理图层和线型

由于图层和线型的定义都要保存在图形数据库中，所以它们会增加图形的大小。因此，清除图形中不再使用的图层和线型就非常有用。当然，也可以删除多余的图层，但有时很难确定哪个图层中没有对象。而使用【清理】PURGE 命令就可以删除对象不在使用状态的图层和线型。

调用【清理】命令的方法如下。

▷ 应用程序菜单按钮：在应用程序菜单按钮中选择【图形实用工具】，然后选择【清理】选项，如图 8-62 所示。

▷ 命令行：PURGE。

执行上述命令后都会打开如图 8-63 所示的【清理】对话框。在对话框的顶部，可以选择查看能清理的对象或不能清理的对象。不能清理的对象可以帮助用户分析对象不能被清理的原因。

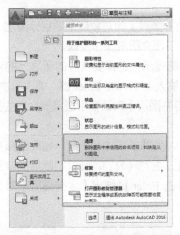

图 8-62 应用程序菜单按钮中选择【清理】

图 8-63 【清理】对话框

要开始进行清理操作，选择【查看能清理的项目】选项。每种对象类型前的"+"号表示它包含可清理的对象。要清理个别项目，只需选择该选项然后单击【清理】按钮；也可以单击【全部清理】按钮对所有项目进行清理。清理的过程中将会弹出如图 8-64 所示的对话框，提示用户是否确定清理该项目。

图 8-64 【清理-确认清理】对话框

8.5 图形特性设置

在用户确实需要的情况下，可以通过【特性】面板或工具栏为所选择的图形对象单独设置特性，绘制出既属于当前层，又具有不同于当前层特性的图形对象。

提示：频繁设置对象特性，会使图层的共同特性减少，不利于图层组织。

8.5.1 查看并修改图形特性

一般情况下，图形对象的显示特性都是【随图层】（ByLayer），表示图形对象的属性与其所在的图层特性相同；若选择【随块】（ByBlock）选项，则对象从它所在的块中继承颜色和线型。

（1）通过【特性】面板编辑对象属性

在【默认】选项卡的【特性】面板中选择要编辑的属性栏，如图 8-65 所示，即可执行命令。该面板分为多个选项列表框，分别控制对象的不同特性。选择一个对象，然后在对应选项列表框中选择要修改为的特性，即可修改对象的特性。

图 8-65 【特性】面板

默认设置下，对象颜色、线宽、线型 3 个特性为 ByLayer（随图层），即与所在图层一致，这种情况下绘制的对象将使用当前图层的特性，通过 3 种特性的下拉列表框（图 8-66），可以修改当前绘图特性。

 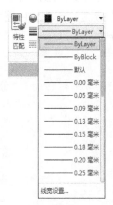 

调整颜色　　　　　　　调整线宽　　　　　　　调整线型

图 8-66 【特性】面板选项列表

图形对象有几个基本属性，即颜色、线型、线宽等，这几个属性可以控制图形的显示效果和打印效果，合理设置好对象的属性，不仅可以使图画看上去更美观、清晰，更重要的是可以获得正确的打印效果。在设置对象的颜色、线型、线宽的属性时都会看到列表中的 ByLayer（随图层）、ByBlock（随块）这两个选项。

ByLayer（随图层）即对象属性使用它所在的图层的属性。绘图过程中通常会将同类的图形放在同一个图层中，用图层来控制图形对象的属性很方便。因此通常设置好图层的颜色、线型、线宽等，然后在所在图层绘制图形，假如图形对象属性有误，还可以调换图层。

图层特性是硬性的，不管独立的图形对象、图块、外部参照等都会分配在图层中。图块对象所属图层跟图块定义时图形所在图层和块参照插入的图层都有关系。如果图块在 0 层创建定义，图块插入哪个层，图块就属于哪个层；如果图块不在 0 层创建定义，图块无论插入到哪个层，图块仍然属于原来创建的那个图层。

ByBlock（随块）即对象属性使用它所在的图块的属性。通常只有将要做成图块的图形对象才设置为这个属性。当图形对象设置为 ByBlock 并被定义成图块后，我们可以直接调整图块的属性，设置成 ByBlock 属性的对象属性将跟随图块设置变化而变化。

（2）通过【特性】选项板编辑对象属性

【特性】面板能查看和修改的图形特性只有颜色、线型和线宽，【特性】选项板则能查看并修改更多的对象特性。在 AutoCAD 中打开对象的【特性】选项板有以下几种常用方法。

⊙ 功能区：选择要查看特性的对象，然后单击【标准】面板中的【特性】按钮▥。

⊙ 菜单栏：选择要查看特性的对象，然后选择【修改】|【特性】命令；也可先执行菜单命令，再选择对象。

⊙ 命令行：选择要查看特性的对象，然后在命令行中输入 PROPERTIES 或 PR 或 CH 并按 Enter 键。

⊙ 快捷键：选择要查看特性的对象，然后按快捷键 Ctrl+1。

如果只选择了单个图形，执行以上任意一种操作将打开该对象的【特性】选项板，如图 8-67 所示，对其中所显示的图形信息进行修改即可。

从选项板中可以看到，该选项板不但列出了颜色、线宽、线型、打印样式、透明度等图形常规属性，还增添了【三维效果】以及【几何图形】两大属性列表框，可以查看和修改其材质效果以及几何属性。

如果同时选择了多个对象，弹出的选项板则显示了这些对象的共同属性，在不同特性的项目上显示"*多种*"，如图 8-68 所示。在【特性】选项板中包括选项列表框和文本框等项目，选择相应的选项或输入参数，即可修改对象的特性。

图 8-67 单个图形的【特性】选项板

图 8-68 多个图形的【特性】选项板

8.5.2 匹配图形属性

特性匹配的功能就如同 Office 软件中的"格式刷"一样，可以把一个图形对象（源对象）的特性完全"继承"给另外一个（或一组）图形对象（目标对象），使这些图形对象的部分或全部特性和源对象相同。

在 AutoCAD 中执行【特性匹配】命令有以下两种常用方法。

- ▷ 菜单栏：执行【修改】|【特性匹配】命令。
- ▷ 功能区：单击【默认】选项卡内【特性】面板的【特性匹配】按钮，如图 8-69 所示。
- ▷ 命令行： MATCHPROP 或 MA。

【特性匹配】命令执行过程当中，需要选择两类对象：源对象和目标对象。操作完成后，目标对象的部分或全部特性和源对象相同。命令行输入如下所示。

```
命令： MA↙                          //调用【特性匹配】命令
MATCHPROP
选择源对象：                        //单击选择源对象
当前活动设置：   颜色 图层 线型 线型比例 线宽 透明度 厚度 打印样式 标注 文字 图案填
充 多段线 视口 表格材质 阴影显示 多重引线
选择目标对象或 [设置（S）]： //光标变成格式刷形状，选择目标对象，可以立即修改其属性
选择目标对象或 [设置（S）]： ↙      //选择目标对象完毕后单击 Enter 键，结束命令
```

通常，源对象可供匹配的特性很多，选择"设置"备选项，将弹出如图 8-70 所示的【特性设置】对话框。在该对话框中，可以设置哪些特性允许匹配，哪些特性不允许匹配。

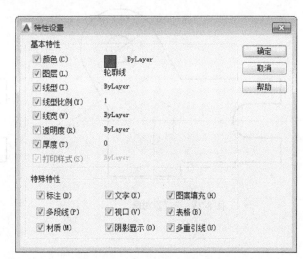

图 8-69 【特性】面板　　　　　　　　　图 8-70 【特性设置】对话框

【操作实例 8-6】：特性匹配图形

为如图 8-71 所示的素材文件进行特性匹配，其最终效果如图 8-72 所示。

① 单击【快速访问栏】中的打开按钮，打开"第 8 章\8-6 特性匹配图形.dwg"素材文件，如图 8-71 所示。

② 单击【默认】选项卡中【特性】面板中的【特性匹配】按钮，选择如图 8-73 所示的源对象。

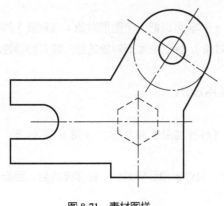

图 8-71　素材图样

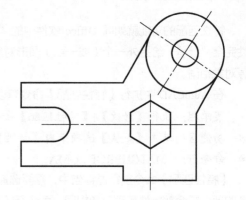

图 8-72　完成后效果

③ 当鼠标由方框变成刷子时，表示源对象选择完成。单击素材图样中的六边形，此时图形效果如图 8-74 所示。命令行操作如下。

命令：_matchprop
选择源对象：　　　　　　　　　　　　//选择如图 8-73 所示的直线为源对象
当前活动设置：　颜色 图层 线型 线型比例 线宽 透明度 厚度 打印样式 标注 文字 图案填充 多段线 视口 表格材质 阴影显示 多重引线
选择目标对象或 [设置（S）]：　　　　//选择如图 8-74 所示的六边形为目标对象

④ 重复以上操作，继续给素材图样进行特性匹配，最后完成效果如图 8-72 所示。

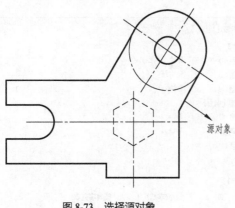

图 8-73　选择源对象

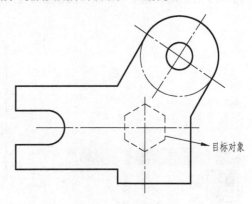

图 8-74　选择目标对象

第**9**章

块、外部参照与设计中心

在绘制图形时，如果图形中有大量相同或相似的内容，或者所绘制的图形与已有的图形文件相同（如机械图纸中常见的粗糙度符号、基准符号以及各种标准件图形），都可以把要重复绘制的图形创建为块（也称为图块），并根据需要为块创建属性，指定块的名称、用途及设计者等信息，在需要时直接插入它们，从而提高绘图效率。

设计中心是 AutoCAD 提供给用户的一个强有力的资源管理工具，以便在设计过程中方便调用图形文件、样式、图块、标注、线型等内容，以提高 AutoCAD 系统的效率。

9.1 块

块（Block）是可以由多个绘制在不同图层上的不同特性对象组成的集合，并具有块名。块创建后，用户可以将其作为单一的对象插入零件图或装配图的图形中。块是系统提供给用户的重要绘图工具之一，具有以下主要特点。

▷ 提高绘图速度。

▷ 节省储存空间。

▷ 便于修改图形。

▷ 便于数据管理。

9.1.1 创建内部块

将一个或多个对象定义为新的单个对象，定义的新单个对象即为块，保存在图形文件中的块又称内部块。

调用【块】命令的方法如下。

▷ 面板：单击【默认】选项卡中【块】面板上的【创建】按钮 ⬚。

▷ 菜单栏：选择【绘图】|【块】|【创建】命令。

▷ 命令行：BLOCK 或 B。

执行上述任一命令后，系统弹出【块定义】对话框，如图 9-1 所示，可以将绘制的图形创建为块。

【块定义】对话框中主要选项的功能如下。

▷ 【名称】文本框：用于输入块名称，还可以在下拉列表框中选择已有的块。

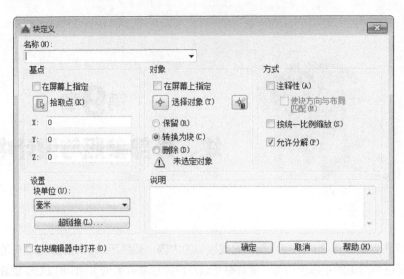

图9-1 【块定义】对话框

⊙ 【基点】选项区域：设置块的插入基点位置。用户可以直接在 X、Y、Z 文本框中输入，也可以单击【拾取点】按钮 ，切换到绘图窗口并选择基点。一般基点选在块的对称中心、左下角或其他有特征的位置。

⊙ 【对象】选项区域：选择组成块的对象。其中，单击【选择对象】按钮 ，可切换到绘图窗口选择组成块的各对象；单击【快速选择】按钮 ，可以使用弹出的【快速选择】对话框设置所选择对象的过滤条件；选中【保留】单选按钮，创建块后仍在绘图窗口中保留组成块的各对象；选中【转换为块】单选按钮，创建块后将组成块的各对象保留并把它们转换成块；选中【删除】单选按钮，创建块后删除绘图窗口上组成块的原对象。

⊙ 【方式】选项区域：设置组成块的对象显示方式。选择【注释性】复选框，可以将对象设置成注释性对象；选择【按统一比例缩放】复选框，设置对象是否按统一的比例进行缩放；选择【允许分解】复选框，设置对象是否允许被分解。

⊙ 【设置】选项区域：设置块的基本属性。单击【超链接】按钮，将弹出【插入超链接】对话框，在该对话框中可以插入超链接文档。

    ⊙ 【说明】文本框：用来输入当前块的说明部分。

【操作实例 9-1】：创建粗糙度符号块

下面以创建表面粗糙度符号为例，具体讲解如何定义创建块。

    ① 打开素材文件"第 9 章\9-1 创建粗糙度符号块.dwg"，如图 9-2 所示。

    ② 在命令行中输入 B，并按回车键，调用【块】命令，系统弹出【块定义】对话框。

    ③ 在【名称】文本框中输入块的名称"表面粗糙度"。

    ④ 在【基点】选项区域中单击【拾取点】按钮 ，然后拾取图形中的下方端点，确定基点位置。

    ⑤ 在【对象】选项区域中选中【保留】单选按钮，再单击【选择对象】按钮 ，返回绘图窗口，选择要创建块的表面粗糙度符号，然后按回车键或单击鼠标右键，返回【块定义】对话框。

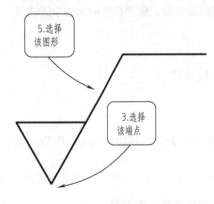

图9-2 素材图形

⑥ 在【块单位】下拉列表中选择【毫米】选项，设置单位为毫米。

⑦ 完成参数设置，如图 9-3 所示，单击【确定】按钮保存设置，完成图块的定义。

提示：【创建块】命令所创建的块保存在当前图形文件中，可以随时调用并插入到当前图形文件中。其他图形文件如果要调用该图块，则可以通过设计中心或剪贴板进行调用。

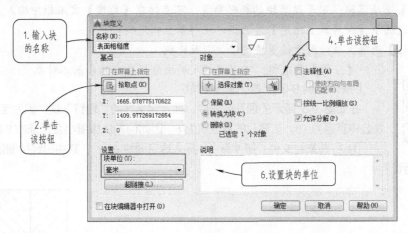

图 9-3　【块定义】对话框

9.1.2　控制图块颜色和线型

尽管图块总是创建在当前图层上，但块定义中保存了图块中各个对象的原图层、颜色和线型等特性信息。为了控制插入块实例的颜色、线型和线宽特性，在定义块时有如下三种情况。

▷ 若要使块实例完全继承当前层的属性，那么在定义块时应将图形对象绘制在 0 层，将当前层颜色、线型和线宽属性设置为"随层"（ByLayer）。

▷ 若希望能为块实例单独设置属性，那么在块定义时应将颜色、线型和线宽属性设置为"随块"（ByBlock）。

▷ 若要使块实例中的对象保留属性，而不从当前层继承，那么在定义块时，应为每个对象分别设置颜色、线型和线宽属性，而不应当设置为"随块"或"随层"。

9.1.3　插入块

将需要重复绘制的图形创建成块后，可以通过【插入】命令直接调用它们，插入到图形中的块称为块参照。

调用【插入】命令的方法有以下几种。

▷ 面板：单击【默认】选项卡【块】面板上的【插入】按钮 。

▷ 菜单栏：选择【插入】|【块】命令。

▷ 命令行：INSERT 或 I。

执行上述任一命令，即可调用【插入】命令，系统弹出【插入】对话框，如图 9-4 所示。

该对话框中各选项的含义如下。

▷ 【名称】下拉列表框：用于选择块或图形名称。也可以单击其后的【浏览】按钮，系统弹出【打开图形文件】对话框，选择保存的块和外部图形。

▷ 【插入点】选项区域：设置块的插入点位置。用户可以直接在 X、Y、Z 文本框中输入，也可以通过选中【在屏幕上指定】复选框，在屏幕上选择插入点。

- ➤ 【比例】选项区域：用于设置块的插入比例。可直接在 X、Y、Z 文本框中输入块在三个方向的比例；也可以通过选中【在屏幕上指定】复选框，在屏幕上指定。此外，该选项区域中的【统一比例】复选框用于确定所插入块在 X、Y、Z 三个方向的插入比例是否相同，选中时表示相同，此时用户只需在 X 文本框中输入比例值即可。

- ➤ 【旋转】选项区域：用于设置块的旋转角度。可直接在【角度】文本框中输入角度值，也可以通过选中【在屏幕上指定】复选框，在屏幕上指定旋转角度。

- ➤ 【块单位】选项区域：用于设置块的单位以及比例。

- ➤ 【分解】复选框：可以将插入的块分解成块的各基本对象。

【操作实例 9-2 】：插入螺钉图块

在如图 9-5 所示的通孔图形中，插入定义好的"螺钉"块。因为定义的螺钉图块公称直径为 10，该通孔的直径仅为 6，因此门图块应缩小至原来的 0.6 倍。

① 打开素材文件"第 9 章\9-2 插入螺钉图块.dwg"，其中已经绘制好了一通孔，如图 9-5 所示。

图 9-4 【插入】对话框

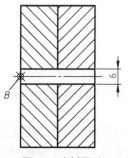

图 9-5　素材图形

② 调用 I【插入】命令，系统弹出【插入】对话框。

③ 选择需要插入的内部块。打开【名称】下拉列表框，选择【螺钉】图块。

④ 确定缩放比例。勾选【统一比例】复选框，在【X】框中输入"0.6"，如图 9-6 所示。

⑤ 确定插入基点位置。勾选【在屏幕上指定】复选框，单击【确定】按钮退出对话框。插入块实例到所示的 B 点位置，如图 9-7 所示，结束操作。

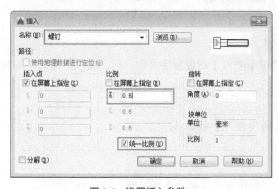

图 9-6　设置插入参数

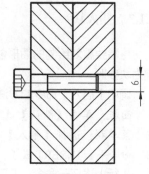

图 9-7　完成图形

9.1.4　创建外部块

外部块以类似于块操作的方法组合对象，然后将对象输出成一个文件，输出的该文件会将图层、线型、样式和其他特性（如系统变量等）设置作为当前图形的设置。这个新图形文件可以由当前图形中定义的块创建，也可以由当前图形中被选择的对象组成，甚至可以将全部的当前图形输入成一个新的图形文件。

在命令行输入 WBLOCK 或 W 命令，并按回车键，系统弹出【写块】对话框。在【源】选项组中选中【块】单选按钮，表示选择的新图形文件由块创建。在下拉列表框中指定块，并在【目标】选项组中指定一个图形名称及其保存位置即可，如图 9-8 所示。

图 9-8　存储块

提示：在指定文件名称时，只需输入文件名称而不用带扩展名。系统一般将扩展名定义为.dwg。此时，如果在【目标】选项组中未指定文件名，则系统将在默认保存位置保存该文件。

【操作实例 9-3】：创建基准外部图块

本例创建好的基准图块，不仅存在于"9-3 创建基准外部图块-OK.dwg"中，还存在于所指定的路径（桌面）上。

① 单击【快速访问】工具栏中的【打开】按钮 ，打开"第 9 章\9-3 创建基准外部图块.dwg"素材文件，如图 9-9 所示。

② 在命令行中输入 WB，打开【写块】对话框，在【源】选项区域选择【块】复选框，然后在其右侧的下拉列表框中选择【基准】图块，如图 9-10 所示。

③ 指定保存路径。在【目标】选项区域，单击【文件名和路径】文本框右侧的按钮，在弹出的对话框中选择保存路径，将其保存于桌面上，如图 9-11 所示。

图 9-9　素材图形

图 9-10　选择目标块

图 9-11　指定保存路径

④ 单击【确定】按钮，完成外部块的创建。

9.1.5 分解图块

分解图块可使其变成定义图块之前的各自独立状态。在 AutoCAD 中，分解图块可以使用【修改】面板中的【分解】按钮 来实现，它可以分解块参照、填充图案和标注等对象。

（1）分解特殊的块对象

特殊的块对象包括带有宽度特性的多段线和带有属性的块两种类型。带有宽度特性的多段线被分解后，将转换为宽度为 0 的直线和圆弧，并且分解后相应的信息也将丢失；分解带有宽度和相切信息的多段线时，还会提示信息丢失。如图 9-12 所示就是带有宽度的多段线被分解前后的效果。

图 9-12　分解多段线

当块定义中包含属性定义时，属性（如名称和数据）作为一种特殊的文本对象也被一同插入。此时包含属性的块被分解时，块中的属性将转换为原来的属性定义状态，即在屏幕上显示属性标记，同时丢失了在块插入时指定的属性值。

（2）分解块参照中的嵌套元素

在分解包含嵌套块和多段线的块参照时，只能分解一层。这是因为最高一层的块参照被分解，而嵌套块或者多段线仍保留其块特性或多段线特性。只有在它们已处于最高层时，才能被分解。

9.1.6 块属性

块属性是属于块的非图形信息，是块的组成部分。块属性用来描述块的特性，包括标记、提示、值的信息、文字格式、位置等。当插入块时，其属性也一起插入到图中；当对块进行编辑时，其属性也将改变。

（1）创建块属性

调用定义【块属性】的方法有以下几种。

- 面板：单击【默认】选项卡中【块】面板上的【定义属性】按钮 。
- 菜单栏：执行【绘图】|【块】|【定义属性】命令。
- 命令行：ATTDEF 或 ATT。
  执行上述任一操作后，系统弹出【属性定义】对话框，如图 9-13 所示。
  该对话框中各选项的含义如下。
- 模式：用于设置属性模式，其包括【不可见】、【固定】、【验证】、【预设】、【锁定位置】和【多行】六个复选框，勾选相应的复选框可设置相应的属性值。
- 属性：用于设置属性数据，包括【标记】、【提示】、【默认】三个文本框。
- 插入点：该选项组用于指定块属性的位置，若选中【在屏幕上指定】复选框，则可以在绘图区中指定插入点，用户可以直接在 X、Y、Z 文本框中输入坐标值确定插入点。
- 文字设置：该选项组用于设置属性文字的对正、样式、高度和旋转角度。包括对正、文字样式、文字高度、旋转和边界宽度五个选项。

⊙ 在上一个属性定义下对齐：选择该复选框，将属性标记直接置于定义的上一个属性的下面。若之前没有创建属性定义，则此项不可用。

（2）修改属性定义

直接双击块属性，系统弹出【增强属性编辑器】对话框。在【属性】选项卡的列表中选择要修改的文字属性，然后在下面的【值】文本框中设置相应的参数，如图9-14所示。

图9-13 【属性定义】对话框

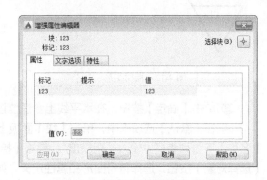

图9-14 【增强属性编辑器】对话框

在【增强属性编辑器】对话框中，各选项卡的含义如下。

⊙ 【属性】选项卡：用于显示块中每个属性的标识、提示和值。在列表框中选择某一属性后，在【值】文本框中将显示出该属性对应的属性值，并可以通过它来修改属性值。

⊙ 【文字选项】选项卡：用于修改属性文字的格式，该选项卡如图9-15所示。在该选项卡中可以设置文字样式、对正方式、高度、旋转角度、宽度因子、倾斜角度等参数。

⊙ 【特性】选项卡：用于修改属性文字的图层以及其线宽、线型、颜色及打印样式等，该选项卡如图9-16所示。

图9-15 【文字选项】选项卡

图9-16 【特性】选项卡

【操作实例9-4】：创建粗糙度属性块

粗糙度符号在图形中形状相似，仅数值不同，因此可以创建为属性块，在绘图时直接调用，然后输入具体数值即可，方便快捷，具体方法如下。

① 打开"第9章\9-4 创建粗糙度属性块.dwg"素材文件，其中已绘制好了一粗糙度符号，如图9-17所示。

② 在【默认】选项卡中，单击【块】面板上的【定义属性】按钮，系统弹出【属性定义】对话框，定义属性参数，如图9-18所示。

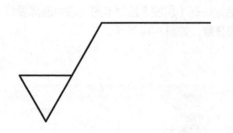

图 9-17 素材图形

图 9-18 【属性定义】对话框

③ 单击【确定】按钮，在水平线上合适位置放置属性定义，如图 9-19 所示。

④ 在【默认】选项卡中，单击【块】面板上的【创建】按钮，系统弹出【块定义】对话框。在【名称】下拉列表框中输入"粗糙度"；单击【拾取点】按钮，拾取三角形的下角点作为基点；单击【选择对象】按钮，选择符号图形和属性定义，如图 9-20 所示。

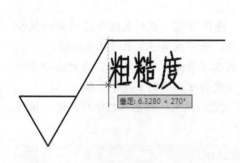

图 9-19 插入属性定义

图 9-20 【块定义】对话框

⑤ 单击【确定】按钮，便会打开【编辑属性】对话框，在其中便可以灵活输入我们所需的粗糙度数值，如图 9-21 所示。

⑥ 单击【确定】按钮，粗糙度属性块创建完成，如图 9-22 所示。

图 9-21 【编辑属性】对话框

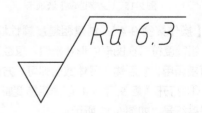

图 9-22 粗糙度属性块

9.1.7 创建动态图块

动态图块就是将一系列内容相同或相近的图形通过块编辑将图形创建成的块，该块具有参数化的动态特性，在操作时通过自定义夹点或自定义特性来操作动态图块。设置该类图块相对于常规图块来说具有极大的灵活性和智能性，提高绘图效率的同时还可以减小图块库中的块数量。

（1）块编辑器

块编辑器是专门用于创建块定义并添加动态行为的编写区域。

调用【块编辑器】的方法有以下几种。

- ➤ 面板：单击【默认】选项卡中【块】面板上的【编辑】按钮$\mathbb{L}$。
- ➤ 菜单栏：执行【工具】|【块编辑器】命令。
- ➤ 命令行：BEDIT 或 BE。

执行上述任一操作后，系统弹出【编辑块定义】对话框，如图 9-23 所示。

在该对话框中提供了多种编辑和创建动态块的块定义，选择一个图块名称，则可在右侧预览块效果。单击【确定】按钮，系统进入默认为灰色背景的绘图区域，一般称该区域为块编辑窗口，并弹出【块编辑器】选项卡和【块编写选项板】，如图 9-24 所示。

在右侧的【块编写选项板】中，包含参数、动作、参数集和约束四个选项卡，可创建动态块的所有特征。

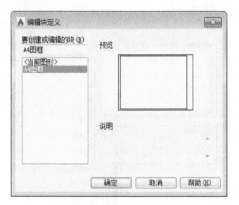

图 9-23 【编辑块定义】对话框

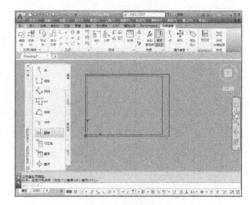

图 9-24 块编辑窗口

【块编辑器】选项卡位于标签栏的上方，其各选项功能如表 9-1 所示。

表 9-1 各选项的功能

图 标	名 称	功 能
$\mathbb{L}$	编辑块按钮	单击该按钮，系统弹出【编辑块定义】对话框，用户可重新选择需要创建的动态块
	保存块按钮	单击该按钮，保存当前块定义
	将块另存为	单击此按钮，系统弹出【将块另存为】对话框，用户可以重新输入块名称后保存此块
	测试块	测试此块能否被加载到图形中
	自动约束对象	对选择的块对象进行自动约束
	显示/隐藏约束栏	显示或者隐藏约束符号
	参数约束	对块对象进行参数约束
	块表	单击块表按钮系统弹出【块特性表】对话框，通过此对话框对参数约束进行函数设置
	属性定义	单击此按钮系统弹出【属性定义】对话框，从中可定义模式属性标记、提示、值等的文字选项
	编写选项板	显示或隐藏编写选项板
f_x	参数管理器	打开或者关闭参数管理器

在该绘图区域 UCS 命令是被禁用的，绘图区域显示一个 UCS 图标，该图标的原点定义了块的基点。用户可以通过相对 UCS 图标原点移动几何体图形或者添加基点参数来更改块的基点。这样在完成参数的基础上添加相关动作，然后通过【保存块】按钮保存块定义，此时可以立即关闭编辑器并在图形中测试块。

如果在块编辑窗口中执行【文件】|【保存】命令，则保存的是图形而不是块定义。因此处于块编辑窗口时，必须专门对块定义进行保存。

（2）块编写选项板

该选项板中一共有四个选项卡，即【参数】、【动作】、【参数集】和【约束】。

➤ 【参数】选项卡：如图 9-25 所示，用于向块编辑器中的动态块添加参数，动态块的参数包括点参数、线型参数、极轴参数等等。

➤ 【动作】选项卡：如图 9-26 所示，用于向块编辑器中的动态块添加动作，包括移动动作、缩放动作、拉伸动作、极轴拉伸动作等等。

➤ 【参数集】选项卡：如图 9-27 所示，用于在块编辑器中快速向动态块添加一个参数和一个动作。

➤ 【约束】选项卡：如图 9-28 所示，用于在块编辑器中向动态块进行几何或参数约束。

图 9-25 【参数】选项卡　　图 9-26 【动作】选项卡　　图 9-27 【参数集】选项卡　　图 9-28 【约束】选项卡

【操作实例 9-5】：创建基准动态图块

在【操作实例 9-3】中，已经介绍了如何创建普通的基准图块，但是在一些复杂的图纸中，可能存在多个基准，而且要求基准能够被适当拉长或旋转一定角度，以满足不同的标注需要，这时就可以创建基准的动态图块。

① 可延续【操作实例 9-3】进行操作，也可以打开"第 9 章\9-3 创建基准外部图块-OK.dwg"素材文件，如图 9-29 所示。

② 选中该图块，然后右击，在弹出的快捷菜单中选择【块编辑器】命令，如图 9-30 所示，进入块编辑模式，此时绘图窗口变为浅灰色。

③ 在【块编写选项板】右侧单击【参数】选项卡，再单击【旋转】按钮，如图 9-31 所示，为图块添加旋转参数。

图 9-29　素材文件　　　　图 9-30　【块编辑器】面板　　　　图 9-31　单击【旋转】按钮

④ 为图块添加一个旋转参数，命令行操作如下。

命令：_BParameter 旋转　　　　　　　　//执行【旋转参数】命令
指定基点或 [名称(N)/标签(L)/链(C)/说明(D)/选项板(P)/值集(V)]：
　　　　　　　　　　　　　　　　　　//选择底边中点为基点，如图 9-32 所示
指定参数半径：　　　　　　　　　　　//拖动指针指定任意长度为半径即可，如图
　　　　　　　　　　　　　　　　　　9-33 所示
指定默认旋转角度或 [基准角度(B)] <0>：↙//使用默认旋转角度 0°，即 360°，如图
　　　　　　　　　　　　　　　　　　9-34 所示
　　　　　　　　　　　　　　　　　　//自动退出旋转参数命令

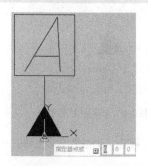

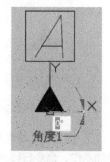

图 9-32　指定旋转基点　　　图 9-33　指定旋转的参数半径　　　图 9-34　指定所需的旋转角度

⑤ 接着在【块编写选项板】中，单击【动作】选项卡中的【旋转】按钮，如图 9-35 所示，根据提示为旋转参数添加一个旋转动作，命令行操作如下。

命令：_BActionTool 旋转
选择参数：　　　　　　　　　　　　　//选择上一步创建的旋转参数，如图 9-36 所示
指定动作的选择集
选择对象：找到 0 个
选择对象：找到 8 个，总计 8 个//选择基准符号的所有线条作为动作对象，如图 9-37 所示
选择对象：↙　　　　　　　　//按 Enter 键完成操作，得到的旋转动作效果如图 9-38 所示

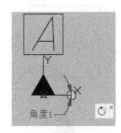

图 9-35　单击旋转按钮　　图 9-36　选择角度标记　图 9-37　选择整个基准符号图形　图 9-38　得到的旋转动作效果

⑥ 按相同方法，单击【参数】选项卡中的【线性】按钮，为图块添加一个线性参数，命令行操作如下。

```
命令：_BParameter 线性                    //执行【线性参数】命令
指定起点或[名称(N)/标签(L)/链(C)/说明(D)/基点(B)/选项板(P)/值集(V)]：
                                          //选择如图 9-39 所示的端点
指定端点：                                //选择如图 9-40 所示的端点
指定标签位置：//拖动标签，在合适位置单击放置线性标签，得到线性参数如图 9-41 所示
```

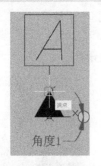

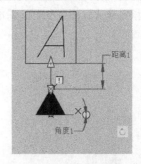

图 9-39　指定下侧端点　　　　　图 9-40　指定上侧端点　　　　　图 9-41　得到的线性参数

⑦ 接着在【块编写选项板】中，单击【动作】选项卡中的【拉伸】按钮，为线性参数添加一个拉伸动作，命令行操作如下。

```
命令：_BActionTool 拉伸                    //执行【拉伸动作】命令
选择参数：                                //选择上一步创建的线性参数
指定要与动作关联的参数点或输入 [起点(T)/第二点(S)] <第二点>：
                                          //指定拉伸的基点，如图 9-42 所示
指定拉伸框架的第一个角点或 [圈交(CP)]：
指定对角点：                              //由两对角点指定拉伸框架，如图 9-43 所示
指定要拉伸的对象
选择对象：找到 1 个
```

选择对象: 找到 1 个, 总计 2 个

选择对象: 找到 1 个, 总计 3 个

选择对象: 找到 1 个, 总计 4 个　　　//选除底部黑三角之外的所有线条作为拉伸对象

选择对象: ↙　　　　　　　　　　　//按 Enter 键结束选择, 得到的拉伸动作如图 9-44 所示

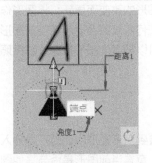

图 9-42　指定拉伸的基点

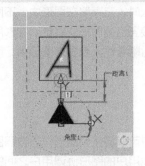

图 9-43　框选要拉伸的对象

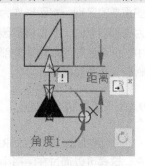

图 9-44　得到的拉伸动作

⑧ 单击绘图区上方的【关闭块编辑器】按钮, 弹出【块-是否保存参数更改】对话框, 单击【保存更改】按钮, 完成动态块的创建, 如图 9-45 所示。

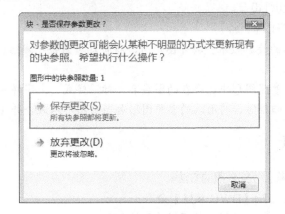

图 9-45　保存提示

⑨ 选中创建的块, 块上显示一个三角形拉伸夹点和一个圆形旋转夹点, 如图 9-46 所示。拖动三角形拉伸夹点可以修改引线长度, 如图 9-47 所示; 拖动圆形的旋转夹点可以修改基准符号的角度, 如图 9-48 所示。

图 9-46　块的夹点显示

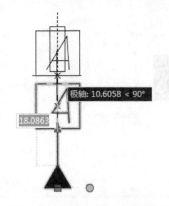

图 9-47　拖动三角夹点可改变长度

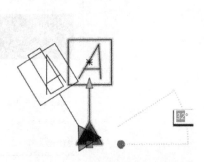

图 9-48　拖动圆形夹点可旋转角度

9.2 外部参照

AutoCAD 将外部参照作为一种图块类型定义，它也可以提高绘图效率。但外部参照与图块有一些重要的区别，将图形作为图块插入时，它存储在图形中，不随原始图形的改变而更新；将图形作为外部参照时，会将该参照图形链接到当前图形，对参照图形所做的任何修改都会显示在当前图形中。一个图形可以作为外部参照同时附着插入到多个图形中，同样也可以将多个图形作为外部参照附着到单个图形中。

9.2.1 了解外部参照

外部参照通常称为 XREF，用户可以将整个图形作为参照图形附着到当前图形中，而不是插入它。这样可以通过在图形中参照其他用户的图形协调用户之间的工作，查看当前图形是否与其他图形相匹配。

当前图形记录外部参照的位置和名称，以便总能很容易地参考，但并不是当前图形的一部分。和块一样，用户同样可以捕捉外部参照中的对象，从而使用它作为图形处理的参考。此外，还可以改变外部参照图层的可见性设置。

使用外部参照要注意以下几点。

▷ 确保显示参照图形的最新版本。打开图形时，将自动重载每个参照图形，从而反映参照图形文件的最新状态。
▷ 请勿在图形中使用参照图形中已存在的图层名、标注样式、文字样式和其他命名元素。
▷ 当工程完成并准备归档时，将附着的参照图形和当前图形永久合并（绑定）到一起。

9.2.2 附着外部参照

下面介绍 4 种【附着】外部参照的方法。

▷ 菜单栏：执行【插入】|【DWG 参照】命令。
▷ 工具栏：单击【插入】工具栏中的【附着】按钮。
▷ 命令行：在命令行中输入 XATTACH/XA。
▷ 功能区：在【插入】选项卡中，单击【参照】面板中的【附着】按钮。

执行附着命令，选择一个 DWG 文件打开后，弹出的【附着外部参照】对话框如图 9-49 所示。

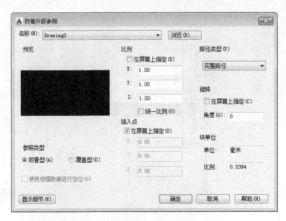

图 9-49 【附着外部参照】对话框

【附着外部参照】对话框各选项介绍如下。

▶ 【参照类型】选项组：选择【附着型】单选按钮表示显示出嵌套参照中的嵌套内容；选择【覆盖型】单选按钮表示不显示嵌套参照中的嵌套内容。

▶ 【路径类型】选项组：【完整路径】，使用此选项附着外部参照时，外部参照的精确位置将保存到主图形中，此选项的精确度最高，但灵活性最小，如果移动工程文件，AutoCAD将无法融入任何使用完整路径附着的外部参照；【相对路径】，使用此选项附着外部参照时，将保存外部参照相对于主图形的位置，此选项的灵活性最大，如果移动工程文件夹，AutoCAD仍可以融入使用相对路径附着的外部参照，只要此外部参照相对主图形的位置未发生变化；【无路径】，在不使用路径附着外部参照时，AutoCAD首先在主图形中的文件夹中查找外部参照，当外部参照文件与主图形位于同一个文件夹中时，此选项非常有用。

【操作实例 9-6】：【附着】外部参照

外部参照图形非常适合用作参考插入。据统计，如果要参考某一现成的 dwg 图纸来进行绘制，那绝大多数设计师都会采取打开该 dwg 文件，然后使用 Ctrl+C、Ctrl+V 直接将图形复制到新创建的图纸上。这种方法使用方便、快捷，但缺陷就是新建的图纸与原来的 dwg 文件没有关联性，如果参考的 dwg 文件有所更改，则新建的图纸不会有所提升。而如果采用外部参照的方式插入参考用的 dwg 文件，则可以实时更新。下面通过一个例子来进行　介绍。

① 单击【快速访问工具栏】中的【打开】按钮，打开"第 9 章\9-6【附着】外部参照.dwg"文件，如图 9-50 所示。

② 在【插入】选项卡中，单击【参照】面板中的【附着】按钮🗋，系统弹出【选择参照文件】对话框。在【文件类型】下拉列表中选择"图形（*.dwg）"，并找到同文件内的"参照素材.dwg"文件，如图 9-51 所示。

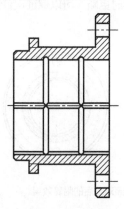

图 9-50　素材图样

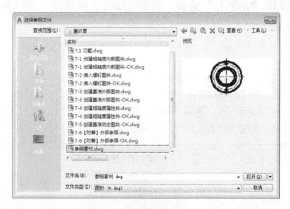

图 9-51　【选择参照文件】对话框

③ 单击【打开】按钮，系统弹出【附着外部参照】对话框，所有选项保持默认，如图 9-52 所示。

④ 单击【确定】按钮，在绘图区域指定端点，并调整其位置，即可附着外部参照，如图 9-53 所示。

⑤ 插入的参照图形为该零件的右视图，此时就可以结合现有图形与参照图绘制零件的其他视图，或者进行标注。

⑥ 读者可以先按 Ctrl+S 进行保存，然后退出该文件；接着打开同文件夹内的"参照素材.dwg"文件，并删除其中的 4 个小孔，如图 9-54 所示，再按 Ctrl+S 进行保存，然后退出。

图 9-52 【附着外部参照】对话框

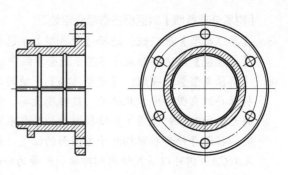

图 9-53 附着参照效果

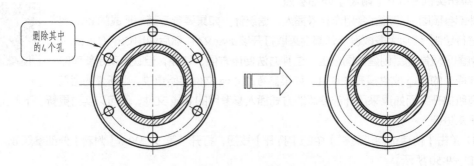

图 9-54 对参照文件进行修改

⑦ 此时再重新打开"9-6【附着】外部参照.dwg"文件，则会出现如图 9-55 所示的提示，单击"重载 参照素材"链接，则图形如图 9-56 所示。这样参照的图形得到了实时更新，可以保证设计的准确性。

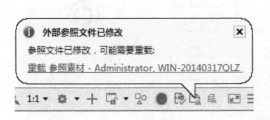

图 9-55 参照提示

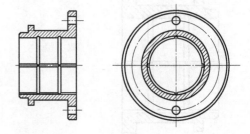

图 9-56 更好参照对象后的附着效果

9.2.3 拆离外部参照

要从图形中完全删除外部参照，需要拆离而不是删除。因为删除外部参照不会删除与其关联的图层定义。使用【拆离】命令，才能删除外部参照和所有关联信息。

拆离外部参照的一般步骤如下。

① 打开【外部参照】选项板。

② 在选项板中选择需要删除的外部参照，并在参照上右击。

③ 在弹出的快捷菜单中选择【拆离】，即可拆离选定的外部参照，如图 9-57 所示。

图 9-57 【外部参照】选项板

9.2.4　管理外部参照

在 AutoCAD 中，可以在【外部参照】选项板中对外部参照进行编辑和管理。调用【外部参照】选项板的方法如下。

- 命令行：在命令行中输入 XREF/XR。
- 功能区：在【插入】选项卡中，单击【注释】面板右下角箭头按钮 ⌄。
- 菜单栏：执行【插入】|【外部参照】命令。

【外部参照】选项板各选项功能如下。

- 按钮区域：此区域有【附着】、【刷新】、【帮助】3个按钮，【附着】按钮可以用于添加不同格式的外部参照文件；【刷新】按钮用于刷新当前选项卡显示；【帮助】按钮可以打开系统的帮助页面，从而可以快速了解相关的知识。
- 【文件参照】列表框：此列表框中显示了当前图形中各个外部参照文件名称，单击其右上方的【列表图】或【树状图】按钮，可以设置文件列表框的显示形式。【列表图】表示以列表形式显示，如图 9-58 所示；【树状图】表示以树形显示，如图 9-59 所示。
- 【详细信息】选项区域：用于显示外部参照文件的各种信息。选择任意一个外部参照文件后，将在此处显示该外部参照文件的名称、加载状态、文件大小、参照类型、参照日期以及参照文件的存储路径等内容，如图 9-60 所示。

当附着多个外部参照后，在文件参照列表框中文件上右击，将弹出快捷菜单，在菜单上选择不同的命令可以对外部参照进行相关操作。

快捷菜单中各命令的含义如下。

- 【打开】：单击该按钮可在新建窗口中打开选定的外部参照进行编辑。在【外部参照管理器】对话框关闭后，显示新建窗口。
- 【附着】：单击该按钮可打开【选择参照文件】对话框，在该对话框中可以选择需要插入到当前图形中的外部参照文件。
- 【卸载】：单击该按钮可从当前图形中移走不需要的外部参照文件，但移走后仍保留该文件的路径，当希望再次参照该图形时，单击对话框中的【重载】按钮即可。

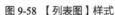

图 9-58　【列表图】样式　　　　图 9-59　【树状图】样式　　　　图 9-60　参照文件详细信息

▷　【重载】：单击该按钮可在不退出当前图形的情况下，更新外部参照文件。

▷　【拆离】：单击该按钮可从当前图形中移去不再需要的外部参照文件。

9.3　设计中心

AutoCAD 设计中心是为用户提供的与 Windows 资源管理器类似的直观且高效的工具。通过设计中心，用户可以浏览、查找、预览、管理、利用和共享 AutoCAD 图形，还可以使用其他图形文件中的图层定义、块、文字样式、尺寸标注样式、布局等信息，从而提高了图形管理和图形设计的效率。

9.3.1　打开设计中心

利用设计中心，可以对图形设计资源实现以下管理功能。

▷　浏览、查找和打开指定的图形资源，如国标中的螺钉、螺母等标准件。

▷　能够将图形文件、图块、外部参照、命名样式迅速插入到当前文件中。

▷　为经常访问的本地机或网络上的设计资源创建快捷方式，并添加到收藏夹中。

打开【设计中心】窗体的方式有以下几种。

▷　面板：单击【视图】选项卡【选项板】面板上的【设计中心】按钮 。

▷　菜单栏：执行【工具】|【选项板】|【设计中心】命令。

▷　命令行：ADCENTER 或 ADC。

▷　组合键：Ctrl+2。

执行上述任一操作后，系统弹出【设计中心】窗体。

9.3.2　设计中心窗体

设计中心的外观与 Windows 资源管理器相似，如图 9-61 所示。双击左侧的标题条，可以将窗体固定放置在绘图区一侧，或者浮动放置在绘图区上。拖动标题条或窗体边界，可以调整窗体的位置和大小。

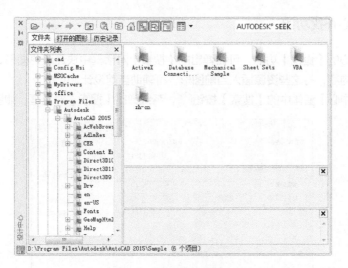

图 9-61 【设计中心】窗体

设计中心窗口中包含一组工具按钮和三个选项卡，这些按钮和选项卡的含义及设置方法如下。

（1）选项卡操作

在设计中心中，用鼠标单击可以在三个选项卡之间进行切换，各选项含义如下。

◈ 文件夹：该选项卡显示设计中心的资源，包括显示计算机或网络驱动器中文件和文件夹的层次结构。可将设计中心内容设置为本计算机、本地计算机或网络信息。要使用该选项卡调出图形文件，可指定文件夹列表框中的文件路径（包括网络路径），右侧将显示图形信息。

◈ 打开的图形：该选项卡显示当前已打开的所有图形，并在右方的列表框中显示图形中的块、图层、线型、文字样式、标注样式和打印样式。单击某个图形文件，然后单击列表中的一个定义表，可以将图形文件的内容加载到内容区域中。

◈ 历史记录：该选项卡中显示最近在设计中心打开的文件列表，双击列表中的某个图形文件，可以在【文件夹】选项卡的树状视图中定位此图形文件，并将其内容加载到内容预览区域。

（2）按钮操作

在【设计中心】窗体中，要设置对应选项卡中树状视图与控制板中显示的内容，可以单击选项卡上方的按钮执行相应的操作，各按钮的含义如下。

◈ 【加载】按钮▷：使用该按钮通过桌面、收藏夹等路径加载图形文件。单击该按钮弹出【加载】对话框，在该对话框中按照指定路径选择图形，将其载入到当前图形中。

◈ 【搜索】按钮：用于快速查找图形对象。

◈ 【收藏夹】按钮：通过收藏夹来标记存放在本地硬盘和网页中常用的文件。

◈ 【主页】按钮：将设计中心返回到默认文件夹，选择专用设计中心图形文件加载到当前图形中。

◈ 【树状图切换】按钮：使用该工具打开/关闭树状视图窗口。

◈ 【预览】按钮：使用该工具打开/关闭选项卡右下侧窗格。

◈ 【说明】按钮：打开或关闭说明窗格，以确定是否显示说明窗格内容。

◈ 【视图】按钮：用于确定控制板显示内容的显示格式，单击该按钮将弹出一个快捷菜单，可在该菜单中选择内容的显示格式。

9.3.3　设计中心查找功能

使用设计中心的【查找】功能，可在弹出的【搜索】对话框中快速查找图形、块特征、图层特征和尺寸样式等内容，将这些资源插入当前图形，可辅助当前设计。

单击【设计中心】窗体中的【搜索】按钮，系统弹出【搜索】对话框，如图 9-62 所示。

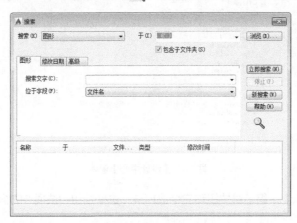

图 9-62 【搜索】对话框

在该对话框指定搜索对象所在的盘符，然后在【搜索文字】列表框中输入搜索对象名称，在【位于字段】列表框中选择搜索类型，单击【立即搜索】按钮，即可执行搜索操作。

另外，还可以选择其他选项卡设置不同的搜索条件。

将图形选项卡切换到【修改日期】选项卡，可指定图形文件创建或修改的日期范围。默认情况下不指定日期，需要在此之前指定图形修改日期。

切换到【高级】选项卡可指定其他搜索参数。

9.3.4　设计中心管理资源

使用 AutoCAD 设计中心最终的目的是在当前图形中调入块、引用图像和外部参照，并且在图形之间复制块、图层、线型、文字样式、标注样式以及用户定义的内容等。也就是说根据插入内容类型的不同，对应插入设计中心图形的方法也不相同。

（1）插入块

在进行插入块操作时，用户可根据设计需要确定插入方式。

▶ 自动换算比例插入块：选择该方法插入块时，可从设计中心窗口中选择要插入的块，并拖动到绘图窗口。移到插入位置时释放鼠标，即可实现块的插入操作。

▶ 常规插入块：采用插入时确定插入点、插入比例和旋转角度的方法插入块特征，可在【设计中心】对话框中选择要插入的块，然后用鼠标右键将该块拖动到窗口后释放鼠标，此时将弹出一个快捷菜单，选择【插入块】选项，即可弹出【插入块】对话框，可按照插入块的方法确定插入点、插入比例和旋转角度，将该块插入到当前图形中。

（2）复制对象

在控制板中展开相应的块、图层、标注样式列表，然后选中某个块、图层或标注样式并将其拖入到当前图形，即可获得复制对象效果。

如果按住右键将其拖入当前图形，此时系统将弹出一个快捷菜单，通过此菜单可以进行相应的操作。

（3）以动态块形式插入图形文件

要以动态块形式在当前图形中插入外部图形文件，只需要通过右键快捷菜单，执行【块编辑器】命令即可，此时系统将打开【块编辑器】窗口，用户可以通过该窗口将选中的图形创建为动态图块。

（4）引入外部参照

从【设计中心】对话框选择外部参照，用鼠标右键将其拖动到绘图窗口后释放，在弹出的快捷菜单中选择【附加为外部参照】选项，弹出【外部参照】对话框，可以在其中确定插入点、插入比例和旋转角度。

【操作实例 9-7】：将图块库导入工具选项板

工具选项板是一个比设计中心更加强大的帮手，它能够将"块"图形、几何图形（如直线、圆、多段线）、填充、外部参照、光栅图像以及命令都组织到工具选项板里面创建成工具，以便将这些工具应用于当前正在设计的图纸。事先将绘制好的动态图块导入工具选项板，准备好需要的零件图块甚至零件图块库，待使用时选出，大大提高了绘图效率。

① 打开素材文件"第 9 章\9-7 将图块库导入工具选项板.dwg"，其中已经绘制好了一吊钩，如图 9-63 所示。

② 单击【块】中的【创建块】按钮 🔲，弹出【块定义】对话框，设置【名称】为"吊钩"，如图 9-64 所示。

图 9-63　素材文件

图 9-64　块定义

③ 单击【选择对象】框选绘制的整个图形，单击【拾取点】选择图形的上端线段的中点，单击【确定】，如图 9-65 所示。

④ 单击【块】面板中的【块编辑】按钮 🔲，弹出【编辑块定义】对话框，选择【吊钩】单击【确定】，如图 9-66 所示。

图 9-65　选择对象

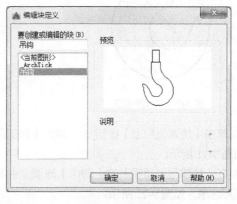

图 9-66　编辑图形

⑤ 在【块编写选项板】的【参数】选项卡中单击【角度】按钮，选择基点为圆弧圆心，输入半径 50、角度 360°，如图 9-67 所示。

⑥ 在【块编写选项板】的【动作】选项卡中单击【旋转】按钮，选择参数为"角度 1"，全选图形，如图 9-68 所示。

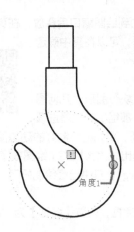

图 9-67 设置角度参数

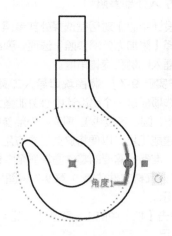

图 9-68 添加旋转动作

⑦ 在【块编写选项板】的【参数】选项卡中单击【线性】按钮，选择"距离 1"位置，如图 9-69 所示。

⑧ 左键单击"距离 1"激活，然后单击右键在菜单栏中选择【特性】，弹出【特性】选项板，下拉滚动条，将【值集】中的【距离类型】选择为"列表"，如图 9-70 所示。

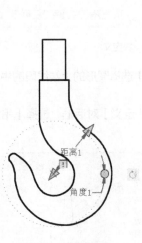

图 9-69 设置参数集

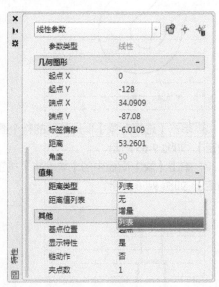

图 9-70 【特性】选项板

⑨ 单击【距离值列表】按钮，弹出【添加距离值】对话框，在其中添加距离值 50、60、70、80，如图 9-71 所示。

⑩ 在【块编写选项板】的【动作】选项卡中单击【缩放】按钮，选择参数"距离 1"，然后全选图形对象，如图 9-72 所示。

图 9-71　添加距离

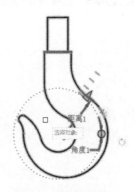

图 9-72　设置缩放动作

⑪ 单击【打开/保存】面板中的【测试块】，单击图形，如图 9-73 所示。

⑫ 鼠标单击夹点，拖动图形，测试图块是否设置成功，如图 9-74 所示。测试成功后，单击【块编辑器】菜单栏中的【保存】按钮，将编辑好的动态块保存。

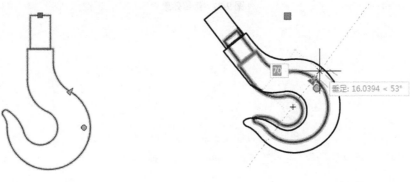

图 9-73　测试块

图 9-74　测试效果

⑬ 输入 Ctrl+3，弹出选项板【工具】，用右键单击左列的按钮，选择【新建选项板】，如图 9-75 所示。

⑭ 设置新选项板名字"自制图块"，光标选择"吊钩"图块，按住左键将图块拖入【工具选项板】中，如图 9-76 所示。

图 9-75　【工具选项板】

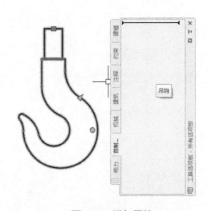

图 9-76　添加图块

⑮ 创建完毕，最终效果如图 9-77 所示。

图 9-77　最终效果

第10章
图形约束

图形约束是从 AutoCAD2010 版本开始新增的一大功能，这将大大改变在 AutoCAD 中绘制图形的思路和方式。图形约束能够使设计更加方便，也是今后设计领域的发展趋势。常用的约束有几何约束和尺寸约束两种，其中几何约束用于控制对象的关系；尺寸约束用于控制对象的距离、长度、角度和半径值。

10.1 几何约束

几何约束用来定义图形元素和确定图形元素之间的关系。几何约束类型包括重合、共线、平行、垂直、同心、相切、相等、对称、水平和竖直等。

10.1.1 重合约束

【重合】约束用于强制使两个点或一个点和一条直线重合。执行【重合】约束命令有以下方法。

▷ 功能区：单击【参数化】选项卡中【几何】面板上的【重合】按钮 ⁝。
▷ 菜单栏：执行【参数】|【几何约束】|【重合】命令。

执行该命令后，根据命令行的提示，选择不同的两个对象上的第一个和第二个点，将第二个点与第一个点重合，如图 10-1 所示。

10.1.2 共线约束

【共线】约束用于约束两条直线，使其位于同一直线上。执行【共线】约束命令有以下方法。

▷ 功能区：单击【参数化】选项卡中【几何】面板上的【共线】按钮 ⁄。
▷ 菜单栏：执行【参数】|【几何约束】|【共线】命令。

执行该命令后，根据命令行的提示，选择第一个和第二个对象，将第二个对象与第一个对象共线，如图 10-2 所示。

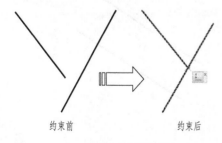

图 10-1　重合约束

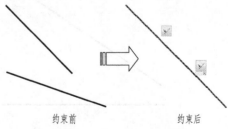

图 10-2　共线约束

10.1.3 同心约束

【同心】约束用于约束选定的圆、圆弧或者椭圆，使其具有相同的圆心点。执行【同心】约束命令有以下方法。

▶ 功能区：单击【参数化】选项卡中【几何】面板上的【同心】按钮◎。

▶ 菜单栏：执行【参数】|【几何约束】|【同心】命令。

执行该命令后，根据命令行的提示，分别选择第一个和第二个圆弧或圆对象，第二个圆弧或圆对象将会进行移动，与第一个对象具有同一个圆心，如图 10-3 所示。

10.1.4 固定约束

【固定】约束用于约束一个点或一条曲线，使其固定在相对于世界坐标系（WCS）的特定位置和方向上。执行【固定】约束命令有以下方法。

▶ 功能区：单击【参数化】选项卡中【几何】面板上的【固定】按钮🔒。

▶ 菜单栏：执行【参数】|【几何约束】|【固定】命令。

执行该命令后，根据命令行的提示，选择对象上的点，对对象上的点应用固定约束将节点锁定，但仍然可以移动该对象，如图 10-4 所示。

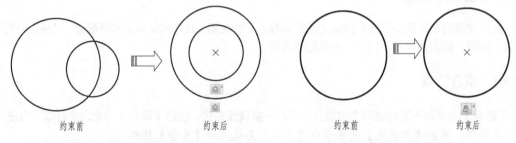

图 10-3　同心约束　　　　　　　　　　　　　图 10-4　固定约束

10.1.5 平行约束

【平行】约束用于约束两条直线，使其保持相互平行。执行【平行】约束命令有以下方法。

▶ 功能区：单击【参数化】选项卡中【几何】面板上的【平行】按钮∥。

▶ 菜单栏：执行【参数】|【几何约束】|【平行】命令。

执行该命令后，根据命令行的提示，依次选择要进行平行约束的两个对象，第二个对象将被设为与第一个对象平行，如图 10-5 所示。

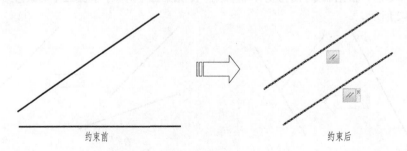

图 10-5　平行约束

10.1.6 垂直约束

【垂直】约束用于约束两条直线，使其夹角始终保持 90°。执行【垂直】约束命令有以下方法。

▷ 功能区：单击【参数化】选项卡中【几何】面板上的【垂直】按钮 ⊻ 。
▷ 菜单栏：执行【参数】|【几何约束】|【垂直】命令。

执行该命令后，根据命令行的提示，依次选择要进行垂直约束的两个对象，第二个对象将被设为与第一个对象垂直，如图 10-6 所示。

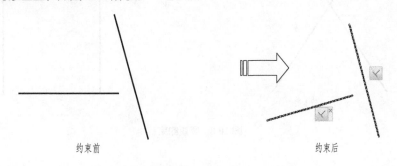

图 10-6　垂直约束

10.1.7 水平约束

【水平】约束用于约束一条直线或一对点使其与当前 UCS 的 X 轴保持平行。执行【水平】约束命令有以下方法。

▷ 功能区：单击【参数化】选项卡中【几何】面板上的【水平】按钮 ⯈ 。
▷ 菜单栏：执行【参数】|【几何约束】|【水平】命令。

执行该命令后，根据命令行的提示，选择要进行水平约束的直线，直线将会自动水平放置，如图 10-7 所示。

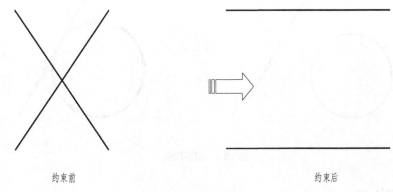

图 10-7　水平约束

10.1.8 竖直约束

【竖直】约束用于约束一条直线或一对点使其与当前 UCS 的 Y 轴保持平行。执行【竖直】约束命令有以下方法。

▷ 功能区：单击【参数化】选项卡中【几何】面板上的【竖直】按钮 ⏐ 。
▷ 菜单栏：执行【参数】|【几何约束】|【竖直】命令。

执行该命令后，根据命令行的提示，选择要置为竖直的直线，直线将会自动竖直放置，如图 10-8 所示。

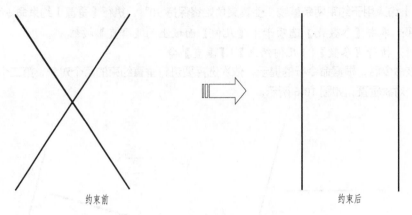

约束前　　　　　　　　　　　　　约束后

图 10-8　竖直约束

10.1.9　相切约束

【相切】约束用于约束两条曲线，或是一条直线和一段曲线（圆、圆弧等），使其彼此相切或其延长线彼此相切。执行【相切】约束命令有以下方法。

▷　功能区：单击【参数化】选项卡中【几何】面板上的【相切】按钮。

▷　菜单栏：执行【参数】|【几何约束】|【相切】命令。

执行该命令后，根据命令行的提示，依次选择要相切的两个对象，使第二个对象与第一个对象相切于一点，如图 10-9 所示。

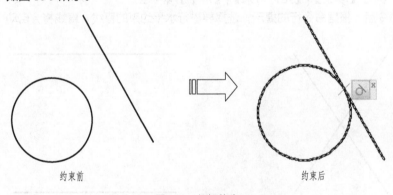

约束前　　　　　　　　　　　　　约束后

图 10-9　相切约束

10.1.10　平滑约束

【平滑】约束用于约束一条样条曲线，使其与其他样条曲线、直线、圆弧或多段线彼此相连并保持平滑连续。执行【平滑】约束命令有以下方法。

▷　功能区：单击【参数化】选项卡中【几何】面板上的【平滑】按钮。

▷　菜单栏：执行【参数】|【几何约束】|【平滑】命令。

执行该命令后，根据命令行的提示，首先选择第一个曲线对象，然后选择第二个曲线对象，两个对象将转换为相互连续的曲线，如图 10-10 所示。

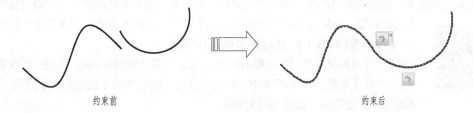

图 10-10　平滑约束

10.1.11　对称约束

【对称】约束用于约束两条曲线或者两个点，使其以选定直线为对称轴彼此对称。执行【对称】约束命令有以下方法。

▷　功能区：单击【参数化】选项卡中【几何】面板上的【对称】按钮 []。

▷　菜单栏：执行【参数】|【几何约束】|【对称】命令。

执行该命令后，根据命令行的提示，依次选择第一个和第二个图形对象，然后选择对称直线，即可将选定对象关于选定直线对称，如图 10-11 所示。

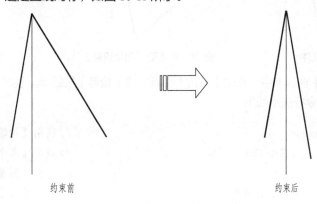

约束前　　　　　　　　　　　　约束后

图 10-11　对称约束

10.1.12　相等约束

【相等】约束用于约束两条直线或多段线，使其具有相同的长度，或约束圆弧和圆使其具有相同的半径值。执行【相等】约束命令有以下方法。

▷　功能区：单击【参数化】选项卡中【几何】面板上的【相等】按钮 =。

▷　菜单栏：执行【参数】|【几何约束】|【相等】命令。

执行该命令后，根据命令行的提示，依次选择第一个和第二个图形对象，第二个对象即可与第一个对象相等，如图 10-12 所示。

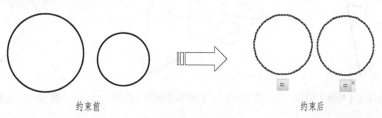

约束前　　　　　　　　　　　　约束后

图 10-12　相等约束

在某些情况下，应用约束时两个对象选择的顺序非常重要。通常所选的第二个对象会根据第一个对象调整。例如应用平行约束时，选择第二个对象将调整为平行于第一个对象。

【操作实例 10-1】：通过约束修改几何图形

① 打开素材文件"第 10 章\10-1 通过约束修改几何图形.dwg"，如图 10-13 所示。

② 在【参数化】选项卡中，单击【几何】面板中的【自动约束】按钮，对图形添加重合约束，如图 10-14 所示。

③ 在【参数化】选项卡中，单击【几何】面板中的【固定】按钮，选择直线上任意一点，为三角形的一边创建固定约束，如图 10-15 所示。

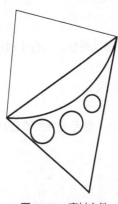
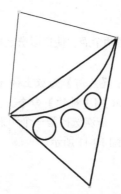
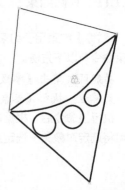

图 10-13　素材文件　　　　图 10-14　创建【自动约束】　　　　图 10-15　【固定】约束

④ 在【参数化】选项卡中，单击【几何】面板中的【相等】按钮，为三个圆创建相等约束，如图 10-16 所示。命令行提示如下。

命令: _GcEqual↙	//调用【相等】约束命令
选择第一个对象或 [多个(M)]: M	//激活【多个】对象选项
选择第一个对象:	//选择左侧圆为第一个对象
选择对象以使其与第一个对象相等:	//选择第二个圆
选择对象以使其与第一个对象相等:	//选择第三个圆，并按 Enter 键结束操作

⑤ 按空格键重复命令操作，将三角形的边创建相等约束，如图 10-17 所示。

⑥ 在【参数化】选项卡中，单击【几何】面板中的【相切】按钮，选择相切关系的圆、直线边和圆弧，将其创建相切约束，如图 10-18 所示。

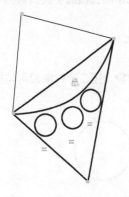
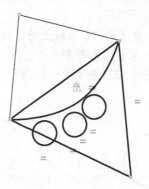
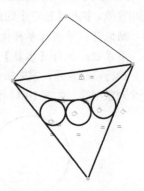

图 10-16　为圆创建【相等】约束　　　图 10-17　为边创建【相等】约束　　　图 10-18　创建【相切】约束

⑦ 在【参数化】选项卡中，单击【标注】面板中的【对齐】按钮🔒和【角度】按钮🔒，对三角形边创建对齐约束、圆弧圆心辅助线的角度约束，结果如图 10-19 所示。

⑧ 在【参数化】选项卡中，单击【管理】面板中的【参数管理器】按钮 fx，在弹出的【参数管理器】选项板中修改标注约束参数，结果如图 10-20 所示。

⑨ 关闭【参数管理器】选项板，此时可以看到绘图区中图形也发生了相应的变化，完善几何图形结果如图 10-21 所示。

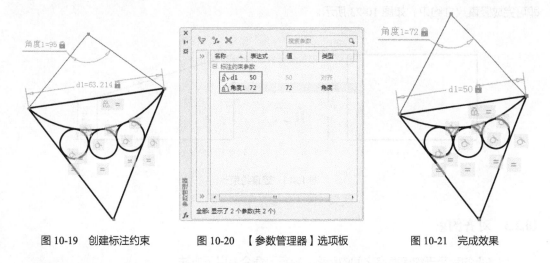

图 10-19 创建标注约束　　　　图 10-20 【参数管理器】选项板　　　　图 10-21 完成效果

10.2 尺寸约束

尺寸约束用于控制二维对象的大小、角度以及两点之间的距离，改变尺寸约束将驱动对象发生相应变化。尺寸约束类型包括对齐约束、水平约束、竖直约束、半径约束、直径约束以及角度约束等。

10.2.1 水平约束

【水平】约束用于约束两点之间的水平距离。执行该命令有以下方法。

▷　功能区：单击【参数化】选项卡中【标注】面板上的【水平】按钮🔲。
▷　菜单栏：执行【参数】|【标注约束】|【水平】命令。

执行该命令后，根据命令行的提示，分别指定第一个约束点和第二个约束点，然后修改尺寸值，即可完成水平尺寸约束，如图 10-22 所示。

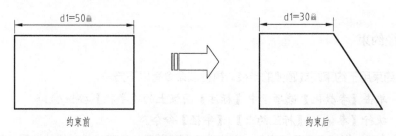

图 10-22 水平约束

10.2.2 竖直约束

【竖直】约束用于约束两点之间的竖直距离。执行该命令有以下方法。

- ◉ 功能区：单击【参数化】选项卡中【标注】面板上的【竖直】按钮 ⬚I。
- ◉ 菜单栏：执行【参数】|【标注约束】|【竖直】命令。

执行该命令后，根据命令行的提示，分别指定第一个约束点和第二个约束点，然后修改尺寸值，即可完成竖直尺寸约束，如图 10-23 所示。

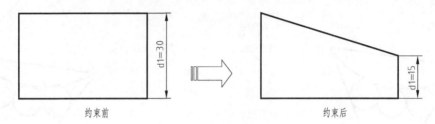

图 10-23　竖直约束

10.2.3 对齐约束

【对齐】约束用于约束两点之间的距离。执行该命令有以下方法。

- ◉ 功能区：单击【参数化】选项卡中【标注】面板上的【对齐】按钮 ⬚。
- ◉ 菜单栏：执行【参数】|【标注约束】|【对齐】命令。

执行该命令后，根据命令行的提示，分别指定第一个约束点和第二个约束点，然后修改尺寸值，即可完成对齐尺寸约束，如图 10-24 所示。

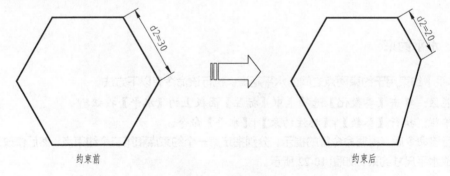

图 10-24　对齐约束

10.2.4 半径约束

【半径】约束用于约束圆或圆弧的半径。执行该命令有以下方法。

- ◉ 功能区：单击【参数化】选项卡中【标注】面板上的【半径】按钮 ⬚。
- ◉ 菜单栏：执行【参数】|【标注约束】|【半径】命令。

执行该命令后，根据命令行的提示，首先选择圆或圆弧，再确定尺寸线的位置，然后修改半径值，即可完成半径尺寸约束，如图 10-25 所示。

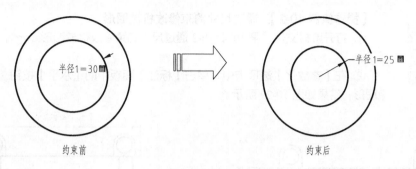

图 10-25　半径约束

10.2.5　直径约束

【直径】约束用于约束圆或圆弧的直径。执行该命令有以下方法。

- ▶　功能区：单击【参数化】选项卡中【标注】面板上的【直径】按钮 。
- ▶　菜单栏：执行【参数】|【标注约束】|【直径】命令。

执行该命令后，根据命令行的提示，首先选择圆或圆弧，接着指定尺寸线的位置，然后修改直径值，即可完成直径尺寸约束，如图 10-26 所示。

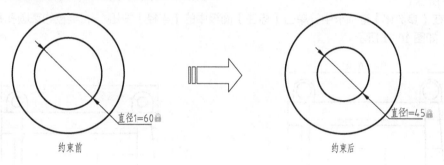

图 10-26　直径约束

10.2.6　角度约束

【角度】约束用于约束直线之间的角度或圆弧的包含角。执行该命令有以下方法。

- ▶　功能区：单击【参数化】选项卡中【标注】面板上的【角度】按钮 。
- ▶　菜单栏：执行【参数】|【标注约束】|【角度】命令。

执行该命令后，根据命令行的提示，首先指定第一条直线和第二条直线，然后指定尺寸线的位置，然后修改角度值，即可完成角度尺寸约束，如图 10-27 所示。

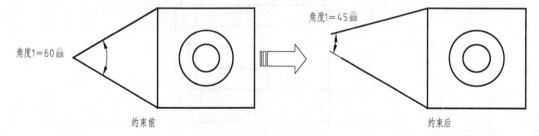

图 10-27　角度约束

【操作实例 10-2】：通过尺寸约束修改机械图形

① 打开素材文件"第 10 章\10-2 通过尺寸约束修改机械图形.dwg"，如图 10-28 所示。

② 在【参数化】选项卡中，单击【标注】面板中的【水平】按钮 ，水平约束图形，结果如图 10-29 所示。

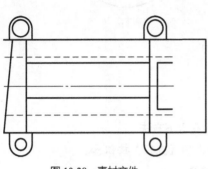

图 10-28 素材文件

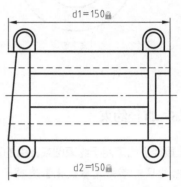

图 10-29 【水平】约束

③ 在【参数化】选项卡中，单击【标注】面板中的【竖直】按钮 ，竖直约束图形，结果如图 10-30 所示。

④ 在【参数化】选项卡中，单击【标注】面板中的【半径】按钮 ，半径约束圆孔并修改相应参数，如图 10-31 所示。

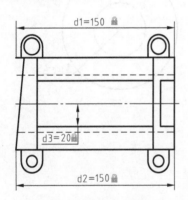

图 10-30 【竖直】约束

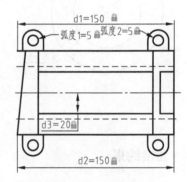

图 10-31 【半径】约束

⑤ 在【参数化】选项卡中，单击【标注】面板中的【角度】按钮 ，为图形添加角度约束，结果如图 10-32 所示。

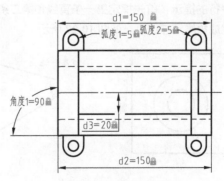

图 10-32 【角度】约束

第2篇 精通篇

10.3　编辑约束

参数化绘图中的几何约束和尺寸约束可以进行编辑，以下对其进行讲解。

10.3.1　编辑几何约束

在参数化绘图中添加几何约束后，对象旁会出现约束图标。将光标移动到图形对象或图标上，此时相关的对象及图标将亮显。然后可以对添加到图形中的几何约束进行显示、隐藏以及删除等操作。

（1）全部显示几何约束

单击【参数化】选项卡中【几何】面板中的【全部显示】按钮 ，即可将图形中所有的几何约束显示出来，如图 10-33 所示。

（2）全部隐藏几何约束

单击【参数化】选项卡中【几何】面板中的【全部隐藏】按钮 ，即可将图形中所有的几何约束隐藏，如图 10-34 所示。

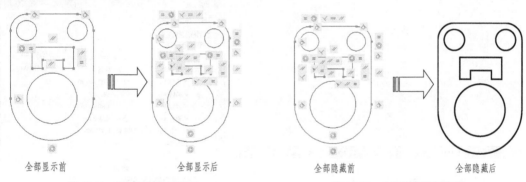

全部显示前　　　　　　全部显示后　　　　　　全部隐藏前　　　　　　全部隐藏后

图 10-33　全部显示几何约束　　　　　　　图 10-34　全部隐藏几何约束

（3）隐藏几何约束

将光标放置在需要隐藏的几何约束上，该约束将亮显，单击鼠标右键，系统弹出右键快捷菜单，如图 10-35 所示。选择快捷菜单中的【隐藏】命令，即可将该几何约束隐藏，如图 10-36 所示。

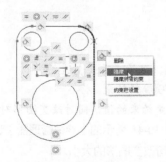
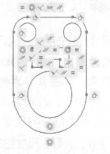

图 10-35　选择需隐藏的几何约束　　　　　　图 10-36　隐藏几何约束

（4）删除几何约束

将光标放置在需要删除的几何约束上，该约束将亮显，单击鼠标右键，系统弹出右键快捷菜单，如图 10-37 所示。选择快捷菜单中的【删除】命令，即可将该几何约束删除，如图 10-38 所示。

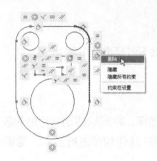

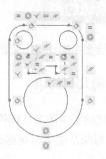

图 10-37　选择需删除的几何约束　　　　　　图 10-38　删除几何约束

（5）约束设置

单击【参数化】选项卡中【几何】面板或【标注】面板右下角的小箭头，如图 10-39 所示，系统将弹出一个如图 10-40 所示的【约束设置】对话框。通过该对话框可以设置约束栏图标的显示类型以及约束栏图标的透明度。

图 10-39　快捷菜单　　　　　　　　　图 10-40　【约束设置】对话框

10.3.2　编辑尺寸约束

编辑尺寸标注的方法有以下 3 种。

- ◉ 双击尺寸约束或利用 DDEDIT 命令编辑约束的值、变量名称或表达式。
- ◉ 选中约束，单击鼠标右键，利用快捷菜单中的选项编辑约束。
- ◉ 选中尺寸约束，拖动与其关联的三角形关键点改变约束的值，同时改变图形对象。

执行【参数】|【参数管理器】命令，系统弹出如图 10-41 所示的【参数管理器】选项板。在该选项板中列出了所有的尺寸约束，修改表达式的参数即可改变图形的大小。

执行【参数】|【约束设置】命令，系统弹出如图 10-42 所示的【约束设置】对话框，在其中可以设置标注名称的格式、是否为注释性约束显示锁定图标和是否为对象显示隐藏的动态约束。图 10-43 为取消为注释性约束显示锁定图标的前后效果对比。

图 10-41 【参数管理器】选项板

图 10-42 【约束设置】对话框

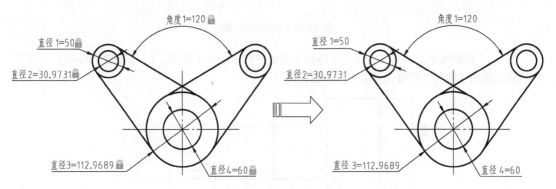

图 10-43 取消为注释性约束显示锁定图标的前后效果对比

【操作实例 10-3】：创建参数化图形

通过常规方法绘制好的图形，在进行修改的时候，只能操作一步、修改一步，不能达到"一改俱改"的目的。对于日益激烈的工作竞争来说，这种效率绝对是难以满足要求的。因此可以考虑将大部分图形进行参数化，使得各个尺寸互相关联，这样就可以做到"一改俱改"。

① 打开素材文件"第 10 章\10-3 创建参数化图形.dwg"，其中已经绘制好了一螺钉示意图，如图 10-44 所示。

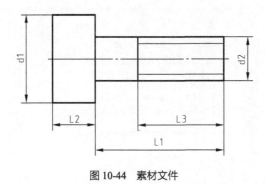

图 10-44 素材文件

② 该图形即是使用常规方法创建的图形，对图形中的尺寸进行编辑修改时，不会对整体图形产生影响。如调整 d2 部分尺寸大小时，d1 不会发生改变，即使出现 d2>d1 这种不合理的情况。而对该图形进行参数化后，即可避免这种情况。

③ 删除素材图中的所有尺寸标注。

④ 在【参数化】选项卡中，单击【几何】面板中的【自动约束】按钮 ，框选整个图形并按 Enter 键确认，即可为整个图形快速添加约束，操作结果如图 10-45 所示。

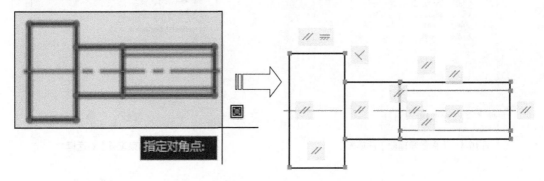

图 10-45　创建几何约束

⑤ 在【参数化】选项卡中，单击【标注】面板中的【线性】按钮 ，根据图 10-46 所示的尺寸，依次添加线性尺寸约束，并修改其参数名称。

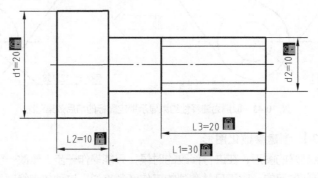

图 10-46　添加尺寸约束

⑥ 在【参数化】选项卡中，单击【管理】面板中的【参数管理权】按钮 f_x，打开【参数管理器】对话框，在 L3 栏中输入表达式"L1*2/3"，再在 d1 栏中输入表达式"2*d2"、L2 栏中输入"d2"，如图 10-47 所示。

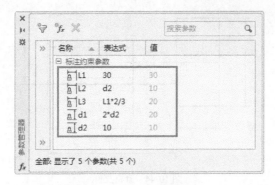

图 10-47　将尺寸参数相关联

⑦ 这样添加的表达式，即表示 L3 的长度始终为 L1 的 2/3，d1 的尺寸始终为 d2 的 2 倍，同时 L2 段的长度数值与 d2 数值相等。

⑧ 单击【参数管理器】对话框左上角的"关闭"按钮，退出参数管理器，此时可见图形的约束尺寸变成了"fx"开头的参数尺寸，如图10-48所示。

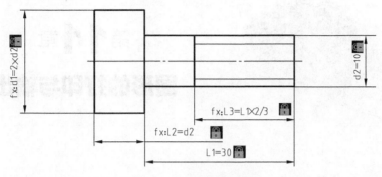

图 10-48　尺寸参数化后的图形

⑨ 此时可以双击 L1 或 d2 处的尺寸约束，然后输入新的数值，如 d2=20、L1=90，则可以快速得到新图形如图 10-49 所示。

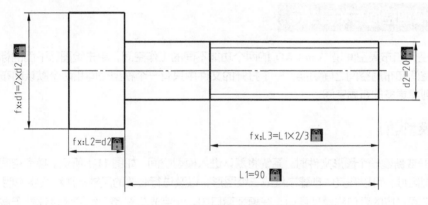

图 10-49　调整参数即可改变图形

⑩ 可以看到只需输入不同的数值，便可以得到全新的正确图形，无疑大大提高了绘图效率，对于标准化图纸来说尤其有效。

·第**11**章·

图形的打印与输出

当完成所有的设计和制图工作之后，就需要将图形文件通过绘图仪或打印机输出为图样。本章主要讲述 AutoCAD 出图过程中涉及的一些问题，包括模型空间与图样空间的转换、打印样式、打印比例设置等。

11.1 模型空间与布局空间

模型空间和布局空间是 AutoCAD 的两个功能不同的工作空间，单击绘图区下面的标签页，可以在模型空间和布局空间之间切换，一个打开的文件中只有一个模型空间和两个默认的布局空间，用户也可创建更多的布局空间。

11.1.1 模型空间

当打开或新建一个图形文件时，系统将默认进入模型空间，如图 11-1 所示。模型空间是一个无限大的绘图区域，可以在其中创建二维或三维图形，以及进行必要的尺寸标注和文字说明。

模型空间对应的窗口称模型窗口，在模型窗口中，十字光标在整个绘图区域都处于激活状态，并且可以创建多个不重复的平铺视口，以展示图形的不同视口，如在绘制机械三维图形时，可以创建多个视口，以从不同的角度观测图形。在一个视口中对图形做出修改后，其他视口也会随之更新，如图 11-2 所示。

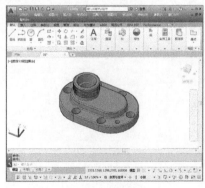

图 11-1 模型空间

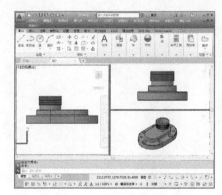

图 11-2 模型空间的视口

11.1.2 布局空间

布局空间又称为图纸空间，主要用于出图。模型建立后，需要将模型打印到纸面上形成图样。

使用布局空间可以方便地设置打印设备、纸张、比例尺、图样布局，并预览实际出图的效果，如图11-3所示。

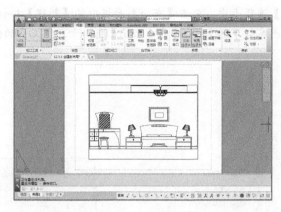

图11-3　布局空间

布局空间对应的窗口称布局窗口，可以在同一个AutoCAD文档中创建多个不同的布局图，单击工作区左下角的各个布局按钮，可以从模型窗口切换到各个布局窗口，当需要将多个视图放在同一张图样上输出时，布局就可以很方便地控制图形的位置、输出比例等参数。

11.1.3　空间管理

右击绘图窗口下【模型】或【布局】选项卡，在弹出的快捷菜单中选择相应的命令，可以对布局进行删除、新建、重命名、移动、复制、页面设置等操作，如图11-4所示。

（1）空间的切换

在模型中绘制完图样后，若需要进行布局打印，可单击绘图区左下角的布局空间选项卡（即【布局1】和【布局2】）进入布局空间，对图样打印输出的布局效果进行设置。设置完毕后，单击【模型】选项卡即可返回到模型空间，如图11-5所示。

图11-4　布局快捷菜单

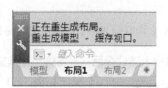

图11-5　空间切换

（2）创建新布局

布局是一种图纸空间环境，它模拟显示图纸页面，提供直观的打印设置，主要用来控制图形的输出，布局中所显示的图形与图纸页面上打印出来的图形完全一样。

调用【创建布局】的方法如下。

⊘ 菜单栏：执行【工具】|【向导】|【创建布局】命令，如图 11-6 所示。

⊘ 命令行：在命令行中输入 LAYOUT。

⊘ 功能区：在【布局】选项卡中，单击【布局】面板中的【新建】按钮，如图 11-7 所示。

⊘ 快捷方式：右击绘图窗口下的【模型】或【布局】选项卡，在弹出的快捷菜单中，选择【新建布局】命令。

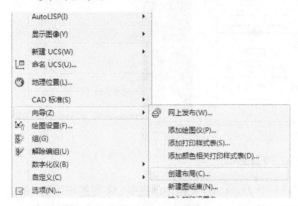

图 11-6 【菜单栏】调用【创建布局】命令　　　　图 11-7 【功能区】调用【新建布局】命令

【创建布局】的操作过程与新建文件相差无几，同样可以通过功能区中的选项卡来完成。

（3）插入样板布局

在 AutoCAD 中，提供了多种样板布局供用户使用。其创建方法如下。

⊘ 菜单栏：执行【插入】|【布局】|【来自样板的布局】命令，如图 11-8 所示。

⊘ 功能区：在【布局】选项卡中，单击【布局】面板中的【从样板】按钮，如图 11-9 所示。

⊘ 快捷方式：右击绘图窗口左下方的布局选项卡，在弹出的快捷菜单中选择【来自样板】命令。

图 11-8 【菜单栏】调用【来自样板的布局】命令　　　图 11-9 【功能区】调用【从样板】命令

执行上述命令后，系将弹出【从文件选择样板】对话框，可以在其中选择需要的样板创建布局。

【操作实例 11-1】：插入样板布局

如果需要将图纸发送至国外的客户，可以尽量采用 AutoCAD 中自带的英制或公制模板。

① 单击【快速访问】工具栏中的【新建】按钮，新建空白文件。

② 在【布局】选项卡中，单击【布局】面板中的【从样板】按钮，系统弹出【从文件选择样板】对话框，如图 11-10 所示。

③ 选择【Tutorial-iArch】样板，单击【打开】按钮，系统弹出【插入布局】对话框，如图 11-11

所示，选择布局名称后单击【确定】按钮。

图 11-10 【从文件选择样板】对话框

图 11-11 【插入布局】对话框

④ 完成样板布局的插入，切换至新创建的【D-Size Layout】布局空间，效果如图 11-12 所示。

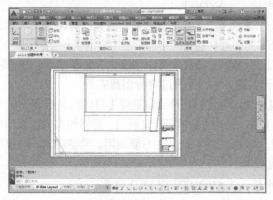

图 11-12　样板空间

（4）布局的组成

布局图中通常存在 3 个边界，如图 11-13 所示，最外层的是纸张边界，是由【纸张设置】中的纸张类型和打印方向确定的。再靠里面的是一个虚线线框打印边界，其作用就好像 Word 文档中的页边距一样，只有位于打印边界内部的图形才会被打印出来。位于图形四周的实线线框为视口边界，边界内部的图形就是模型空间中的模型，视口边界的大小和位置是可调的。

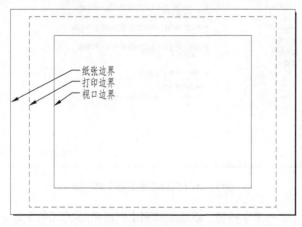

图 11-13　布局图的组成

11.2 布局图样

在正式出图之前，需要在布局窗口中创建好布局图，并对绘图设备、打印样式、纸张、比例尺和视口等进行设置。布局图显示的效果就是图样打印的实际效果。

11.2.1 创建布局

打开一个新的 AutoCAD 图形文件时，就已经存在了【布局 1】和【布局 2】。在布局图标签上右击，弹出快捷菜单。在弹出的快捷菜单中选择【新建布局】命令，通过该方法，可以新建更多的布局图。【创建布局】命令的方法如下。

- ▷ 菜单栏：执行【插入】|【布局】|【新建布局】命令。
- ▷ 功能区：在【布局】选项卡中，单击【布局】面板中的【新建】按钮 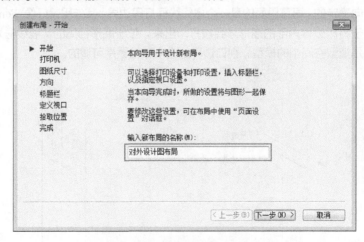。
- ▷ 命令行：在命令行中输入 LAYOUT。
- ▷ 快捷方式：在【布局】选项卡上单击鼠标右键，在弹出的快捷菜单中选择【新建布局】命令。

上述介绍的方法所创建的布局，都与图形自带的【布局 1】与【布局 2】相同，如果要创建新的布局格式，只能通过布局向导来创建。下面通过一个例子来进行介绍。

【操作实例 11-2】：通过向导创建布局

通过使用向导创建布局可以选择【打印机／绘图仪】、定义【图纸尺寸】、插入【标题栏】等，此外还能够自定义视口，能够使模型在视口中显示完整。这些定义能够被创建为模板文件（.dwt），方便调用。要使用向导创建布局，可以按以下方法来激活 LAYOUTWIZARD 命令。

- ▷ 方法一：在命令行中输入 LAYOUTWIZARD 回车。
- ▷ 方法二：单击【插入】菜单，在弹出的下拉菜单中选择【布局】|【创建布局向导】命令。
- ▷ 方法三：单击【工具】菜单，在弹出的下拉菜单中选择【向导】|【创建布局】命令。

① 新建空白文档，然后按上述三种方法执行命令后，系统弹出【创建布局-开始】对话框，在【输入新布局的名称】文本框中输入名称，如图 11-14 所示。

图 11-14 【创建布局-开始】对话框

② 单击对话框的【下一步】按钮，系统跳转到【创建布局-打印机】对话框，在绘图仪列表中选择合适的选项，如图 11-15 所示。

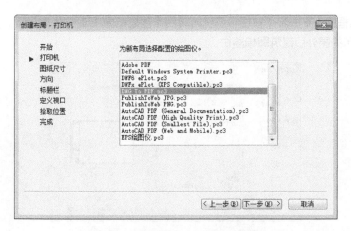

图 11-15 【创建布局-打印机】对话框

③ 单击对话框的【下一步】按钮，系统跳转到【创建布局-图纸尺寸】对话框，在图纸尺寸下拉列表中选择合适的尺寸，尺寸根据实际图纸的大小来确定，这里选择 A4 图纸，并设置图形单位为【毫米】，如图 11-16 所示。

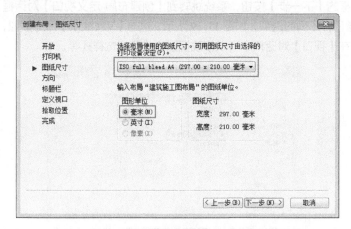

图 11-16 【创建布局-图纸尺寸】对话框

④ 单击对话框的【下一步】按钮，系统跳转到【创建布局-方向】对话框，一般选择图形方向为【横向】，如图 11-17 所示。

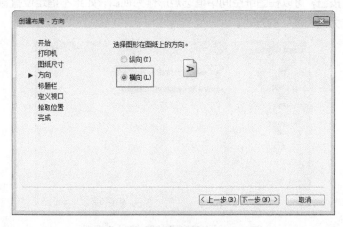

图 11-17 【创建布局-方向】对话框

⑤ 单击对话框的【下一步】按钮，系统跳转到【创建布局-标题栏】对话框，如图 11-18 所示，此处选择系统自带的国外版建筑图标题栏。

图 11-18 【创建布局-标题栏】对话框

设计点拨：用户也可以自行创建标题栏文件，然后放至路径"C:\Users\Administrator\AppData\Local\Autodesk\AutoCAD2019\R20.1\chs\Template"中。可以控制以图块或外部参照的方式创建布局。

⑥ 单击对话框的【下一步】按钮，系统跳转到【创建布局-定义视口】对话框，在【视口设置】选项框中可以设置四种不同的选项，如图 11-19 所示。这与【VPORTS】命令类似，在这里可以设置【阵列】视口，而在【视口】对话框中可以修改视图样式和视觉样式等。

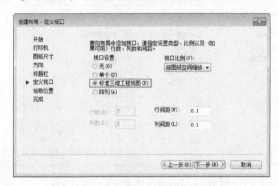

图 11-19 【创建布局-定义视口】对话框

⑦ 单击对话框的【下一步】按钮，系统跳转到【创建布局-拾取位置】对话框，如图 11-20 所示。单击【选择位置】按钮，可以在图纸空间中框选矩形作为视口，如果不指定位置直接单击【下一步】按钮，系统会默认为"布满"的方式。

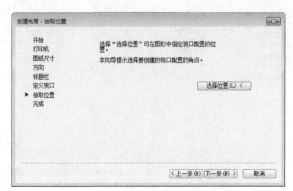

图 11-20 【创建布局-拾取位置】对话框

⑧ 单击对话框中【下一步】按钮，系统跳转到【创建布局-完成】对话框，再单击对话框中【完成】按钮，结束整个布局的创建。

11.2.2　调整布局

创建好一个新的布局图后，接下来的工作就是对布局图中的图形位置和大小进行调整和布置。

（1）调整视口

视口的大小和位置是可以调整的，视口边界实际上是在图样空间中自动创建的一个矩形图形对象，单击视口边界，4 个角点上出现夹点，可以利用夹点拉伸的方法调整视口，如图 11-21 所示。

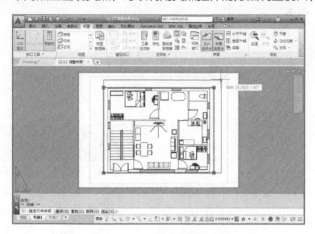

图 11-21　利用夹点调整视口

如果出图时只需要一个视口，通常可以调整视口边界到充满整个打印边界。

（2）设置图形比例

设置比例尺是出图过程中最重要的一个步骤，该比例尺反映了图上距离和实际距离的换算关系。

AutoCAD 制图和传统纸面制图在设置比例尺这一步骤上有很大的不同。传统制图的比例尺一开始就已经确定，并且绘制的是经过比例换算后的图形。而在 AutoCAD 建模过程中，在模型空间中始终按照 1∶1 的实际尺寸绘图。只有在出图时，才按照比例尺将模型缩小到布局图上进行出图。

如果需要观看当前布局图的比例尺，首先应在视口内部双击，使当前视口内的图形处于激活状态，然后单击工作区间右下角的【图样】/【模型】切换开关，将视口切换到模式空间状态。然后打开【视口】工具栏，在该工具栏右边文本框中显示的数值，就是图样空间相对于模型空间的比例尺，同时也是出图时的最终比例。

（3）在图样空间中增加图形对象

有时候需要在出图时添加一些不属于模型本身的内容，例如制图说明、图例符号、图框、标题栏、会签栏等，此时可以在布局空间状态下添加这些对象，这些对象只会添加到布局图中，而不会添加到模型空间中。

11.3　打印出图

打印出图之前还需设定好页面，其是出图准备过程中的最后一个步骤。打印的图形在进行布局之前，先要对布局的页面进行设置，以确定出图的纸张大小等参数。页面设置包括打印设备、纸张、打印区域、打印方向等参数的设置。页面设置可以命名保存，可以将同一个命名页面设置应用到多个布局图中，也可以从其他图形中输入命名页设置，并将其应用到当前图形的布局中，这样就避免了在每次打印前都反复进行打印设置的麻烦。

页面设置在【页面设置管理器】对话框中进行，调用【新建页面设置】的方法如下。

▷ **菜单栏**: 执行【文件】|【页面设置管理器】命令，如图 11-22 所示。

▷ **命令行**: 在命令行中输入 PAGESETUP。

▷ **功能区**: 在【输出】选项卡中，单击【布局】面板或【打印】面板中的【页面设置管理器】按钮，如图 11-23 所示。

▷ **快捷方式**: 右击绘图窗口下的【模型】或【布局】选项卡，在弹出的快捷菜单中，选择【页面设置管理器】命令。

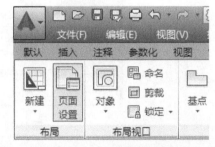

图 11-22 【菜单栏】调用【页面设置管理器】命令　　　图 11-23 【功能区】调用【页面设置管理器】命令

执行该命令后，将打开【页面设置管理器】对话框，如图 11-24 所示，对话框中显示了已存在的所有页面设置的列表。通过右击页面设置或单击右边的工具按钮，可以对页面设置进行新建、修改、删除、重命名和当前页面设置等操作。

单击对话框中的【新建】按钮，新建一个页面，或选中某页面设置后单击【修改】按钮，都将打开如图 11-25 所示的【页面设置-模型】对话框。在该对话框中，可以进行打印设备、图样、打印区域、比例等选项的设置。

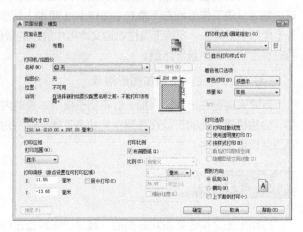

图 11-24 【页面设置管理器】对话框　　　　　　图 11-25 【页面设置-模型】对话框

11.3.1 指定打印设备

【打印机/绘图仪】选项组用于设置出图的绘图仪或打印机。如果打印设备已经与计算机或网络系统正确连接，并且驱动程序也已经正常安装，那么在【名称】下拉列表框中就会显示该打印设备的名称，此时就可以选择该打印设备进行打印。

AutoCAD 将打印介质和打印设备的相关信息储存在后缀名为*.pc3 的打印配置文件中，这些信息包括绘图仪配置设置指定端口信息、光栅图形和矢量图形的质量、图样尺寸以及取决于绘图仪类型的自定义特性。这样使得打印配置可以用于其他 AutoCAD 文档，能够实现共享，避免了反复设置。

单击功能区【输出】选项卡【打印】组面板中【打印】按钮，系统弹出【打印-模型】对话框，如图 11-26 所示。在对话框【打印机／绘图仪】功能框的【名称】下拉列表中选择要设置的名称选项，单击右边的【特性】按钮，系统弹出【绘图仪配置编辑器】对话框，如图 11-27 所示。

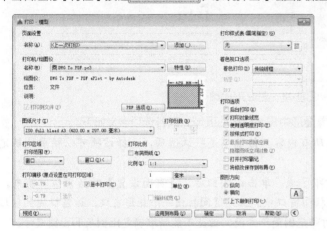

图 11-26 【打印-模型】对话框

图 11-27 【绘图仪配置编辑器】对话框

切换到【设备和文档设置】选项卡，选择各个节点，然后进行更改即可。在这里，如果更改了设置，所做更改将出现在设置名旁边的尖括号 (< >) 中。修改过其值的节点图标上还会显示一个复选标记。

11.3.2 设定图纸尺寸

在【图纸尺寸】下拉列表框中选择打印出图时的纸张类型，控制出图比例。

工程制图的图纸有一定的规范尺寸，一般采用公制 A 系列图纸尺寸，包括 A0、A1、A2 等标准型号，以及 A0+、A1+等加长图纸型号。图纸加长的规定是：可以将长边延长 1/4 或 1/4 的整数倍，最多可以延长至原尺寸的 2 倍，短边不可延长。各型号图纸的尺寸如表 11-1 所示。

表 11-1　标准图纸尺寸

图 纸 型 号	长 宽 尺 寸
A0	1189mm×841mm
A1	841mm×594mm
A2	594mm×420mm
A3	420mm×297mm
A4	297mm×210mm

新建图纸尺寸的步骤为首先在打印机配置文件中新建一个或若干个自定义尺寸，然后保存为新

的打印机配置 pc3 文件。这样，以后需要使用自定义尺寸时，只需要在【打印机/绘图仪】对话框中选择该配置文件即可。

11.3.3　设置打印区域

在使用模型空间打印时，一般在【打印】对话框中设置打印范围，如图 11-28 所示。

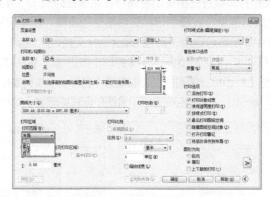

图 11-28　设置打印范围

【打印范围】下拉列表用于确定设置图形中需要打印的区域，其各选项含义如下。

- ⊙　【布局】：打印当前布局图中的所有内容。该选项是默认选项，选择该项可以精确地确定打印范围、打印尺寸和比例。
- ⊙　【窗口】：用窗选的方法确定打印区域。单击该按钮后，【页面设置】对话框暂时消失，系统返回绘图区，可以用鼠标在模型窗口中的工作区间拉出一个矩形窗口，该窗口内的区域就是打印范围。使用该选项确定打印范围简单方便，但是不能精准确定比例尺和出图尺寸。
- ⊙　【范围】：打印模型空间中包含所有图形对象的范围。
- ⊙　【显示】：打印模型窗口当前视图状态下显示的所有图形对象，可以通过 ZOOM 调整视图状态，从而调整打印范围。

在使用布局空间打印图形时，单击【打印】面板中的【预览】按钮🔍，预览当前的打印效果。图签有时会出现部分不能完全打印的状况，如图 11-29 所示，这是因为图签大小超越了图纸可打印区域。可通过【绘图配置编辑器】对话框中的【修改标准图纸所示（可打印区域）】重新设置图纸的可打印区域来解决，如图 11-30 所示的虚线表示了图纸的可打印区域。

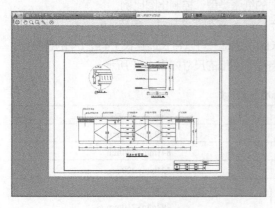

图 11-29　打印预览

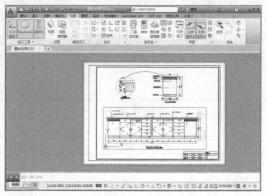

图 11-30　可打印区域

单击【打印】面板中的【绘图仪管理器】按钮，系统弹出【Plotters】对话框，如图 11-31 所示。

双击所设置的打印设备，系统弹出【绘图仪配置编辑器】对话框，在对话框中单击选择【修改标准图纸尺寸（可打印区域）】选项，重新设置图纸的可打印区域，如图 11-32 所示。也可在【打印】对话框中选择打印设备后，再单击右边的【特性】按钮，打开【绘图仪配置编辑器】对话框。

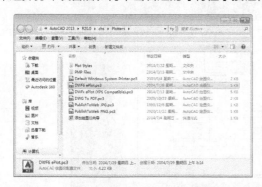

图 11-31　【Plotters】对话框

图 11-32　【绘图仪配置编辑器】对话框

在【修改标准图纸尺寸】栏中选择当前使用的图纸类型（即在【页面设置】对话框中的【图纸尺寸】列表中选择图纸的类型），如图 11-33 所示。

单击【修改】按钮弹出【自定义图纸尺寸-可打印区域】对话框，如图 11-34 所示，分别设置上、下、左、右页边距（使打印范围略大于图框即可），两次单击【下一步】按钮，再单击【完成】按钮，返回【绘图仪配置编辑器】对话框，单击【确定】按钮关闭对话框。

图 11-33　选择图纸类型

图 11-34　【自定义图纸尺寸-可打印区域】对话框

修改图纸可打印区域之后，此时布局如图 11-35 所示（虚线内表示可打印区域）。

在命令行中输入 LAYER，调用【图层特性管理器】命令，系统弹出【图层特性管理器】对话框，将视口边框所在图层设置为不可打印，如图 11-36 所示，这样视口边框将不会被打印。

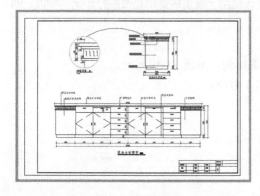

图 11-35　布局效果

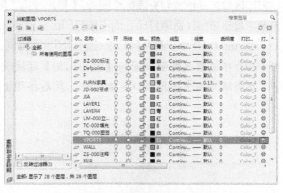

图 11-36　设置视口边框图层属性

再次预览打印效果如图 11-37 所示，图形可以正确打印。

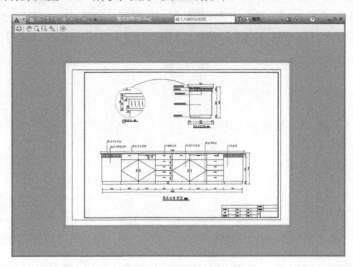

图 11-37　修改后的打印效果

11.3.4　设置打印偏移

【打印偏移】选项组用于指定打印区域偏离图样左下角 X 方向和 Y 方向的偏移值，一般情况下，都要求出图充满整个图样，所以设置 X 和 Y 偏移值均为 0，如图 11-38 所示。

通常情况下打印的图形和纸张的大小一致，不需要修改设置。选中【居中打印】复选框，则图形居中打印。这个【居中】是指在所选纸张大小 A1、A2 等尺寸的基础上居中，也就是 4 个方向上各留空白，而不只是卷筒纸的横向居中。

11.3.5　设置打印比例

（1）打印比例

【打印比例】选项组用于设置出图比例尺。在【比例】下拉列表框中可以精确设置需要出图的比例尺。如果选择【自定义】选项，则可以在下方的文本框中设置与图形单位等价的长度（以英寸计）来创建自定义比例尺。

如果对出图比例尺和打印尺寸没有要求，可以直接选中【布满图样】复选框，这样 AutoCAD 会将打印区域自动缩放到充满整个图样。【缩放线框】复选框用于设置线宽值是否按打印比例缩放。通常要求直接按照线宽值打印，而不按打印比例缩放。

在 AutoCAD 中，有两种方法控制打印出图比例。

➢　在打印设置或页面设置的【打印比例】区域设置比例，如图 11-39 所示。

➢　在图纸空间中使用视口控制比例，然后按照 1∶1 打印。

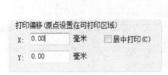

图 11-38　【打印偏移】设置选项

图 11-39　【打印比例】设置选项

（2）图形方向

工程制图大多需要使用大幅的卷筒纸打印，在使用卷筒纸打印时，打印方向包括两个方面的问题：第一，图纸阅读时所说的图纸方向，是横宽还是竖长；第二，图形与卷筒纸的方向关系，是顺着出纸方向还是垂直于出纸方向。

在 AutoCAD 中分别使用图纸尺寸和图形方向来控制最后出图的方向。在【图形方向】区域可以看到小示意图 ，其中白纸表示设置图纸尺寸时选择的图纸尺寸是横宽还是竖长，字母 A 表示图形在纸张上的方向。

11.3.6 指定打印样式表

【打印样式表】下拉列表框用于选择已存在的打印样式，从而非常方便地用设置好的打印样式替代图形对象原有属性，并体现到出图格式中。

11.3.7 设置打印方向

在【图形方向】选项组中选择纵向或横向打印，选中【反向打印】复选框，可以允许在图样中上下颠倒地打印图形。

11.3.8 最终打印

在完成上述的所有设置工作后，就可以开始打印出图了。调用【打印】命令的方法如下。

▶ 功能区：在【输出】选项卡中，单击【打印】面板中的【打印】按钮 。

▶ 菜单栏：执行【文件】|【打印】命令。

▶ 命令行：PLOT。

▶ 快捷操作：Ctrl+P。

在模型空间中，执行【打印】命令后，系统弹出【打印】对话框，如图 11-40 所示，该对话框与【页面设置】对话框相似，可以进行出图前的最后设置。

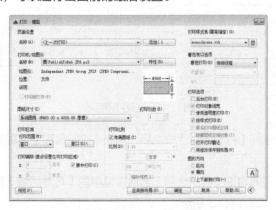

图 11-40 模型空间【打印】对话框

下面通过具体的实例来讲解模型空间打印的具体步骤。

【操作实例 11-3】：零件图打印实例

通过本实例的操作，熟悉布局空间的创建、多视口的创建、视口的调整、打印比例的设置、图形的打印等等。

① 单击【快速访问】工具栏中的【打开】按钮 📂，打开配套资源提供的"第 11 章\11-3 打印零件图.dwg"素材文件，如图 11-41 所示。

② 按 Ctrl+P 组合键，弹出【打印】对话框。然后在【名称】下拉列表框中选择所需的打印机，本例以【DWG To PDF.pc3】打印机为例。该打印机可以打印出 PDF 格式的图形。

③ 设置图纸尺寸。在【图纸尺寸】下拉列表框中选择【ISO full bleed A3（420.00×297.00 毫米）】选项，如图 11-42 所示。

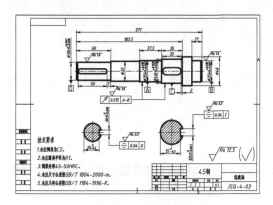

图 11-41　素材文件

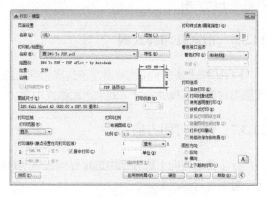

图 11-42　设置图纸尺寸

④ 设置打印区域。在【打印范围】下拉列表框中选择【窗口】选项，系统自动返回至绘图区，然后在其中框选出要打印的区域即可，如图 11-43 所示。

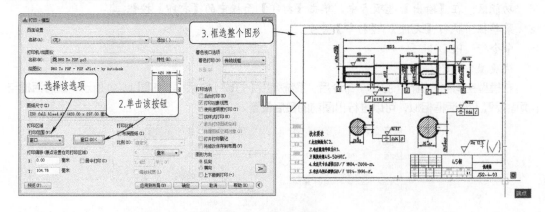

图 11-43　设置打印区域

⑤ 设置打印偏移。返回【打印】对话框之后，勾选【打印偏移】选项区域中的【居中打印】选项，如图 11-44 所示。

⑥ 设置打印比例。取消勾选【打印比例】选项区域中的【布满图纸】选项，然后在【比例】下拉列表中选择 1∶1 选项，如图 11-45 所示。

⑦ 设置图形方向。本例图框为横向放置，因此在【图形方向】选项区域中选择打印方向为【横向】，如图 11-46 所示。

⑧ 打印预览。所有参数设置完成后，单击【打印】对话框左下角的【预览】按钮进行打印预览，效果如图 11-47 所示。

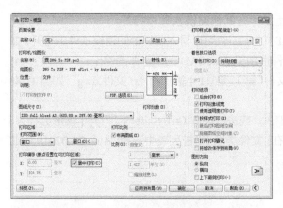

图 11-44 设置打印偏移

图 11-45 设置打印比例

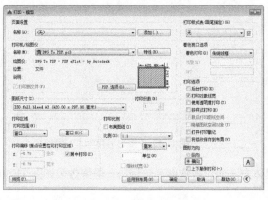

图 11-46 设置图形方向

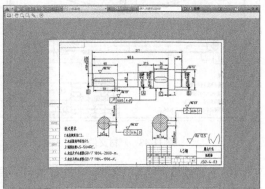

图 11-47 打印预览

⑨ 打印图形。图形显示无误后，便可以在预览窗口中单击鼠标右键，在弹出的快捷菜单中选择【打印】选项，即可输出打印。

11.4　文件的输出

AutoCAD 拥有强大、方便的绘图能力，有时候我们利用其绘图后，需要将绘图的结果用于其他程序，在这种情况下，我们需要将 AutoCAD 图形输出为通用格式的图像文件，如 JPG、PDF 等等。

11.4.1　输出为 dxf 文件

dxf 是 Autodesk 公司开发的用于 AutoCAD 与其他软件之间进行 CAD 数据交换的 CAD 数据文件格式。

dxf 即 Drawing Exchange File(图形交换文件)，这是一种 ASCII 文本文件，它包含对应的 dwg 文件的全部信息，不是 ASCII 码形式，可读性差，但用它形成图形速度快。不同类型的计算机（如 PC 及其兼容机与 SUN 工作站具体不同的 CPU 用总线）哪怕是用同一版本的文件，其 dwg 文件也是不可交换的。为了克服这一缺点，AutoCAD 提供了 dxf 类型文件，其内部为 ASCII 码，这样不同类型的计算机可通过交换 dxf 文件来达到交换图形的目的，由于 dxf 文件可读性好，用户可方便地对它进行修改、编程，达到从外部图形进行编辑、修改的目的。

【操作实例 11-4】：输出 dxf 文件在其他建模软件中打开

将 AutoCAD 图形输出为 dxf 文件后，就可以导入至其他的建模软件中打开，如 UG、Creo、草图大师等。dxf 文件适用于 AutoCAD 的二维草图输出。

① 打开要输出 dxf 的素材文件"第 11 章\11-4 输出为 dxf 文件.dwg"，如图 11-48 所示。

② 单击【快速访问】工具栏【另存为】按钮，或按快捷键 Ctrl+Shift+S，打开【图形另存为】对话框，选择输出路径，输入新的文件名为 9-12，在【文件类型】下拉列表中选择【AutoCAD2019 DXF（*.dxf）】选项，如图 11-49 所示。

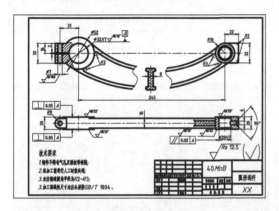

图 11-48　素材文件

图 11-49　【图形另存为】对话框

③ 在建模软件中导入生成 9-12.dxf 文件，具体方法请见各软件有关资料，最终效果如图 11-50 所示。

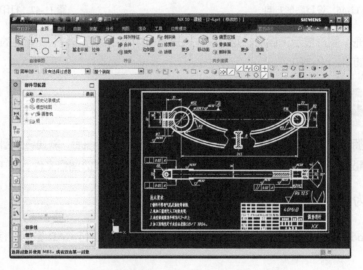

图 11-50　在其他软件（UG）中导入的 dxf 文件

11.4.2　输出为 stl 文件

stl 文件是一种平板印刷文件，可以将实体数据以三角形网格面形式保存，一般用来转换 AutoCAD 的三维模型。近年来发展迅速的 3D 打印技术就需要使用到该种文件格式。除了 3D 打印之外，stl 数据还用于通过沉淀塑料、金属或复合材质的薄图层的连续性来创建对象。生成的部分和模型通常用于以下方面。

➲ 可视化设计概念，识别设计问题。

➲ 创建产品实体模型、建筑模型和地形模型，测试外形、拟合和功能。

➲ 为真空成型法创建主文件。

【操作实例 11-5】：输出 stl 文件并用于 3D 打印

除了专业的三维建模，AutoCAD2019 所提供的三维建模命令也可以使得用户创建出自己想要的模型，并通过输出 stl 文件来进行 3D 打印。

① 打开素材文件"第 11 章\11-5 输出 stl 文件并用于 3D 打印.dwg"，其中已经创建好了一三维模型，如图 11-51 所示。

② 单击【应用程序】按钮 ▲，在弹出的快捷菜单中选择【输出】选项，在右侧的输出菜单中选择【其他格式】命令，如图 11-52 所示。

图 11-51 素材模型

图 11-52 输出其他格式

③ 系统自动打开【输出数据】对话框，在文件类型下拉列表中选择【平板印刷（*.stl）】选项，单击【保存】按钮，如图 11-53 所示。

④ 单击【保存】按钮后系统返回绘图界面，命令行提示选择实体或无间隙网络，手动将整个模型选中，然后单击按 Enter 键完成选择，即可在指定路径生成 stl 文件，如图 11-54 所示。

⑤ 该 stl 文件即可支持 3D 打印，具体方法请参阅 3D 打印的有关资料。

图 11-53 【输出数据】对话框

图 11-54 输出 stl 文件

11.4.3 输出为 PDF 文件

PDF（Portable Document Format 的简称，意为"便携式文档格式"），是由 Adobe Systems 用于与应用程序、操作系统、硬件无关的方式进行文件交换所发展出的文件格式。PDF 文件以 PostScript 语言图像模型为基础，无论在哪种打印机上都可保证精确的颜色和准确的打印效果，即 PDF 会忠实地再现原稿的每一个字符、颜色以及图像。

PDF 文件格式与操作系统平台无关，也就是说，PDF 文件不管是在 Windows、Unix 还是在苹果公司的 Mac OS 操作系统中都是通用的。这一特点使它成为在 Internet 上进行电子文档发行和数字化信息传播的理想文档格式。越来越多的电子图书、产品说明、公司文告、网络资料、电子邮件开始使用 PDF 格式文件。

【操作实例 11-6】：输出 PDF 文件供客户快速查阅

对于 AutoCAD 用户来说，掌握 PDF 文件的输出尤为重要。因为有些客户并非设计专业，在他们的计算机中不会装有 AutoCAD 或者简易的 DWF Viewer，这样进行设计图交流的时候就会很麻烦：直接通过截图的方式交流，截图的分辨率又太低；打印成高分辨率的 jpeg 图形又不好添加批注等信息。这时就可以将 dwg 图形输出为 PDF，既能高清地还原 AutoCAD 图纸信息，又能添加批注，更重要的是 PDF 普及度高，任何平台、任何系统都能有效打开。

① 打开素材文件"第 11 章\11-6 输出 PDF 文件供客户快速查阅.dwg"，其中已经绘制好了一完整图纸，如图 11-55 所示。

② 单击【应用程序】按钮▲，在弹出的快捷菜单中选择【输出】选项，在右侧的输出菜单中选择【PDF】，如图 11-56 所示。

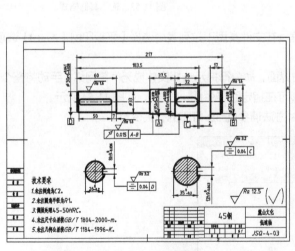

图 11-55　素材模型

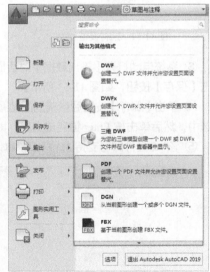

图 11-56　输出 PDF

③ 系统自动打开【另存为 PDF】对话框，在对话框中指定输出路径、文件名，然后在【PDF 预设】下拉列表框中选择【AutoCAD PDF（High Quality Print）】，即"高品质打印"，读者也可以自行选择要输出 PDF 的品质，如图 11-57 所示。

④ 在对话框的【输出】下拉列表中选择【窗口】，系统返回绘图界面，然后点选素材图形的对角点即可，如图 11-58 所示。

图 11-57 【另存为 PDF】对话框

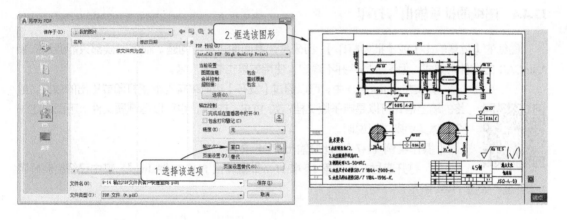

图 11-58 定义输出窗口

⑤ 在对话框的【页面设置】下拉列表中选择【替代】，再单击下方的【页面设置替代】按钮，打开【页面设置替代】对话框，在其中定义好打印样式和图纸尺寸，如图 11-59 所示。

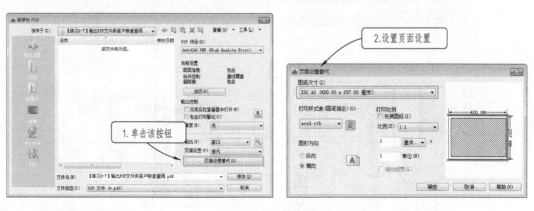

图 11-59 定义页面设置

⑥ 单击【确定】按钮返回【另存为 PDF】对话框，再单击【保存】按钮，即可输出 PDF，效果如图 11-60 所示。

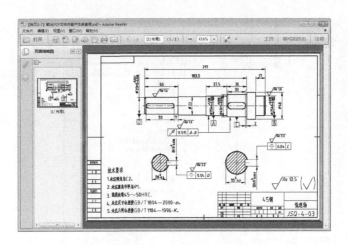

图 11-60　输出的 PDF 效果

11.4.4　图纸的批量输出与打印

图纸的【批量输出】或【批量打印】，历来是读者问询较多的问题。很多时候都只能通过安装 AutoCAD 的插件来完成，但这些插件并不稳定，使用效果也差强人意。

其实在 AutoCAD 中，可以通过【发布】功能来实现批量打印或输出的效果，最终的输出格式可以是电子版文档，如 PDF、DWF，也可以是纸质文件。下面通过一个具体实例来进行说明。

【操作实例 11-7】：批量输出 PDF 文件

① 打开素材文件"第 11 章\11-7 批量输出 PDF 文件.dwg"，其中已经绘制好了 4 张图纸，如图 11-61 所示。

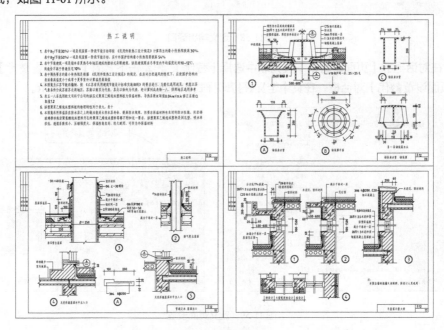

图 11-61　素材文件

② 在状态栏中可以看到已经创建好了对应的 4 个布局，如图 11-62 所示，每一个布局对应一张

图纸，并控制该图纸的打印。

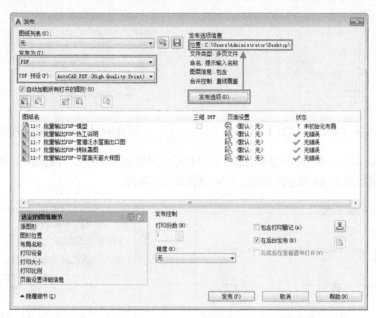

图 11-62　素材创建好的布局

操作技巧：如需打印新的图纸，读者可以自行新建布局，然后分别将各布局中的视口对准至要打印的部分即可。

③ 单击【应用程序】按钮▲，在弹出的快捷菜单中选择【发布】选项，打开【发布】对话框，在【发布为】下拉列表中选择【PDF】选项，在【发布选项】中定义发布位置，如图 11-63 所示。

图 11-63　【发布】对话框

④ 在【图纸名】列表栏中可以查看到要发布为 DWF 的文件，用鼠标右键单击其中的任一文件，在弹出的快捷菜单中选择【重命名图纸】选项，如图 11-64 所示，为图形输入合适的名称，最终效果如图 11-65 所示。

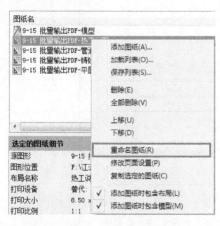

图 11-64　重命名图纸

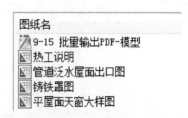

图 11-65　重命名效果

⑤ 设置无误后，单击【发布】对话框中的【发布】按钮，打开【指定 PDF 文件】对话框，在【文件名】文本框中输入发布后 PDF 文件的文件名，单击【选择】即可发布，如图 11-66 所示。

⑥ 如果是第一次进行 PDF 发布，会打开【发布-保存图纸列表】对话框，如图 11-67 所示，单击【否】即可。

图 11-66 【指定 PDF 文件】对话框　　　　　图 11-67 【发布-保存图纸列表】对话框

⑦ 此时 AutoCAD 弹出的对话框如图 11-68 所示，开始处理 PDF 文件的输出；输出完成后在状态栏右下角出现如图 11-69 所示的提示，PDF 文件即输出完成。

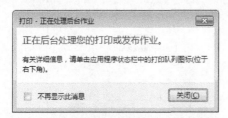

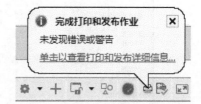

图 11-68 【打印-正在处理后台作业】对话框　　　图 11-69 完成打印和发布作业的提示

⑧ 打开输出后的 PDF 文件，效果如图 11-70 所示。

图 11-70 输出后的效果

第3篇　机械制图篇

· 第**12**章 ·
标准件和常用件的绘制

12.1 标准件和常用件概述

在实际的机械设计工作中，真正自主设计并加工的零件其实并不多，从成本上来说也不划算，因此使用最多的还是机械上的标准件和常用件。本节将介绍标准件和常用件的概念，作为一个合格的机械设计人员有必要对此有所了解。

12.1.1 标准件

标准件是指结构、尺寸、画法、标记等各个方面已经完全标准化，并由专业厂生产的常用的零（部）件，如螺钉螺母、键、销、滚动轴承等。广义的标准件包括标准化的紧固件、连接件、传动件、密封件、液压元件、气动元件、轴承、弹簧等机械零件。狭义的标准件仅包括标准化紧固件。国内俗称的标准件是标准紧固件的简称，是狭义概念，但不能排除广义概念的存在。此外还有行业标准件，如汽车标准件、模具标准件等，也属于广义标准件。

总而言之，标准件就是一类具有准确名称与通用代号（如 GB/T 70.1、GB/T 6032 等）的零件，可以在市面上直接以代号来进行采购，如图 12-1 所示。

12.1.2 常用件

常用件是指应用广泛，某些部分的结构形状和尺寸等已有统一标准的零件，这些在制图中都有规定的表示法，如齿轮、轴等，如图 12-2 所示。相比于标准件，常用件缺少一些硬性规定，大致上指的是一类具有相似外形，但尺寸上存在差异，不可通用的零件，因此没有统一的代号，也就无法在市面上直接外购成品，只能额外设计、定制。

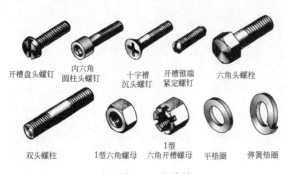

图 12-1　标准件

图 12-2　常用件

12.2 螺纹紧固件

螺纹是在圆柱或圆锥母体表面上制出的螺旋线形的、具有特定截面的连续凸起部分。由于连接可靠、装卸方便，螺纹广泛应用于各行各业，是最常见的一种连接方式。

12.2.1 螺纹的绘图方法

要了解螺纹的表达方法，就必须先了解螺纹的特征。其中制在零件外表面上的螺纹叫外螺纹，制在零件孔腔内表面上的螺纹叫内螺纹，如图 12-3 所示。

图 12-3 螺纹

而在内、外螺纹上，又有大径、小径等组成要素，具体的概念介绍如下，示意图如图 12-4 所示。

- 大径：与外螺纹牙顶或内螺纹牙底相切的假想圆柱面的直径。
- 小径：与外螺纹牙底或内螺纹牙顶相切的假想圆柱面的直径。

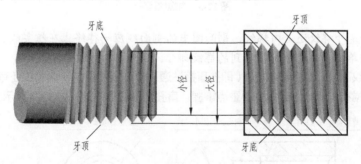

图 12-4 螺纹的大径与小径

提示：除此之外还有螺纹的中径，为一个假想圆柱的直径。该圆柱的母线通过牙型上沟槽和凸起宽度相等的地方。

螺纹在图纸上的表达，就与大径、小径这两个要素有关，螺纹的规定画法如下。

- 牙顶用粗实线表示：外螺纹的大径线，内螺纹的小径线。
- 牙底用细实线表示：外螺纹的小径线，内螺纹的大径线。
- 在投影为圆的视图上，表示牙底的细实线圆只画约 3/4 圈。
- 螺纹终止线用粗实线表示。

⊚ 不论是内螺纹还是外螺纹，其剖视图或断面图上的剖面线都必须使用粗实线画。

⊚ 当需要表示螺纹收尾时，螺尾部分的牙底线与轴线成30°。

（1）外螺纹的画法

外螺纹的典型画法示例如图 12-5 所示。

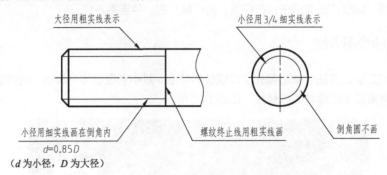

图 12-5 外螺纹画法

（2）内螺纹的画法

内螺纹的典型画法示例如图 12-6 所示。

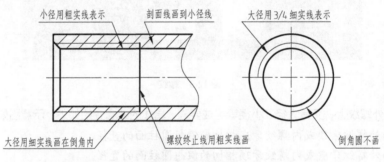

图 12-6 内螺纹画法

提示：无论是外螺纹还是内螺纹，剖面图中的剖面线应一律终止在粗实线上。而螺纹中的粗实线，可以简单记为人用手能触摸到的螺纹部分。

上述的内螺纹画法，属于通孔画法（即孔直接钻通工件）。除此之外，内螺纹还有一种盲孔画法，在实际工作中经常有人画错，因此需要重点掌握。盲孔内螺纹的画法如图 12-7 所示。

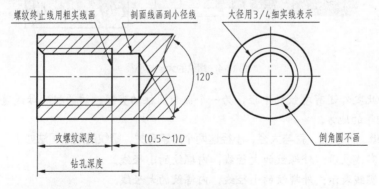

图 12-7 盲孔内螺纹画法

关于盲孔内螺纹，有两点需要注意的地方。

- 钻孔深度比攻螺纹深度要深[深度约（0.5~1）D]：这是由盲孔内螺纹的加工情况决定的，盲孔螺纹的加工，一般先用钻花钻孔，然后再用丝锥攻螺纹，如图 12-8 所示。因此孔深就必须大于丝深，不然在攻螺纹的时候，加工所产生的铁屑就会直接堆积在加工部分，影响攻螺纹稳定性，很容易造成丝锥折损。

- 钻孔的底部锥角为 120°：一般的孔都是通过钻花进行加工的，因此孔的形状自然会留下钻花的痕迹，即在末梢会呈现一 120° 的锥角（也有 118° 的），这是因为钻花的钻尖通常被加工为 120°。

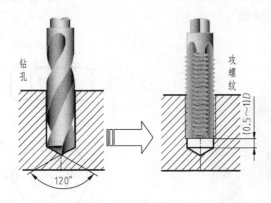

图 12-8　盲孔内螺纹的加工

（3）螺纹连接的画法

螺纹的连接部分，通常按外螺纹画法绘制，其余部分按内、外螺纹各自的规定画法表示，具体说明如下。

- 大径线和大径线对齐；小径线和小径线对齐。

- 旋合部分按外螺纹画；其余部分按各自的规定画。

螺纹连接的画法示例如图 12-9 所示。

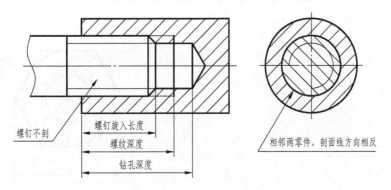

图 12-9　螺纹连接的画法

12.2.2　绘制六角螺母

六角螺母与螺栓、螺钉配合使用，起连接紧固机件作用，如图 12-10 所示。其中 1 型六角螺母应用最广，包括 A、B、C 这 3 种级别。C 级螺母用于表面比较粗糙、对精度要求不高的机器、设备或结构上；A 级和 B 级螺母用于表面比较光洁、对精度要求较高的机器、设备或结构上。2 型六角螺母的厚度 M 较大，多用于需要经常装拆的场合；六角薄螺母的厚度 M 较小，多用于表面空间受限制的零件。

六角螺母作为一种标准件，有规定的形状和尺寸关系，图 12-11 为六角螺母的尺寸参数标准，随着机械行业的发展，标准也处于不断变化中。

由于螺母有成熟的标准体系，因此只需写明对应的国标号与螺纹的公称直径大小，就可以准确地指定某种螺钉。如装配图明细表中写明"M10A-GB/T 6170"，就表示的是"1 型六角螺母，螺纹公称直径为 M10，性能等级 A 级"。

图 12-10　六角螺母

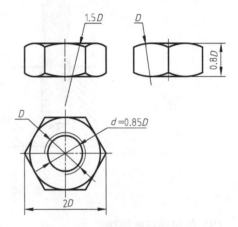

图 12-11　六角螺母的尺寸参数

本例便按图 12-11 中的参数，绘制这一"M10A-GB/T 6170"的六角螺母。具体步骤如下。

① 打开素材文件"第 12 章\12.2.2 绘制六角螺母.dwg"，如图 12-12 所示，已经绘制好了对应的中心线。

② 切换到【轮廓线】图层，执行 C【圆】和 POL【正多边形】命令，在交叉的中心线上绘制俯视图，如图 12-13 所示。

图 12-12　素材图形

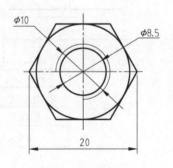

图 12-13　绘制螺母的俯视图

③ 根据三视图基本准则"长对正，高平齐，宽相等"绘制主视图和左视图轮廓线，如图 12-14 所示。

④ 执行 C【圆】命令，绘制与直线 AB 相切、半径为 15 的圆，绘制与直线 CD 相切、半径为 10 的圆；再执行 TR【修剪】命令，修剪图形，结果如图 12-15 所示。

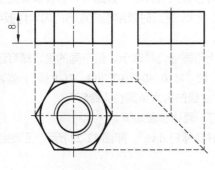

图 12-14 绘制轮廓线

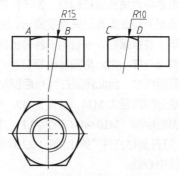

图 12-15 绘制螺母上的圆弧

⑤ 单击【修改】面板中的【打断于点】按钮，将最上方的轮廓线在 *A*、*B* 两点打断，如图 12-16 所示。

⑥ 执行 L【直线】命令，在主视图上绘制通过 *R*15 圆弧两端点的水平直线，如图 12-17 所示。执行 A【圆弧】命令，以水平直线与轮廓线的交点作为圆弧起点、终点，轮廓线的中点作为圆弧的中点，绘制圆弧，最后修剪图形，结果如图 12-18 所示。

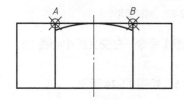

图 12-16 打断直线

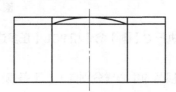

图 12-17 绘制水平辅助线

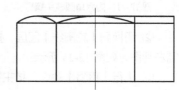

图 12-18 修剪图形

⑦ 镜像图形。执行 MI【镜像】命令，以主视图水平中线作为镜像线，镜像图形。同样的方法镜像左视图，结果如图 12-19 所示。

⑧ 修剪图形如图 12-20 所示，再选择【文件】|【保存】命令，保存文件，完成绘制。

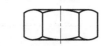

图 12-19 镜像图形

图 12-20 图形的最终修剪效果

12.2.3 绘制内六角圆柱头螺钉

内六角圆柱头螺钉（GB/T 70.1）是一种常用的连接件，如图 12-21 所示。内六角圆柱头螺钉也称为内六角螺栓、杯头螺丝、内六角螺钉。常用的内六角圆柱头螺钉按强度等级分为 4.8 级、8.8 级、10.9 级、12.9 级，强度等级不同，材质也不同，单价也随之由高到低。

其用途与六角头螺钉相似，但不同的是该螺钉头可以埋入机件中，因此可节省很多装配空间，整体的装配外观效果看起来就很简洁。该螺钉连接强度较大，装卸时须用相应规格的内六角扳手（即艾伦扳手）装拆螺钉。一般用于各种机床及其附件上。

同螺母一样，内六角圆柱头螺钉也可以在装配图上用国标代号表示。但不同的是，螺钉还有长度这一重要尺寸，因此还须在代号后面写明螺钉长度。如"M10×40-GB/T 70.1，10.9 级"，就表示的是"螺纹公称直径为 M10，长度为 40，性能等级为 10.9 级的内六角圆柱头螺钉"。

本例便绘制"M10×40-GB/T 70.1，10.9 级"的螺钉，具体步骤如下。

① 打开素材文件"第 12 章\12.2.3 绘制内六角圆柱头螺钉.dwg"，如图 12-22 所示，已经绘制好了对应的中心线。

图 12-21 内六角圆柱头螺钉   图 12-22 素材图形

② 切换到【轮廓线】图层，执行 C【圆】命令和 POL【正多边形】命令，在交叉的中心线上绘制左视图，如图 12-23 所示。

③ 执行【偏移】命令，将主视图的中心线分别向上、下各偏移 5，如图 12-24 所示。

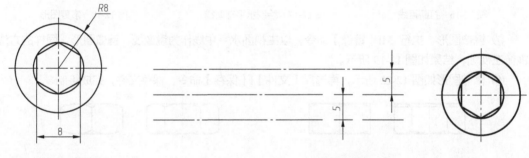

图 12-23 绘制左视图   图 12-24 偏移中心线

④ 根据"长对正，高平齐，宽相等"原则与外螺纹的表达方法，绘制主视图的轮廓线，如图 12-25 所示。螺钉长度 40，指的是螺钉头至螺纹末端的长度。

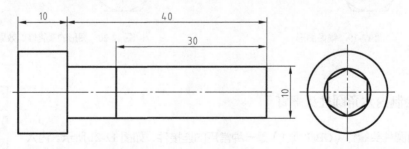

图 12-25 绘制主视图的轮廓线

⑤ 执行 CHA【倒角】命令，为图形倒角，如图 12-26 所示。

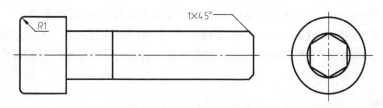

图 12-26　为图形添加倒角

⑥ 执行 O【偏移】命令，按"小径=0.85 大径"的原则偏移外螺纹的轮廓线，然后修剪，从而绘制出主视图上的螺纹小径线，结果如图 12-27 所示。

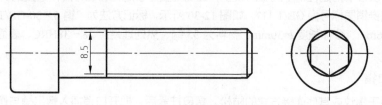

图 12-27　绘制螺纹小径线

⑦ 切换到【虚线】图层，执行 L【直线】与 A【圆弧】命令，根据"长对正，高平齐，宽相等"原则，按左视图中的六边形绘制主视图上内六角沉头轮廓，如图 12-28 所示。

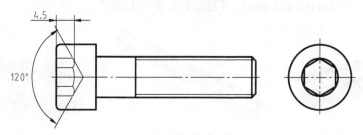

图 12-28　绘制沉头轮廓

⑧ 按快捷键 Ctrl+S 保存文件，完成绘制。

12.3　销钉类零件

销钉在机械部件的连接中有举足轻重的作用。按形状和作用的不同，可以分为开口销、圆锥销、圆柱销、槽销等。1986 年，我国首次采用 ISO 紧固件产品标准修订并发布了销钉产品的国家标准，具体可参见各销钉产品标准。

12.3.1　销钉的分类与设计要点

在销钉产品中，圆柱销、圆锥销及开口销是生产使用量大、面广的商品紧固件，也是不可替代的紧固件产品。

（1）圆柱销

圆柱销主要用于定位，也可用于连接，依靠过盈配合固定在销孔内。圆柱销用于的定位情况通常不受载荷或者受很小的载荷，数量不少于两个，分布在被连接件整体结构的对称方向上，相距越远越好，销在每一被连接件内的长度约为小直径的 1~2 倍。一般情况下，圆柱销的材质多选用 35、

45 钢，均须进行热处理，硬度在 38～46HRC 以上。高强度要求下可选用轴承钢。

常用圆柱销的国标号为 GB/T 119.1，如图 12-29 所示。在装配图明细表中的标记方法为"销 6×30-GB/T 119.1"，即表示"公称直径 d=6mm、公称长度 l=30mm、材料为钢、不经淬火、不经表面处理的圆柱销"。

（2）圆锥销

圆锥销同样用于定位。但与圆锥销不同的是，圆锥销更多用于拆卸频繁的配合场合。圆柱销利用微小过盈固定在孔中，可以承受不大的载荷，为保证定位精度和连接的紧固性，不宜经常拆卸，主要用于定位，也可用作连接销和安全销；而圆锥销具有 1：50 的锥度，自锁性好，定位精度高，安装方便，多次装拆对定位精度的影响较小，因此主要用于定位，也可用作连接销。

常用的圆锥销国标号为 GB/T 117，如图 12-30 所示。标记方法为"销 6×30-GB/T 117"，即表示"公称直径 d=6mm、公称长度 l=30mm、材料为 35 钢、热处理硬度 28～38HRC、表面氧化处理的 A 型圆锥销"。

（3）开口销

开口销用于螺纹或其他连接方式的防松。螺母拧紧后，把开口销插入螺母槽与螺栓尾部孔内，并将开口销尾部扳开，防止螺母与螺栓的相对转动，如图 12-31 所示。开口销是一种金属五金件，俗名弹簧销。

开口销的国标号为 GB/T 91，标记方法为"销 5×50-GB/T 91"，即表示"公称规格为 5mm、公称长度 l=50mm、材料为 Q215 或 Q235、不经表面处理的开口销"。

图 12-29　圆柱销　　　　　图 12-30　圆锥销　　　　　图 12-31　开口销

12.3.2　绘制螺纹圆柱销

圆柱销又可分为普通圆柱销、内螺纹圆柱销、螺纹圆柱销、带孔销、弹性圆柱销等几种，各有相应的国标号。如本例所绘制的螺纹圆柱销（也称作开槽无头螺钉），其国标号为 GB/T 878—2007，具体标记为"销 16×45-GB/T 878"，绘制步骤如下。

① 打开素材文件"第 12 章\12.3.2 绘制螺纹圆柱销.dwg"，其中已经绘制好了对应的中心线。
② 切换到【轮廓线】图层，执行 L【直线】命令，绘制外轮廓，结果如图 12-32 所示。
③ 执行 CHA【倒角】命令，为图形倒角 2×45°，结果如图 12-33 所示。

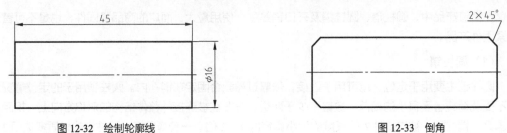

图 12-32　绘制轮廓线　　　　　　　　　　　图 12-33　倒角

④ 执行 L【直线】命令，绘制连接线，如图 12-34 所示。

⑤ 执行 L【直线】命令，绘制螺纹以及圆柱销顶端，将螺纹线转换到【细实线】图层，如图 12-35 所示。

图 12-34　绘制连接线

图 12-35　绘制螺纹

⑥ 执行 L【直线】命令，使用临时捕捉【自】命令，捕捉距离为 4 的点，绘制直线，如图 12-36 所示。

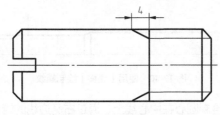

图 12-36　绘制结果

⑦ 选择【文件】|【保存】命令，保存文件，完成螺纹圆柱销的绘制。

12.3.3　绘制螺尾锥销

圆锥销有普通圆锥销、内螺纹圆锥销、螺尾锥销、刀尾圆锥销等几种，各有相应的国标号。如本例所绘制的螺尾锥销，其国标号为 GB/T 881，具体标记为"销 6×54-GB/T 881"，绘制步骤如下。

① 打开素材文件"第 12 章\12.3.3 绘制螺尾锥销.dwg"，其中已经绘制好了对应的中心线。

② 切换到【轮廓线】图层，执行 L【直线】命令，绘制一条长为 3 的垂直直线，以该直线为基准，向右分别偏移 30、31、35、52、53、54.5，结果如图 12-37 所示。

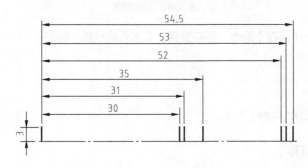

图 12-37　偏移直线

③ 执行 LEN【拉长】命令，将第一条偏移出来的直线垂直拉长 0.3，然后将最后偏移出来的两条直线垂直拉长-1（即缩短 1 个单位），接着执行 L【直线】命令，绘制连接直线，结果如图 12-38 所示。

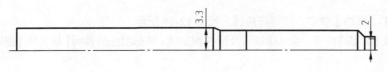

图 12-38　连接直线

④ 执行 F【圆角】命令，对图形进行圆角，如图 12-39 所示。

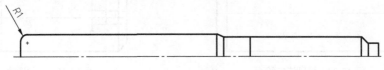

图 12-39　倒圆角

⑤ 执行 O【偏移】命令，将水平轮廓线向下偏移 0.5，修剪图形并切换到【细实线】图层，结果如图 12-40 所示。

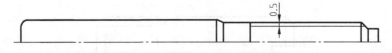

图 12-40　使用【偏移】绘制螺纹

⑥ 执行 O【圆】命令，绘制圆心在中心线上、通过右侧边线的端点、半径为 6 的圆；执行 TR【修剪】命令，修剪图形，结果如图 12-41 所示。

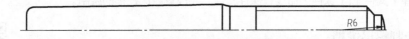

图 12-41　绘制端部圆

⑦ 执行 MI【镜像】命令，以水平中心线为镜像线，镜像图形，如图 12-42 所示。

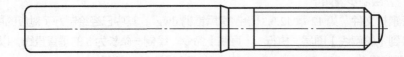

图 12-42　绘制结果

⑧ 选择【文件】|【保存】命令，保存文件，完成螺尾锥销的绘制。

12.4　键

本节对键的种类与作用进行介绍。

12.4.1　键的简介与种类

键主要用作轴和轴上零件之间的轴向固定以传递转矩，有些键还可实现轴上零件的轴向固定或轴向移动，如减速器中齿轮与轴的联结。

键分为平键、半圆键、楔键、切向键和花键等，具体说明如下。

▷　平键：平键的两侧是工作面，上表面与轮毂槽底之间留有间隙。其定心性能好，装拆方便。平键有普通平键（GB/T 1096）、导向平键（GB/T 1097）两种。

- ▷ 半圆键：半圆键（GB/T 1099）是一种半圆形的键，如图 12-43 所示。半圆键也以两侧为工作面，有良好的定心性能。半圆键可在轴槽中摆动以适应毂槽底面，但键槽对轴的削弱较大，只适用于轻载连接。

- ▷ 楔键：楔键的上下面是工作面，键的上表面有 1∶100 的斜度，轮毂键槽的底面也有 1∶100 的斜度。把楔键打入轴和轮毂槽内时，其表面产生很大的预紧力，工作时主要靠摩擦力传递转矩，并能承受单方向的轴向力。其缺点是会迫使轴和轮毂产生偏心，仅适用于对定心精度要求不高、载荷平稳和低速的连接。楔键又分为普通楔键（GB/T 1564）和钩头楔键（GB/T 1565）两种，如图 12-44 所示。

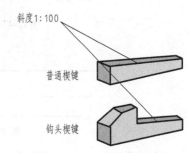

图 12-43　半圆键　　　　　　　　　　　　　　　　图 12-44　楔键

- ▷ 切向键：切向键（GB/T 1974）由一对楔键组成，如图 12-45 所示，能传递很大的转矩，常用于重型机械设备中。

- ▷ 花键：花键是在轴和轮毂孔轴向均布多个键齿构成的，称为花键连接，如图 12-46 所示。花键连接为多齿工作，工作面为齿侧面，其承载能力高，对中性和导向性好，对轴和毂的强度削弱小，适用于定心精度要求高、载荷大和经常滑移的静连接和动连接，如变速器中，滑动齿轮与轴的连接。按齿形不同，花键联结可分为矩形花键、三角形花键和渐开线花键等。

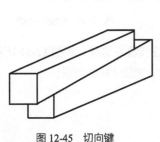

图 12-45　切向键　　　　　　　　　　　　　　图 12-46　花键

12.4.2　绘制钩头楔键

钩头楔键的尺寸示例如图 12-47 所示。而 b=16mm、h=10mm、L=100mm 的钩头楔键，就可以标记为"键 16×100-GB/T 1565"。因此本例将绘制"键 10×35-GB/T 1565"的钩头楔键。

① 打开素材文件"第 12 章\12.4.2　绘制钩头楔键.dwg"，其中已经绘制好了主视图、俯视图和左视图的轮廓基准，如图 12-48 所示。

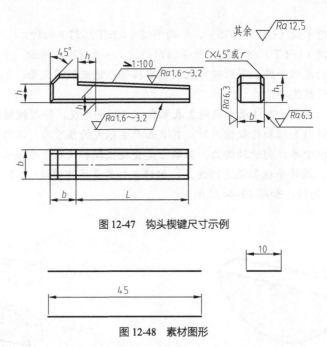

图 12-47　钩头楔键尺寸示例

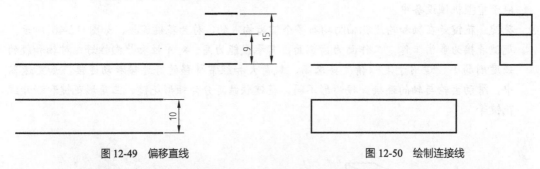

图 12-48　素材图形

②　执行 O【偏移】命令，将俯视图轮廓向上偏移 10，将左视图直线向上偏移 9、15，结果如图 12-49 所示。

③　执行 L【直线】命令，连接偏移出的直线，如图 12-50 所示。

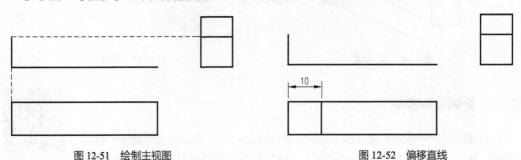

图 12-49　偏移直线　　　　　　　　　　　　　　图 12-50　绘制连接线

④　执行 L【直线】命令，根据"高平齐"的原则绘制主视图左边线，如图 12-51 所示。

⑤　执行 O【偏移】命令，将俯视图左边线向右偏移 10，如图 12-52 所示。

图 12-51　绘制主视图　　　　　　　　　　　　　图 12-52　偏移直线

⑥　开启【极轴追踪】，设置追踪角为 45，执行 L【直线】命令，在主视图中绘制与竖直边夹角 45° 的直线，如图 12-53 所示。

⑦　绘制主视图水平直线与俯视图竖直直线，直线端点与俯视图对齐，如图 12-54 所示。

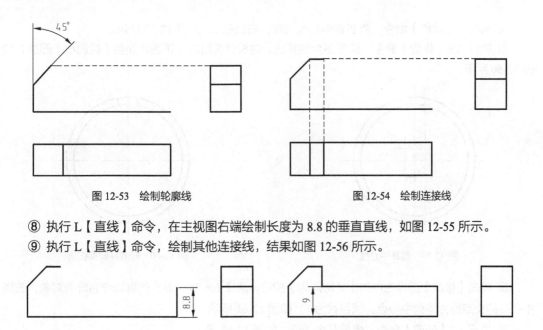

图 12-53　绘制轮廓线　　　　　　　　　　　　图 12-54　绘制连接线

⑧ 执行 L【直线】命令，在主视图右端绘制长度为 8.8 的垂直直线，如图 12-55 所示。

⑨ 执行 L【直线】命令，绘制其他连接线，结果如图 12-56 所示。

图 12-55　绘制直线　　　　　　　　　　　　　图 12-56　绘制结果

⑩ 选择【文件】|【保存】命令，保存文件，完成钩头楔键的绘制。

12.4.3　绘制花键

在机械制图中，花键的键齿作图比较烦琐。为提高制图效率，许多国家都制定了花键画法标准，国际上也制定有 ISO 标准。中国机械制图国家标准规定：对于矩形花键，其外花键在平行于轴线的投影面的视图中，大径用粗实线、小径用细实线绘制，并用剖面画出一部分或全部齿形；其内花键在平行于轴线的投影面的剖视图中，大径和小径都用粗实线绘制，并用局部视图画出一部分或全部齿形。花键的工作长度的终止端和尾部长度的末端均用细实线绘制。

本例便按规定的制图方法绘制花键。

① 打开素材文件"第 12 章\12.4.3　绘制花键.dwg"，其中已经绘制好了对应的中心线，如图 12-57 所示。

② 将【轮廓线】图层设置为当前图层。执行 C【圆】命令，以交叉的中心线交点为圆心绘制半径为 16、18 的两个圆，如图 12-58 所示。

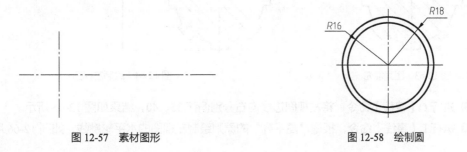

图 12-57　素材图形　　　　　　　　　　　　　图 12-58　绘制圆

385

③ 执行 O【偏移】命令，将竖直中心线向左、右偏移 3，如图 12-59 所示。

④ 执行 TR【修剪】命令，修剪多余偏移线，并将修剪后的偏移线转换到【轮廓线】图层，如图 12-60 所示。

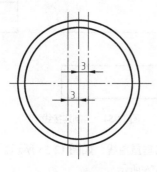

图 12-59　偏移中心线

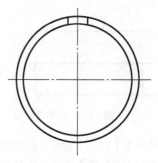

图 12-60　修剪并转换图层

⑤ 单击【修改】工具栏中的【环形阵列】按钮，选择上一步修剪出的直线作为阵列对象，选择中心线的交点作为阵列中心点，项目数为 8，如图 12-61 所示。

⑥ 执行 TR【修剪】命令，修剪多余圆弧，如图 12-62 所示。

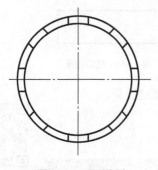

图 12-61　环形阵列

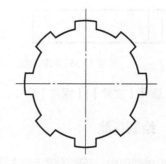

图 12-62　修剪圆弧

⑦ 执行 H【图案填充】命令，选择图案为 ANSI31，比例为 1，角度为 0°，填充图案结果如图 12-63 所示。

⑧ 执行 L【直线】命令，绘制左视图中心线，并根据"高平齐"的原则绘制左视图边线，如图 12-64 所示。

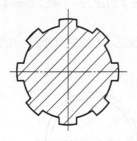

图 12-63　图案填充

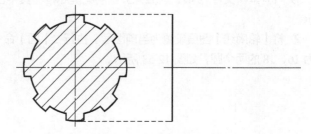

图 12-64　绘制左视图

⑨ 执行 O【偏移】命令，将左视图边线向右分别偏移 35、40，结果如图 12-65 所示。

⑩ 执行 L【直线】命令，根据"高平齐"的原则绘制左视图的水平轮廓线，如图 12-66 所示。

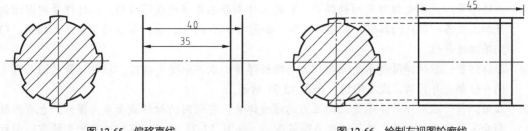

图 12-65　偏移直线　　　　　　　　　图 12-66　绘制左视图轮廓线

⑪ 执行 CHA【倒角】命令，设置倒角距离为 2，倒角结果如图 12-67 所示。

⑫ 执行 L【直线】命令，连接交点；执行 TR【修剪】命令修剪图形，将内部线条转换到【细实线】图层，结果如图 12-68 所示。

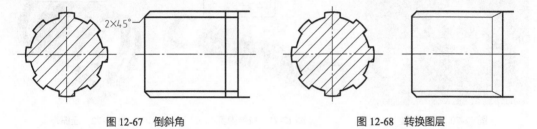

图 12-67　倒斜角　　　　　　　　　图 12-68　转换图层

⑬ 执行 SPL【样条曲线拟合】命令，绘制断面边界，如图 12-69 所示。

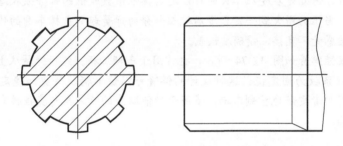

图 12-69　最终结果

⑭ 选择【文件】|【保存】命令，保存文件，完成花键的绘制。

12.5　弹簧

弹簧属于常用件，因此不会有现成的型号。弹簧是一种利用弹性来工作的机械零件，用弹性材料制成的零件在外力作用下发生形变，除去外力后又可以恢复原状，这一特性使得弹簧在机械中的应用极为广泛。

12.5.1　弹簧的简介与分类

弹簧是指利用材料的弹性和结构特点，使变形与载荷之间保持特定关系的一种弹性元件，一般用弹簧钢制成。弹簧用于控制机件的运动、缓和冲击或震动、储蓄能量、测量力的大小等，广泛用于机器、仪表中。弹簧的种类复杂多样，按形状分为螺旋弹簧、涡卷弹簧、板弹簧、蝶形弹簧、环形弹簧等。最常见的是螺旋弹簧，而螺旋弹簧又可以分为以下 5 类：

⊙ 扭转弹簧：是承受扭转变形的弹簧。它的工作部分也是密绕成螺旋形。扭转弹簧端部结构
是加工成各种形状的扭臂，而不是勾环，如图 12-70 所示。该弹簧多用于夹子、轴销、门
闩等扭转部位。

⊙ 拉伸弹簧：拉伸弹簧是承受轴向拉力的螺旋弹簧。在不承受负荷时，拉伸弹簧的圈与圈之
间一般都是并紧的，没有间隙，如图 12-71 所示。

⊙ 压缩弹簧：压缩弹簧是承受轴向压力的螺旋弹簧。它所用的材料截面多为圆形，也有用矩
形和多股钢索卷制的，弹簧一般为等节距的，如图 12-72 所示。压缩弹簧的形状有：圆柱
形、圆锥形、中凸形、中凹形、少量的非圆形等，压缩弹簧的圈与圈之间会有一定的间
隙，当受到外载荷的时候弹簧收缩变形，储存变形能。

图 12-70　扭转弹簧　　　　　　图 12-71　拉伸弹簧　　　　　　图 12-72　压缩弹簧

⊙ 渐进型弹簧：渐进型弹簧如图 12-73 所示，多用于车辆工程。这种弹簧采用了粗细、疏密
不一致的设计，好处是在受压不大时可以通过弹性系数较低的部分吸收路面的起伏，保证
乘坐舒适感，当压力增大到一定程度后较粗部分的弹簧起到支撑车身的作用，而这种弹簧
的缺点是操控感受不直接，精确度较差。

⊙ 线性弹簧：线性弹簧如图 12-74 所示，也常用于车辆工程。线性弹簧从上至下的粗细、疏
密不变，弹性系数为固定值。这种设计的弹簧可以使车辆获得更加稳定和线性的动态反
应，有利于驾驶者更好地控制车辆，多用于性能取向的改装车与竞技性车辆，坏处是舒适
性会受到影响。

图 12-73　渐进型弹簧　　　　　　　　　　　图 12-74　线性弹簧

12.5.2　绘制拉伸弹簧

弹簧弹力计算公式为 $F=kx$，F 为弹力，k 为劲度系数，x 为弹簧拉长的长度。比
如要测试一款 5N 的弹簧，用 5N 力拉劲度系数为 100N/m 的弹簧，则弹簧被拉长 5cm。
本例便绘制该拉伸弹簧。

①　打开素材文件"第 12 章\12.5.2　绘制拉伸弹簧.dwg"，其中已经绘制好了对应
的中心线，如图 12-75 所示。

图 12-75　素材图形

② 执行 O【偏移】命令，将水平中心线向上、下各偏移 14，结果如图 12-76 所示。

图 12-76　偏移中心线

③ 执行 C【圆】命令，以中心线最初的交点为圆心绘制半径为 10.5、17.5 的圆，结果如图 12-77 所示。

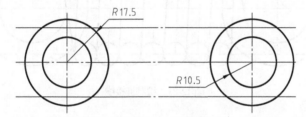

图 12-77　绘制圆

④ 开启极轴追踪，设置追踪角为 93°。执行 L【直线】命令，绘制与水平线呈 93° 的直线，如图 12-78 所示。

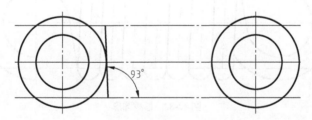

图 12-78　绘制 93° 直线

⑤ 将上一步绘制的直线转换到【中心线】图层。然后执行 CO【复制】命令，水平复制该直线，结果如图 12-79 所示。

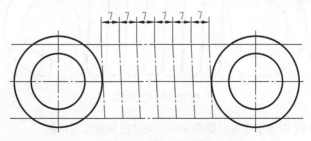

图 12-79　复制 93° 直线

⑥ 执行 C【圆】命令，以复制出的斜线与偏移出的水平中心线交点为圆心，绘制半径为 3.5 的圆，如图 12-80 所示。

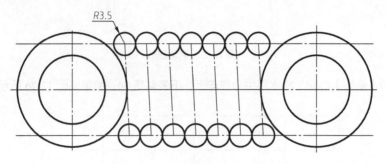

图 12-80　绘制圆

⑦ 执行 L【直线】命令，使用临时捕捉【切点】命令，绘制圆的公切线，结果如图 12-81 所示。

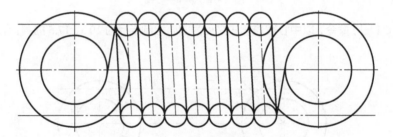

图 12-81　绘制连接线

⑧ 执行 TR【修剪】命令，修剪图形，结果如图 12-82 所示。

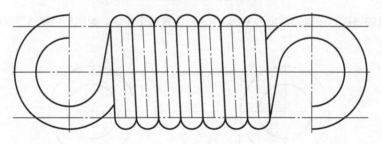

图 12-82　修剪图形

⑨ 执行 L【直线】命令，绘制连接线，然后删除多余的中心线，结果如图 12-83 所示。

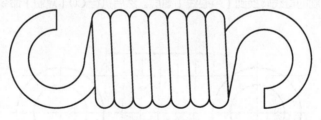

图 12-83　最终图形

⑩ 选择【文件】|【保存】命令，保存文件，完成拉伸弹簧的绘制。

12.6 齿轮类零件及其啮合

齿轮，是指依靠齿的啮合传递转矩的轮状机械零件。齿轮通过与其他齿状机械零件（如另一齿轮、齿条、蜗杆）传动，可实现改变转速与转矩、改变运动方向和改变运动形式等功能。由于传动效率高、传动比准确、功率范围大等优点，齿轮机构在工业产品中广泛应用，其设计与制造水平直接影响到工业产品的质量。齿轮轮齿相互扣住齿轮会带动另一个齿轮转动来传送动力。将两个齿轮分开，也可以应用链条、履带、皮带来带动两边的齿轮而传送动力。

12.6.1 齿轮的简介与种类及加工方法

齿轮的用途很广，是各种机械设备中的重要零件，如机床、飞机、轮船及日常生活中用的手表、电扇等都要使用各种齿轮。齿轮的种类很多，有圆柱直齿轮、圆柱斜齿轮、螺旋齿轮、直齿伞齿轮、螺旋伞齿轮、蜗轮等。

（1）齿轮零件的概念

齿轮也是轮缘上有齿能连续啮合传递运动和动力的机械零件。其各部分名称如图 12-84 所示。

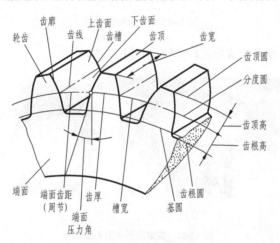

图 12-84 齿轮各部分名称

齿轮主要的用途就是传递动力，主要的分类有平行轴齿轮、相交轴齿轮和交错轴齿轮。齿轮传动的特点主要有：传动的速度和功率范围很大，传动效率高，接触强度高，磨损小且均匀，传动比大，工作平稳，噪声小。

（2）齿轮零件种类

齿轮可按齿形、齿轮外形、齿线形状、轮齿所在的表面和制造方法等分类。

齿轮的齿形参数包括齿廓曲线、压力角、齿高和变位。渐开线齿轮比较容易制造，因此现代使用的齿轮中，渐开线齿轮占绝大多数，而摆线齿轮和圆弧齿轮应用较少。

在压力角方面，小压力角齿轮的承载能力较小；而大压力角齿轮，虽然承载能力较高，但在传递转矩相同的情况下轴承的负荷增大，因此仅用于特殊情况。

齿轮的齿高已标准化，一般均采用标准齿高。变位齿轮的优点较多，已遍及各类机械设备中。

▷ 按其外形分为圆柱齿轮、圆锥齿轮、非圆齿轮、齿条、蜗杆蜗轮，如图 12-85 所示。

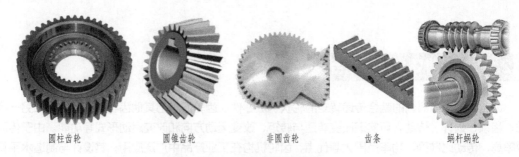

图 12-85　按齿轮外形划分

圆柱齿轮　　　　圆锥齿轮　　　　非圆齿轮　　　齿条　　　蜗杆蜗轮

⊙　按齿线的形状分为直齿轮、斜齿轮、曲线齿轮、人字齿轮，如图 12-86 所示。

直齿轮　　　　　斜齿轮　　　　　曲线齿轮　　　　　人字齿轮

图 12-86　按齿线形状划分

⊙　按轮齿所在的表面分为外齿轮、内齿轮，如图 12-87 所示。

外齿轮　　　　　　　　内齿轮

图 12-87　按轮齿所在的表面划分

⊙　按制造方法可分为铸造齿轮、切制齿轮、轧制齿轮、烧结齿轮等，如图 12-88 所示。

铸造齿轮　　　　切制齿轮　　　　轧制齿轮　　　　烧结齿轮

图 12-88　按制造方法划分

对于齿轮材料的选择，一定要保证齿轮工作的可靠性，提高其使用寿命，应根据工作的条件和

第3篇　机械制图篇

392

材料的特点来进行选取。齿轮的制造材料和热处理过程对齿轮的承载能力和尺寸、重量有很大的影响。对于齿轮材料的基本要求是：应使齿面具有足够的硬度和耐磨性，齿心具有足够的韧性，以防止齿面的各种失效，同时应具有良好的冷、热加工的工艺性，以达到齿轮的各种技术要求。

20 世纪 50 年代前，齿轮多用碳钢，60 年代改用合金钢，而 70 年代多用表面硬化钢。按材料的硬度情况，齿面可区分为软齿面和硬齿面两种。

软齿面的齿轮承载能力较低，但制造比较容易，跑合性好，多用于传动尺寸和重量无严格限制，以及小量生产的一般机械中。因为配对的齿轮中，小轮负担较重，因此为使大小齿轮工作寿命大致相等，小轮齿面硬度一般要比大轮的高。

硬齿面齿轮的承载能力高，它是在齿轮精切之后，再进行淬火、表面淬火或渗碳淬火处理，以提高硬度。但在热处理中，齿轮不可避免地会产生变形，因此在热处理之后须进行磨削、研磨或精切，以消除因变形产生的误差，提高齿轮的精度。

根据以上所述齿轮常用的材料有各种牌号的优质结构钢、合金铸钢、铸铁和非金属材料等，一般多采用锻件和轧制钢材。

（3）齿轮零件结构

齿轮零件一般包括轮齿、齿槽、端面、法面、齿顶圆、齿根圆、基圆、分度圆等，如图 12-89 所示。

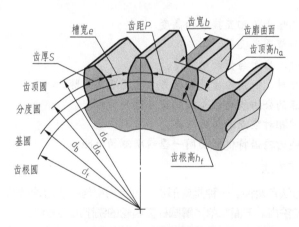

图 12-89 齿轮结构图

- 轮齿（齿）：齿轮上的每一个用于啮合的凸起部分。一般来说，这些凸起部分呈辐射状排列。配对齿轮上轮齿互相接触，导致齿轮的持续啮合运转。
- 齿槽：齿轮上两相邻轮齿之间的空间。
- 端面：在圆柱齿轮或圆柱蜗杆上垂直于齿轮或蜗杆轴线的平面。
- 法面：在齿轮上，法面指的是垂直于轮齿齿线的平面。
- 齿顶圆：齿顶端所在的圆。
- 齿根圆：槽底所在的圆。
- 基圆：形成渐开线的发生线在其上做纯滚动的圆。
- 分度圆：在端面内计算齿轮几何尺寸的基准圆，对于直齿轮，在分度圆上模数和压力角均为标准值。
- 齿面：轮齿上位于齿顶圆柱面和齿根圆柱面之间的侧表面。
- 齿廓：齿面被一指定曲面（对圆柱齿轮是平面）所截的截线。
- 齿线：齿面与分度圆柱面的交线。

- ◉ 端面齿距 P_t: 相邻两同侧端面齿廓之间的分度圆弧长。
- ◉ 模数 m: 齿距除以圆周率π所得到的商，以毫米（mm）计。
- ◉ 径节 p: 模数的倒数，以英寸（in）计。
- ◉ 齿厚 S: 在端面上一个轮齿两侧齿廓之间的分度圆弧长。
- ◉ 槽宽 e: 在端面上一个齿槽的两侧齿廓之间的分度圆弧长。
- ◉ 齿顶高 h_a: 齿顶圆与分度圆之间的径向距离。
- ◉ 齿根高 h_f: 分度圆与齿根圆之间的径向距离。
- ◉ 全齿高 h: 齿顶圆与齿根圆之间的径向距离。
- ◉ 齿宽 b: 轮齿沿轴向的尺寸。
- ◉ 端面压力角 α_t: 过端面齿廓与分度圆的交点的径向线与过该点的齿廓切线所夹的锐角。
- ◉ 基准齿条: 根据标准齿轮规格所切削出来的齿条称为基准齿条。
- ◉ 分度圆: 用来决定齿轮各部尺寸的基准圆，尺寸计算方式为齿数×模数。
- ◉ 基准节线: 齿条上的一条特定节线或沿此线测定出的齿厚，为节距的1/2。
- ◉ 作用节圆: 一对正齿轮互相咬合时，可作出一对相切的圆，即作用节圆。
- ◉ 基准节距: 即选定标准节距作为基准，与基准齿条的节距相等。
- ◉ 节圆: 在定传动比的齿轮传动中，节点在齿轮运动平面的轨迹为一个圆，这个圆即为节圆。
- ◉ 节径: 节圆直径。
- ◉ 有效齿高: 一对相啮合齿轮相互接触的高度。
- ◉ 齿冠高: 齿顶圆与节圆半径差。
- ◉ 齿隙: 两齿咬合时，齿面与齿面的间隙。
- ◉ 齿顶隙: 两齿咬合时，一齿轮齿顶圆与另一齿轮底间空隙。
- ◉ 节点: 齿廓接触点的公法线与连心线的交点称为节点。
- ◉ 节距: 相邻两齿间相对应点的弧线距离。
- ◉ 法向节距: 渐开线齿轮沿特定断面同一垂线所测的节距。

（4）齿轮零件加工方法

齿轮齿形的加工方法有两种。一种是成形法，就是利用与被切齿轮齿槽形状完全相符的成形铣刀切出齿形的方法，如铣齿。下面简单了解圆柱直齿轮的铣削加工方法。

圆柱直齿轮可以在卧式铣床上用盘状铣刀或在立式铣床上用指状铣刀进行切削加工。现以在卧式铣床上加一只 $z=16$(即齿数为 16)，$m=2$（即模数为 2）的圆柱直齿轮为例，介绍齿轮的铣削加工过程。

- ◉ 检查齿坯尺寸: 主要检查齿顶圆直径，便于在调整切削深度时，根据实际齿顶圆直径予以增减，保证分度圆的齿厚。
- ◉ 齿坯装夹和校正: 正齿轮有轴类齿坯和盘类齿坯。如果是轴类齿坯，一端可以直接由分度头的三爪卡盘夹住，另一端由尾座顶尖顶紧即可；如果是盘类齿坯，首先把齿坯套在芯轴上，芯轴一端夹在分度头三爪卡盘上，另一端由尾顶尖顶紧即可。

校正齿坯很重要。首先校正圆度，如果圆度不好，会影响分度圆齿厚尺寸；再校正直线度，即分度头三爪卡盘的中心与尾座顶尖中心的连线一定要与工作台纵向走刀方向平行，否则铣出来的齿是斜的；最后校正高低，即分度头三爪卡盘的中心至工作台面距离与尾座顶尖中心至工作台面距离应一致，如果高低尺寸超差，铣出来的齿就有深浅。

另一种是展成法，它是利用齿轮刀具与被动齿轮的相互啮合运动而切出齿形的加工方法，如滚齿和插齿（用滚刀和插刀进行示范），相关知识如下：

- 滚齿机滚齿：可以加工 8 模数以下的斜齿。
- 铣床铣齿：可以加工直齿条。
- 插床插齿：可以加工内齿。
- 冷打机打齿：可以无屑加工。
- 刨齿机刨齿：可以加工 16 模数大齿轮。
- 精密铸齿：可以大批量加工廉价小齿轮。
- 磨齿机磨齿：可以加工精密母机上的齿轮。
- 压铸机铸齿：多数加工有色金属齿轮。
- 剃齿机：是一种齿轮精加工用的金属切削机床。

12.6.2 齿轮的绘图方法

上小节已经全面介绍了齿轮的特征，而齿轮的绘图方法，就是将这些特征所表示出来的方法。

（1）单个齿轮的画法

单个齿轮图的典型画法如图 12-90 所示。主要需表示出齿顶圆、分度圆、齿根圆这 3 个要素。

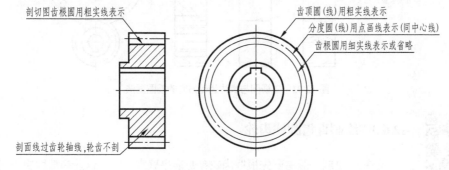

图 12-90　单个齿轮画法

如果需要表达轮齿的方向（斜齿、人字齿等），则可以在半剖视图中用 3 条与轮齿方向一致的细实线表示，如图 12-91 所示。

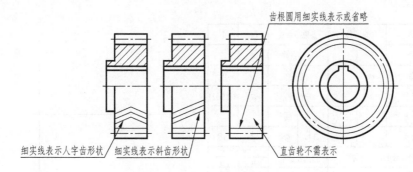

图 12-91　单个齿轮上表示轮齿方向

（2）齿轮的啮合画法

单个齿轮需要表示出齿顶圆、分度圆、齿根圆这 3 个要素，而齿轮的啮合，同样是如此。而由于啮合的齿轮，其啮合位置处于分度圆上，因此在剖面图中分度圆（线）是重合的，所以需要具体表示 5 根线，典型的啮合画法如图 12-92 所示。

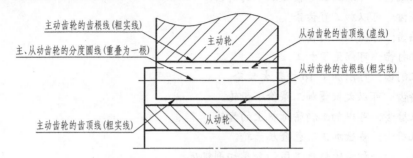

图 12-92　齿轮啮合部分的具体画法

相应的，主视图与表达轮齿方向的视图画法则如图 12-93 所示。

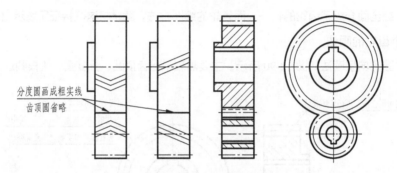

图 12-93　主视图与表达齿轮方向的视图画法

12.6.3　绘制直齿圆柱齿轮

　　齿轮的绘制一般需要先根据齿轮参数表来确定尺寸。这些参数取决于设计人员的具体计算与实际的设计要求。本例便根据如图 12-94 所示的参数表来绘制一直齿圆柱齿轮。

　　① 打开素材文件"第 12 章\12.6.3 绘制直齿圆柱齿轮.dwg"，如图 12-95 所示，已经绘制好了对应的中心线。

齿廓		渐开线		齿顶高系数	h_a	1
齿数		z	29	顶隙系数	c	0.25
模数		m	2	齿宽	b	15
螺旋角		β	0°	中心距	a	87±0.027
螺旋角方向		—		配对齿轮	图号	
压力角		a	20°		齿数	z	58
齿厚	公法线长度尺寸W	.21.48$_{-0.155}^{-0.105}$		跨齿数	k	3
	跨球(圆柱)尺寸M			球(圆柱)尺寸	D_m	

图 12-94　齿轮参数表

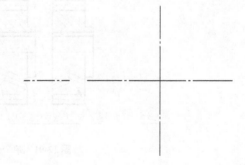

图 12-95　素材图形

　　② 绘制分度圆。切换至【中心线】图层，在交叉的中心线交点处绘制分度圆，尺寸可以根据参数表中的数据算得："分度圆直径=模数×齿数"，即ϕ58，如图 12-96 所示。

③ 绘制齿顶圆。切换至【轮廓线】图层，在分度圆圆心处绘制齿顶圆，尺寸同样可以根据参数表中的数据算得："齿顶圆直径=分度圆直径+2×齿轮模数"，即$\phi62$，如图 12-97 所示。

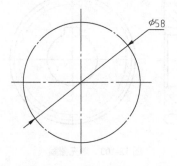

图 12-96　绘制分度圆

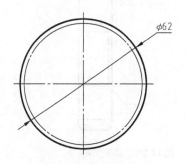

图 12-97　绘制齿顶圆

④ 绘制齿根圆。切换至【细实线】图层，在分度圆圆心处绘制齿根圆，尺寸同样根据参数表中的数据算得："齿根圆直径=分度圆直径–2×1.25×齿轮模数"，即$\phi53$，如图 12-98 所示。

⑤ 根据三视图基本准则"长对正，高平齐，宽相等"绘制齿轮主视图轮廓线，齿宽根据参数表可知为 15mm，如图 12-99 所示。要注意主视图中齿顶圆、齿根圆与分度圆的线型。

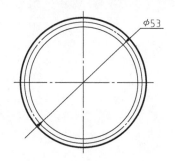

图 12-98　绘制齿根圆

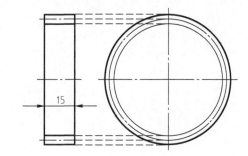

图 12-99　绘制主视图

⑥ 根据齿轮参数表可以绘制出上述图形，接着需要根据装配的轴与键来绘制轮毂部分，绘制的具体尺寸如图 12-100 所示。

⑦ 根据三视图基本准则"长对正，高平齐，宽相等"绘制主视图中轮毂的轮廓线，如图 12-101 所示。

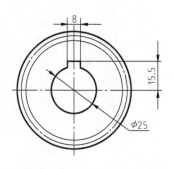

图 12-100　绘制轮毂部分

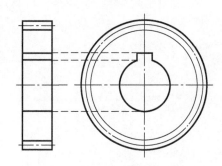

图 12-101　绘制主视图中的轮毂

⑧ 执行 CHA【倒角】命令，为图形主视图倒角，如图 12-102 所示。

⑨ 执行【图案填充】命令，选择图案为 ANSI31，比例为 0.8，角度为 0°，填充图案结果如图

12-103 所示。

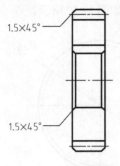

图 12-102　添加倒角

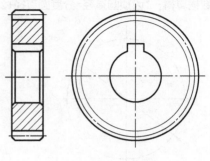

图 12-103　填充图案

· 第**13**章 ·
轴类零件图的绘制

轴是组成机器的一种非常重要的零件，一般用来支撑旋转的机械零件（如带轮、齿轮等）、传递运动和动力。本章将详细介绍轴类零件的概念、特点以及各类轴零件图的绘制。

13.1 轴类零件概述

13.1.1 轴类零件简介

轴类零件是五金配件中经常遇到的典型零件之一，它主要用来支承传动零部件，传递转矩和承受载荷。按轴类零件结构形式不同，一般可分为光轴、阶梯轴和异形轴三类，或分为实心轴、空心轴等。它们在机器中用来支承齿轮、带轮等传动零件，以传递转矩或运动。轴类零件是旋转体零件，其长度大于直径，一般由同心轴的外圆柱面、圆锥面、内孔和螺纹及相应的端面组成。根据结构形状的不同，轴类零件可分为光轴、阶梯轴、空心轴和曲轴等。

常见的轴类零件如图13-1所示。

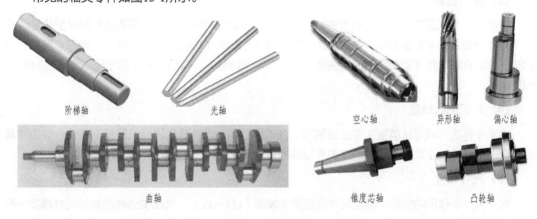

| 阶梯轴 | 光轴 | 空心轴 | 异形轴 | 偏心轴 |

| 曲轴 | 锥度芯轴 | 凸轮轴 |

图 13-1　常见的轴

13.1.2 轴类零件的特点

长径比小于5的轴称为短轴，大于20的轴称为细长轴，大多数轴介于两者之间。

轴用轴承支承，与轴承配合的轴段称为轴颈。轴颈是轴的装配基准，它们的精度和表面质量一般要求较高，其技术要求一般根据轴的主要功用和工作条件来制定，通常有以下几项。

（1）轴的材料

轴的材料种类很多，选用时主要根据对轴的强度、刚度、耐磨性等要求，以及为实现这些要求而采用的热处理方式，同时考虑制造工艺问题加以选用，力求经济合理。

轴的常用材料是优质碳素钢35、45、50，最常用的是45和40Cr 钢。对于受载较小或不太重要的钢，也常用 Q235或 Q275等普通碳素钢。对于受力较大，轴的尺寸和重量受到限制，以及有某些特殊要求的轴，可采用合金钢，常用的有40Cr、40MnB、40CrNi 等。

球墨铸铁和一些高强度铸铁，由于铸造性能好，容易铸成复杂形状，且减振性能好，应力集中敏感性低，支点位移的影响小，故常用于制造外形复杂的轴。

特别是我国研制成功的稀土-镁球墨铸铁，冲击韧性好，同时具有减摩、吸振和对应力集中敏感性小等优点，已用于制造汽车、拖拉机、机床上的重要轴类零件，如曲轴等。

根据工作条件要求，轴都要整体热处理，一般是调质，对不重要的轴采用正火处理。对要求高或要求耐磨的轴或轴段要进行表面处理，以及表面强化处理（如喷丸、辐压等）和化学处理（如渗碳、渗氮、氮化等），以提高其强度（尤其疲劳强度）和耐磨、耐腐蚀等性能。

在一般工作温度下，合金钢的弹性模量与碳素钢相近，所以只为了提高轴的刚度而选用合金钢是不合适的。

轴一般由轧制圆钢或锻件经切削加工制造。轴的直径较小时，可用圆钢棒制造；对于重要的大直径或阶梯直径变化较大的轴，多采用锻件。为节约金属和提高工艺性，直径大的轴还可以制成空心的，并且带有焊接的或者锻造的凸缘。

对于形状复杂的轴（如凸轮轴、曲轴）可采用铸造。

（2）表面粗糙度

一般与传动件相配合的轴颈表面粗糙度为 $Ra2.5 \sim 0.63\mu m$，与轴承相配合的支承轴颈的表面粗糙度为 $Ra0.63 \sim 0.16\mu m$。

（3）相互位置精度

轴类零件的位置精度要求主要是由轴在机械中的位置和功用决定的。通常应保证装配传动件的轴颈对支承轴颈的同轴度要求，否则会影响传动件（齿轮等）的传动精度，并产生噪声。普通精度的轴，其配合轴段对支承轴颈的径向跳动一般为0.01 ~ 0.03mm，高精度轴（如主轴）通常为0.001 ~ 0.005mm。

（4）几何形状精度

轴类零件的几何形状精度主要是指轴颈、外锥面、莫氏锥孔等的圆度、圆柱度等，一般应将其公差限制在尺寸公差范围内。对精度要求较高的内外圆表面，应在图纸上标注其允许偏差。

（5）尺寸精度

对于起支承作用的轴颈，通常尺寸精度要求较高（IT5 ~ IT7）。装配传动件的轴颈尺寸精度一般要求较低（IT6 ~ IT9）。

13.1.3　轴类零件图的绘图规则

虽然轴类零件的结构有很多种，但其零件图的绘制有以下规则。

- ◈　一般输出轴都是回转体，可以先绘制一半图形，然后采用镜像处理，绘制出基本轮廓。
- ◈　对于键槽位置，都需要绘制对应的断面图。
- ◈　必要时，退刀槽等较小的部分需绘制局部放大图。

⊚ 标注表面粗糙度和径向公差。

13.1.4　轴类零件图的绘制步骤

绘制轴类零件图的基本步骤如下。

⊚ 绘制中心线，由【直线】命令绘制半侧图形，然后进行镜像，绘制出基本轮廓。

⊚ 执行【直线】命令绘制连接线；执行【偏移】、【圆】和【修剪】等命令绘制键槽；执行【倒角】命令在所需位置倒角，完成主视图的绘制。

⊚ 在键槽对应位置绘制中心线，执行【圆】、【偏移】、【修剪】等命令来绘制键槽的断面图。

⊚ 进行图案填充、尺寸标注。

13.2　普通阶梯轴设计

阶梯轴在机器中常用来支承齿轮、带轮等传动零件，以传递转矩或运动。下面就以减速箱中的传动轴为例，介绍阶梯轴的设计与绘制方法。

13.2.1　阶梯轴的设计要点

阶梯轴的设计需要考虑它的加工工艺，而阶梯轴的加工又较为典型，能整体反映出轴类零件加工的大部分内容与基本规律，因此需要重点掌握。阶梯轴的加工工艺具体步骤如下。

（1）轴零件图样分析

图13-2所示的零件是减速器中的传动轴。它属于台阶轴类零件，由圆柱面、轴肩、螺纹、螺尾退刀槽、砂轮越程槽和键槽等组成。轴肩一般用来确定安装在轴上零件的轴向位置，各环槽的作用是使零件装配时有一个正确的位置，并使加工中磨削外圆或车螺纹时退刀方便；键槽用于安装键，以传递转矩；螺纹用于安装各种锁紧螺母和调整螺母。

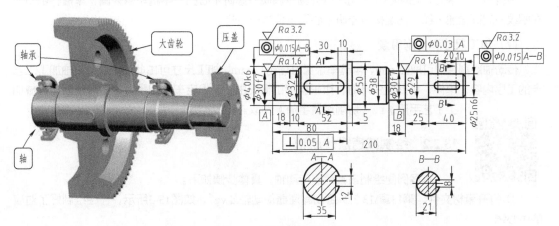

图 13-2　减速器中的传动轴

根据工作性能与条件，该传动轴规定了主要轴颈、外圆以及轴肩有较高的尺寸、位置精度和较小的表面粗糙度值，并有热处理要求。这些技术要求必须在加工中给予保证。因此，该传动轴的关键工序是轴颈和外圆的加工。

（2）确定毛坯

该传动轴材料为45钢，因其属于一般传动轴，故选45钢可满足其要求。本节讲述的传动轴属于中、小传动轴，并且各外圆直径尺寸相差不大，故选择φ60mm的热轧圆钢作毛坯。

（3）确定主要表面的加工方法

传动轴大都是回转表面，主要采用车削与外圆磨削成形。由于该传动轴的主要表面的公差等级（IT6）较高，表面粗糙度 *Ra* 值（*Ra*=1.6μm）较小，故数控精车即可。外圆表面的加工方案可为：粗车→半精车→精车。

（4）确定定位基准

合理地选择定位基准，对于保证零件的尺寸和位置精度有着决定性的作用。由于该传动轴的几个主要配合表面及轴肩面对基准轴线，均有径向圆跳动和端面圆跳动的要求，它又是实心轴，所以应选择两端中心孔为基准，采用双顶尖装夹方法，以保证零件的技术要求。

粗基准采用热轧圆钢的毛坯外圆。中心孔加工采用三爪自定心卡盘装夹热轧圆钢的毛坯外圆，车端面、钻中心孔。但必须注意，一般不能用毛坯外圆装夹两次钻两端中心孔，而应该以毛坯外圆作粗基准，先加工一个端面，钻中心孔，车出一端外圆；然后以已车过的外圆作基准，用三爪自定心卡盘装夹(有时在上工步已车外圆处搭中心架)，车另一端面，钻中心孔。如此加工中心孔，才能保证两中心孔同轴。

（5）划分阶段

对精度要求较高的零件，其粗、精加工应分开，以保证零件的质量。

该传动轴加工划分为三个阶段：粗车（粗车外圆、钻中心孔等），半精车（半精车各处外圆、台阶和修研中心孔及次要表面等），精车（精车各处外圆）。各阶段划分大致以热处理为界。

（6）热处理工序安排

轴的热处理要根据其材料和使用要求确定。对于传动轴，正火、调质和表面淬火用得较多。该轴要求调质处理，并安排在粗车各外圆之后，半精车各外圆之前。

综合上述分析，传动轴的加工流程如下。

下料→车两端面，钻中心孔→粗车各外圆→调质→修研中心孔→半精车各外圆，车槽，倒角→车螺纹→划键槽加工线→铣键槽→修研中心孔→精车→检验。

（7）加工尺寸和切削用量

传动轴磨削余量可取0.5mm，半精车余量可选用1.5mm。加工尺寸可由此而定，见该轴加工工艺卡的工序内容。单件、小批量生产时，可根据加工情况由工人确定车削用量，一般可根据《机械加工工艺手册》或《切削用量手册》选取。

13.2.2 绘制减速器传动轴

本案例便绘制该减速器传动轴，具体步骤如下。

① 打开素材文件"第13章\13.2.2 绘制减速器传动轴.dwg"，如图13-3所示，已经绘制好了对应的中心线。

图 13-3 素材图形

② 使用快捷键 O 激活【偏移】命令，根据图13-4所示的尺寸，对垂直的中心线进行多重偏移。

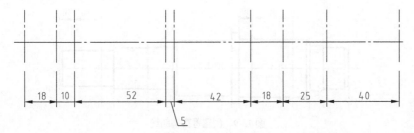

图 13-4　偏移中心线

③ 将【轮廓线】设置为当前图层，使用 L【直线】命令绘制如图13-5所示的轮廓线。

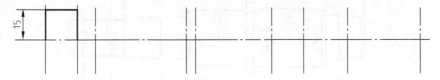

图 13-5　绘制轮廓线

④ 根据上一步的步骤操作，使用 L【直线】命令，配合【正交追踪】和【对象捕捉】功能绘制其他位置的轮廓线，结果如图13-6所示。

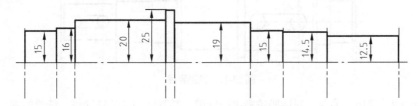

图 13-6　绘制其他轮廓线

⑤ 单击【修改】面板中的 □ 按钮，激活【倒角】命令，对轮廓线进行倒角，倒角尺寸为 C2，然后使用【直线】命令，配合捕捉与追踪功能，绘制倒角的连接线，结果如图13-7所示。

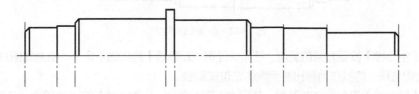

图 13-7　倒角并绘制连接线

⑥ 使用快捷键 MI 激活【镜像】命令，对轮廓线进行镜像复制，结果如图13-8所示。

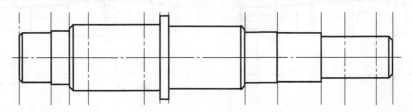

图 13-8　镜像图形

⑦ 绘制键槽。使用快捷键 O 激活【偏移】命令，创建如图13-9所示的垂直辅助线。

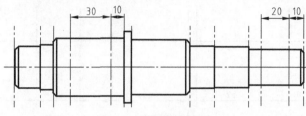

图 13-9　创建垂直辅助线

⑧ 将【轮廓线】设置为当前图层，使用 C【圆】命令，以刚偏移的垂直辅助线的交点为圆心，绘制直径为12和8的圆，如图13-10所示。

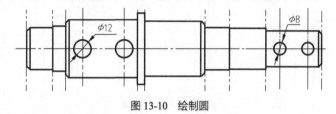

图 13-10　绘制圆

⑨ 使用 L【直线】命令，配合【捕捉切点】功能，绘制键槽轮廓，如图13-11所示。

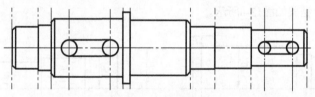

图 13-11　绘制直线

⑩ 使用 TR【修剪】命令，对键槽轮廓进行修剪，并删除多余的辅助线，结果如图13-12所示。

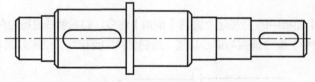

图 13-12　删除多余图形

⑪ 将【中心线】设置为当前图层，使用快捷键 XL 激活【构造线】命令，绘制如图13-13所示的水平和垂直构造线，将其作为移出断面图的定位辅助线。

⑫ 将【轮廓线】设置为当前图层，使用 C【圆】命令，以构造线的交点为圆心，分别绘制直径为40和25的圆，结果如图13-14所示。

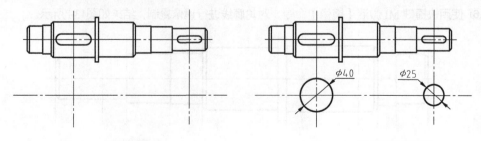

图 13-13　绘制构造线　　　　图 13-14　绘制移出断面图

⑬ 单击【修改】面板中的【偏移】按钮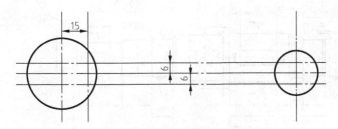，对φ40圆的水平和垂直构造线进行偏移，结果如图13-15所示。

图 13-15　偏移中心线得到辅助线

⑭ 将【轮廓线】设置为当前图层，使用 L【直线】命令绘制键槽，结果如图13-16所示。

⑮ 综合使用 E【删除】和 TR【修剪】命令，去掉不需要的构造线和轮廓线，如图13-17所示。

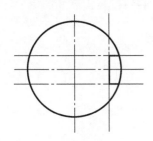

图 13-16　绘制φ40 圆的键槽轮廓

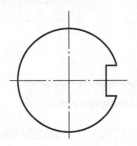

图 13-17　修剪φ40 圆的键槽

⑯ 按相同方法绘制φ25圆的键槽，如图13-18所示。

⑰ 将【剖面线】设置为当前图层，单击【绘图】面板中的【图案填充】按钮，为此剖面图填充【ANSI31】图案，填充比例为1.5，角度为0，填充结果如图13-19所示。

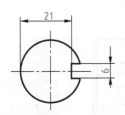

图 13-18　绘制φ25 圆的键槽

图 13-19　填充剖面线

⑱ 绘制好的图形如图13-20所示。

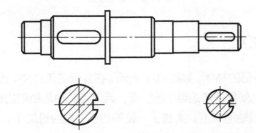

图 13-20　阶梯轴的轮廓图

⑲ 标注图形，并添加相应的粗糙度与形位公差，最终图形如图13-21所示。

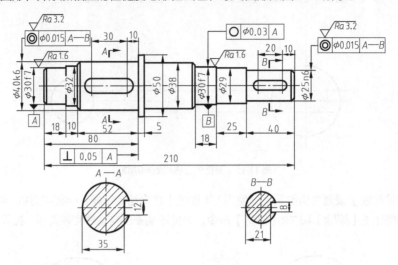

图 13-21　最终零件图

13.3　圆柱齿轮轴的绘制

本节将绘制如图13-22所示的圆柱齿轮轴。

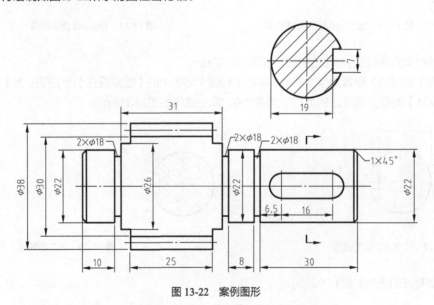

图 13-22　案例图形

13.3.1　齿轮轴的设计要点

齿轮轴，即具有齿轮特征的轴体，如图13-23所示。在实际的工作中，齿轮轴一般用于小齿轮（齿数少的齿轮）或高速级（也就是低转矩级）的情况。因为齿轮轴是轴和齿轮合成的一个整体，因此，在设计时，还是要尽量缩短轴的长度，太长了一是不利于上滚齿机加工，二是轴的支撑太长导致轴要加粗而增加机械强度（如刚性、挠度、抗弯等）。

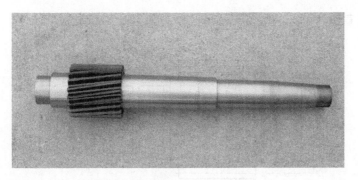

图 13-23　齿轮轴

13.3.2　绘制圆柱齿轮轴

① 打开素材文件"第13章\13.3.2 绘制圆柱齿轮轴.dwg",如图13-24所示,已经绘制好了对应的中心线。

图 13-24　素材图形

② 切换到【轮廓线】图层,以左侧中心线为起点,执行 L【直线】命令,绘制轴的轮廓线,如图13-25所示。

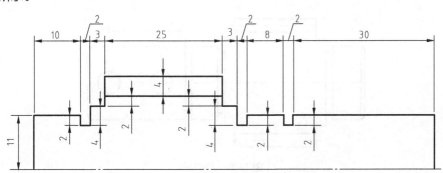

图 13-25　绘制轮廓线

③ 执行 MI【镜像】命令,以水平中心线作为镜像线镜像图形,结果如图13-26所示。

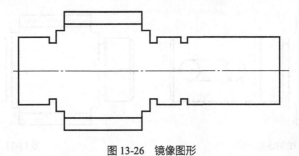

图 13-26　镜像图形

④ 执行 L【直线】命令，捕捉端点，绘制沟槽的连接线，并绘制分度圆的线，注意图层的转换，如图13-27所示。

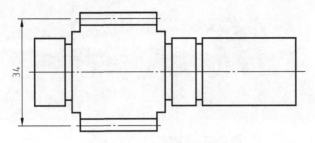

图 13-27　绘制连接线与分度圆线

⑤ 执行 CHA【倒角】命令，设置两个倒角距离均为1，在轴两端进行倒角，并绘制倒角连接线，如图13-28所示。

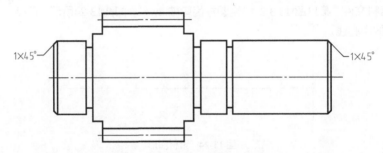

图 13-28　创建倒角并绘制连接线

⑥ 绘制键槽。执行 C【圆】命令，在右端绘制两个直径为7的圆，如图13-29所示。

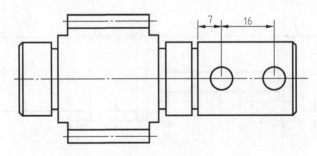

图 13-29　绘制圆

⑦ 执行 L【直线】命令，捕捉圆象限点绘制连接直线，如图13-30所示。
⑧ 执行 TR【修剪】命令，修剪图形，结果如图13-31所示。

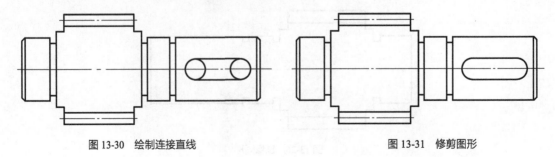

图 13-30　绘制连接直线　　　　　　　　　图 13-31　修剪图形

⑨ 将【中心线】设置为当前图层，使用快捷键 XL 激活【构造线】命令，绘制如图13-32所示的水平和垂直构造线，将其作为移出断面图的定位辅助线。

⑩ 将【轮廓线】设置为当前图层，使用 C【圆】命令，以构造线的交点为圆心，绘制直径为22的圆，结果如图13-33所示。

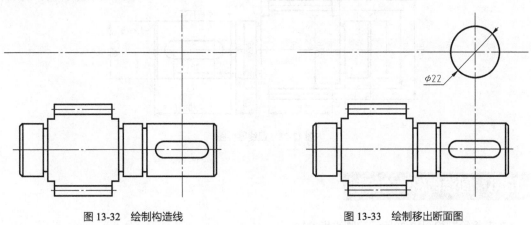

图 13-32　绘制构造线　　　　　　　　　　　图 13-33　绘制移出断面图

⑪ 单击【修改】面板中的【偏移】 按钮，对 $\phi22$ 圆的水平和垂直构造线进行偏移，结果如图13-34所示。

⑫ 将【轮廓线】设置为当前图层，使用 L【直线】命令绘制键槽，再综合使用 E【删除】和 TR【修剪】命令，去掉不需要的构造线和轮廓线，结果如图13-35所示。

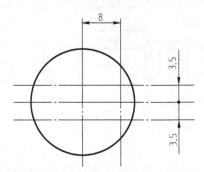

图 13-34　绘制 $\phi22$ 圆的键槽轮廓

图 13-35　修剪 $\phi22$ 圆的键槽

⑬ 将【剖面线】设置为当前图层，单击【绘图】面板中的【图案填充】 按钮，为此剖面图填充【ANSI31】图案，填充比例为1.5，角度为0，填充结果如图13-36所示。

⑭ 执行 XL【多段线】命令，利用命令行中的【宽度】选项绘制剖切箭头，如图13-37所示。

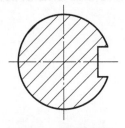

图 13-36　填充剖面线

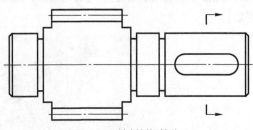

图 13-37　绘制剖切箭头

⑮ 标注图形，最终图形如图13-38所示。

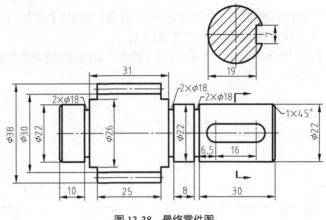

图 13-38　最终零件图

13.4　圆锥齿轮轴的绘制

本节将绘制如图13-39所示的圆锥齿轮轴。

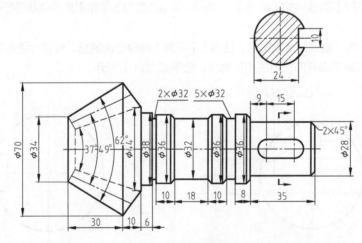

图 13-39　案例图形

13.4.1　圆锥齿轮轴的设计要点

圆锥齿轮轴，就是添加圆锥齿轮特征的轴体，如图13-40所示。圆锥齿轮轴的加工比较困难，但是传动稳定。

图 13-40　圆锥齿轮轴

13.4.2 绘制圆锥齿轮轴

① 打开素材文件"第13章\13.4.2 绘制圆锥齿轮轴.dwg",如图13-41所示,已经绘制好了对应的中心线。

② 切换到【轮廓线】图层,以左侧中心线为起点,执行 L【直线】命令,绘制轴的轮廓线,如图13-42所示。

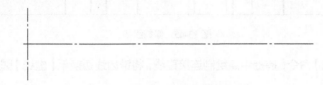

图 13-41　素材图形

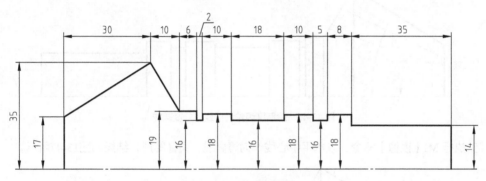

图 13-42　绘制轮廓线

③ 执行 L【直线】命令,捕捉端点,绘制连接线,结果如图13-43所示。

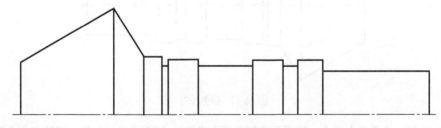

图 13-43　绘制连接线

④ 执行 L【直线】命令,绘制直线的垂线;然后执行 O【偏移】命令,将最左端轮廓线向右偏移4,结果如图13-44所示。

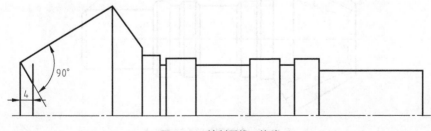

图 13-44　绘制垂线、偏移

⑤ 执行 TR【修剪】命令，修剪绘制的垂线和偏移线，如图13-45所示。

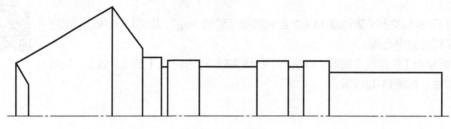

图 13-45 修剪线条

⑥ 执行 L【直线】命令，捕捉中点绘制连接直线，将锥齿线切换至【虚线】图层，结果如图13-46所示。

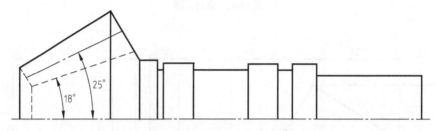

图 13-46 绘制锥齿轮齿根线与分度圆线

⑦ 执行 MI【镜像】命令，以水平中心线作为镜像线，镜像图形，结果如图13-47所示。

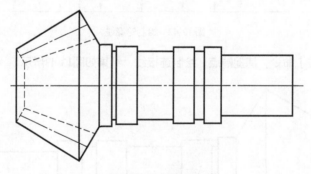

图 13-47 镜像图形

⑧ 执行 CHA【倒角】命令，设置两个倒角距离均为2，对图形进行倒角，并绘制倒角连接线，如图13-48所示。

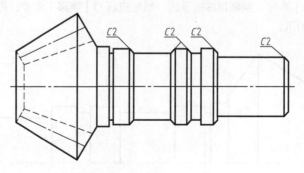

图 13-48 创建倒角并绘制连接线

⑨ 绘制键槽。执行 C【圆】命令，绘制两个直径为10的圆，如图13-49所示。

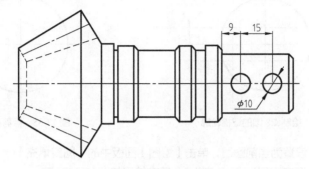

图 13-49　绘制圆

⑩ 执行 L【直线】命令，捕捉圆象限点绘制连接直线，如图13-50所示。

⑪ 执行 TR【修剪】命令，修剪图形，结果如图13-51所示。

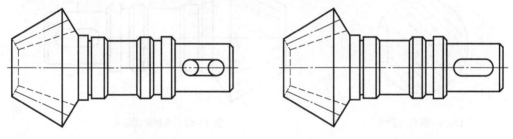

图 13-50　绘制连接直线　　　　　　　　　　　　图 13-51　修剪图形

⑫ 将【中心线】设置为当前图层，使用快捷键 XL 激活【构造线】命令，绘制如图13-52所示的水平和垂直构造线，将其作为移出断面图的定位辅助线。

⑬ 将【轮廓线】设置为当前图层，使用 C【圆】命令，以构造线的交点为圆心绘制直径为28的圆，结果如图13-53所示。

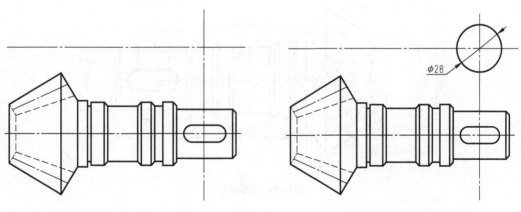

图 13-52　绘制构造线　　　　　　　　　　　　图 13-53　绘制移出断面图

⑭ 单击【修改】面板中的【偏移】 按钮，对φ28圆的水平和垂直构造线进行偏移，结果如图13-54所示。

⑮ 将【轮廓线】设置为当前图层，使用 L【直线】命令绘制键槽，再综合使用 E【删除】和 TR【修剪】命令，去掉不需要的构造线和轮廓线，结果如图13-55所示。

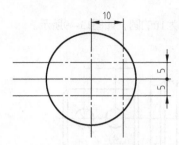

图 13-54　绘制 φ28 圆的键槽轮廓

图 13-55　修剪 φ28 圆的键槽

⑯ 将【剖面线】设置为当前图层，单击【绘图】面板中的【图案填充】 按钮，为此剖面图填充【ANSI31】图案，填充比例为1，角度为0，填充结果如图13-56所示。

⑰ 执行 XL【多段线】命令，利用命令行中的【宽度】选项绘制剖切箭头，如图13-57所示。

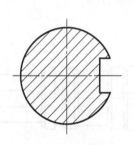

图 13-56　填充剖面线

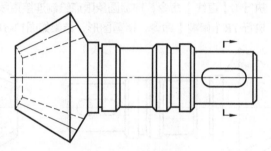

图 13-57　绘制剖切箭头

⑱ 标注图形，最终图形如图13-58所示。

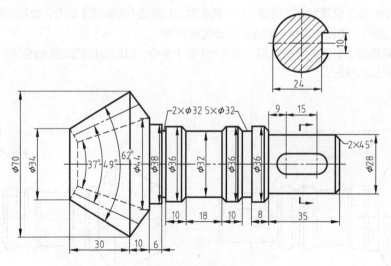

图 13-58　最终图形

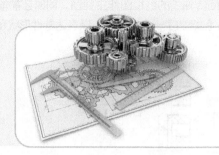

· 第**14**章 ·

盘盖类零件图的绘制

盘盖类零件包括调节盘、法兰盘、圆形端盖、泵盖以及各类手轮等。这类零件基本形体一般为回转体或其他几何形状的扁平的盘状体。本章主要介绍盘盖类零件的特点及常见盘盖类零件的绘制方法。

14.1 盘盖类零件概述

盘盖类零件在工程机械中的运用比较广泛，其主要作用是通过螺钉进行轴向定位，因此零件上面一般都有沉头孔，其次还具有防尘和密封的作用。典型的盘盖类零件在机械上的结构如图 14-1 所示。

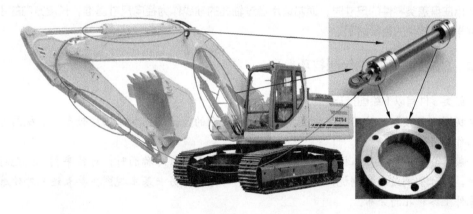

图 14-1　盘盖类零件在机械上的结构

14.1.1　盘盖类零件的结构特点

这类零件的基本形状是扁平的盘状，一般有端盖、阀盖、齿轮等零件，它们的主要结构大体上有回转体，通常还带有各种形状的凸缘、均布的圆孔和肋板等局部结构。其余通用特点介绍如下。

- ▷ 常用的毛坯材料：其零件的常用毛坯有 45 钢的铸件或锻件，以及标准的热轧、冷轧钢管下料。
- ▷ 常用的机械加工方法：主要以车削加工为主，配以铣削、钻孔等进行辅助加工。
- ▷ 视图表达方法：盘盖类零件的主视图一般按加工位置水平放置。其余的视图则用来表达盘盖类零件上的槽、孔等结构特征和它们在零件上的分布情况。视图具有对称面时可采用半剖视图。

除此之外，在视图选择时，一般选择过对称面或回转轴线的剖视图作主视图，同时还需增加适当的其他视图（如左视图、右视图或俯视图）。图 14-2 就增加了一个左视图，以表达零件形状和孔的分布规律。

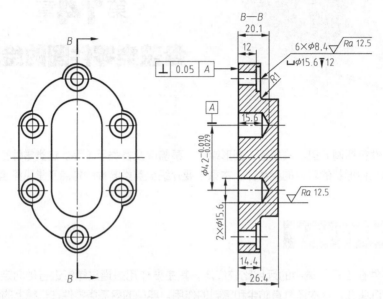

图 14-2　盘盖类零件的视图

在标注盘盖类零件的尺寸时，通常选用通过轴孔的轴线作为径向尺寸基准，长度方向的主要尺寸基准常选择零件的重要端面。

14.1.2　盘盖类零件图的绘图技巧

盘盖类零件有以下绘图技巧。

- ▷ 主视图一般按加工位置水平放置，但有些较复杂的盘盖，因加工工序较多，主视图也可按工作位置画出。
- ▷ 一般需要两个以上基本视图。根据结构特点，视图具有对称面时，可作半剖视；无对称面时，可作全剖或局部剖视，以表达零件的内部结构；另一基本视图主要表达其外轮廓以及零件上各种孔的分布。
- ▷ 其他结构形状如轮辐和肋板等可用移出断面或重合断面的方法，也可用简化画法。
- ▷ 盘盖类零件也是装夹在卧式车床的卡盘上加工的，与轴套类零件相似，其主视图主要遵循加工位置原则，即应将轴线水平放置画图。
- ▷ 画盘盖类零件时，画出一个图以后，要利用"高平齐"的规则画另一个视图，以减少尺寸输入；对于对称图形，先画出一半，然后镜像生成另一半。
- ▷ 复杂的盘盖类零件图中的相切圆弧有 3 种画法：画圆修剪、圆角命令、作辅助线。

14.2　调节盘

本节讲解如图 14-3 所示的调节盘的详细绘制过程。

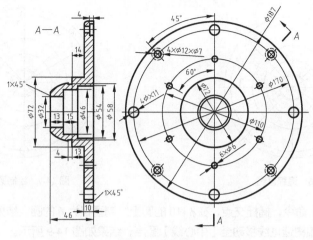

图 14-3　调节盘

14.2.1　调节盘的设计要点

调节盘为某模具上的产品零件，属于典型的盘类零件，因此该零件重要的径向尺寸部位有：ϕ187 圆柱段、$S\phi$60 球体部。上述各尺寸在生产中均有精度公差和几何形位公差要求。零件重要的轴向尺寸部位有：ϕ187 圆柱段左端面，距球体中心的轴向长度为 14mm。零件两端的中心孔是实现加工上述部位的基准，必须予以保证。

14.2.2　绘制调节盘

（1）绘制主视图

① 新建 AutoCAD 图形文件，在【选择样板】对话框中，浏览素材文件夹中的"acad.dwt"样板文件，单击【打开】按钮，进入绘图界面。

② 将【中心线】图层置为当前图层，执行 L【直线】命令，绘制中心线，如图 14-4 所示。

③ 切换到【轮廓线】图层，执行 C【圆】命令，以中心线交点为圆心，绘制直径分别为 32、35、72、110、170、187 的圆，结果如图 14-5 所示。

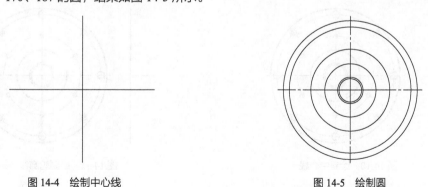

图 14-4　绘制中心线　　　　　　图 14-5　绘制圆

④ 开启极轴追踪，设置追踪角分别为 45°和 30°，绘制直线与圆相交，结果如图 14-6 所示。

⑤ 执行 C【圆】命令，捕捉交点，以ϕ170 的圆与中心线的交点为圆心绘制直径为 11 的圆，以该圆与 45°直线的交点为圆心绘制直径为 7 和 12 的圆，结果如图 14-7 所示。

图 14-6　追踪直线

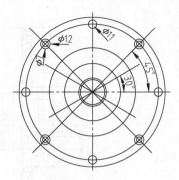

图 14-7　绘制圆（一）

⑥ 执行 C【圆】命令，捕捉交点，在 ϕ110 的圆上绘制直径为 6 的圆，结果如图 14-8 所示。

⑦ 将各构造圆和构造直线移动至【中心线】图层，结果如图 14-9 所示。

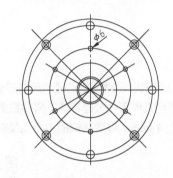

图 14-8　绘制圆（二）

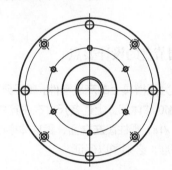

图 14-9　调整图形

（2）绘制剖视图

⑧ 将【中心线】图层设置为当前图层，执行 L【直线】命令，绘制与主视图对齐的水平中心线，如图 14-10 所示。

⑨ 将【轮廓线】图层设置为当前图层，执行 L【直线】命令，根据三视图"高平齐"的原则绘制轮廓线，如图 14-11 所示。

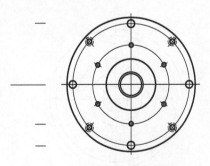

图 14-10　绘制中心线

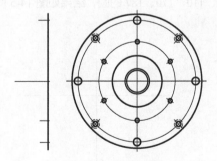

图 14-11　绘制轮廓线

⑩ 执行 O【偏移】命令，将轮廓线向左偏移 10、23、24、27、46，将水平中心线向上下各偏移 29、72，结果如图 14-12 所示。

⑪ 执行 C【圆】命令，以偏移 24 的直线与中心线的交点为圆心作 R30 的圆，连接直线；执行 TR【修剪】命令，修剪图形，结果如图 14-13 所示。

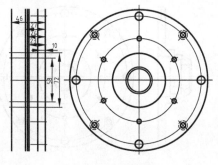

图 14-12　偏移直线

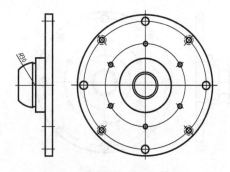

图 14-13　绘制并修剪图形

⑫ 执行 F【圆角】命令，设置圆角半径为 3，在左上角创建圆角。然后执行 CHA【倒角】命令，激活【角度】选项，创建边长为 1、角度为 45°的倒角，结果如图 14-14 所示。

⑬ 执行 L【直线】命令，根据三视图"高平齐"的原则，绘制螺纹孔和沉孔的轮廓线，如图 14-15 所示。

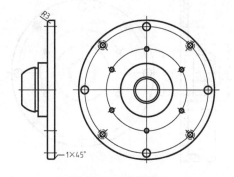

图 14-14　添加圆角

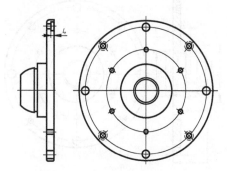

图 14-15　绘制轮廓线

⑭ 执行 O【偏移】命令，将水平中心线向上、下各偏移 16、23、27。将最左端廓线向右偏移 14、29，如图 14-16 所示。

⑮ 执行 O【直线】命令，绘制连接线；然后执行 TR【修剪】命令，修剪图形，结果如图 14-17 所示。

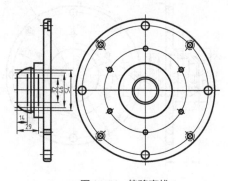

图 14-16　偏移直线

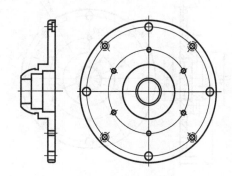

图 14-17　绘制直线并修剪

⑯ 执行 CHA【倒角】命令，设置倒角距离为 1，角度 45°，结果如图 14-18 所示。

⑰ 将【细实线】图层设置为当前图层。执行 H【图案填充】命令，选择 ANSI31 图案填充剖面线，结果如图 14-19 所示。

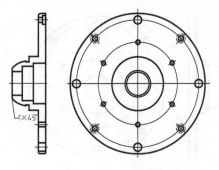

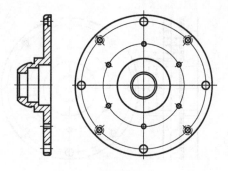

图 14-18　添加倒角

图 14-19　图案填充

（3）图形标注

⑱ 单击【标注】工具栏中的 DLI【线性】按钮　，标注各线性尺寸，如图 14-20 所示。

⑲ 双击各直径尺寸，在尺寸值前添加直径符号，如图 14-21 所示。

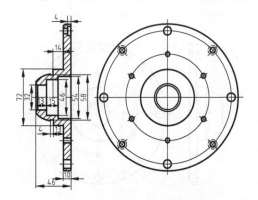

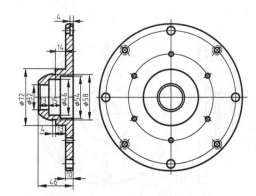

图 14-20　线性标注

图 14-21　线性直径标注

⑳ 单击【标注】工具栏中的【直径】按钮，对圆弧进行标注，如图 14-22 所示。

㉑ 单击【标注】工具栏中的【角度】和【多重引线】按钮，对角度和倒角进行标注。结果如图 14-23 所示。

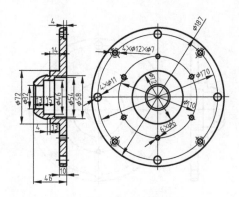

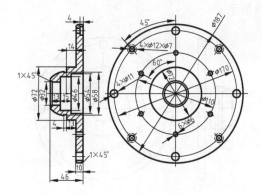

图 14-22　圆弧标注

图 14-23　角度和倒角标注

㉒ 执行【多段线】命令，利用命令行的【线宽】选项绘制剖切箭头，并利用【单行文字】命令输入剖切序号，结果如图 14-24 所示。

㉓ 选择【文件】|【保存】命令，保存文件，完成绘制。

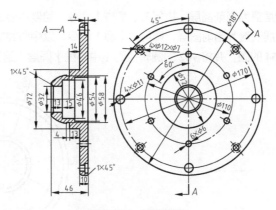

图 14-24　绘制结果

14.3　法兰盘

本节讲解如图 14-25 所示的法兰盘的详细绘制过程。

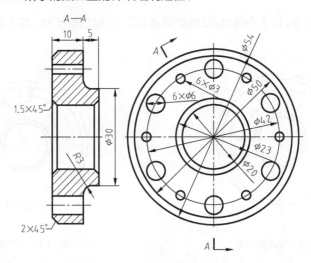

图 14-25　法兰盘

14.3.1　法兰盘的设计要点

法兰盘主要是用来对螺钉定位，并且对轴向部件进行连接的零件，因此它上面的重要尺寸包括径向的 φ54 和内孔 φ20。其中 φ54 是各螺钉通孔的分布尺寸，属于设计尺寸，在加工中无法得到十分精准的定位，因此在实际生产中会有较大的偏差；而 φ20 的内孔可能会与活塞杆等其他的零部件相接触，因此在实际生产中需要标明粗糙度和精度公差。

14.3.2　绘制法兰盘

（1）绘制主视图

① 新建 AutoCAD 文件，在【选择样板】对话框中，浏览素材文件夹"acad.dwt"样板文件，单击【打开】按钮，进入绘图界面。

② 将【中心线】图层置为当前图层，执行 L【直线】命令，绘制中心线，如图 14-26 所示。

③ 将【轮廓线】图层设置为当前图层，调用 C【圆】命令，以中心线交点为圆心，绘制直径分别为 20、23、42、50、54 的圆，并将ϕ42 的圆转换到【中心线】图层，结果如图 14-27 所示。

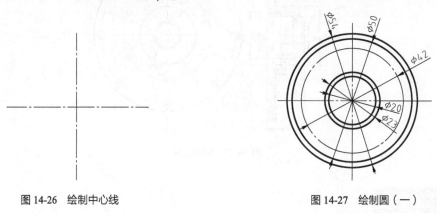

图 14-26　绘制中心线　　　　　　　　　　　　图 14-27　绘制圆（一）

④ 开启极轴追踪，设置追踪角为 30°，绘制与极轴方向成 60° 的直线，并转换到【中心线】图层，如图 14-28 示。

⑤ 执行 C【圆】命令，以中心线与ϕ42 圆的交点为圆心，绘制直径为 3 和 6 的圆，结果如图 14-29 所示。

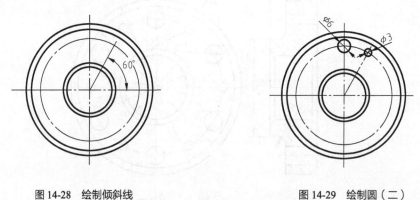

图 14-28　绘制倾斜线　　　　　　　　　　　　图 14-29　绘制圆（二）

⑥ 执行【环形阵列】命令，以同心圆圆心为阵列中心，将ϕ6 和ϕ3 的圆沿圆周阵列 6 个，结果如图 14-30 所示。

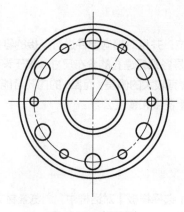

图 14-30　阵列圆孔

（2）绘制剖视图

⑦ 将【中心线】图层设置为当前图层，执行 L【直线】命令，绘制与主视图对齐的中心线，如图 14-31 所示。

⑧ 将【轮廓线】图层设置为当前图层，执行 L【直线】命令，根据三视图"高平齐"的原则绘制剖视图的竖直轮廓线，如图 14-32 所示。

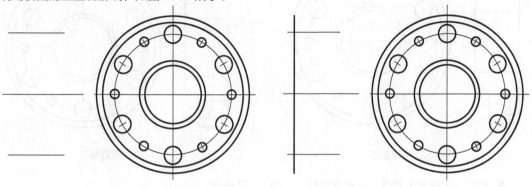

图 14-31　绘制中心线　　　　　　　　　　　图 14-32　绘制轮廓线（一）

⑨ 执行 O【偏移】命令，将轮廓线向右偏移 15、20，将水平中心线向上下各偏移 15，结果如图 14-33 所示。

⑩ 执行 L【直线】命令，绘制水平轮廓线；执行 TR【修剪】命令修剪图形，结果如图 14-34 所示。

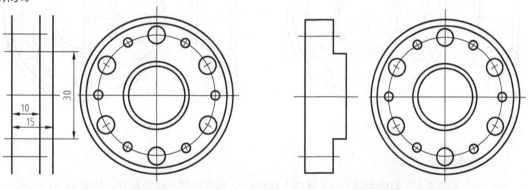

图 14-33　偏移直线　　　　　　　　　　　　图 14-34　绘制连接直线

⑪ 执行 F【圆角】命令，设置圆角半径为 3，在边角创建圆角，如图 14-35 所示。

⑫ 根据三视图"高平齐"的原则绘制孔的轮廓线，如图 14-36 所示。

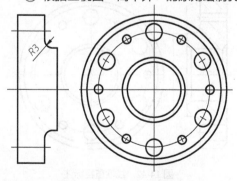

图 14-35　创建圆角

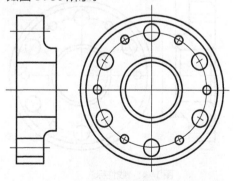

图 14-36　绘制轮廓线（二）

⑬ 执行 O【偏移】命令，偏移孔的中心线，并将偏移线切换到【轮廓线】图层，如图 14-37 所示。

⑭ 执行 CHA【倒角】命令，对图形进行倒角，结果如图 14-38 所示。

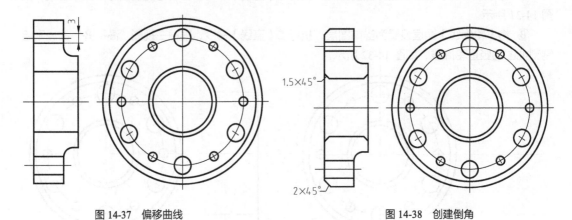

图 14-37　偏移曲线　　　　　　　　　　　　　　　图 14-38　创建倒角

⑮ 执行 L【直线】命令，绘制连接线，如图 14-39 所示。

⑯ 执行 H【图案填充】命令，选择填充图案为 ANSI31，填充剖面线，如图 14-40 所示。

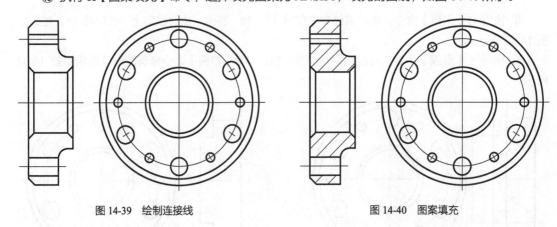

图 14-39　绘制连接线　　　　　　　　　　　　　　图 14-40　图案填充

（3）图形标注

⑰ 单击【标注】工具栏中的 DLI【线性】按钮 ⊢⊣，标注法兰的线性尺寸，如图 14-41 所示。

⑱ 双击直径尺寸，在尺寸值前添加直径符号，如图 14-42 所示。

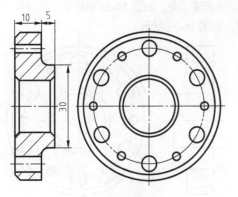

图 14-41　线性标注

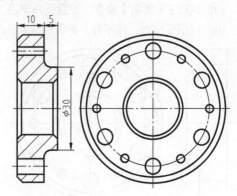

图 14-42　线性直径标注

⑲ 单击【标注】工具栏中的【半径】按钮◎和【直径】按钮◎，标注圆角的半径和圆的直径，如图 14-43 所示。

⑳ 单击【标注】工具栏中的【多重引线】，标注倒角尺寸，如图 14-44 所示。

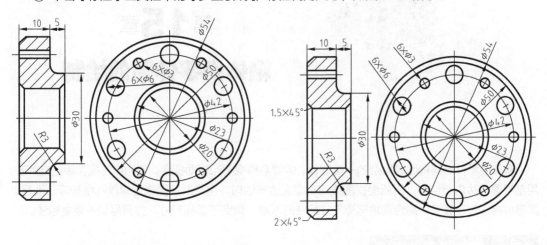

图 14-43　圆弧标注　　　　　　　　　　　　　　　图 14-44　倒角标注

㉑ 执行【多段线】命令，利用命令行中的【宽度】选项设置一定的线宽，绘制剖切箭头然后利用【单行文字】命令输入剖切编号，结果如图 14-45 所示。

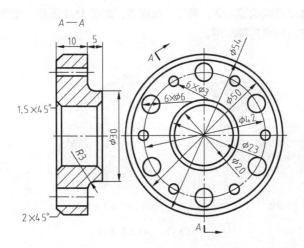

图 14-45　绘制结果

· 第**15**章 ·

箱体类零件图的绘制

箱体类零件是结构比较复杂的一类零件，需要多种视图和辅助视图，例如用三视图表达其外观，用剖视图表达内部结构，用断面视图或向视图表达筋结构，用局部视图表达螺纹孔结构等。而且此类零件标注尺寸较多，需合理地选择尺寸标注的基准，做到不漏标尺寸，并且尽量不重复标注。

15.1 箱体类零件概述

15.1.1 箱体类零件简介

箱体类零件是用来安装支撑机器部件，或者容纳气体、液体介质的壳体零件。箱体类零件的运用比较广泛，如阀体以及减速器箱体、泵体、阀座等，如图15-1所示。箱体类零件大多为铸件，一般起支撑、容纳、定位和密封等作用。

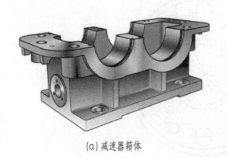

(a) 减速器箱体　　　　　　(b) 涡轮减速器箱体　　　　　　(c) 泵体

图 15-1　箱体类零件

15.1.2 箱体类零件的结构特点

箱体类零件主要用于支承及包容其他零件。同时，其外部要和机器连接固定，并为传动件提供一个封闭的工作空间，使其处于良好的工作状况，同时还要提供润滑所需的通道，创造良好的润滑条件。它在一台机器的总质量中占有很大的比例，同时在很大程度上影响机器的工作精度及抗震性能。所以，正确地设计箱体的形式及尺寸，是减小整机质量、节约材料、提高工作精度、增强机器刚度及耐磨性等的重要途径。箱体的主要设计结构特点如下所示。

- ⊙ 运动件的支撑部分是箱体的主要部分，包括安装轴承的孔、箱壁、支撑凸缘、肋等结构。
- ⊙ 润滑部分主要用于运动部件的润滑，以便提高部件的使用寿命，这包括存油池、油针孔、放油孔。

- ⊚ 为了安装箱盖，在上部有安装平面，其上有定位销孔和连接用的螺钉孔。
- ⊚ 为了安装别的部件，在下部也安装平面，并有安装螺栓或者螺钉的结构，还有定位及导向用的导轨或者导槽。
- ⊚ 为了加强某一局部的强度，增加肋等结构，除此之外，还带有空腔、轴孔、凸台、沉孔及螺孔等结构，外观比较复杂。

15.1.3 箱体类零件图的绘图技巧

由于箱体类零件的外观比较复杂，因此它的绘制需要一定的技巧，而绘制箱体类零件图的技巧有以下几点。

- ⊚ 在选择主视图时，主要考虑工作位置和形状特征。
- ⊚ 选用其他视图时，应根据实际情况采用适当的剖视、断面、局部视图和斜视图等多种辅助视图，以清晰地表达零件的内外结构。
- ⊚ 在标注尺寸方面，通常选用设计上要求的轴线、重要的安装面、接触面(或加工面)、箱体某些主要结构的对称面(宽度、长度)等作为尺寸基准。
- ⊚ 对于箱体上需要切削加工的部分，应尽可能按便于加工和检验的要求来标注尺寸。

15.2 轴承底座的绘制

轴承底座是安装在固定位置上，其中带有一安装轴承孔的零件。轴承底座多用于各种自卸车上，如图 15-2 所示。它能在自卸车进行举升时固定液压缸，并提供良好的支撑。

图 15-2 自卸车上的轴承底座

15.2.1 轴承底座设计要点

自卸车上的轴承底座受力复杂，因此需要多增加肋板等结构，故采用焊接方法。除此之外，还有一类轴承底座，受力均匀且类型单一，因此从成本角度考虑多采用铸造方法，如球磨机上的轴承底座，如图 15-3 所示。

图 15-3　球磨机上的轴承底座

　　无论是何种方法制作的轴承底座，在设计时需要注意轴承安装位置的尺寸公差与表面粗糙度，以控制在安装轴承时的精度。此外，如果是焊接方法制作的轴承底座，需要另行绘制焊接板料的构件图，并设计相应的焊接坡口；如是铸造方法生产的轴承底座，则需要考虑各表面的粗糙度，以及脱模时的拔模角度等等。

15.2.2　绘制轴承底座

　　本案例便绘制球磨机上的轴承底座，如图 15-4 所示。

（1）绘制主视图

　　① 打开素材文件"第 15 章\15.2.2 绘制轴承底座.dwg"，如图 15-5 所示，已经绘制好了对应的中心线。

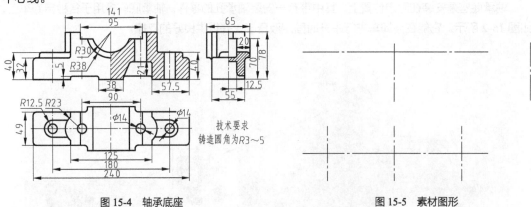

图 15-4　轴承底座　　　　　　　　　　　　　　图 15-5　素材图形

　　② 将【中心线】图层设置为当前图层，对主视图位置上的中心线执行 O【偏移】命令，偏移出辅助用的中心线，如图 15-6 所示。

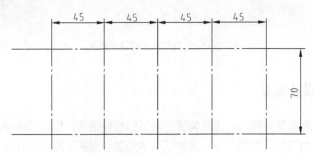

图 15-6　偏移中心线

③ 将【轮廓线】图层设置为当前图层，执行 C【圆】命令，以中心线的交点为圆心绘制 R30、R38 的圆，如图 15-7 所示。

④ 执行 TR【修剪】命令，修剪圆，如图 15-8 所示。

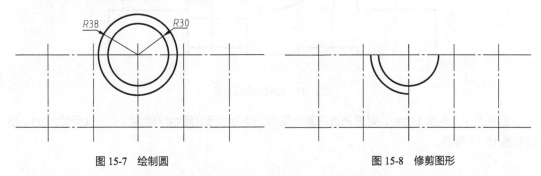

图 15-7　绘制圆　　　　　　　　　　　　　　　　图 15-8　修剪图形

⑤ 执行 O【偏移】命令，将主视图最下方的水平中心线向上偏移 5、26、32、40、60，结果如图 15-9 所示。

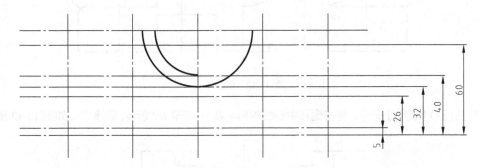

图 15-9　偏移水平中心线

⑥ 再执行 O【偏移】命令，将主视图中垂直的中心按图 15-10 所示的尺寸进行偏移。

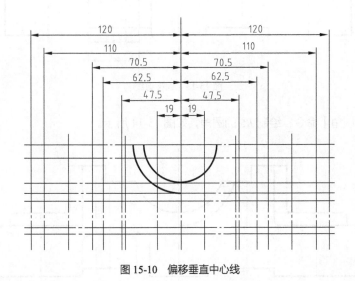

图 15-10　偏移垂直中心线

⑦ 切换到【轮廓线】图层，执行 L【直线】命令，绘制主视图的轮廓，再执行 TR【修剪】命令，修剪多余的辅助线，结果如图 15-11 所示。

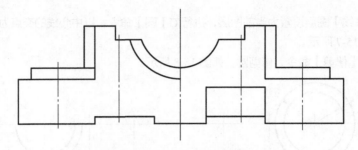

图 15-11　绘制主视图轮廓

⑧ 执行 F【圆角】命令，对图形进行圆角操作，圆角半径除图中标明的以外，其余都为 *R*3，结果如图 15-12 所示。

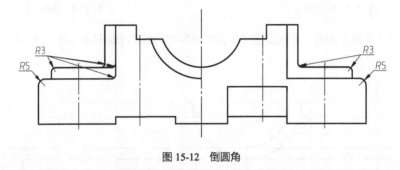

图 15-12　倒圆角

⑨ 执行 O【偏移】命令，将右侧孔中心线对称偏移 9，将轮廓线向左偏移 35，如图 15-13 所示。

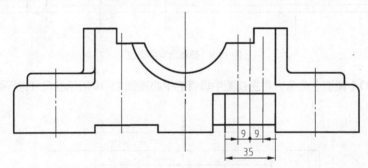

图 15-13　偏移直线

⑩ 执行 F【圆角】命令，绘制 *R*5 的圆角，如图 15-14 所示。

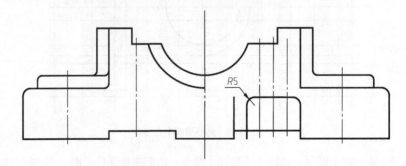

图 15-14　沉头孔倒圆角

⑪ 转换到【轮廓线】图层，执行 L【直线】命令，绘制两圆角的切线；执行 TR【修剪】、S【延伸】等命令整理图形，如图 15-15 所示。

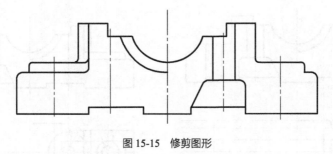

图 15-15　修剪图形

⑫ 执行 O【偏移】命令，将右端中心线对称偏移 8.5，并将偏移出的线条转换到【轮廓线】图层，如图 15-16 所示。

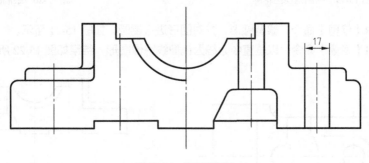

图 15-16　绘制螺钉孔

（2）绘制俯视图

⑬ 执行 O【偏移】命令，将俯视图位置的水平中心线对称偏移 12.5、24.5、32.5，结果如图 15-17 所示。

⑭ 切换到【虚线】图层，执行 L【直线】命令，按"长对正，高平齐，宽相等"的原则，由主视图向俯视图绘制垂直投影线，如图 15-18 所示。

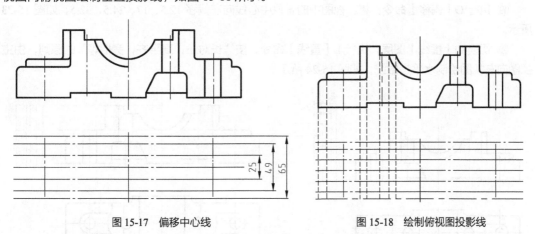

图 15-17　偏移中心线　　　　　图 15-18　绘制俯视图投影线

⑮ 切换到【轮廓线】图层，执行 L【直线】命令，绘制主视图的轮廓，再执行 TR【修剪】命令，修剪多余的辅助线，结果如图 15-19 所示。

⑯ 执行 C【圆】命令，在中心线的交点绘制 $\phi14$ 和 $\phi25$ 的圆；然后绘制与矩形右边线相切，直径为 14 的圆；最后绘制 $\phi46$ 的同心圆，如图 15-20 所示。

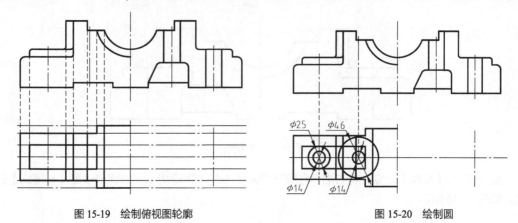

图 15-19　绘制俯视图轮廓　　　　　　　　　　图 15-20　绘制圆

⑰ 执行 TR【修剪】命令，修剪图形，并对图形进行倒圆，如图 15-21 所示。

⑱ 执行 MI【镜像】命令，以垂直中心线为镜像线镜像图形，结果如图 15-22 所示。

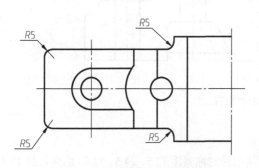
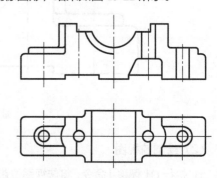

图 15-21　对俯视图进行修剪并倒圆　　　　　　图 15-22　镜像俯视图形

（3）绘制左视图

⑲ 执行 O【偏移】命令，将左视图中的垂直中心线向左偏移 12.5、17、24.5、32.5，如图 15-23 所示。

⑳ 切换到【虚线】图层，执行 L【直线】命令，按"长对正，高平齐，宽相等"的原则，由主视图向左视图绘制水平投影线，如图 15-24 所示。

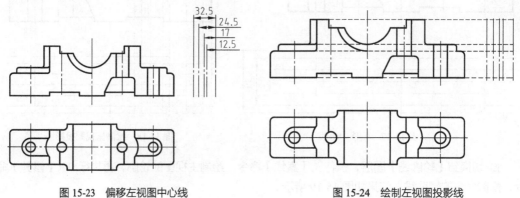

图 15-23　偏移左视图中心线　　　　　　　　　图 15-24　绘制左视图投影线

㉑ 切换到【轮廓线】图层，执行 L【直线】命令，绘制左视图的轮廓，再执行 TR【修剪】命令，修剪多余的辅助线，结果如图 15-25 所示。

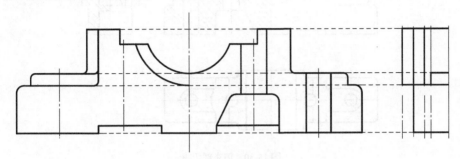

图 15-25 绘制左视图轮廓（一）

㉒ 执行 O【偏移】命令，将左视图的垂直中心线向右偏移 7、12.5、20.5、24.5、32.5，如图 15-26 所示。

㉓ 切换到【虚线】图层，执行 L【直线】命令，按"长对正，高平齐，宽相等"的原则，由主视图向左视图绘制垂直投影线，如图 15-27 所示。

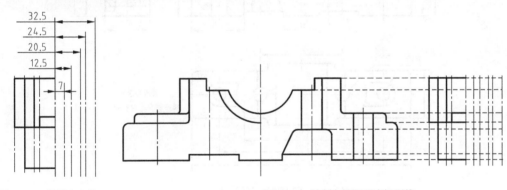

图 15-26 偏移中心线

图 15-27 绘制左视图垂直投影线

㉔ 切换到【轮廓线】图层，执行 L【直线】命令，绘制左视图的轮廓，再执行 TR【修剪】命令，修剪多余的辅助线，结果如图 15-28 所示。

㉕ 执行 F【圆角】命令，创建 R3 和 R5 的圆角，如图 15-29 所示。

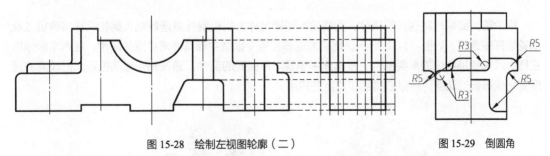

图 15-28 绘制左视图轮廓（二）

图 15-29 倒圆角

㉖ 切换到【剖切线】图层，执行 H【图案填充】命令，选择图案为 ANSI31，比例为 1.5，角度为 0°，填充图案，结果如图 15-30 所示。

㉗ 调整 3 个视图的位置，通过【标注】工具栏对图形进行标注；使用 MT【多行文字】命令添加技术要求，结果如图 15-31 所示。

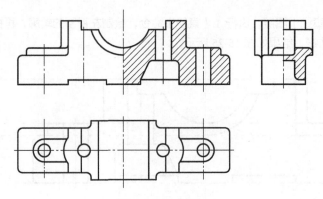

图 15-30　填充剖切线

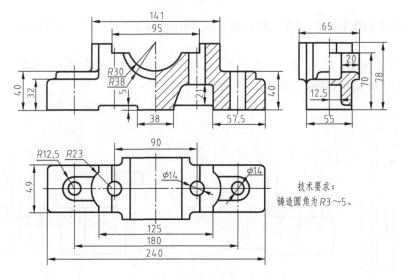

图 15-31　最终图形

㉘ 选择【文件】|【保存】命令，保存文件，完成轴承底座的绘制。

15.3　蜗轮箱的绘制

蜗轮箱，即蜗轮减速器的箱体，而蜗轮减速器全称为蜗轮蜗杆减速器或者蜗轮蜗杆减速机以及蜗轮蜗杆减速箱，如图 15-32 所示。蜗轮减速器在各个领域中都有非常广泛的应用，在汽车领域里它作为汽车变换挡位的重要部件，在机床中也是非常关键的部件。通过蜗轮减速机可以把较高的速度变化成较低的速度，所以它得到了广泛的应用。

图 15-32　蜗轮减速器

15.3.1　蜗轮箱设计要点

蜗轮减速器主要由蜗轮或者齿轮、轴、轴承和箱体等组成，而箱体又是蜗轮、齿轮、轴、轴承等零件的主要支承件。因此蜗轮减速机机箱壳必须具备足够的硬度，以免受载后变形从而导致传动质量下降。

蜗轮减速箱的机箱通常采用铸铁来铸成，仅有少量重型减速箱用铸钢。减速机箱壳由箱座和箱盖两部分组成，其剖分面则通过传动的轴线。箱壳上安装轴承的孔必须精确，以保证齿轮轴线相互位置的准确性。箱座与箱盖用螺栓连接，并用两个定位销来精确固定箱盖和箱座的相互位置。螺栓的布置要合理，应考虑使用扳手时所需活动的空间。在轴承周边的螺栓，其直径可以稍大些，尽量靠近轴承。

蜗轮减速箱的型号大小不同，采用的轴承也不同，一般中小型的减速箱都广泛采用滚动轴承。具体的要根据实现负载或者根据减速机生产厂家的构造、测试而定。

15.3.2　绘制蜗轮箱

本小节绘制如图 15-33 所示的蜗轮箱零件图。

（1）绘制主视图

① 打开素材文件"第 15 章\15.3.2 绘制蜗轮箱.dwg"，如图 15-34 所示，已经绘制好了对应的中心线。

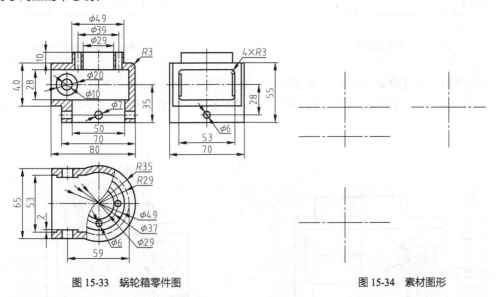

图 15-33　蜗轮箱零件图　　　　　　　　　　图 15-34　素材图形

② 将【轮廓线】图层设置为当前图层，执行 L【直线】命令，在主视图的位置上绘制轮廓线，如图 15-35 所示。

③ 执行 O【偏移】命令，将主视图中的水平中心线对称偏移 14，将垂直中心线对称偏移 14.5、25，将左侧边线向右偏移 74，如图 15-36 所示。

④ 切换到【轮廓线】图层，执行 L【直线】命令，绘制主视图的轮廓，再执行 TR【修剪】命令，修剪多余的辅助线，结果如图 15-37 所示。

⑤ 执行 O【偏移】命令，将主视图中的水平中心线向下偏移 28，将垂直中心线向左偏移 30，如图 15-38 所示。

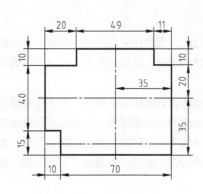

图 15-35　绘制轮廓线

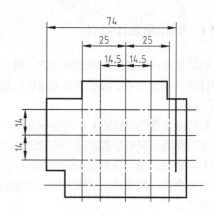

图 15-36　偏移主视图中心线

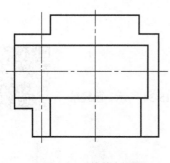

图 15-37　修剪主视图

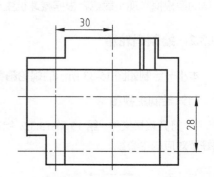

图 15-38　偏移主视图中心线

⑥ 执行 C【圆】命令，捕捉中心线的交点，绘制如图 15-39 所示尺寸的圆。

⑦ 执行 O【偏移】命令，将下方的水平中心线对称偏移 3.5，将垂直中心线对称偏移 16.5、19.5、22.5，如图 15-40 所示。

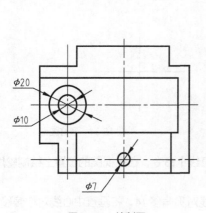

图 15-39　绘制圆

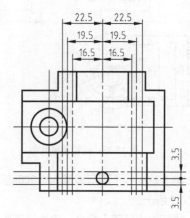

图 15-40　偏移中心线

⑧ 切换到【轮廓线】图层，执行 L【直线】命令，绘制主视图的轮廓，再执行 TR【修剪】命令，修剪多余的辅助线，结果如图 15-41 所示。

⑨ 执行 F【圆角】命令，创建 R3 的圆角，如图 15-42 所示。

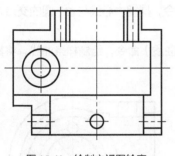

图 15-41 绘制主视图轮廓

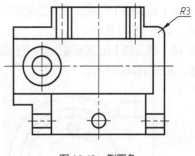

图 15-42 倒圆角

（2）绘制俯视图

⑩ 执行 C【圆】命令，以俯视图位置的中心线交点为圆心，绘制 $\phi29$、$\phi37$、$\phi49$、$\phi58$、$\phi70$ 的圆，如图 15-43 所示。

⑪ 切换到【虚线】图层，执行 L【直线】命令，按"长对正，高平齐，宽相等"的原则，由主视图向俯视图绘制垂直投影线，如图 15-44 所示。

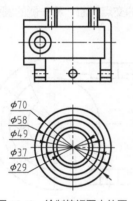

图 15-43 绘制俯视图中的圆

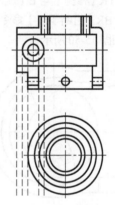

图 15-44 绘制俯视图投影线

⑫ 执行 O【偏移】命令，将俯视图的水平中心线对称偏移 24.5、26.5、32.5，结果如图 15-45 所示。

⑬ 切换到【轮廓线】图层，执行 L【直线】命令，绘制俯视图的轮廓，同时将 $\phi37$ 的圆转换为【中心线】图层，然后执行 TR【修剪】命令，修剪多余的辅助线，结果如图 15-46 所示。

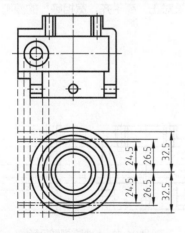

图 15-45 偏移俯视图中的中心线

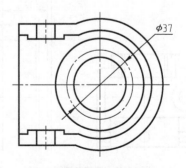

图 15-46 绘制俯视图轮廓

⑭ 将【轮廓线】图层设置为当前图层，执行 C【圆】命令，捕捉中心线与 φ37 圆的交点，绘制 φ6 圆孔，如图 15-47 所示。

⑮ 将【细实线】图层设置为当前图层，执行 SPL【样条曲线】命令，绘制样条曲线，将其作为剖切线，如图 15-48 所示。

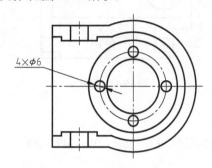

图 15-47 绘制俯视图中的圆孔

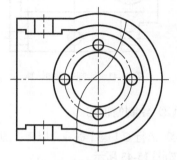

图 15-48 绘制俯视图的剖切线

⑯ 执行 TR【修剪】与 E【删除】命令，以样条曲线为边界修剪图形，如图 15-49 所示。

⑰ 执行 BR【打断于点】命令，将 φ58 的圆在样条曲线的交点打断，将一侧的圆弧切换到【虚线】图层，如图 15-50 所示。

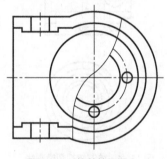

图 15-49 修剪俯视图

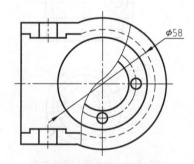

图 15-50 转换俯视图图层

（3）绘制左视图

⑱ 执行 O【偏移】命令，将左视图位置的垂直中心线对称偏移 24.5、26.5、32.5、35，如图 15-51 所示。

⑲ 切换到【虚线】图层，执行 L【直线】命令，按"长对正，高平齐，宽相等"的原则，由主视图向左视图绘制水平投影线，如图 15-52 所示。

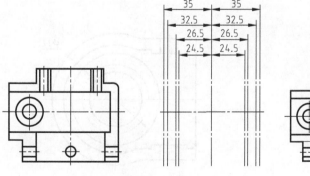

图 15-51 偏移左视图中心线

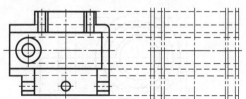

图 15-52 绘制左视图投影线

⑳ 切换到【轮廓线】图层，执行 L【直线】命令，绘制左视图的轮廓，再执行 TR【修剪】命令，修剪多余的辅助线，结果如图 15-53 所示。

㉑ 执行 O【偏移】命令，将左视图中的水平中心线向下偏移 28，如图 15-54 所示。

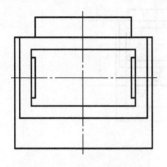

图 15-53 绘制左视图轮廓

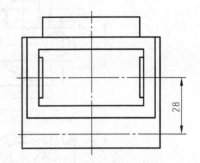

图 15-54 偏移左视图中心线

㉒ 执行 C【圆】命令，以偏移线与中心线的交点为圆心绘制 φ6 的圆，并将圆转换到【轮廓线】图层，调整中心线长度，如图 15-55 所示。

㉓ 执行 F【圆角】命令，在左视图中的内部边角创建 R3 的圆角，如图 15-56 所示。

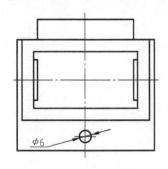

图 15-55 偏移左视图中的圆

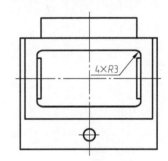

图 15-56 倒圆角

㉔ 切换到【剖切线】图层，执行 H【图案填充】命令，选择图案为 ANSI31，比例为 1，角度为 0°，填充图案，结果如图 15-57 所示。

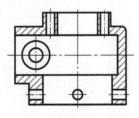
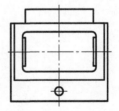
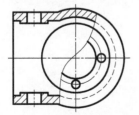

图 15-57 填充剖面线

㉕ 调整 3 个视图的位置，通过【标注】工具栏对图形进行标注，结果如图 15-58 所示。

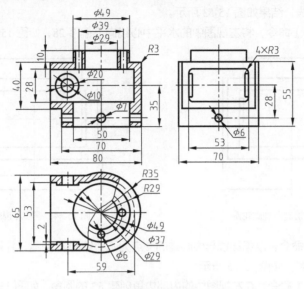

图 15-58　最终图形

第4篇 综合实战篇——减速器设计

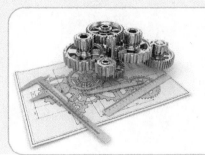

· 第**16**章 ·

减速器的参数计算与传动零件的绘制

在机械制造业中，常常遇到原动机转速比工作机转速高的情况，因此需要在原动机与工作机之间装设中间传动装置，以降低转速。这种传动装置通常由封闭在箱体内的啮合齿轮组成，并且可以改变转矩的转速和运转方向，此种传动装置即被称作减速器。

16.1 减速器设计概述

减速器的类型有很多，可以满足各种机器的不同要求。比如，按传动类型分，可以分为齿轮减速器、蜗杆减速器、蜗杆-齿轮减速器和行星轮减速器；而按传动的级数分，可以分为单级减速器和多级减速器（一对齿轮传动称作单级，两对则为二级，以此类推）；按轴在空间的相对位置，又可以分为卧式减速器与立式减速器；按传动的布置形式，可以分为展开式减速器、同轴线式减速器和分流式减速器等等。

总的来说，减速器设计"麻雀虽小，五脏俱全"，包含了机械设计中绝大多数的典型零件，如齿轮、轴、端盖、箱体，还有标准件常用件类型的轴承、键、销、螺钉等。因此减速器设计能够恰到好处地反映机械设计理念的精髓，所以几十年来一直作为大中专学校机械相关专业学生的课程设计题目，其好处如下：

- ▷ 学以致用，锻炼理论与实践能力：培养学生综合运用"机械设计"课程及其他专业课程的理论知识和实际生产知识去解决工程实际问题的能力，并通过实际设计训练使所学的理论知识得到巩固和提高。
- ▷ 学习和掌握一般机械的设计基本方法和程序：培养独立设计能力，为后续课程的学习和日后的实际工作打基础。
- ▷ 训练机械设计工作的基本技能：机械设计的基本技能包括计算、绘图以及合理地运用设计资料（如查阅相关标准与规范）。

16.1.1 减速器设计的步骤

减速器的设计是一次比较全面、系统的机械设计训练，因此也应遵循机械设计的一般规律。减速器的设计大体上可以分为以下 12 个步骤。

① 老师出具设计任务书，其中包括一些基本的已知条件。

② 计算并选择合适的电动机。

③ 传动装置的总体设计。

④ V 带的设计。

⑤ 传动齿轮的设计与绘制。

⑥ 传动轴的设计与绘制。

⑦ 键的设计与绘制。

⑧ 滚动轴承的设计与绘制。

⑨ 联轴器的选择。

⑩ 润滑与密封装置的选择。

⑪ 箱体及其他附件的设计与绘制。

⑫ 绘制总装图。

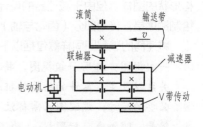

16.1.2 减速器的设计任务

图 16-1 某带式运输机的传动方案简图

某带式运输机的传动方案简图如图 16-1 所示，工作时，电动机先带动 V 带转动，V 带再带动主动轴转动，通过一对直齿圆柱齿轮的啮合，使得从动轴旋转，从动轴的一端通过联轴器与滚筒连接，从而使得输送带达到减速的目的。

其工作条件为：连续单向转动，工作时载荷平稳，每天工作 8h，单班制工作，使用年限为 10 年，输送带速度允许误差为±5%，滚筒的工作效率 η=84%。

除此之外，一般的大中专院校都会出具如表 16-1 所示的数据表，然后让学生自由选择其中的一组数据进行设计。

表 16-1　减速器设计的原始数据

题号	1	2	3	4	5	6	7	8
滚筒直径/mm	280	300	350	320	300	360	320	280
输送带工作拉力/kN	0.5	1.5	4	0.8	1.5	1	0.8	0.5
输送带工作速度/（m/s）	1	1.3	1	1.6	1.6	1.3	1	1.6
使用年限/年	10	10	10	10	10	10	10	10

本书便采用题号 4 对应的数据进行设计，即滚筒直径为 ϕ320mm，拉力 F=0.8kN，带速为 v=1.6 m/s，滚筒效率 η=84%。

16.1.3 减速器设计的图纸要求

减速器的设计图纸主要包括零件图和装配图。

（1）零件图

减速器上的零件图主要有主动轮（小齿轮）、从动轮（大齿轮）、主动轴、从动轴以及上、下箱体等 6 个零件。无论是哪一张零件图，均需要包括以下 4 个部分。

▷ 一组视图：能够清楚地表达零件各部分的结构形状，尤其是上、下箱体。

▷ 尺寸标注：表达零件各部分的结构大小，用以加工。

▷ 技术要求：用符号或文字表达零件在使用、制造和检验时应达到的一些技术要求，如公差与配合、形位公差、表面粗糙度、材料的热处理、表面处理等。

▷ 标题栏：用规定的格式表达零件的名称、材料、数量、绘图的比例与编号、设计者与审定者的签名以及绘制日期等。

总而言之，零件图应该具备加工、检验和管理等方面的内容。

（2）装配图

一般来说，在设计机械的时候，总是先绘制装配图，再依据装配图来拆画零件图。所以装配图是用以表达机械装配体的工作原理、性能要求、零件间的装配关系、连接关系以及各零件的主要结构形状的图样。但由于减速器的设计，是要先根据参数计算出传动部分的大致尺寸，因此减速器的绘制顺序是：传动部分（齿轮与轴）→ 装配图→ 其他零件图（上、下箱体等）。

减速器的装配图同样需包括以下 4 个方面的具体内容。

▶ 一组视图：选用一组视图，将机械装配体的工作原理、传动路线、各零件间的装配、连接关系以及主要零件的结构特征表示清楚。

▶ 必要的尺寸：装配图只需标注与其工作性能、装配、安装和运输等有关的尺寸即可。

▶ 编号、明细表、标题栏：为了便于生产的准备工作、编制 BOM 表和其他的技术文件，必须在装配图上对每一种零件都一一编号，并按一定的格式填入明细表中。

▶ 技术要求：用简练的文字与符号说明装配体的规格、性能和调整的要求、验收条件、使用和维护等方面的要求。

16.2　电动机的选择与计算

电动机为标准化产品，只需在市面上采购到合适型号的电动机即可。减速器设计中需要根据工作机的工作情况和运动以及动力参数合理选择电动机的类型、结构形式、容量和转速，并提出具体的电动机型号。

（1）电动机类型与结构形式的选择

如无特殊要求，一般选用 Y 系列三相交流异步电动机。Y 系列电动机为一般用途的全封闭自扇冷式电动机，适用于无特殊要求的各种机械设备，如机床、鼓风机、运输机以及农业机械与食品机械等。对于频繁启动、制动和换向的机械（如起重机）来说，宜选用允许有较大振动和冲击、转动惯量小以及过载能力大的 YZ 和 YZR 系列起重用三相异步电动机。

同一系列的电动机有不同的防护及安装形式，可根据具体要求选用。

（2）电动机功率的确定

在 16.1.2 小节所述的设计任务中，所给的工作机一般为稳定载荷连续运转的机械，而且传递功率较小，故只需要使电动机的输入功率 $P_{输入}$ 等于或大于电动机的实际输出功率 $P_{输出}$，即 $P_{输入} \geqslant P_{输出}$ 即可，一般不需要对电动机进行热平衡计算和校核启动力矩。

电动机功率的确定计算步骤如下：

① 电动机的输出功率 $P_{输出}$。

$$P_{输出} = \frac{Fv}{\eta} = \frac{800 \times 1.6}{84\%} = 1.52(\text{kW})$$

其中 $P_{输出}$ 为减速器输出轴功率，η 为滚筒效率 84%，F 为输送带工作拉力 800N（0.8kN），v 为输送带工作速度 1.6m/s。

② 传动装置的总效率 η 可以按下式计算。

$$\eta = \eta_1 \eta_2 \cdots \eta_n$$

式中的 $\eta_1 \eta_2 \cdots \eta_n$ 分别为传动装置中的每一传动副，如齿轮或带、每一对轴承及每一个联轴器的效率。本次所设计的单级减速器中，包含 5 个传动副：电动机-V 带（ η_1 ）、V 带装置（ η_2 ）、齿轮传动（η_3）、滚动轴承传动（η_4）、输送带传动（η_5）。

查《常用机械传动与摩擦副的效率概略值》可得，电动机-V 带 $\eta_1 = 0.95$、V 带装置 $\eta_2 = 0.96$、齿轮传动 $\eta_3 = 0.97$、滚动轴承传动 $\eta_4 = 0.95$、输送带传动 $\eta_5 = 0.94$。

因此，本例中总效率计算为：

$$\eta = \eta_1\eta_2\eta_3\eta_4^3\eta_5 = 0.95 \times 0.96 \times 0.97 \times 0.95^3 \times 0.94 = 0.712 = 71.2\%$$

③ 电动机的输入功率。

$$P_{输入} = \frac{P_{输出}}{\eta} = \frac{1.52}{71.2\%} = 2.13(\text{kW})$$

④ 电动机的额定功率。

再查阅 JB 3074，选择数值最接近、且大于 $P_{输入}$ 的额定功率，即 $P_{额定} = 2.2(\text{kW})$。

（3）电动机的转速

额定功率相同的同类型电动机有几种转速可供选择，例如三相异步电动机就有 4 种常用的同步转速，即 3000r/min、1500 r/min、1000 r/min、750 r/min 等。电动机的转速越高，极对数越少，尺寸和质量越小，价格也越低，但齿轮传动所需的传动比就很大，相对的齿数也就多，从而使得齿轮结构的尺寸增大，上箱体增大，成本全面提高；选用低转速的电动机则相反。因此，应对电动机及传动装置做整体考虑，综合分析比较，以确定合理的电动机转速。

一般来说，如无特殊要求，通常多选用同步转速为 1500 r/min 或 1000 r/min 的电动机。

对于多级传动的减速器来说，为使各级齿轮传动结构设计合理，还可以根据工作机的转速及各级传动副的合理传动比推算电动机的转速取值范围。查机械设计手册《常用传动机构的性能和适用范围》可得，V 带传动常用的传动比范围为 $i_1 = 2\sim4$，单级圆柱齿轮传动比范围为 $i_2 = 3\sim5$，则电动机的转速可选范围为：

$$n_{电动机} = n_{滚筒}i_1i_2 = 573\sim1910\text{r/min}$$

表 16-2 给出了两组可选的传动方案，由其中的数据可知两个方案均可行。

表 16-2 两种电动机的比较

方案	电动机型号	额定功率/kW	电动机转速/（r/min）		电动机售价/元	传动装置的传动比		
			同步	满载		总传动比	V 带传动	单级减速器
1	Y100L7-4	2.2	1500	1420	380	14.87	3	4.96
2	Y112M-6	2.2	1000	940	520	9.84	2.5	3.94

方案 1 相对来说价格便宜，但方案 2 的传动比较小，齿轮传动装置的结构尺寸较小，因此整体结构更加紧凑，整体价格也更有弹性。因此综合考虑选用方案 2，所以选定的电动机型号为 Y112M-6。

本节结论：电动机型号为 Y112M-6，额定功率 2.2 kW，转速 940 r/min（满载）。

16.3 传动装置的总体设计

在进行传动装置的总体设计时，首先应该确定总传动比的大小，并对各级传动比进行分配，然后根据所分配的各级传动比大小计算传动装置的运动和动力参数。

16.3.1 传动装置总传动比的确定及各级传动比的分配

本小节主要计算并分配各级的传动比。

（1）传动装置总传动比的确定

传动装置总传动比 i 的计算公式为：

$$i = \frac{n_{\text{电动机}}}{n_{\text{滚筒}}}$$

其中 $n_{\text{电动机}}$ 为电动机满载转速，由表 16-2 可知为 940 r/min。

$n_{\text{滚筒}}$ 为滚筒的转速，而由表 16-1 给出的输送带速度（线速度），可根据线速度-转速公式求解出来。

$$\text{转速} = \frac{\text{线速度}}{\pi D}$$

题号 4 的输送带速度为 v=1.6 m/s，将单位换算，即 $1.6 \times 1000 \times 60$（mm/min），则有：

$$n_{\text{滚筒}} = \frac{v}{\pi D} = \frac{1.6 \times 1000 \times 60}{320\pi} \approx 95.5(\text{r/min})$$

由此可以计算出总传动比 i 为：

$$i = \frac{n_{\text{电动机}}}{n_{\text{滚筒}}} = \frac{940}{95.5} = 9.84$$

（2）各级传动比的分配

由传动方案可知，传动装置的总传动比等于各级串联传动机构传动比的乘积，即：

$$i = i_1 i_2 \cdots i_n$$

其中 i_1、i_2、i_n 等为各级串联传动机构的传动比。

合理地分配各级传动比是传动装置总体设计中的一个重要问题，它将直接影响到传动装置的外形尺寸、质量大小以及润滑条件等。

总传动比的分配原则如下：

- ▶ 各级传动比都应该在常用的合理范围内，以符合各种传动形式的工作特点，并使结构比较紧凑。
- ▶ 各级传动比宜获得较小的外形尺寸与较小的质量。
- ▶ 在两级或多级的齿轮减速器中，使各级传动大齿轮的浸油深度大致相等，以便于实现浸油润滑。
- ▶ 所有传动零部件应该装配方便。
- ▶ 各种传动机构的传动比应该按推荐的取值范围选取。如果涉及标准减速器，则应该按标准减速器的传动比选取，在设计非标准减速器时，传动比可按上述原则自行分配。

传动比的分配是一项比较烦琐的工作，往往需要经过多次测算，拟订多种方案进行比较，最后才可以得出一个比较合理的方案。

取 V 带传动的传动比 i_1=2.5，则单级圆柱齿轮减速器的传动比为：

$$i_2 = \frac{i}{i_1} = \frac{9.84}{2.5} \approx 3.94 \approx 4$$

提示：传动比计算与分配时，应尽量取整。

本章的传动装置由减速器和外部传动机构组成，因此要考虑减速器与外部传动机构的尺寸协调，结构匀称。如果外部传动机构为带传动，减速器为齿轮减速器，则其总传动比为：

$$i = i_1 i_2$$

其中，i_1 为带传动的传动比，i_2 为齿轮减速器的传动比。

如果 i_1 过大，可能使得大带轮的外圆半径大于减速器的中心高，造成安装困难，因此 i_1 不宜过大。在此，可以取 i_1=2.5，所得 i_2=4 符合一般圆柱齿轮传动和单级圆柱齿轮减速器传动比的常用取值范围。

提示：此时应注意的是，以上传动比的分配只是初步的，待各级传动零件的参数确定后，还应该回头核算传动装置的实际传动比。对于一般机械，总传动比的实际值允许与设计任务要求的有 ±（3%～5%）的误差。

合理分配传动比是设计传动装置应考虑的重要问题，但为了获得更为合理的结构，有时单从传动比分配这一点出发还不能得到完善的结果，此时还应该采取调整其他参数（如齿轮的齿宽系数等）或适当改变齿轮材料等方法，以满足预期的设计要求。

16.3.2 传动装置运动和动力参数的计算

为了进行传动零部件的设计计算（如齿轮、轴的各项尺寸），应先计算出传动装置的运动和动力参数，即各轴的转速、功率和转矩。本章设计的单级减速器各传动轴关系如图 16-2 所示。

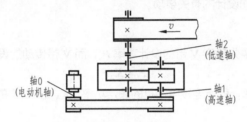

图 16-2　减速器上的各传动轴

（1）各轴转速

由图 16-2 可知该传动装置主要有 3 根轴体，其中电动机轴为"轴 0"；高速轴为"轴 1"，也是主动轴；低速轴为"轴 2"，为从动轴。各轴的转速为：

$$n_0 = n_{电动机} = 940 \text{r/min}$$

$$n_1 = \frac{n_0}{i_1} = \frac{940}{2.5} = 376（\text{r/min}）$$

$$n_2 = \frac{n_1}{i_2} = \frac{376}{3.94} \approx 95.5（\text{r/min}）$$

（2）各轴输入功率

按电动机额定功率 2.2 kW 计算各轴的输入功率，即：

$$P_0 = P_{额定} = 2.2 \text{kW}$$

$$P_1 = P_0 \eta_1 = 2.2 \times 0.95 = 2.09（\text{kW}）$$

$$P_2 = P_1 \eta_3 \eta_4 = 2.09 \times 0.97 \times 0.95 = 1.92（\text{kW}）$$

（3）各轴转矩

转矩 T 的计算公式为：

$$T = \frac{9550P}{n}$$

其中 P 为各轴的输入功率，n 为各轴的转速，因此各轴的转矩计算如下：

$$T_0 = \frac{9550 \times 10^3 \times P_0}{n_0} = \frac{9550 \times 10^3 \times 2.2}{940} = 22.35 \times 10^3 (\text{N·m})$$

$$T_1 = \frac{9550 \times 10^3 \times P_1}{n_1} = \frac{9550 \times 10^3 \times 2.09}{376} = 53.08 \times 10^3 (\text{N·m})$$

$$T_2 = \frac{9550 \times 10^3 \times P_2}{n_2} = \frac{9550 \times 10^3 \times 1.92}{95.5} = 19.2 \times 10^3 (\text{N·m})$$

本节结论：总传动比 i=9.84，V 带传动的传动比 i_1=2.5，本章设计的减速器传动比 i_2=4；各轴转速 n_0=940r/min、n_1=376r/min、n_2=95.5r/min；各轴输入功率 P_0=2.2kW、P_1=2.09kW、P_2=1.92kW；各轴转矩 T_0=22.35×10³N·m、T_1=53.08×10³N·m、T_2=19.2×10³N·m。

16.4 V 带的设计与计算

本节主要讲述 V 带传动设计的有关事项。

（1）选择 V 带型号

要确定 V 带的型号，需先确定 V 带的设计功率 P_d，而 V 带传动的设计功率计算公式如下：

$$P_d = K_A P$$

式中，P 为传递的功率，即所连接电动机的额定功率；K_A 为 V 带的工况系数，可根据表 16-3 确定。

表 16-3　V 带的工况系数表

工作机类型		K_A					
		软启动			负载启动		
载荷情况	工作机械	每天工作时长/h					
		<10	10～16	>16	<10	10～16	>16
平稳	办公机械，家用电器；轻型实验室设备	1.0	1.0	1.1	1.0	1.1	1.2
变动微小	通风机和鼓风机（≤7.5 kW）；轻型输送机	1.1	1.1	1.2	1.1	1.2	1.3
变动小	带式输送机（不均匀载荷）；通风机（＞7.5 kW）；旋转式水泵和压缩机；发电机；金属切削机床；印刷机；旋转筛；锯木机和木工机械	1.1	1.2	1.3	1.1	1.2	1.3
变动较大	制砖机；斗式提升机；往复式水泵和压缩机；起重机；磨粉机；冲剪机床；橡胶机械；振动筛；纺织机械；重载输送机	1.2	1.3	1.4	1.4	1.5	1.6
变动很大	破碎机（旋转式、颚式等）；磨碎机（球磨、棒磨、管磨）	1.3	1.4	1.5	1.5	1.6	1.8

根据 16.1.2 小节所述的设计任务，该减速器工作时载荷平稳，每天工作 8h，因此查表 16-3 可得 $K_A = 1.0$，将其代入 V 带传动的设计功率计算公式，就有：

$$P_d = K_A P = 1.0 \times 2.2 = 2.2 \text{kW}$$

再根据计算出来的 V 带设计功率 P_d 与连接电动机的小带轮转速 n_0（即轴 0 的转速），查阅普通 V 带的选型图，如图 16-3 所示。

以设计功率 $P_d = 2.2$kW 为横坐标，小带轮转速 n_0=940r/min 为纵坐标，即可在图中确定一点，该点所在的区域即为 V 带的型号。该点落在区域 A 之中，因此应该选取 A 型的普通 V 带。

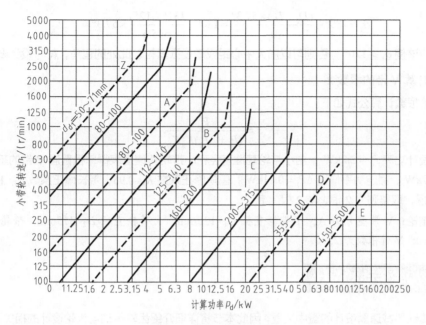

图 16-3 普通 V 带的选型图

（2）确定带轮的基准直径

普通 V 带传动的国家标准中规定了带轮的最小基准直径和带轮的基准直径系列，由图 16-3 可得 A 型 V 带推荐小带轮直径 D_1=112～140mm。考虑到带速不宜过低，否则带的根数将要增多，对传动不利，因此从标准系列中取值确定小带轮的直径 D_1=125mm，大带轮的直径由公式 $D_2 = iD_1(1-\varepsilon)$ 计算出（其中 $\varepsilon = 0.01\sim0.02$，在此取 0.02），按标准系列值圆整，取得 D_2=315mm。

（3）校核带速

若带速过高，则带的离心力会很大，使带与带轮间的正压力减小，传动能力下降，从而容易产生打滑；若带速过低，则要求有效拉力过大，使带的根数增多。

一般 V 带传动的带速 v 在 0.5～25m/s，本例中的带速 v=1.6m/s，处于范围之间，所以合适。

（4）确定带的中心距和基准长度

带轮的中心距 a_1 的大小直接关系到传动尺寸和带在单位时间内的绕转次数。如 a_1 过大，则传动尺寸大，但在单位时间内绕转次数减小，可增加带的疲劳寿命，同时使得包角增大，提高传动能力。一般按下式初选中心距 a_o。

$$0.7(D_1 + D_2) < a_o < 2(D_1 + D_2)$$

初定中心距 a_o=500mm，再根据带长的计算公式计算出 V 带的近似长度 L_o，如下所示。

$$L_o = 2a_o + \frac{\pi}{2}(D_1 + D_2) + \frac{(D_1 - D_2)^2}{4a_o} = 1708.9\text{mm}$$

此时可根据带的近似长度，查国家标准（GB/T 11544—2012）取带的基准长度 L_d 为 1800mm，带长的修正系数 K_L=1.01，根据初定的 L_o 及带的基准长度 L_d，按以下公式近似计算出所需的中心距。

$$a \approx a_o + \frac{L_d + L_o}{2} = 500 + \frac{1800 - 1708.9}{2} = 545.6(\text{mm})$$

（5）校核小带轮包角

包角的计算公式如下：

$$\alpha_1 \approx 180° - \frac{(D_2 - D_1) \times 57.3°}{a_1} = 180° - \frac{(315 - 125)}{545.6} \times 57.3° \approx 160°$$

一般应该使 $\alpha_1 \geqslant 120°$，否则可以加大中心距或增设张紧轮。此处的包角，符号设计要求。

（6）计算 V 带的根数 z

V 带的根数计算公式如下：

$$z = \frac{P_d}{(P_0 + \Delta P_0)K_a K_L}$$

其中设计功率 $P_d = 2.2\text{kW}$，由小带轮基准直径和小带轮转速查表得单根普通 V 带的基本额定功率 $P_0 = 1.37\text{kW}$，额定功率增量 $\Delta P_0 = 0.11\text{kW}$，包角修正系数 K_a=0.95，带长修正系数 K_L=1.01，计算得 z=1.55 根，取整则为 2 根，需 2 根 V 带。

本节结论：V 带型号为 A；小带轮直径 D_1=125mm，大带轮直径 D_2=315mm；带轮的中心距 a_1=545.6mm；V 带根数为 2。

16.5　齿轮传动的设计

齿轮传动是减速器设计的重中之重，因此本节将详细介绍齿轮传动与齿轮设计的相关理论依据。在齿轮设计过程中，无论是材料选择、结构设计还是尺寸确定，都必须遵循这些理论依据和相应的设计准则。

16.5.1　选择齿轮的材料与热处理方式

若转矩不大，可选用碳素结构钢，如 45 钢；若计算出的齿轮直径过大，则可选用合金结构钢，如 40Cr、20CrMnMo；尺寸较大的齿轮可用铸钢，如 ZG35CrMo，但生产批量小时，以铸件为毛坯比较经济，转矩小时，也可以选用铸铁，如 HT200。

轮齿进行表面热处理可提高接触疲劳强度，因而使装置比较紧凑，但表面热处理后轮齿会变形，因此要进行磨齿。表面渗氮处理齿形的变化小，且不用磨齿，但氮化层较薄。

综上所述，可以确定本设计任务中的齿轮材料与相应的热处理方式。

◇　小齿轮（主动轮）：45 钢，调质处理 220~250HBS。

◇　大齿轮（从动轮）：45 钢，正火处理 160~220HBS。

提示：当大、小齿轮都是软齿面时，考虑到小齿轮的齿根较薄，弯曲强度较低，且受载次数较多，故在选择材料时，一般使小齿轮轮齿面硬度比大齿轮高 30~50HBS。

16.5.2　计算许用应力

由于小齿轮为整个齿轮传动中最薄弱的一环，因此只需计算出小齿轮的许用应力，即可分析齿轮传动的受力。小齿轮的材料为 45 钢，因此查机械设计手册中的《机械工程材料》或者 GB/T 699—2015，可得小齿轮材料的接触疲劳极限 $\sigma_{Hlim} = 620\text{MPa}$，弯曲疲劳极限 $\sigma_{FE} = 450\text{MPa}$，最小安全系数 S_H=1.0，S_F=1.25，计算得小齿轮的接触许用应力 $[\sigma_H]$ 和弯曲许用应力 $[\sigma_F]$ 分别为：

$$[\sigma_H] = \frac{\sigma_{Hlim}}{S_H} = \frac{620}{1.0} = 620(\text{MPa}), [\sigma_F] = \frac{\sigma_{FE}}{S_F} = \frac{450}{1.25} = 360(\text{MPa})$$

16.5.3　确定齿轮的主要参数

查相关资料可得，载荷系数 K=1.1，区域系数 Z_H=2.5，弹性系数 Z_E=188，齿宽系数 $\varphi_d = 0.8$，再

结合 16.3.2 中计算出来的高速轴转矩 T_1，综合这些数据即可计算出分度圆直径，具体公式如下：

$$d_1 \geqslant \sqrt[3]{\frac{2KT_1}{\varphi_d} \times \frac{u+1}{u} \left(\frac{Z_E Z_H}{[\sigma_H]}\right)^2} = \sqrt[3]{\frac{2 \times 1.1 \times 53.08 \times 10^3}{0.8} \times \frac{4+1}{4} \times \left(\frac{188 \times 2.5}{620}\right)^2} = 47.23 (\text{mm})$$

（1）齿数 Z

先自行取小齿轮的齿数 Z_1=24，再计算得大齿轮的齿数 Z_2=$i_2 Z_1$=4×24=96。

（2）模数 m 和压力角 α

$m = \dfrac{d_1}{Z_1} = \dfrac{47.23}{24} = 1.97\text{mm}$ ，取标准模数 m=2，压力角为 α=20°。

（3）齿顶高 h_a、齿根高 h_f、全齿高 h

$$h_a = h^* m = 1 \times 2 = 2 (\text{mm})$$
$$h_f = (h^* + c^*) m = (1 + 0.25) \times 2 = 2.5 (\text{mm})$$
$$h = h_a + h_f = 4.5 (\text{mm})$$

（4）齿轮宽度 b

齿轮宽度的计算公式为：

$$b = \varphi_d d_1 = 0.8 \times 47.23 = 37.78 (\text{mm})$$

算出的齿轮宽度值应该圆整，作为大齿轮的齿宽 b_2。而小齿轮的齿宽为 b_1=b_2+(5～10)mm，以保证轮齿有足够的啮合宽度，所以各齿轮的齿宽为：b_2=40mm，b_1=45mm。

（5）齿轮的分度圆直径 d、齿顶圆直径 d_a、齿根圆直径 d_f

① 小齿轮。

- ⊙ 分度圆：d_1=mz_1=2×24=48（mm）；
- ⊙ 齿顶圆：d_{a1}=d_1+2h_a=48+2×2=52（mm）；
- ⊙ 齿根圆：d_{f1}=d_1-2h_f=48-2×2.5=43（mm）。

② 大齿轮。

- ⊙ 分度圆：d_2=mz_2=2×96=192（mm）；
- ⊙ 齿顶圆：d_{a2}=d_2+2h_a=192+2×2=196（mm）；
- ⊙ 齿根圆：d_{f2}=d_2-2h_f=192-2×2.5=187（mm）。

（6）两齿轮的中心距

中心距计算公式如下：

$$a_2 = \frac{m(Z_1 + Z_2)}{2} = \frac{2 \times (24 + 96)}{2} = 120 (\text{mm})$$

再查阅"齿轮传动精度等级的选择与应用"相关表格，选取齿轮的精度等级为 8 级，通过验算齿根弯曲强度和齿轮的圆周速度，可知以上选择是合适的。

16.5.4　选定齿轮的形式与尺寸

直径小于 ϕ500mm 的齿轮多采用腹板式结构，因此本设计中的大齿轮便采用腹板式齿轮。腹板式齿轮的具体尺寸参数如表 16-4 所示。

表 16-4　腹板式齿轮结构的各部分尺寸

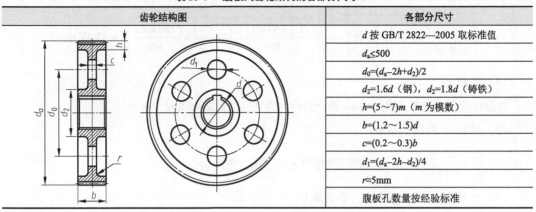

齿轮结构图	各部分尺寸
	d 按 GB/T 2822—2005 取标准值
	$d_a \leq 500$
	$d_0 = (d_a - 2h + d_2)/2$
	$d_2 = 1.6d$（钢），$d_2 = 1.8d$（铸铁）
	$h = (5 \sim 7)m$（m 为模数）
	$b = (1.2 \sim 1.5)d$
	$c = (0.2 \sim 0.3)b$
	$d_1 = (d_a - 2h - d_2)/4$
	$r \approx 5mm$
	腹板孔数量按经验标准

将 16.5.3 小节中算得的各参数按表 16-4 进行计算，最终得到大齿轮的尺寸如表 16-5 所示。

表 16-5　大齿轮的尺寸表　　　　　　　　　　　　　　　　　　　　　mm

d	d_a	d_0	d_2	h	c	r	b	d_1
40	196	192	64	4.5	12	5	40	27

本节结论：截至本节，已可以绘制出大、小齿轮的零件图。

16.6　绘制大齿轮零件图

下面便根据 16.5 节中所得的数据，绘制出大齿轮的零件图。

16.6.1　绘制图形

先按常规方法绘制出齿轮的轮廓图形。

（1）绘制左视图

① 打开素材文件"第 16 章\16.6 绘制大齿轮零件图.dwg"，素材中已经绘制好了一 1∶1.5 大小的 A3 图纸框，如图 16-4 所示。

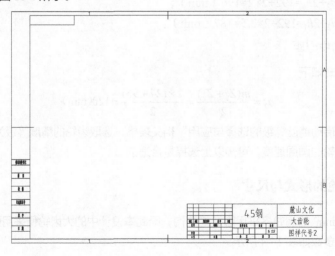

图 16-4　素材图形

② 将【中心线】图层设置为当前图层，执行 XL【构造线】命令，在合适的地方绘制水平的中心线，如图 16-5 所示。

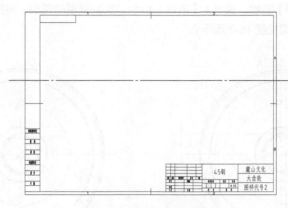

图 16-5　绘制水平中心线

③ 重复 XL【构造线】命令，在合适的地方绘制 2 条垂直的中心线，如图 16-6 所示。

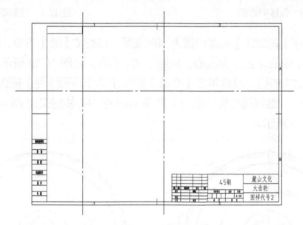

图 16-6　绘制垂直中心线

④ 绘制齿轮轮廓。将【轮廓线】图层设置为当前图层，执行 C【圆】命令，以右边的垂直、水平中心线的交点为圆心，按 16.5.4 小节中的数据，绘制直径为 40、44、64、118、172、192、196 的圆，绘制完成后将 ϕ118 和 ϕ192 的圆图层转换为【中心线】层，如图 16-7 所示。

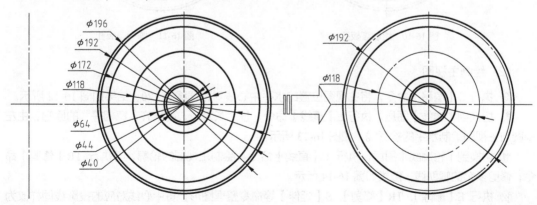

图 16-7　绘制圆

⑤ 绘制键槽。执行 O【偏移】命令，将水平中心线向上偏移 23mm，将该图中的垂直中心线分别向左、向右偏移 6mm，结果如图 16-8 所示。

⑥ 切换到【轮廓线】图层，执行 L【直线】命令，绘制键槽的轮廓，再执行 TR【修剪】命令，修剪多余的辅助线，结果如图 16-9 所示。

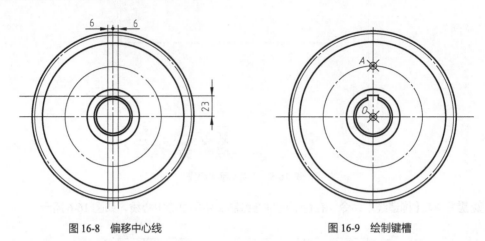

图 16-8　偏移中心线　　　　　　　　　　　　　图 16-9　绘制键槽

⑦ 绘制腹板孔。将【轮廓线】图层设置为当前图层，执行 C【圆】命令，以 $\phi118$ 的圆与垂直中心线的交点（即图 16-9 中的 A 点）为圆心，绘制一 $\phi27$ 的圆，如图 16-10 所示。

⑧ 选中绘制好的 $\phi27$ 的圆，然后单击【修改】面板中的【环形阵列】按钮 ，设置阵列总数为 6，填充角度 360°，选择同心圆的圆心（即图 16-9 中中心线的交点 O 点）为中心点，进行阵列，阵列效果如图 16-11 所示。

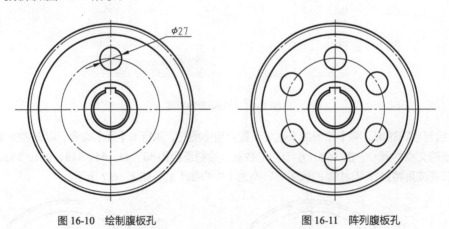

图 16-10　绘制腹板孔　　　　　　　　　　　　图 16-11　阵列腹板孔

（2）绘制主视图

⑨ 执行 O【偏移】命令，将主视图位置的水平中心线对称偏移 6、20，结果如图 16-12 所示。

⑩ 切换到【虚线】图层，执行 L【直线】命令，按"长对正，高平齐，宽相等"的原则，由左视图向主视图绘制水平的投影线，如图 16-13 所示。

⑪ 切换到【轮廓线】图层，执行 L【直线】命令，绘制主视图的轮廓，再执行 TR【修剪】命令，修剪多余的辅助线，结果如图 16-14 所示。

⑫ 执行 E【删除】、TR【修剪】、S【延伸】等命令整理图形，将中心线对应的投影线同样改为中心线，并修剪至合适的长度。分度圆线同样如此操作，结果如图 16-15 所示。

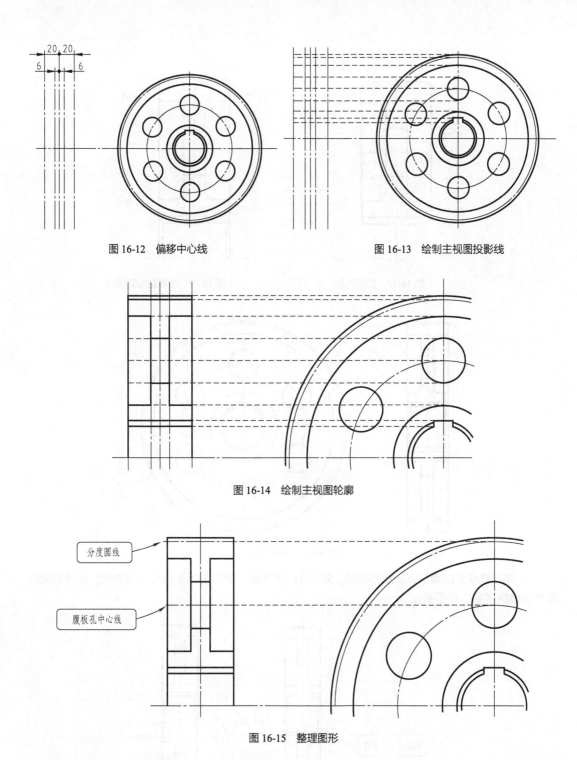

图 16-12　偏移中心线

图 16-13　绘制主视图投影线

图 16-14　绘制主视图轮廓

分度圆线

腹板孔中心线

图 16-15　整理图形

⑬ 执行 CHA【倒角】命令，对齿轮的齿顶倒角 $C1.5$，对齿轮的轮毂部位进行倒角 $C2$；再执行 F【倒圆角】命令，对腹板圆处倒圆角 $R5$，如图 16-16 所示。

⑭ 然后执行 L【直线】命令，在倒角处绘制连接线，并删除多余的线条，图形效果如图 16-17 所示。

⑮ 选中绘制好的半边主视图，然后单击【修改】面板中的【镜像】按钮，以水平中心线为镜像线，镜像图形，结果如图 16-18 所示。

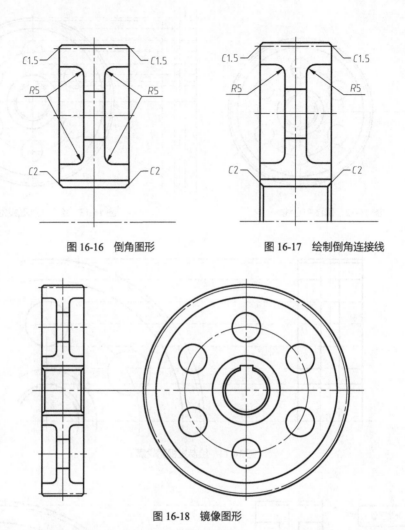

图 16-16 倒角图形   图 16-17 绘制倒角连接线

图 16-18 镜像图形

⑯ 将镜像部分的键槽线段全部删除，如图 16-19 所示。轮毂的下半部分不含键槽，因此该部分不符合投影规则，需要删除。

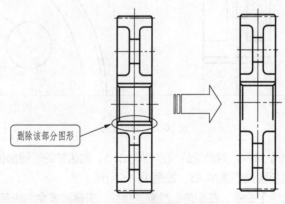

删除该部分图形

图 16-19 删除多余图形

⑰ 然后切换到【虚线】图层，按"长对正，高平齐，宽相等"的原则，执行 L【直线】命令，由左视图向主视图绘制水平的投影线，如图 16-20 所示。

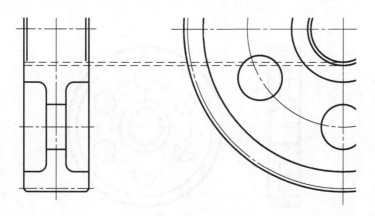

图 16-20　绘制投影线

⑱ 切换到【轮廓线】图层，执行 L【直线】、S【延伸】等命令整理下半部分的轮毂部分，如图 16-21 所示。

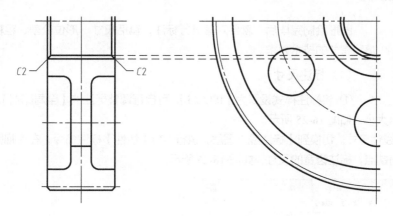

图 16-21　整理下半部分的轮毂

⑲ 在主视图中补画齿根圆的轮廓线，如图 16-22 所示。

⑳ 切换到【剖切线】图层，执行 H【图案填充】命令，选择图案为 ANSI31，比例为 1，角度为 0°，填充图案，结果如图 16-23 所示。

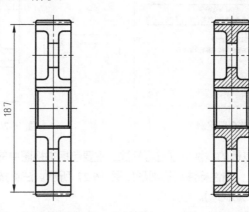

图 16-22　补画齿根圆轮廓线　　　　　图 16-23　填充剖面线

㉑ 在左视图中补画腹板孔的中心线，然后调整各中心线的长度，最终的图形效果如图 16-24

所示。

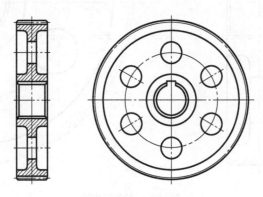

图 16-24　图形效果

16.6.2　标注图形

图形绘制完毕后，就要对其进行标注，包括尺寸、形位公差、粗糙度等，还要填写有关的技术要求。

（1）标注尺寸

① 将标注样式设置为【ISO-25】，可自行调整标注的【全局比例】，用以控制标注文字的显示大小，如图 16-25 所示。

② 标注线性尺寸。切换到【标注线】图层，执行 DLI【线性】标注命令，在主视图上捕捉最下方的两个倒角端点，标注齿宽的尺寸，如图 16-26 所示。

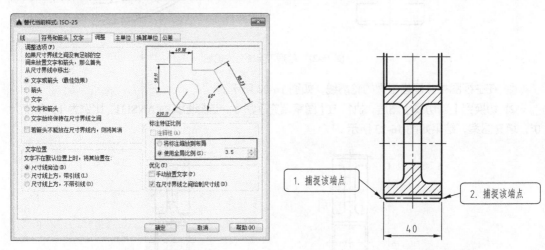

图 16-25　调整全局比例　　　　　　　　　　　图 16-26　标注线性尺寸

③ 使用相同方法，对其他的线性尺寸进行标注。主要包括主视图中的齿顶圆、分度圆、齿根圆（可以不标）、腹板圆等尺寸，线性标注后的图形如图 16-27 所示。注意按之前学过的方法添加直径符号（标注文字前方添加"%%C"）。

提示：可以先标注出一个直径尺寸，然后复制该尺寸并将其粘贴，控制夹点将其移动至需要另外标注的图元夹点上。该方法可以快速创建同类型的线性尺寸。

④ 标注直径尺寸。在【注释】面板中选择【直径】按钮，执行【直径】标注命令，选择左视图

上的腹板圆孔进行标注，如图 16-28 所示。

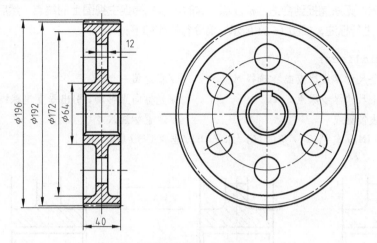

图 16-27 标注其余的线性尺寸

⑤ 使用相同方法，对其他的直径尺寸进行标注。主要包括左视图中的腹板圆以及腹板圆的中心圆线，如图 16-29 所示。

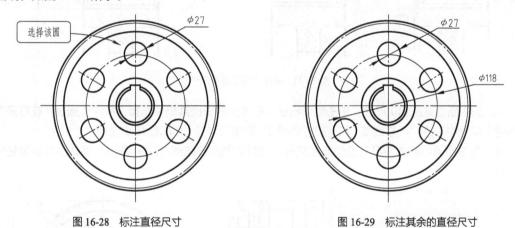

图 16-28 标注直径尺寸   图 16-29 标注其余的直径尺寸

⑥ 标注键槽部分。在左视图中执行 DLI【线性】标注命令，标注键槽的宽度与高度，如图 16-30 所示。

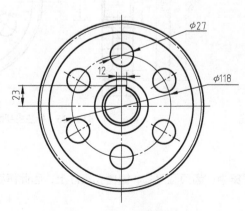

图 16-30 标注左视图键槽尺寸

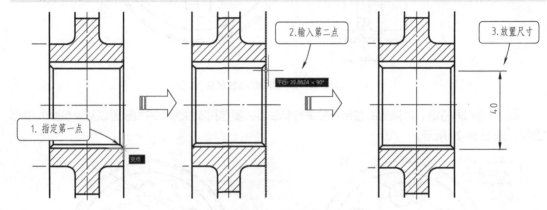

⑦ 同样使用 DLI【线性】标注来标注主视图中的键槽部分。不过由于键槽的存在，主视图的图形并不对称，因此无法捕捉到合适的标注点，这时可以先捕捉主视图上的端点，然后手动在命令行中输入尺寸 40 进行标注，如图 16-31 所示，命令行操作如下：

```
命令：_dimlinear
指定第一个尺寸界线原点或 <选择对象>：        //指定第一个点
指定第二条尺寸界线原点：40                  //光标向上移动，引出垂直追踪线，输入数值 40
指定尺寸线位置或                           //放置标注尺寸
[多行文字(M)/文字(T)/角度(A)/水平(H)/垂直(V)/旋转(R)]：
标注文字 = 40
```

图 16-31　标注主视图键槽尺寸

⑧ 选中新创建的 φ40 尺寸，单击鼠标右键，在弹出的快捷菜单中选择【特性】选项，在打开的【特性】面板中，将"尺寸线 2"和"尺寸界线 2"设置为"关"，如图 16-32 所示。

⑨ 为主视图中的线性尺寸添加直径符号，此时的图形应如图 16-33 所示，确认没有遗漏任何尺寸。

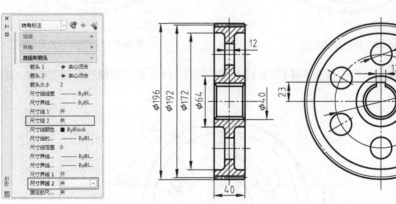

图 16-32　关闭尺寸线与尺寸界线　　　　　图 16-33　标注主视图键槽尺寸

（2）添加尺寸精度

齿轮上的精度尺寸主要集中在齿顶圆尺寸、键槽孔尺寸上，因此需要对该部分尺寸添加合适的精度。

⑩ 添加齿顶圆精度。齿顶圆的加工很难保证精度，而对于减速器来说，也不是非常重要的尺

寸，因此精度可以适当放宽，但尺寸宜小勿大，以免啮合时受到影响。双击主视图中的齿顶圆尺寸"∅196"，打开【文字编辑器】选项卡，然后将鼠标移动至"∅196"之后，依次输入"0^-0.2"，如图 16-34 所示。

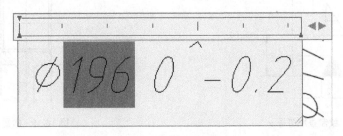

图 16-34 输入公差文字

⑪ 创建尺寸公差。接着按住鼠标左键，向后拖移，选中"0^-0.2"文字，然后单击【文字编辑器】选项卡中【格式】面板中的【堆叠】按钮 <u>b/a</u>，即可创建尺寸公差，如图 16-35 所示。

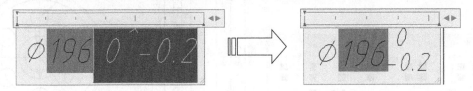

图 16-35 堆叠公差文字

⑫ 按相同方法，对键槽部分添加尺寸精度，添加后的图形如图 16-36 所示。

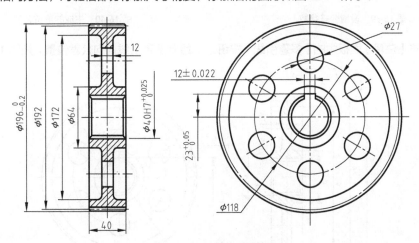

图 16-36 添加其他尺寸精度

（3）标注形位公差

⑬ 创建基准符号。切换至【细实线】图层，在图形的空白区域绘制一基准符号，如图 16-37 所示。

⑭ 放置基准符号。齿轮零件一般以键槽的安装孔为基准，因此选中绘制好的基准符号，然后执行 M【移动】命令，将其放置在键槽孔∅40 尺寸上，如图 16-38 所示。

提示： 基准符号也可以事先制作成块，然后进行调用，届时只需输入比例即可调整大小。

⑮ 选择【标注】|【公差】命令，弹出【形位公差】对话框，选择公差类型为【圆跳动】，然后输入公差值 0.022 和公差基准 A，如图 16-39 所示。

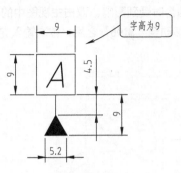

图 16-37　绘制基准符号

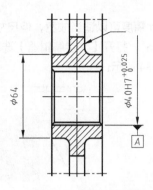

图 16-38　放置基准符号

⑯ 单击【确定】按钮，在要标注的位置附近单击，放置该形位公差，如图 16-40 所示。

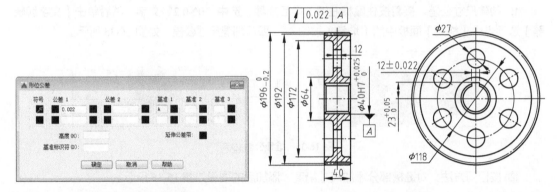

图 16-39　设置公差参数　　　　　　　　　　图 16-40　生成的形位公差

⑰ 单击【注释】面板中的【多重引线】按钮 ，绘制多重引线指向公差位置，如图 16-41 所示。

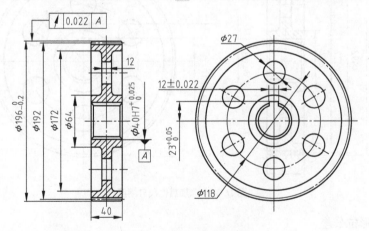

图 16-41　标注齿顶圆的圆跳动

⑱ 按相同方法，对键槽部分添加对称度，添加后的图形如图 16-42 所示。

（4）标注粗糙度

⑲ 切换至【细实线】图层，在图形的空白区域绘制一粗糙度符号，如图 16-43 所示。

⑳ 单击【默认】选项卡中【块】面板中的【定义属性】 按钮，打开【属性定义】对话框，按图 16-44 进行设置。

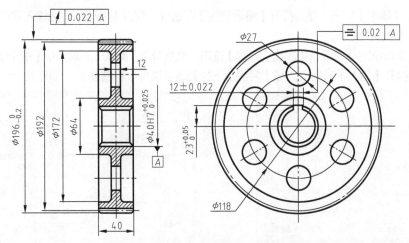

图 16-42　标注键槽的对称度

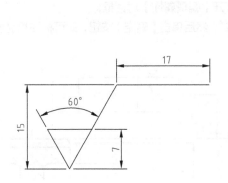

图 16-43　绘制粗糙度符号

图 16-44　【属性定义】对话框

㉑ 单击"确定"按钮，光标便变为标记文字的放置形式，在粗糙度符号的合适位置放置即可，如图 16-45 所示。

㉒ 单击【默认】选项卡中【块】面板中的【创建】 按钮，打开【块定义】对话框，选择粗糙度符号的最下方的端点为基点，然后选择整个粗糙度符号（包含上步骤放置的标记文字）作为对象，在"名称"文本框中输入"粗糙度"，如图 16-46 所示。

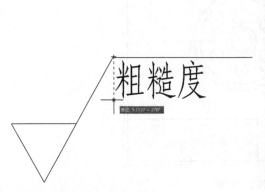

图 16-45　放置标记文字

图 16-46　【块定义】对话框

㉓ 单击【确定】按钮，便会打开【编辑属性】对话框，在其中便可以灵活输入我们所需的粗糙度数值，如图 16-47 所示。

㉔ 在【编辑属性】对话框中单击【确定】按钮，然后单击【默认】选项卡中【块】面板中的【插入】按钮，打开【插入】对话框，在【名称】下拉列表中选择【粗糙度】，如图 16-48 所示。

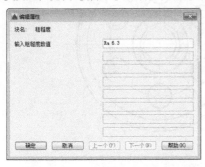

图 16-47 【编辑属性】对话框

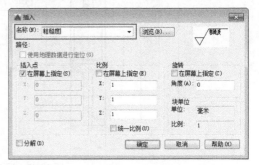

图 16-48 【插入】对话框

㉕ 在【插入】对话框中单击【确定】按钮，光标便变为粗糙度符号的放置形式，在图形的合适位置放置即可，如图 16-49 所示，放置之后系统自动打开【编辑属性】对话框。

㉖ 在对应的文本框中输入我们所需的数值"Ra 3.2"，然后单击【确定】按钮，即可标注粗糙度，如图 16-50 所示。

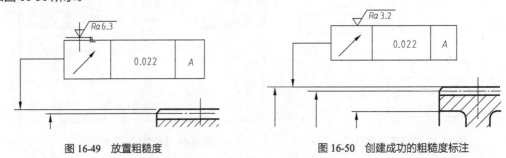

图 16-49 放置粗糙度　　　　　　　　　　图 16-50 创建成功的粗糙度标注

㉗ 按相同方法，对图形的其他部分标注粗糙度，然后将图形调整至 A3 图框的合适位置，如图 16-51 所示。

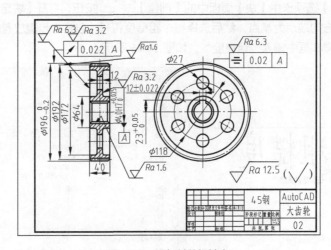

图 16-51 添加其他粗糙度

16.6.3 创建齿轮参数表与技术要求

① 单击【默认】选项卡中【注释】面板上的【表格】![表格]按钮，打开【插入表格】对话框，按图 16-52 进行设置。

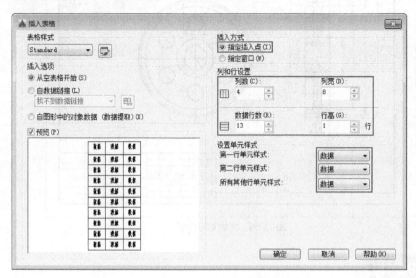

图 16-52 设置表格参数

② 将创建的表格放置在图框的右上角，如图 16-53 所示。

③ 编辑表格并输入文字。将表格调整至合适大小，然后双击表格中的单元格，进行输入文字。最终输入效果如图 16-54 所示。

④ 填写技术要求。单击【默认】选项卡中【注释】面板上的【多行文字】按钮，在图形的左下方空白部分插入多行文字，输入技术要求如图 16-55 所示。

模数	m	2
齿数	z	96
压力角	α	20°
齿顶高系数	h_a^*	1
顶隙系数	c^*	0.2500
精度等级	8-8-7HK	
全齿高	h	4.5000
中心距及其偏差	120±0.027	
配对齿轮	齿数	24

公差组	检验项目	代号	公差（极限偏差）
I	齿圈径向跳动公差	F_r	0.063
I	公法线长度变动公差	F_W	0.050
II	齿距极限偏差	f_{pt}	±0.016
II	齿形公差	f_f	0.014
III	齿向公差	F_B	0.011

技术要求

1.未注倒角为C2。

2.未注圆角半径为R3。

3.正火处理160~220HBS。

图 16-53 放置表格　　　　图 16-54 齿轮参数表　　　　图 16-55 填写技术要求

⑤ 大齿轮零件图绘制完成，最终的图形效果如图 16-56 所示（详见素材文件"第 16 章\16.6 大齿轮零件图-OK"）。

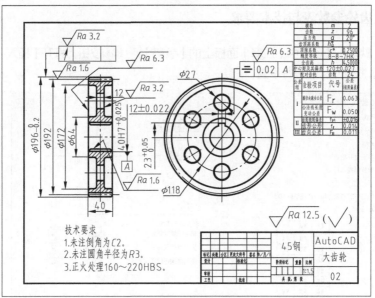

图 16-56　大齿轮零件图

16.7　轴的设计

本节将计算该减速器中的低速轴。

16.7.1　选择轴的材料与热处理方式

轴的材料通常选用碳素钢和合金钢，35、45、50 等优质碳素结构钢因具有较高的综合力学性能，应用较广泛，其中以 45 钢应用最为广泛。因此结合成本与采购方便等因素，该减速器的低速轴材料选用 45 钢。

16.7.2　确定轴的各段轴径与长度

在确定各个轴段的尺寸之前，应先拟订轴上零件的装配方案，如各轴段上装配何种零件。本例中的减速器为单级圆柱直齿齿轮减速器，要求工作平稳，因此可选用普通滚动轴承的装配方案，如图 16-57 所示。

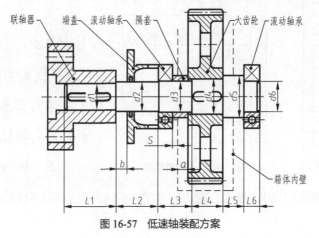

图 16-57　低速轴装配方案

由该图可知，低速轴可大致分为 6 段，分别介绍如下：

（1）轴段 1

首先利用轴径最小公式估算出轴上的最小直径。

$$d = \sqrt[3]{\frac{9.55 \times 10^6}{0.2[\tau]}} \cdot \sqrt[3]{\frac{P}{n}} \geq C \sqrt[3]{\frac{P}{n}}$$

其中，C 是由轴的材料和承载情况确定的常数，可由机械设计课程手册查出 $C=110$，P 和 n 分别为低速轴的输出功率和转速，应用上式求出低速轴的最小轴径 d_1 为：

$$d_1 \geq C \sqrt[3]{\frac{P}{n}} = 110 \times \sqrt[3]{\frac{1.987}{95.5}} \approx 29.7 \text{（mm）}$$

因为轴段 1 需安装联轴器，联轴器可选择 HL 型弹性柱销联轴器，型号为 HL3，该型号联轴器的轴孔直径为 $\phi30$mm，轴孔长度 60mm，因此可确定轴段 1 $d_1=30$mm，$L_1=60$mm。

（2）轴段 2

轴段 2 为非定位轴肩，所以有 $d_2=d_1+3$mm；而根据端盖的装卸以及便于轴承添加润滑剂的要求，有 $b=(3.5 \sim 4)d$（d 为端盖上安装螺钉的直径），此处取 $b=30$mm，而端盖的长度取 20mm，故有 $L_2=b+20=50$mm。

（3）轴段 3

初选滚动轴承，因为 $d_3>d_2$，所以按此标准选择最接近的滚动轴承型号，选得型号为 6207 的深沟球轴承，其尺寸如图 16-58 所示，因此可以确定轴段 3 的 $d_3=35$mm。

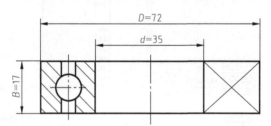

图 16-58　型号为 6207 的深沟球轴承

滚动轴承应距离箱体内边一段距离 S，取 $S=4$mm，而齿轮距离箱体内边的距离取 $a=12.5$mm，为了保证隔套能完全顶到齿轮上，因此轴的长度还需要增加 $3 \sim 4$mm，所以有 $L_3=B+S+a+4=17+4+12.5+4=37.5$（mm）。

（4）轴段 4

安装齿轮处的轴段直径与大齿轮零件图的轮毂处相同，因此 $d_4=40$mm。齿轮左端用隔套顶住进行定位，而右端则依靠轴肩进行定位，大齿轮的宽度为 40mm，因此为了使隔套端面和齿轮的端面紧贴以保障定位可靠，故轴段 4 的长度应略小于齿轮宽度约 $3 \sim 4$mm，让齿轮凸出一部分距离，所以有 $L_4=40-4=36$（mm）。

（5）轴段 5

轴段 5 的轴径要大于左端的轴段 4，以及右端的轴段 6。而轴段 6 上的滚动轴承与轴段 3 上的一致，为 6207 的深沟球轴承，因此可知 $d_6=35$mm，轴段 5 即用来定位该轴承，因此可取 $d_5=48$mm。取齿轮距箱体内壁之间的距离 $a=12.5$mm，滚动轴承距箱体内壁的距离 $S=4$mm，因此 $L_5=S+a=5+12.5=17.5$（mm）。

（6）轴段 6

轴段 6 即用来安装 6207 的深沟球轴承，因此 d_6=35mm，L_6=17mm。

16.8 绘制低速轴零件图

上一节已经得出了轴上的所有相关数据，可按弯扭组合变形来进行强度校核（过程略）。校核无误后便可以开始低速轴零件图的绘制。

16.8.1 绘制图形

先按常规方法绘制出低速轴的轮廓图形。

① 打开素材文件"第 16 章\16.8 绘制低速轴零件图.dwg"，素材中已经绘制好了一 1：1 大小的 A4 图纸框，如图 16-59 所示。

② 将【中心线】图层设置为当前图层，执行 XL【构造线】命令，在合适的地方绘制水平的中心线以及一条垂直的定位中心线，如图 16-60 所示。

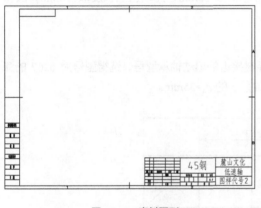

图 16-59　素材图形

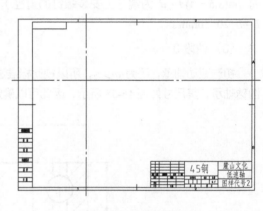

图 16-60　绘制中心线

③ 使用快捷键 O 激活【偏移】命令，根据 16.7.2 小节中计算出来的轴段长度尺寸，对垂直的中心线进行多重偏移，如图 16-61 所示。

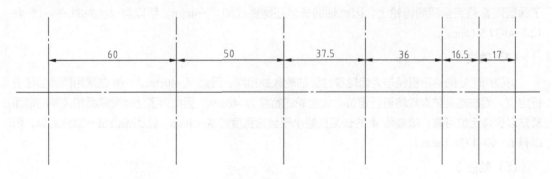

图 16-61　偏移垂直中心线

④ 同样使用 O【偏移】命令，按 16.7.2 小节中计算出来的轴段径向尺寸，对水平的中心线进行多重偏移，如图 16-62 所示。

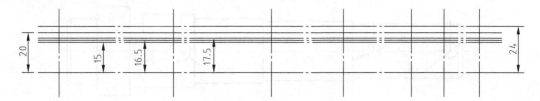

图 16-62 偏移水平中心线

⑤ 切换到【轮廓线】图层，执行 L【直线】命令，绘制轴体的半边轮廓，再执行 TR【修剪】、E【删除】命令，修剪多余的辅助线，结果如图 16-63 所示。

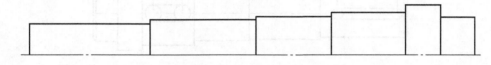

图 16-63 绘制轴体

⑥ 单击【修改】面板中的 ⬜ 按钮，激活 CHA【倒角】命令，对轮廓线进行倒角，倒角尺寸为 C2，然后使用 L【直线】命令，配合捕捉与追踪功能，绘制倒角的连接线，结果如图 16-64 所示。

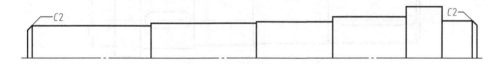

图 16-64 倒角并绘制连接线

⑦ 使用快捷键 MI 激活【镜像】命令，对轮廓线进行镜像复制，结果如图 16-65 所示。

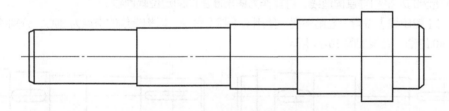

图 16-65 镜像图形

⑧ 绘制键槽。使用快捷键 O 激活【偏移】命令，创建如图 16-66 所示的垂直辅助线。

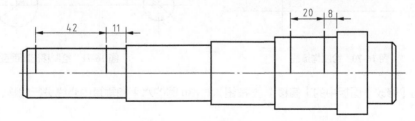

图 16-66 偏移图形

⑨ 将【轮廓线】设置为当前图层，使用 C【圆】命令，以刚偏移的垂直辅助线与水平中心线的交点为圆心，绘制直径为 12 和 8 的圆，如图 16-67 所示。

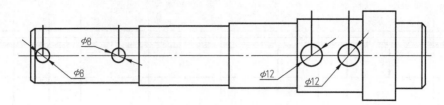

图 16-67　绘制圆

⑩ 使用 L【直线】命令，配合【捕捉切点】功能，绘制键槽轮廓，如图 16-68 所示。

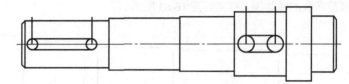

图 16-68　绘制键槽

⑪ 使用 TR【修剪】命令，对键槽轮廓进行修剪，并删除多余的辅助线，结果如图 16-69 所示。

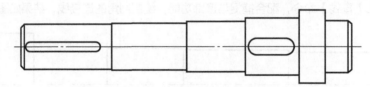

图 16-69　删除多余辅助线

⑫ 绘制断面图。将【中心线】设置为当前图层，使用快捷键 XL 激活【构造线】命令，绘制如图 16-70 所示的水平和垂直构造线，将其作为移出断面图的定位辅助线。

⑬ 将【轮廓线】设置为当前图层，使用 C【圆】命令，以构造线的交点为圆心，分别绘制直径为 30 和 40 的圆，结果如图 16-71 所示。

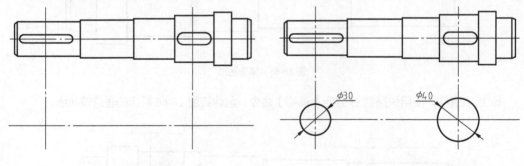

图 16-70　绘制构造线　　　　　　　图 16-71　绘制移出断面图

⑭ 单击【修改】面板中的【偏移】 按钮，对 ϕ30 圆的水平和垂直中心线进行偏移，结果如图 16-72 所示。

⑮ 将【轮廓线】设置为当前图层，使用 L【直线】命令绘制键槽，结果如图 16-73 所示。

⑯ 综合使用 E【删除】和 TR【修剪】命令，去掉不需要的构造线和轮廓线，整理 ϕ30 断面图，如图 16-74 所示。

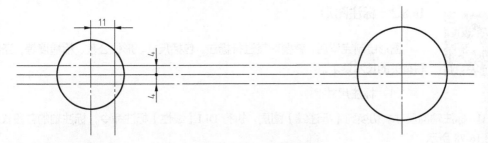

图 16-72　偏移中心线得到键槽辅助线

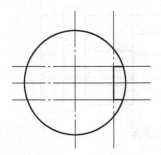

图 16-73　绘制 φ30 圆的键槽轮廓

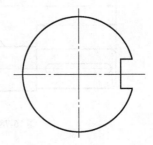

图 16-74　修剪 φ30 圆的键槽

⑰ 按相同方法绘制 φ40 圆的键槽图，如图 16-75 所示。

⑱ 将【剖面线】设置为当前图层，单击【绘图】面板中的【图案填充】▣按钮，为此剖面图填充【ANSI31】图案，填充比例为 1，角度为 0，填充结果如图 16-76 所示。

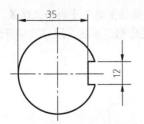

图 16-75　绘制 φ40 圆的键槽轮廓

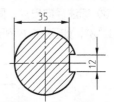

图 16-76　图案填充结果

⑲ 绘制好的图形如图 16-77 所示。

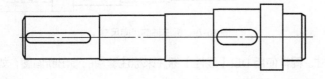

图 16-77　低速轴的轮廓图形

16.8.2 标注图形

图形绘制完毕后，就要对其进行标注，包括尺寸、形位公差、粗糙度等，还要填写有关的技术要求。

（1）标注尺寸

① 标注轴向尺寸。切换到【标注线】图层，执行 DLI【线性】标注命令，标注轴的各段长度，如图 16-78 所示。

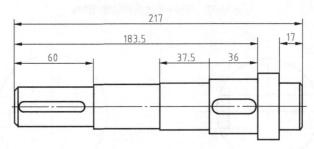

图 16-78　标注轴的轴向尺寸

提示： 标注轴的轴向尺寸时，应根据设计及工艺要求确定尺寸基准，通常有轴孔配合端面基准面及轴端基准面。应使尺寸标注反映加工工艺要求，同时满足装配尺寸链的精度要求，不允许出现封闭的尺寸链。如图 16-78 所示，基准面 1 是齿轮与轴的定位面，为主要基准，轴段长度 36、183.5 都以基准面 1 作为基准尺寸；基准面 2 为辅助基准面，最右端的轴段长度 17 为轴承安装要求所确定；基准面 3 同基准面 2，轴段长度 60 为联轴器安装要求所确定；而未特别标明长度的轴段，其加工误差不影响装配精度，因而取为闭环，加工误差可积累至该轴段上，以保证主要尺寸的加工误差。

② 标注径向尺寸。同样执行 DLI【线性】标注命令，标注轴的各段直径长度，尺寸文字前注意添加"ϕ"，如图 16-79 所示。

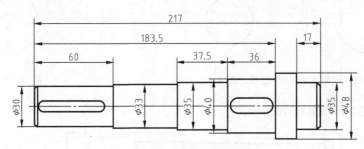

图 16-79　标注轴的径向尺寸

③ 标注键槽尺寸。同样使用 DLI【线性】标注来标注键槽的移出断面图，如图 16-80 所示。

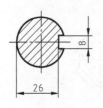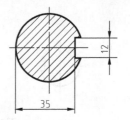

图 16-80　标注键槽的移出断面图

（2）添加尺寸精度

经过前面章节的分析可知，低速轴的精度尺寸主要集中在各径向尺寸上，与其他零部件的配合有关。

④ 添加轴段 1 的精度。轴段 1 上需安装 HL3 型弹性柱销联轴器，因此尺寸精度可按对应的配合公差选取，此处由于轴径较小，因此可选用 r6 精度，然后查得 ϕ30 对应的 r6 公差为+0.028～+0.041，即双击 ϕ30 进行标注，然后在文字后输入该公差文字，如图 16-81 所示。

⑤ 创建尺寸公差。接着按住鼠标左键，向后拖移，选中"+0.041^+0.028"文字，然后单击【文字编辑器】选项卡中【格式】面板中的【堆叠】按钮 ，即可创建尺寸公差，如图 16-82 所示。

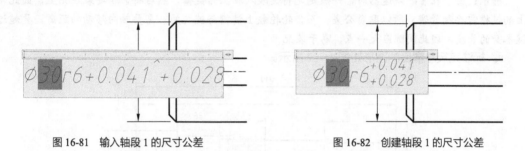

图 16-81　输入轴段 1 的尺寸公差　　　　　图 16-82　创建轴段 1 的尺寸公差

⑥ 添加轴段 2 的精度。轴段 2 上需要安装端盖以及一些防尘的密封件（如毡圈），总的来说精度要求不高，因此可以不添加精度。

⑦ 添加轴段 3 的精度。轴段 3 上需安装 6207 的深沟球轴承，因此该段的径向尺寸公差可按该轴承的推荐安装参数进行取值，即 k6，然后查得 ϕ35 对应的 k6 公差为+0.018～+0.002，再按相同标注方法标注即可，如图 16-83 所示。

⑧ 添加轴段 4 的精度。轴段 4 上需安装大齿轮，而轴、齿轮的推荐配合为 H7/r6，因此该段的径向尺寸公差即 r6，然后查得 ϕ40 对应的 r6 公差为+0.050～+0.034，再按相同标注方法标注即可，如图 16-84 所示。

图 16-83　标注轴段 3 的尺寸公差　　　　　图 16-84　标注轴段 4 的尺寸公差

⑨ 添加轴段 5 的精度。轴段 5 为闭环，无尺寸，无须添加精度。

⑩ 添加轴段 6 的精度。轴段 6 的精度同轴段 3，按轴段 3 进行添加，如图 16-85 所示。

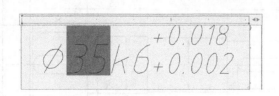

图 16-85　标注轴段 6 的尺寸公差

⑪ 添加键槽公差。取轴上的键槽的宽度公差为 h9，长度均向下取值 0.2，如图 16-86 所示。

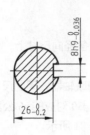
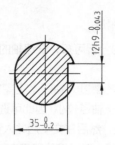

图 16-86 标注键槽的尺寸公差

提示：由于在装配减速器时，一般是先将键敲入轴上的键槽，然后将齿轮安装在轴上，因此轴上的键槽需要稍紧密，所以取负公差；而齿轮轮毂上键槽与键之间，需要轴向移动的距离，要超过键本身的长度，因此间隙应大一点，易于装配。

⑫ 标注完尺寸精度的图形如图 16-87 所示。

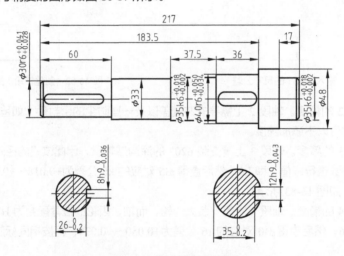

图 16-87 标注精度后的图形

提示：不添加精度的尺寸均按 GB/T 1804、GB/T 1184 处理，需在技术要求中说明。

（3）标注形位公差

⑬ 放置基准符号。基准符号的创建方法略，分别以各重要的轴段为基准，即在轴段 1、轴段 3、轴段 4、轴段 6 上放置基准符号，如图 16-88 所示。

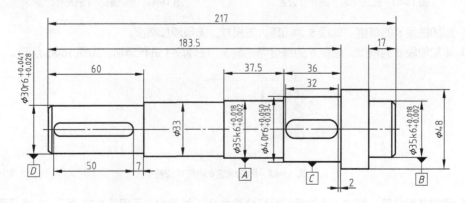

图 16-88 放置基准符号

⑭ 添加轴上的形位公差。轴上的形位公差主要为轴承段、齿轮段的圆跳动，具体标注如图 16-89 所示。

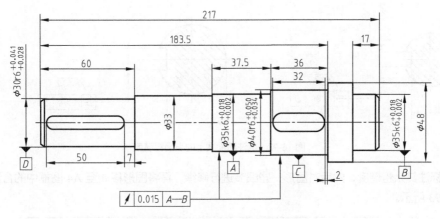

图 16-89 标注轴上的圆跳动公差

⑮ 添加键槽上的形位公差。键槽上主要为相对于轴线的对称度，具体标注如图 16-90 所示。

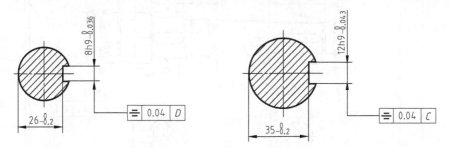

图 16-90 标注键槽上的对称度公差

（4）标注粗糙度

⑯ 按 16.6.2（4）中的方法，创建表面粗糙度。

⑰ 标注轴上的表面粗糙度。轴上需特定标注的表面粗糙度主要是轴段 1、轴段 3、轴段 4、轴段 6 等需要配合的部分，具体标注如图 16-91 所示。

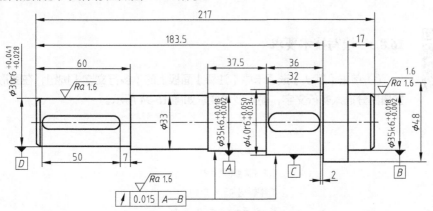

图 16-91 标注轴上的表面粗糙度

⑱ 标注断面图上的表面粗糙度。键槽部分表面粗糙度可按相应键的安装要求进行标注，本例中的标注如图 16-92 所示。

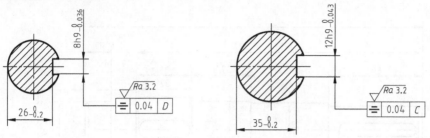

图 16-92　标注断面图上的表面粗糙度

⑲ 标注其余粗糙度，然后对图形一些细节进行修缮，再将图形移动至 A4 图框中的合适位置，如图 16-93 所示。

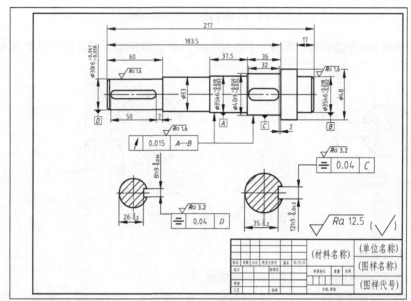

图 16-93　添加标注后的图形

16.8.3　填写技术要求

① 单击【默认】选项卡中【注释】面板上的【多行文字】按钮，在图形的左下方空白部分插入多行文字，输入技术要求如图 16-94 所示。

技术要求

1. 未注倒角为 C2。

2. 未注圆角半径为 R1。

3. 调质处理 45～50HRC。

4. 未注尺寸公差按 GB/T 1804。

5. 未注几何公差按 GB/T 1184。

图 16-94　填写技术要求

② 低速轴零件图绘制完成，最终的图形效果如图 16-95 所示（详见素材文件"第 16 章\16.8 低速轴零件图-OK"）。

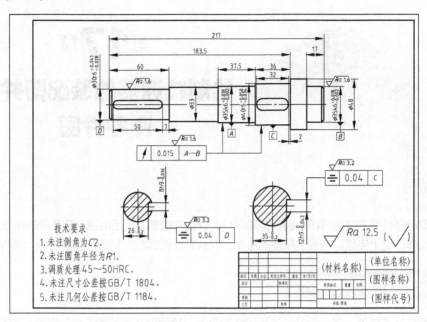

图 16-95　低速轴零件图

·第17章·
绘制减速器的装配图并拆画零件图

上一章已经介绍了减速器核心组件传动部分的计算与绘制，包括高速、低速传动轴与齿轮零件。本章便在此基础之上完成减速器装配图的绘制，并从装配图拆画出箱盖与箱座这两大零件图。

17.1 减速器装配图概述

首先设计轴系部件。通过绘图设计轴的结构尺寸，确定轴承的位置，传动零件、轴和轴承是减速器的主要零件，其他零件的结构和尺寸随这些零件而定。绘制装配图时，要先画主要零件，后画次要零件；由箱内零件画起，逐步向外画；先由中心线绘制大致轮廓线，结构细节可先不画；以一个视图为主，过程中兼顾其他视图。

17.1.1 估算减速器的视图尺寸

可按表 17-1 中的数值估算减速器的视图范围，而视图布置可参考图 17-1。

表 17-1　视图范围估算表

项　　目	A	B	C
一级圆柱齿轮减速器	3a	2a	2a
二级圆柱齿轮减速器	4a	2a	2a
圆锥-圆柱齿轮减速器	4a	2a	2a
一级蜗杆减速器	2a	3a	2a

提示：a 为传动中心距，对于二级传动来说，a 为低速级的中心距。

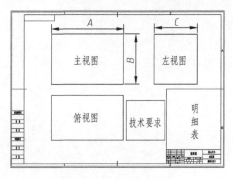

图 17-1　视图布置参考图

17.1.2 确定减速器装配图中心线的位置

在大致估算了所设计减速器的长、宽、高外形尺寸后，考虑标题栏、明细表、技术要求、技术特性、零件编号、尺寸标注等所占幅面，确定 3 个视图的位置，画出各视图中心传动件的中心线。中心线的位置直接影响到视图布置的合理性，要经审定适宜再往下进行。

中心线的作用是确定减速器三视图的布置位置和主要结构的相对位置，长度不需要很精确，且可以根据需要随时调整其长度，相互之间的间距可以不太精确，可以调节此间距来调节视图之间的距离。总之，中心线就是布图的骨架，视图之间的中心线的间距可以大略估计设置，但同一视图内的中心线的间距必须准确。

在本书的例子中，基本都在原始的素材中绘制好了中心线，当然读者也可以自行新建空白文件，自己绘制中心线后再进行剩下的操作。

17.2　绘制减速器装配图

接下来便开始减速器装配图的绘制，顺序按"由内而外、先主后次"的原则。

17.2.1　绘制装配图的俯视图

（1）绘制传动机构

传动机构作为减速器的关键部分，自然需要首先绘制。而且传动机构的组成零件，如大齿轮、低速轴等，在开始绘制的时候，可以先按尺寸绘制大致简图，待总体图形绘制完毕后，再直接复制粘贴已经画好的零件图进行装配即可。

① 打开素材文件"第 17 章\17.2 绘制减速器装配图.dwg"，素材中已经绘制好了一 1∶1 大小的 A0 图纸框，如图 17-2 所示。

② 将【中心线】图层设置为当前图层，执行 L【直线】命令，在图纸的主视图位置绘制传动机构的中心线，中心线长度任意，间距如图 17-3 所示。

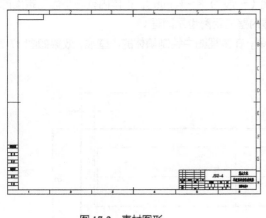

图 17-2　素材图形

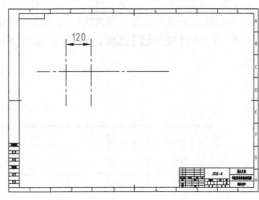

图 17-3　绘制中心线

③ 绘制齿轮轮廓。执行 C【圆】命令，分别在中心线的交点处绘制圆，尺寸为大、小齿轮的分度圆直径ϕ48、ϕ192，如图 17-4 所示。

④ 绘制俯视图中心线。在俯视图位置绘制中心线，长度任意，如图 17-5 所示。

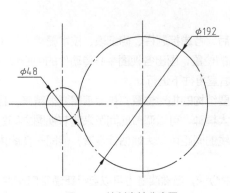

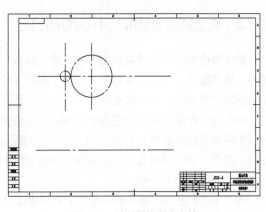

图 17-4　绘制齿轮分度圆　　　　　　　　图 17-5　绘制俯视图中心线

⑤ 绘制传动机构简图。切换到【虚线】图层，执行 L【直线】命令，在俯视图中绘制大、小齿轮的示意图，边界按各自的齿顶圆尺寸绘制，同时根据投影绘制出分度圆线，如图 17-6 所示。

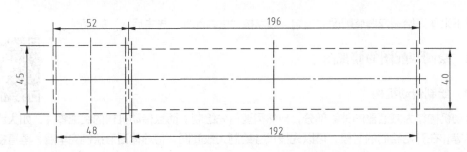

图 17-6　在俯视图中绘制大、小齿轮轮廓

（2）绘制箱体并补全齿轮

箱体是减速器的基本零件，由箱座、箱盖等上、下两部分组成，其主要作用就是为其他所有的功能零件提供支撑和固定作用，同时盛装润滑散热的油液。因此为了避免齿轮与箱体内壁相配，并方便装配，齿轮与箱体内壁之间应留有一定的距离（一般为 8~10mm），箱体内壁与小齿轮端面的距离一般要大于箱座壁厚，而大齿轮齿顶圆与箱体内壁的距离也是同理。

⑥ 切换到【轮廓线】图层，执行 L【直线】命令，在俯视图中绘制箱体的内壁线，效果如图 17-7 所示。

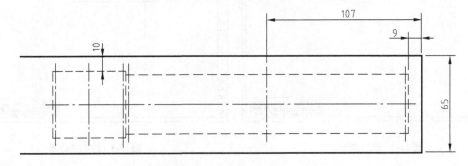

图 17-7　在俯视图中绘制箱体内壁轮廓

提示：此时应根据大、小齿轮的尺寸，设计箱体内壁宽度为 65[小齿轮宽度(45)+2×间距(10)=65]，内壁右端至大齿轮中心线的距离为 107[大齿轮齿顶圆半径(98)+间距(9)=107]；而内壁左端至小齿轮

中心线的距离，因不仅要考虑小齿轮到箱体内壁的距离，还需考虑后续设计的箱座与箱盖连接的螺栓孔是否会与箱体的轴承安装孔干涉，所以箱体内壁左边可以先不确定长度，事后再进行调整。

⑦ 绘制箱体外侧轮廓。执行 L【直线】命令，在俯视图中绘制箱体的外侧轮廓，如图 17-8 所示。

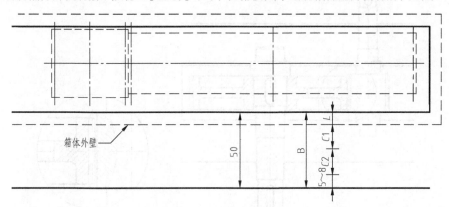

图 17-8　绘制箱体的外侧轮廓

提示：对于剖分式减速器，箱体轴承座内端面常为箱体内壁，从内壁至最外侧的一段厚度，即轴承安装孔的深度。轴承安装孔的深度 B 取决于箱体壁厚（L）、轴承旁连接螺栓及其所需的扳手空间 $C1$ 和 $C2$ 的尺寸，以及区分加工面与铸造毛坯面所留出的尺寸（5～8mm）。因此，轴承安装孔的深度 $B=L+C1+C2+(5～8)$，其中壁厚 L 按 $L=0.025a+1≥8$ 算得，此处为 8mm；$C1$、$C2$ 由轴承旁连接螺栓确定，本减速器所用连接螺栓为 M12，因此查得扳手空间 $C1$ 和 $C2$ 分别为 18mm 与 16mm，这样就可以算得 $B=8+18+16+8=50$(mm)，如图 17-8 所示。

⑧ 导入大齿轮图形。将用虚线绘制的大、小齿轮轮廓删除，然后使用 Ctrl+C【复制】、Ctrl+V【粘贴】命令，将第 16 章绘制好的大齿轮图形主视图粘贴进来，并使用 M【移动】、RO【旋转】等编辑命令，将大齿轮按主视图的分度圆对齐至俯视图中心线上，如图 17-9 所示。

⑨ 导入低速轴图形。同样使用 Ctrl+C【复制】、Ctrl+V【粘贴】命令，将与大齿轮装配的低速轴粘贴进来，按中心线并靠紧轴肩进行对齐，并使用 TR【修剪】、E【删除】命令删除多余图形，如图 17-10 所示。

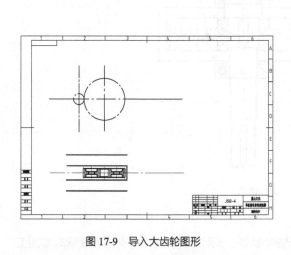

图 17-9　导入大齿轮图形

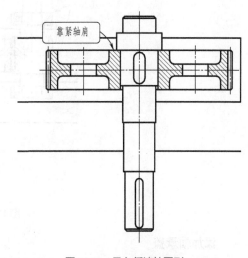

图 17-10　导入低速轴图形

⑩ 导入小齿轮轴图形。按同样方法，将小齿轮轴粘贴进来，分度圆与大齿轮分度圆线重合，且

按水平中心线对齐，使用 TR【修剪】、E【删除】命令删除多余图形，如图 17-11 所示。

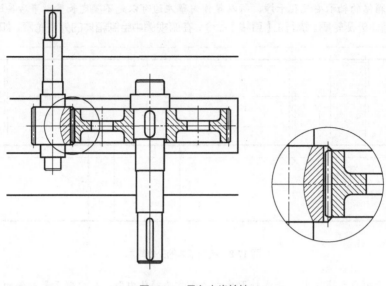

图 17-11 导入小齿轮轴

（3）添加轴承与端盖

● **添加轴承**

在第 16 章中已知选用的轴承为深沟球轴承，其型号为 6205 与 6207，在素材文件"第 17 章\配件\轴承.dwg"中可以找到该轴承图形。

⑪ 打开素材文件"第 17 章\配件\轴承.dwg"，将 6205、6207 的轴承复制粘贴到装配图当中，如图 17-12 所示。

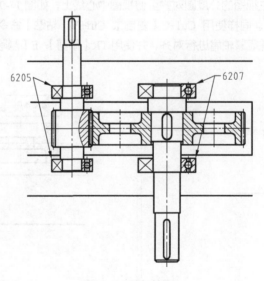

图 17-12 添加轴承

● **添加轴承盖**

轴承盖用于固定轴承、调整轴承间隙及承受轴向载荷，多用铸铁制造，也有用碳素钢车削加工制成。凸缘式轴承端盖的尺寸如图 17-13 所示。

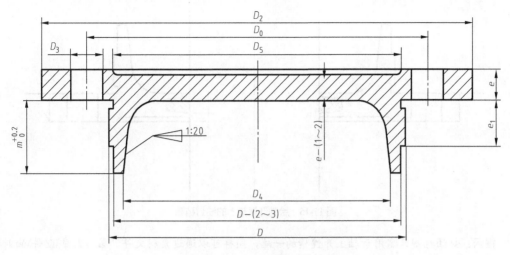

图 17-13　凸缘式轴承端盖尺寸结构图

其中，$e=1.2d_3$，d_3 为螺钉公称直径；$D_0=D+(2\sim2.5)d_3$，D 为轴承外径；$D_2=D_0+(2.5\sim3)D_3$；$D_4=(0.85\sim0.9)D$；$D_5=D_0-(2.5\sim3)D_3$，m 值由具体的结构确定。

本案例中的减速器轴承端盖，可按表 17-2 中数据自行绘制，也可以打开素材文件"第 17 章\配件\端盖.dwg"，直接打开端盖图形并复制粘贴进装配图。

表 17-2　轴承端盖尺寸表　　　　　　　　　　　　　　　　　　　mm

对应轴承	D	D_0	D_2	D_3	D_4	D_5	m	e	e_1
6205	52	68	90	8	47	56	24	7	10
6207	72	88	105	8	65	70	17	7	10

⑫ 打开素材文件"第 17 章\配件\端盖.dwg"，将 6205、6207 对应的轴承端盖复制粘贴到装配图当中，端盖凸缘底边贴紧绘制出来的箱体外侧轮廓，修剪掉多余线段，如图 17-14 所示。

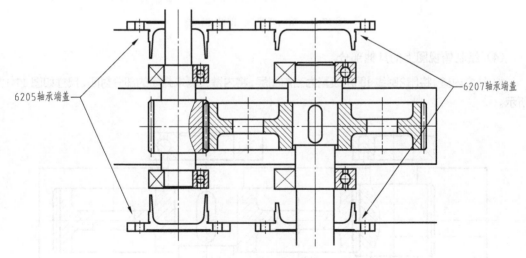

图 17-14　插入轴承端盖

⑬ 绘制低速轴上的封油毡圈。毡圈为标准件，其形式和尺寸应符合行业标准 JB/ZQ 4606—1997，查得该标准得到对应的毡圈尺寸，然后在装配图中进行绘制，如图 17-15 所示。

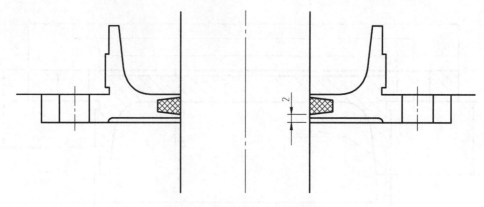

图 17-15　绘制低速轴上的油封毡圈

　　提示：封油毡圈只需用于轴上开键槽的一端，同样可以通过素材文件"第 17 章\配件\油封毡圈.dwg"获得。

　　⑭ 按相同方法，绘制高速轴上的油封毡圈，如图 17-16 所示。

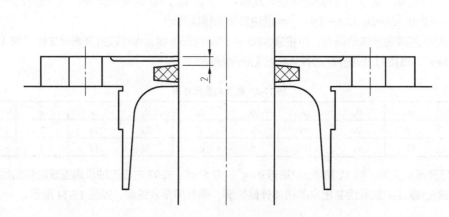

图 17-16　绘制高速轴上的油封毡圈

（4）绘制俯视图上的其他部分

　　⑮ 补全内壁。将【轮廓线】图层设置为当前图层，将内壁左侧未封闭的部分封闭，尺寸如图 17-17 所示。

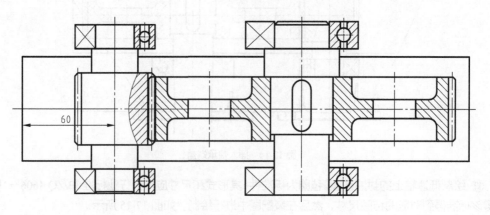

图 17-17　补全内壁

⑯ 绘制油槽。将【轮廓线】图层设置为当前图层，执行 L【直线】命令，在俯视图中绘制油槽，如图 17-18 所示。

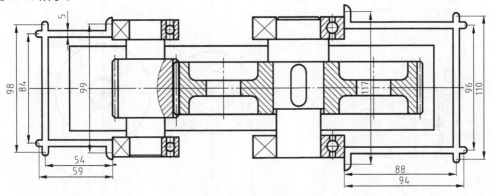

图 17-18　绘制油槽

⑰ 绘制隔套。隔套是安放在轴承与齿轮之间，用于压紧齿轮的零件。本例中小齿轮与轴直接设计为一整体齿轮轴，因此隔套只需用于大齿轮上。执行 L【直线】命令，在俯视图中绘制大齿轮的隔套，如图 17-19 所示。

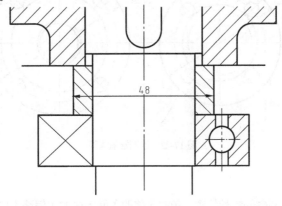

图 17-19　绘制隔套

提示：隔套的剖面线一定要与周边零件的剖面线方向相反。

17.2.2　绘制装配图的主视图

俯视图先绘制到该步，然后利用现有的俯视图，通过投影的方法来绘制主视图的大致图形。

（1）绘制端盖部分

① 绘制轴与轴承端盖。切换到【虚线】图层，执行 L【直线】命令，从俯视图中向主视图绘制投影线，如图 17-20 所示。

② 切换到【轮廓线】图层，执行 C【圆】命令，按投影关系在主视图中绘制端盖与轴的轮廓，如图 17-21 所示。

③ 绘制端盖螺钉。选用的螺钉为 GB/T 5783—2016 规定的外六角螺钉，查相关手册即可得螺钉的外形形状，然后切换到【中心线】图层，绘制出螺钉的布置圆，再切换回【轮廓线】图层，执行相关命令绘制螺钉即可，如图 17-22 所示。

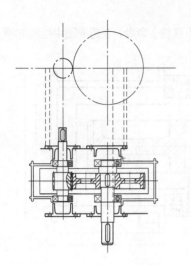

图 17-20 绘制主视图投影线

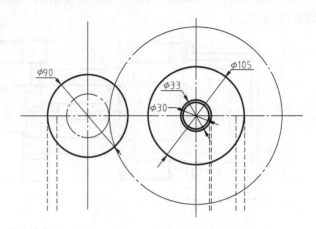

图 17-21 在主视图绘制端盖与轴

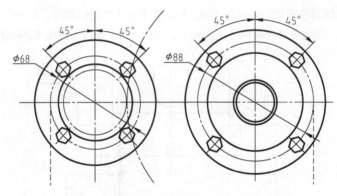

图 17-22 绘制端盖螺钉

（2）绘制凸台部分

④ 确定轴承安装孔两侧的螺栓位置。单击【修改】面板中的【偏移】按钮，执行 O【偏移】命令，将主视图中左侧的垂直中心线向左偏移 43，向右偏移 60；右侧的中心线向右偏移 53，作为凸台连接螺栓的位置，如图 17-23 所示。

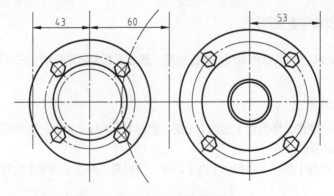

图 17-23 确定螺栓位置

提示：轴承安装孔两侧的螺栓间距不宜过大，也不宜过小，一般取凸缘式轴承盖的外圆直径。距离过大，如不设凸台，则整体刚度较差；距离过小，螺栓孔可能会与轴承端盖的螺栓孔干涉，还可能与油槽干涉，为保证扳手空间，将会不必要地加大凸台高度。

⑤ 绘制箱盖凸台。同样执行 O【偏移】命令，将主视图的水平中心线向上偏移 38，此即凸台的高度；然后偏移左侧的螺钉中心线，向左偏移 16，再将右侧的螺钉中心线向右偏移 16，此即凸台的边线；最后切换到【轮廓线】图层，执行 L【直线】命令将其连接即可，如图 17-24 所示。

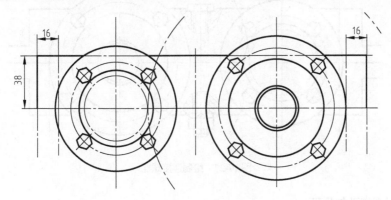

图 17-24　绘制箱盖凸台

⑥ 绘制箱座凸台。按相同方法，绘制下方的箱座凸台，如图 17-25 所示。

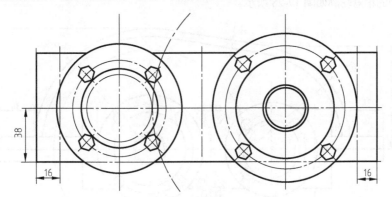

图 17-25　绘制箱座凸台

⑦ 绘制凸台的连接凸缘。为了保证箱盖与箱座的连接刚度，要在凸台上增加一凸缘，且凸缘的厚度应该较箱体的壁厚略厚，约为 1.5 倍壁厚。因此执行 O【偏移】命令，将水平中心线分别向上、下偏移 12，然后绘制该凸缘，如图 17-26 所示。

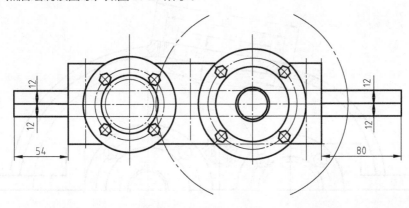

图 17-26　绘制凸台凸缘

⑧ 绘制连接螺栓。为了节省空间，在此只需绘制出其中一个连接螺栓（M10×90）的剖视图，其余用中心线表示即可，如图 17-27 所示。

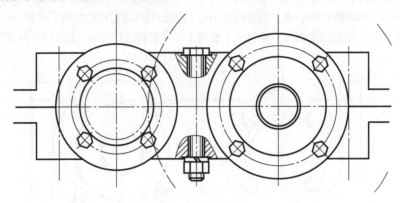

图 17-27　绘制连接螺栓

（3）绘制观察孔与吊环

⑨ 绘制主视图中的箱盖轮廓。切换到【轮廓线】图层，执行 L【直线】、C【圆】等绘图命令，绘制主视图中的箱盖轮廓如图 17-28 所示。

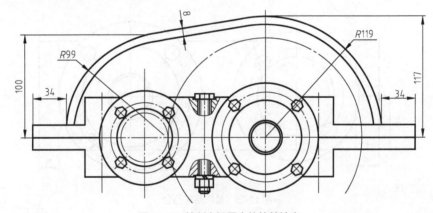

图 17-28　绘制主视图中的箱盖轮廓

⑩ 绘制观察孔。执行 L【直线】、F【倒圆角】等绘图命令，绘制主视图上的观察孔如图 17-29 所示。

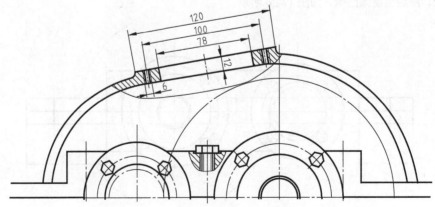

图 17-29　绘制主视图中的观察孔

⑪ 绘制箱盖吊环。执行 L【直线】、C【圆】等绘图命令，绘制箱盖上的吊环，效果如图 17-30 所示。

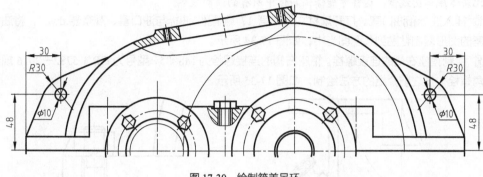

图 17-30　绘制箱盖吊环

（4）绘制箱座部分

⑫ 绘制箱座轮廓。按计算出来的传动装置高度，确定箱座的总高为 152mm，因此将水平中心线向下偏移 152，得到箱座的底线，然后执行 L【直线】命令，补画箱座的其余部分，如图 17-31 所示。

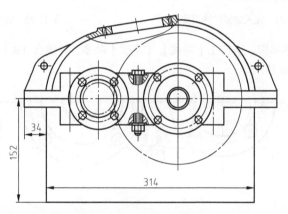

图 17-31　绘制箱座轮廓

⑬ 绘制油标孔。切换到【轮廓线】图层，执行 L【直线】命令，在箱座部分的右侧绘制油标孔，如图 17-32 所示。

⑭ 绘制放油孔。执行 L【直线】、F【倒圆角】命令，绘制放油孔如图 17-33 所示。

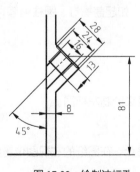

图 17-32　绘制油标孔

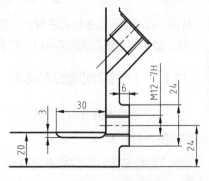

图 17-33　绘制放油孔

提示：在绘制油标孔时，如果箱体吊钩在箱体的中间部位、油标孔的正上方，则要注意保证油标在插入和取下的过程中不与箱体的吊环出现干涉；而在绘制放油孔时，要使放油孔最下方的图线位置比箱体底部图线低，这样才能保证箱体中所有的油能放尽。

⑮ 插入油标和油口塞。打开素材文件"第 17 章\配件\油标与油口塞、观察器.dwg"，将油标和油口塞的图形复制粘贴到装配图当中，如图 17-34 所示。

⑯ 绘制箱座右侧的连接螺栓。箱座右侧的连接螺栓为 M8×35，型号为 GB/T 5782—2016 规定的外六角螺栓，按之前介绍的方法绘制，如图 17-35 所示。

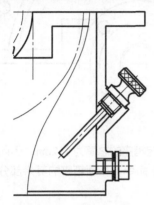

图 17-34　插入油标和油口塞

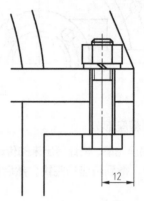

图 17-35　绘制连接螺栓

⑰ 绘制主视图上的吊钩。执行 L【直线】、C【圆】命令，并结合 TR【修剪】工具，绘制主视图上的吊钩，如图 17-36 所示。

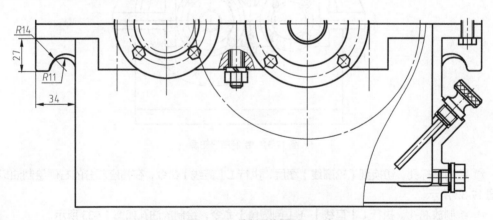

图 17-36　绘制吊钩图形

⑱ 补全主视图。调用相应命令绘制主视图中的其他图形，如起盖螺钉、圆柱销等，再补上剖面线，最终的主视图图形如图 17-37 所示。

17.2.3　绘制装配图的左视图

主视图绘制完成后，就可以利用投影关系来绘制左视图。

（1）绘制左视图外形轮廓

① 将【中心线】图层设置为当前图层，执行 L【直线】命令，在图纸的左视图位置绘制中心线，中心线长度任意。

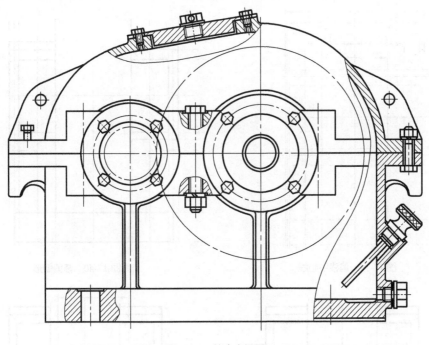

图 17-37　补全主视图

② 切换到【虚线】图层，执行 L【直线】命令，从主视图中向左视图绘制投影线，如图 17-38 所示。

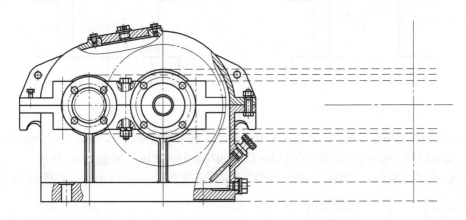

图 17-38　绘制左视图的投影线

③ 执行 O【偏移】命令，将左视图的垂直中心线向左右对称偏移 40.5、60.5、80、82、84.5，如图 17-39 所示。

④ 修剪左视图。切换到【轮廓线】图层，执行 L【直线】命令，绘制左视图的轮廓，再执行 TR【修剪】命令，修剪多余的辅助线，结果如图 17-40 所示。

⑤ 绘制凸台与吊钩。切换到【轮廓线】图层，执行 L【直线】、C【圆】等绘图命令，绘制左视图中的凸台与吊钩轮廓，然后执行 TR【修剪】命令删除多余的线段，如图 17-41 所示。

⑥ 绘制定位销、起盖螺钉中心线。执行 O【偏移】命令，将左视图的垂直中心线向左、右对称偏移 60，作为箱盖与箱座连接螺栓的中心线位置，同样也是箱座地脚螺栓的中心线位置，如图 17-42 所示。

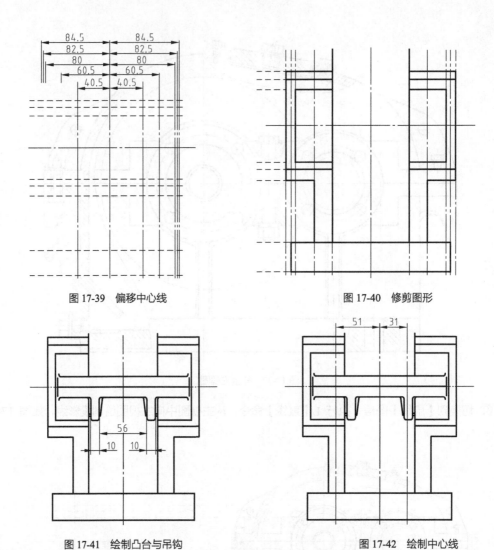

图 17-39　偏移中心线　　　　　　　　图 17-40　修剪图形

图 17-41　绘制凸台与吊钩　　　　　　图 17-42　绘制中心线

⑦ 绘制定位销与起盖螺钉。执行 L【直线】、C【圆】等绘图命令，在左视图中绘制定位销（6×35，GB/T 117—2000）与起盖螺钉（M6×15，GB/T 5783—2016），如图 17-43 所示。

⑧ 绘制端盖。执行 L【直线】命令，绘制轴承端盖在左视图中的可见部分，如图 17-44 所示。

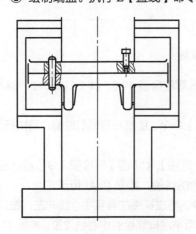

图 17-43　绘制定位销与起盖螺钉

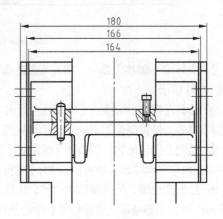

图 17-44　绘制端盖

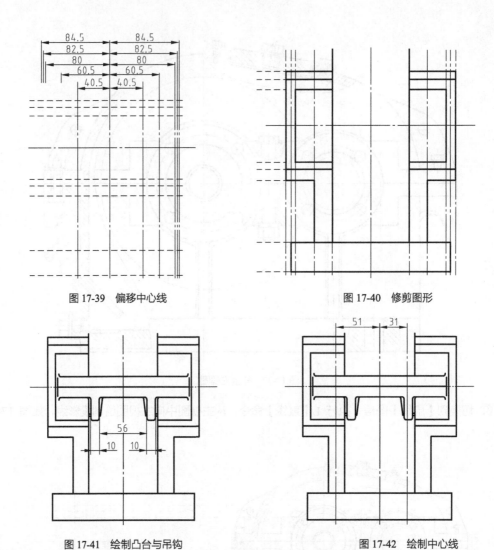

⑨ 绘制左视图中的轴。执行 L【直线】命令，绘制高速轴与低速轴在左视图中的可见部分，伸出长度参考俯视图，如图 17-45 所示。

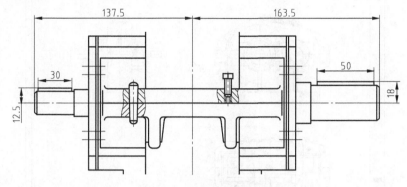

图 17-45　绘制左视图中的轴

⑩ 补全左视图。按投影关系，绘制左视图上方的观察孔以及封顶、螺钉等，最终效果如图 17-46 所示。

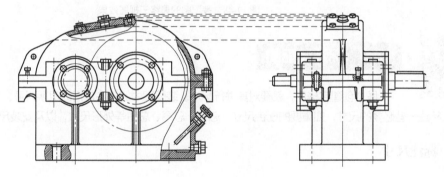

图 17-46　补全左视图

（2）补全俯视图

⑪ 补全俯视图。主视图、左视图的图形都已经绘制完毕，这时就可以根据投影关系，完整地补全俯视图，最终效果如图 17-47 所示。

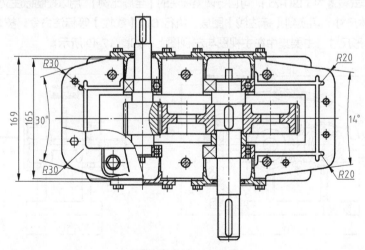

图 17-47　补全俯视图

⑫ 至此装配图的三视图全部绘制完成，效果如图 17-48 所示。

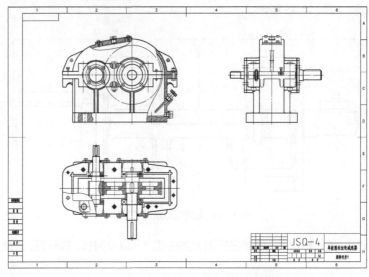

图 17-48　装配图的最终三视图效果

17.3　标注装配图

图形创建完毕后，就要对其进行标注。装配图中的标注包括标明序列号、填写明细表，以及标注一些必要的尺寸，如重要的配合尺寸、总长、总高、总宽等外形尺寸，以及安装尺寸等。

17.3.1　标注尺寸

主要包括外形尺寸、安装尺寸以及配合尺寸，分别介绍如下。

（1）标注外形尺寸

由于减速器的上、下箱体均为铸造件，因此总的尺寸精度不高，而且减速器对于外形也无过多要求，因此减速器的外形尺寸只需注明大致的总体尺寸即可。

① 将标注样式设置为【ISO-25】，可自行调整标注的【全局比例】，用以控制标注文字的显示大小。

② 标注总体尺寸。切换到【标注线】图层，执行 DLI【线性】等标注命令，按之前介绍的方法标注减速器的外形尺寸，主要集中在主视图与左视图上，如图 17-49 所示。

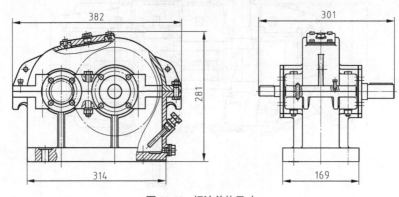

图 17-49　标注总体尺寸

（2）标注安装尺寸

安装尺寸即减速器在安装时所能涉及的尺寸，包括减速器上地脚螺栓的尺寸、轴的中心高度以及吊环的尺寸等等。这部分尺寸有一定的精度要求，需参考装配精度进行标注。

③ 标注主视图上的安装尺寸。主视图上可以标注地脚螺栓的尺寸，执行 DLI【线性】标注命令，选择地脚螺栓剖视图处的端点，标注该孔的尺寸，如图 17-50 所示。

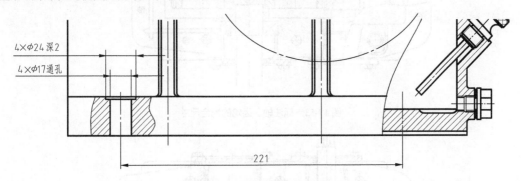

图 17-50　标注主视图上的安装尺寸

④ 标注左视图的安装尺寸。左视图上可以标注轴的中心高度，此即所连接联轴器与带轮的工作高度，标注如图 17-51 所示。

⑤ 标注俯视图的安装尺寸。俯视图中可以标注高、低速轴的末端尺寸，即与联轴器、带轮等的连接尺寸，标注如图 17-52 所示。

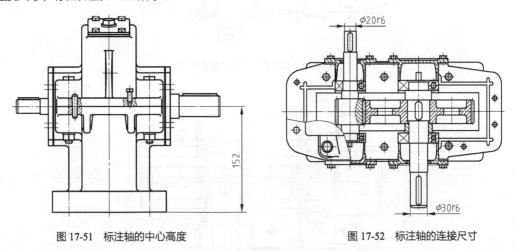

图 17-51　标注轴的中心高度　　　　　　　　图 17-52　标注轴的连接尺寸

（3）标注配合尺寸

配合尺寸即零件在装配时需保证的配合精度，对于减速器来说，即是轴与齿轮、轴承，轴承与轴承安装孔之间的配合尺寸。

⑥ 标注轴与齿轮的配合尺寸。执行 DLI【线性】标注命令，在俯视图中选择低速轴与大齿轮的配合段，标注尺寸，并输入配合精度，如图 17-53 所示。

⑦ 标注轴与轴承的配合尺寸。高、低速轴与轴承的配合尺寸均为 H7/k6，标注效果如图 17-54 所示。

⑧ 标注轴承与轴承安装孔的配合尺寸。为了安装方便，轴承一般与轴承安装孔取间隙配合，因此可取配合公差为 H7/f6，标注效果如图 17-55 所示。

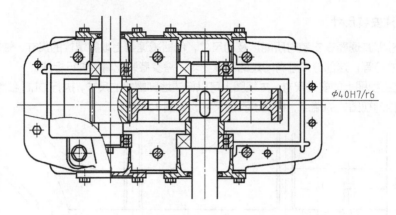

图 17-53　标注轴、齿轮的配合尺寸

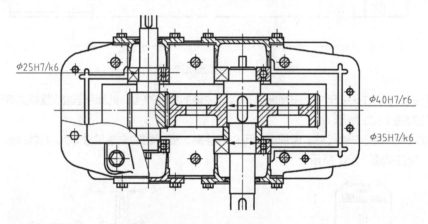

图 17-54　标注轴、轴承的配合尺寸

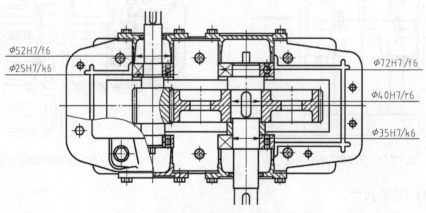

图 17-55　标注轴承、轴承安装孔的配合尺寸

⑨ 尺寸标注完毕。

17.3.2　添加序列号

装配图中的所有零件和组件都必须编写序号。装配图中一个相同的零件或组件只编写一个序号，同一装配图中相同的零件编写相同的序号，而且一般只注明一次。另外，零件序号还应与事后的明细表中序号一致。

① 设置引线样式。单击【注释】面板中的【多重引线样式】按钮，打开【多重引线样式管理器】对话框，如图 17-56 所示。

② 单击其中的【修改】按钮，打开【修改多重引线样式：Standard】对话框，设置其中的【引线格式】选项卡如图 17-57 所示。

图 17-56 【多重引线样式管理器】对话框

图 17-57 设置【引线格式】选项卡

③ 切换至【引线结构】选项卡，设置其中参数如图 17-58 所示。

④ 切换至【内容】选项卡，设置其中参数如图 17-59 所示。

图 17-58 设置【引线结构】选项卡

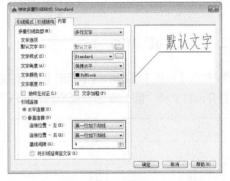

图 17-59 设置【内容】选项卡

⑤ 标注第一个序号。将【细实线】图层设置为当前图层，单击【注释】面板中的【引线】按钮，然后在俯视图的箱座处单击，引出引线，然后输入数字"1"，即表明该零件为序号为 1 的零件，如图 17-60 所示。

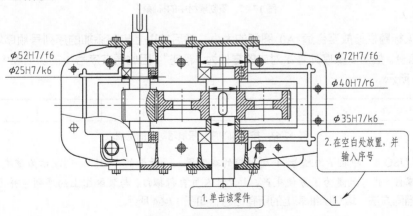

图 17-60 标注第一个序号

⑥ 按此方法，对装配图中的所有零部件进行引线标注，最终效果如图 17-61 所示。

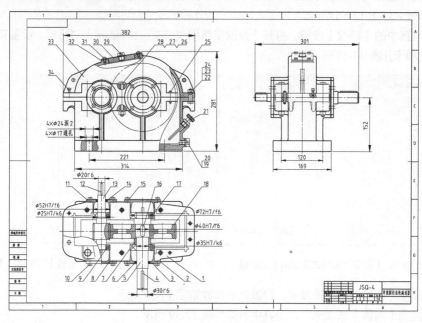

图 17-61　标注其余的序号

17.3.3　绘制并填写明细表

① 单击【绘图】面板中的【矩形】按钮，按本书第 1 章所介绍的装配图标题栏，进行绘制，也可以打开素材文件"第 1 章\装配图标题栏.dwg"直接进行复制，如图 17-62 所示。

4	−04	缸筒	1	45			
3	−03	连接法兰	2	45			
2	−02	缸头	1	QT400			
1	−01	活塞杆	1	45			
序号	代号	名称	数量	材料	单位　总计		备注
					重量		

图 17-62　复制素材中的标题栏

② 将该标题栏缩放至合适 A0 图纸的大小，然后按以上步骤添加的序列号顺序填写对应明细表中的信息。如上步骤序列号 1 对应的零件为"箱座"，因此便在序号 1 的明细表中填写信息，如图 17-63 所示。

1	JSQ-4-01	箱座	1	HT200			

图 17-63　按添加的序列号填写对应的明细表

提示："JSQ-4"即表示为题号 4 所对应的减速器，而后面的"-01"，则表示为该减速器中，代号为 01 的零件。代号只是为了方便生产，由设计人员自行拟订，与装配图上的序列号并无直接关系。

③ 按相同方法，填写明细表上的所有信息，如图 17-64 所示。

20		封油圈	1	耐油橡胶		装配自制
19	JSQ-4-10	M12油口塞	1	45		
18	JSQ-4-09	大齿轮	1	45		$m=2,z=96$
17	GB/T 276	深沟球轴承6207	2	成品		外购
16	GB/T 1096	键C12x32	1	45		外购
15	JSQ-4-08	轴承端盖(6207闷)	1	HT150		
14		封油毡圈(小)	1	半粗羊毛毡		外购
13	JSQ-4-07	高速齿轮轴	1	45		$m=2,z=24$
12	GB/T 1096	键C8×30	1	45		外购
11	JSQ-4-06	轴承端盖(6205通)	1	HT150		
10	GB/T 5783	外六角螺钉M6x25	16	8.8级		外购
9	GB/T 276	深沟球轴承(6205)	2	成品		外购
8	JSQ-4-05	轴承端盖(6205闷)	1	HT150		
7	JSQ-4-04	隔套	1	45		
6		封油毡圈φ45×φ33	1	半粗羊毛毡		外购
5	JSQ-4-03	低速轴	1	45		
4	GB/T 1096	平键C8×50	1	45		外购
3	JSQ-4-02	轴承端盖(6207通)	1	HT150		
2		调整垫片	2组	08F		装配自制
1	JSQ-4-01	箱座	1	HT200		
序号	代号	名称	数量	材料	单件 总计 重量	备注

JSQ-4　单级圆柱齿轮减速器
标记 处数 更改文件号 签字 日期　设计　标准化　图样标记　重量　比例 1:2　审核　工艺　日期　共　页　第　页

34	GB/T 5782	起盖螺钉	1	10.9级		外购
33	JSQ-4-14	箱盖	1	HT200		
32		视孔垫片	1	软钢纸板		装配自制
31	GB/T 5783	外六角螺钉M6x10	4	8.8级		外购
30	JSQ-4-13	视孔盖	1	45		
29	JSQ-4-12	通气器	1	45		
28	GB 93	弹性垫圈10	6	65Mn		外购
27	GB/T 6170	六角螺母M10	6	10级		外购
26	GB/T 5782	外六角螺钉M10×90	6	8.8级		外购
25	GB/T 117	圆锥销8×35	2	45		外购
24	GB 93	弹性垫圈8	2	65Mn		外购
23	GB/T 6170	六角螺母M8	2	10级		外购
22	GB/T 5782	外六角螺钉M8×35	2	8.8级		外购
21	JSQ-4-11	油标	1	组合件		
序号	代号	名称	数量	材料	单件总计 重量	备注

图 17-64　填写明细表

提示： 在对照序列号填写明细表的时候，可以选择【视图】选项卡，然后在【视口配置】下拉选项中选择【两个：水平】选项，模型视图便从屏幕中间一分为二，且两个视图都可以独立运作。这时将一个视图移动至模型的序列号上，另一个视图移动至明细表处进行填写，如图 17-65 所示，这种填写方式就显得十分便捷了。

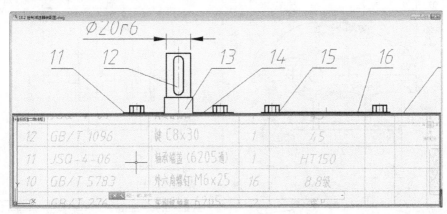

图 17-65　多视图对照填写明细表

17.3.4　添加技术要求

减速器的装配图中，除了常规的技术要求外，还要有技术特性，即写明减速器的主要参数，如输入功率、传动比等，类似于齿轮零件图中的技术参数表。

① 填写技术特性。绘制一简易表格，然后在其中输入文字，如图 17-66 所示，尺寸大小任意。

② 单击【默认】选项卡中【注释】面板上的【多行文字】按钮，在标题栏上方的空白部分插入多行文字，输入技术要求，如图 17-67 所示。

技术特性

输入功率 kW	输入轴转速 r/min	传动比
2.09	376	4

图 17-66　输入技术特性

技术要求

1. 装配前，滚动轴承用汽油清洗，其它零件用煤油清洗，箱体内不允许有任何杂物存在，箱体内壁涂耐磨油漆；

2. 齿轮副的测隙用铅丝检验，测隙值应不小于0.14mm；

3. 滚动轴承的轴向调整间隙均为0.05～0.1mm；

4. 齿轮装配后，用涂色法检验齿面接触斑点，沿齿高不小于45%，沿齿长不小于60%；

5. 减速器剖面分面涂密封胶或水玻璃，不允许使用任何填料；

6. 减速器内装L-AN15(GB443-89)，油量应达到规定高度；

7. 减速器外表面涂绿色油漆。

图 17-67　输入技术要求

③ 减速器的装配图绘制完成，最终的效果如图 17-68 所示（详见素材文件"17.2 减速器装配图-OK"）。

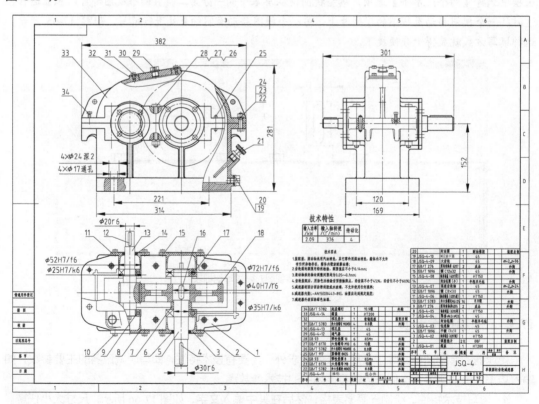

图 17-68　减速器装配图

第18章

由装配图拆画箱体零件图

在工程设计实践中，往往是先根据功能需要设计出方案简图，然后根据功率、负载、转矩等工况条件细化成装配图，最后由装配图拆画零件图。

18.1 拆画零件图概述

在设计部件时，需要根据装配图拆画零件图，简称拆图。拆图时应该对所拆零件的作用进行分析，然后从装配图中分离出该零件的轮廓（即在装配图中把零件从与其组装的其他零件中分离出来）。具体方法是在各视图的投影轮廓中划出该零件的范围，结合分析，补齐所缺的轮廓线。有时还需要根据零件图的视图表达方法重新安排视图。选定和画出视图以后，应按零件图的要求，标注公差尺寸与技术要求。

此处介绍几点在拆画零件图时需要注意的问题。

（1）对拆画零件图的要求

- ▷ 画图前，必须认真审读装配图，全面深入地了解设计意图，弄清楚工作原理、装配关系、技术要求和每个零件的结构形状。
- ▷ 画图时，不但要从设计方面考虑零件的作用和要求，而且还要从工艺方面考虑零件的制造和装配，应使所画的零件图符合设计与工艺要求。如果发现需要改进的地方，需及时改正，并修改装配图。

（2）拆画零件图时需要处理的问题

● **零件分类**

按照对零件的要求，可将零件分成4类：

- ▷ 标准件：如螺钉、螺母等，标准件大多属于外购件，因此不需单独画出零件图，只需在装配图上有所表示，并在明细表中按规定的标记代号列出即可。
- ▷ 借用件：比如多个不同型号的减速器，可能使用同一规格的油口塞，即该油口塞设计加工好后，可用于多种减速器上。因此借用件便是借用定型产品上的零件，对于这类零件，可利用现有的图样，而不必另行画图。
- ▷ 特殊零件：特殊零件是设计时所确定下来的重要零件，在设计说明书中都附有这类零件的图样或重要数据，如汽轮机的叶片、喷嘴，以及本减速器中的齿轮与轴。这些零件的图纸由计算出的数据绘制，不由装配图拆画。
- ▷ 一般零件：这类零件基本上按照装配图所体现的形状、大小和有关的技术要求来画图，是拆画零件图的主要对象。

● **对表达方案的处理**

拆画零件图时，零件的表达方案是根据零件的结构、形状、特点考虑的，不强求与装配图一致。在多数情况下，壳体、箱座类零件主视图所选的位置可以与装配图一致。这样做的好处是装配机器时便于对照，如减速器箱座。而对于轴套类零件，一般按加工位置选取主视图。

● **对零件结构形状的处理**

在装配图中，对零件上某些局部结构，往往未完全给出，对零件上某些标准结构（如倒角、倒圆、退刀槽等），也未完全表达。拆画零件图时，应结合考虑设计和工艺的要求补画这些结构，如果是零件上某部分需要与某零件装配时一起加工，则应在零件图上注明配做。

● **对零件图上尺寸的处理**

装配图上的尺寸不是很多，各零件结构形状的大小已经过设计人员的考虑，虽未标明尺寸数值，但基本上是合适的。因此，根据装配图拆画零件图，可以从图样上按比例直接量取尺寸。尺寸大小必须根据不同的情况分别处理。

▷ 装配图上已注明的尺寸，在有关的零件图上直接注明。对于配合尺寸，某些相对位置尺寸要柱出偏差数值。

▷ 与标准件相连接或配合的有关尺寸，如螺纹的有关尺寸、销孔直径等，要从相应标准中查取。

▷ 某些零件在明细表中给出了尺寸，如弹簧尺寸、垫片厚度等，要按给定的尺寸注写。

▷ 根据装配图所给出的数据应进行计算的尺寸，如齿轮分度圆、齿顶圆直径尺寸等，要经过计算后注写。

▷ 相邻零件的接触面有关尺寸及连接件的有关定位尺寸要协调一致。

▷ 有关标准规定的尺寸，如倒角、沉孔、螺纹退刀槽等，要从机械设计手册中查取。

▷ 其他尺寸均从装配图中直接量取，但要注意尺寸数字的圆整和取标准化数值。

● **零件表面粗糙度的确定**

零件上各表面的粗糙度是根据其作用和要求确定的。一般接触面与配合面粗糙度数值应较小，自由表面的粗糙度数值一般较大，但是有密封、耐蚀、美观要求的表面粗糙度数值应较小。

18.2 拆画箱座零件图

箱座是减速器的基本零件，其主要作用就是为其他所有的功能零件提供支撑和固定作用，同时盛装润滑散热的油液。在所有的零件中，其结构最复杂，绘制也最困难。下面便介绍由装配图拆画箱座零件图的方法。

18.2.1 由装配图的主视图拆画箱座零件的主视图

（1）从装配图中分离出箱座的主视图轮廓

① 打开素材文件"第 18 章\18.2 拆画箱座零件图.dwg"，素材中已经绘制好了一 1∶1 大小的 A1 图框，如图 18-1 所示。

② 使用 Ctrl+C【复制】、Ctrl+V【粘贴】命令从装配图的主视图中分离出箱座的主视图轮廓，然后放置在图框的主视图位置上，如图 18-2 所示。

（2）补画轴承旁的螺栓通孔

③ 将【轮廓线】图层设置为当前图层，执行 L【直线】命令，连接所缺的线段，并且绘制完整

的螺栓孔，如图 18-3 所示。

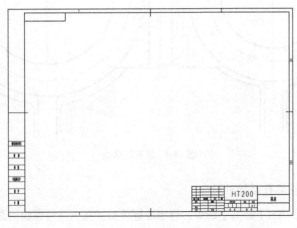

图 18-1　素材图形

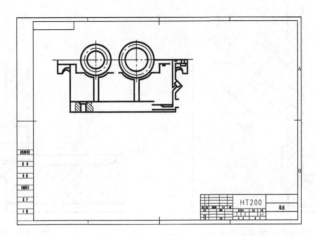

图 18-2　从装配图中分离出来的箱座主视图

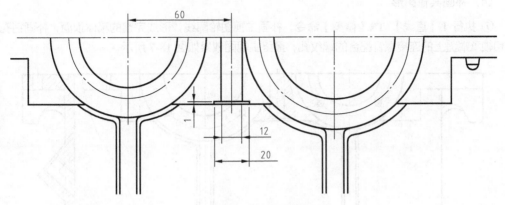

图 18-3　绘制轴承旁螺栓通孔

④　然后单击【绘图】面板中的【样条曲线】按钮 ，在螺栓通孔旁边绘制剖切边线，并按该边线进行修剪，最后执行 H【图案填充】命令，选择图案为 ANSI31，比例为 1，角度为 90°，填充图案，结果如图 18-4 所示。

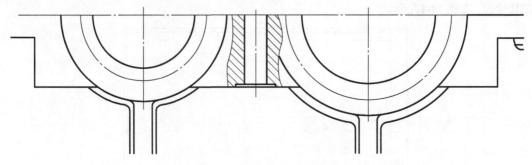

图 18-4　填充剖面线

（3）补画油标尺安装孔及放油孔

⑤ 执行 L【直线】、TR【修剪】命令，修缮油标尺安装孔，注意螺纹的画法，如图 18-5 所示。

⑥ 执行 L【直线】、TR【修剪】命令，修缮放油孔，注意螺纹的画法，如图 18-6 所示。

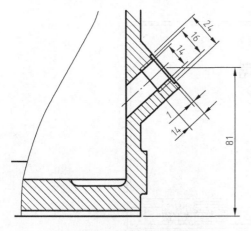

图 18-5　绘制油标尺安装孔

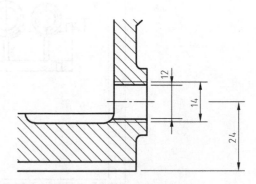

图 18-6　绘制放油孔

（4）补画其他图形

⑦ 执行 L【直线】、TR【修剪】命令，补画主视图轮廓线，形成完整的箱体顶面，补画销孔以及和轴承端盖上的连接螺钉配合的螺纹孔，最终主视图效果如图 18-7 所示。

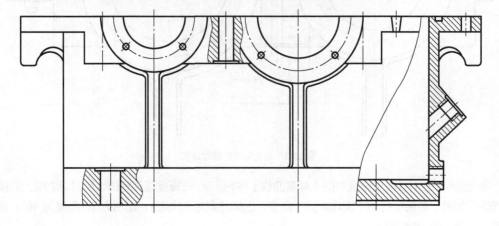

图 18-7　补全主视图

18.2.2　由装配图的俯视图拆画箱座零件的俯视图

（1）从装配图中分离出箱座的俯视图轮廓

使用 Ctrl+C【复制】、Ctrl+V【粘贴】命令从装配图的主视图中分离出箱座的主视图轮廓，然后放置在图框的主视图位置上，如图 18-8 所示。

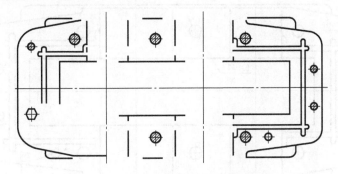

图 18-8　从装配图中分离出来的箱座俯视图

（2）补画俯视图轮廓线

由于装配图中的俯视图为剖视图形，因此遗漏的内容较多，需要多次使用 L【直线】命令进行修补。补全箱体顶面轮廓线、箱体底面轮廓线及中间膛轮廓线，如图 18-9 所示。

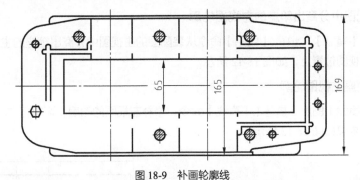

图 18-9　补画轮廓线

（3）补画轴承安装孔

轴承安装孔是箱座零件的重要部分，因此需重点绘制。由前面的章节可知，选用的轴承为深沟球轴承 6205、6207，因此对应的安装孔为 ϕ52 与 ϕ72，按此数据，使用 E【删除】和 S【延伸】命令对俯视图上的安装孔进行修改，并删除多余的线条，最终效果如图 18-10 所示。

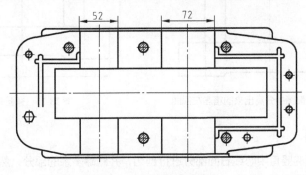

图 18-10　补画轴承安装孔

（4）补画油槽、螺栓孔与销孔

执行 E【删除】命令，删除图 18-10 左下角多余的螺钉图形以及其他的多余线段，然后单击【绘图】面板中的【圆】按钮，绘制俯视图下方的螺栓孔，删除多余的剖面线，最后补全俯视图左侧的油槽，最终图形如图 18-11 所示。

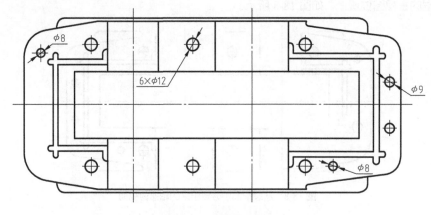

图 18-11　箱座俯视图

18.2.3　由装配图的左视图拆画箱座零件的左视图

（1）从装配图中分离出箱座的左视图轮廓

使用 Ctrl+C【复制】、Ctrl+V【粘贴】命令从装配图的主视图中分离出箱座的主视图轮廓，然后放置在图框的主视图位置上，如图 18-12 所示。

（2）修剪箱座左视图轮廓

切换到【轮廓线】图层，执行 L【直线】命令，修补左视图的轮廓，再执行 TR【修剪】命令，修剪多余图形，结果如图 18-13 所示。

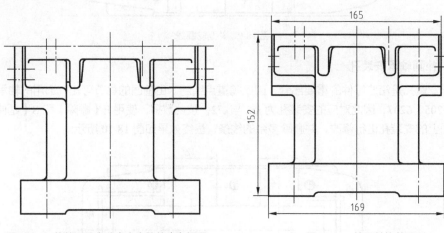

图 18-12　从装配图中分离出来的箱座左视图　　　图 18-13　补画并修剪图形

（3）绘制剖面图

① 将图 18-14 中的竖直中心线右面部分进行剖切，并删除多余的部分，然后执行 L【直线】命令，绘制右半部分剖切后的轮廓线，如图 18-14 所示。

② 执行 H【图案填充】命令，选择图案为 ANSI31，比例为 1，角度为 90°，填充图案，结果如图 18-15 所示。

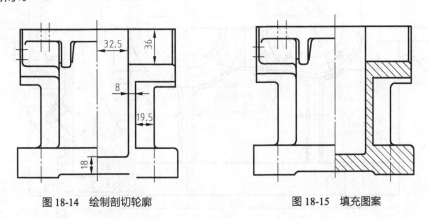

图 18-14　绘制剖切轮廓　　　　　　　　　图 18-15　填充图案

③ 将创建好的箱座三视图放置在图框合适的位置处，注意按"长对正，高平齐，宽相等"的原则对齐，如图 18-16 所示。

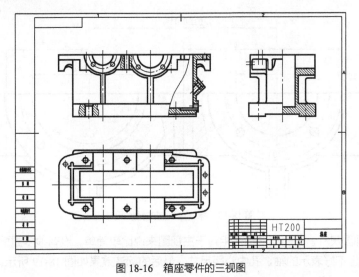

图 18-16　箱座零件的三视图

18.2.4　标注箱座零件图

图形创建完毕后，就要对其进行标注，包括尺寸、形位公差、粗糙度等，还要填写有关的技术要求。

（1）标注尺寸

① 将标注样式设置为【ISO-25】，可自行调整标注的【全局比例】，用以控制标注文字的显示大小。

② 标注主视图尺寸。切换到【标注线】图层，执行 DLI【线性】、DDI【直径】等标注命令，按之前介绍的方法标注主视图图形，如图 18-17 所示。

③ 标注主视图的精度尺寸。主视图中仅轴承安装孔孔径（52、72）、中心距（120）等三处重要尺寸需要添加精度，而轴承的安装孔公差为 H7，中心距可以取双向公差，对这些尺寸添加精度，如图 18-18 所示。

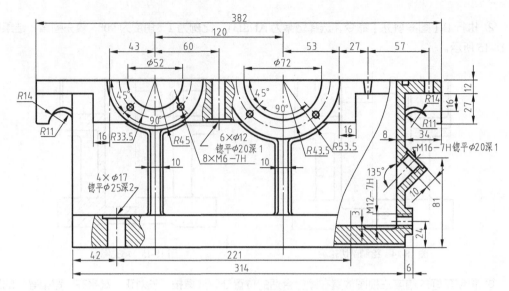

图 18-17　标注主视图尺寸

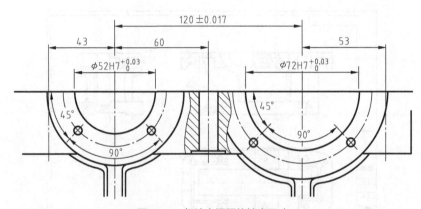

图 18-18　标注主视图的精度尺寸

④ 标注俯视图尺寸。俯视图的标注相对于主视图来说比较简单，没有很多重要尺寸，主要需标注一些在主视图上不好表示的轴、孔中心距尺寸，最后的标注效果如图 18-19 所示。

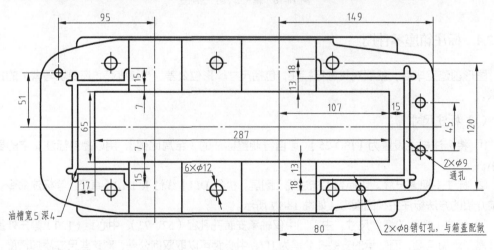

图 18-19　标注俯视图尺寸

⑤ 标注左视图尺寸。左视图主要需标注箱座零件的高度尺寸，比如零件总高、底座高度等等，具体标注如图 18-20 所示。

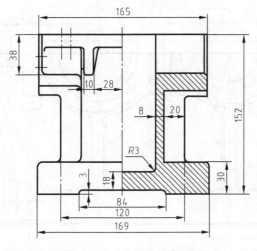

图 18-20 标注左视图尺寸

（2）标注形位公差与粗糙度

⑥ 标注俯视图形位公差与粗糙度。由于主视图上尺寸较多，因此此处选择俯视图作为放置基准符号的视图，具体标注效果如图 18-21 所示。

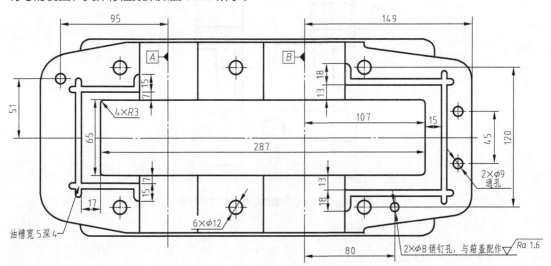

图 18-21 为俯视图添加形位公差与粗糙度

⑦ 标注主视图形位公差与粗糙度。按相同方法，标注箱座零件主视图上的形位公差与粗糙度，最终效果如图 18-22 所示。

⑧ 标注左视图形位公差与粗糙度。按相同方法，标注箱座零件左视图上的形位公差与粗糙度，最终效果如图 18-23 所示。

（3）添加技术要求

⑨ 单击【默认】选项卡中【注释】面板上的【多行文字】按钮，在标题栏上方的空白部分插入多行文字，输入技术要求如图 18-24 所示。

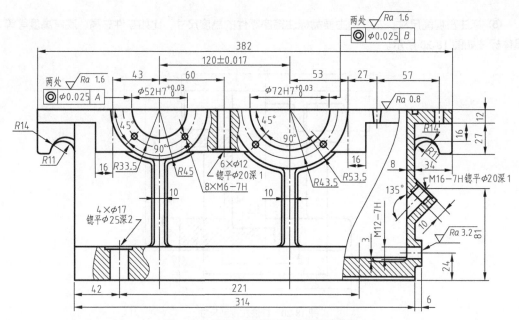

图 18-22 标注主视图的形位公差与粗糙度

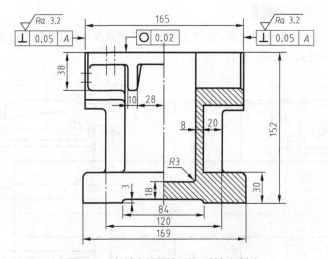

图 18-23 标注左视图的形位公差与粗糙度

技术要求

1. 箱座铸成后,应清理并进行实效处理。

2. 箱盖和箱座合箱后,边缘应平齐,相互错位不大于2mm。

3. 应检查与箱盖接合面的密封性,用0.05mm塞尺塞入深度不得大于接合面宽度的1/3。用涂色法检查接触面积达一个斑点。

4. 与箱盖联接后,打上定位销进行镗孔,镗孔时结合面处禁放任何衬垫。

5. 轴承孔中心线对部分面的位置度公差为0.3mm。

6. 两轴承孔中心线在水平面内的轴线平行度公差为0.020mm,两轴承孔中心线在垂直面内的轴线平行度公差为0.010mm。

7. 机械加工未注公差尺寸的公差等级为GB/T 1804—m。

8. 未注明的铸造圆角半径R3~5mm。

9. 加工后应清除污垢,内表面涂漆,不得漏油。

图 18-24 输入技术要求

⑩ 箱座零件图绘制完成，最终的图形效果如图 18-25 所示（详见素材文件"18.2 箱座零件图-OK"）。

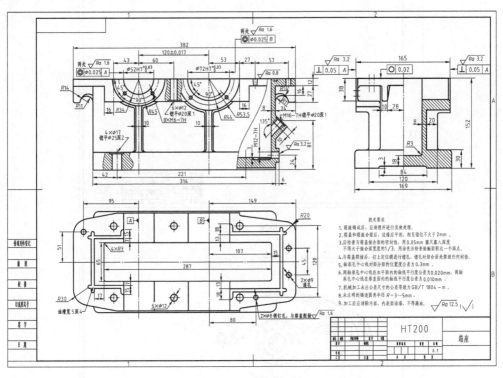

图 18-25　箱座零件图

18.3　拆画箱盖零件图

箱盖与箱座一起构成了减速器的箱体，为减速器的基本结构，其主要作用便是封闭整个减速器，使里面的齿轮在一个密闭的工作空间中运动，以免外界的灰尘等污染物干扰齿轮运转，从而影响传动性能。下面便按照拆画箱座零件图的方法，从装配图中拆画箱盖零件图。

18.3.1　由装配图的主视图拆画箱盖零件的主视图

（1）从装配图中分离出箱座的主视图轮廓

① 打开素材文件"第 18 章\18.3 拆画箱盖零件图.dwg"，素材中已经绘制好了一 1∶1 大小的 A1 图框，如图 18-26 所示。

② 使用 Ctrl+C【复制】、Ctrl+V【粘贴】命令从装配图的主视图中分离出箱座的主视图轮廓，然后放置在图框的主视图位置上，如图 18-27 所示。

（2）补画轴承旁的螺栓通孔

③ 将【轮廓线】图层设置为当前图层，执行 L【直线】命令，连接所缺的线段，并且绘制完整的螺栓通孔，如图 18-28 所示。

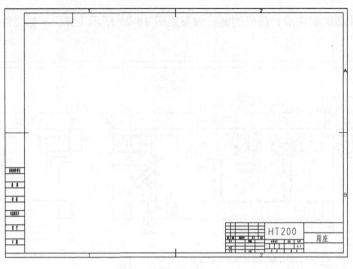

图 18-26　素材图形

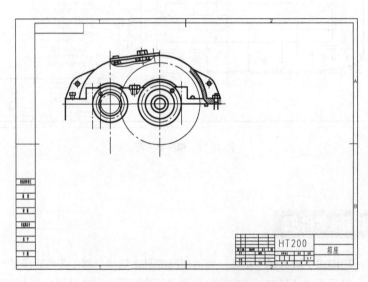

图 18-27　从装配图中分离出来的箱盖主视图

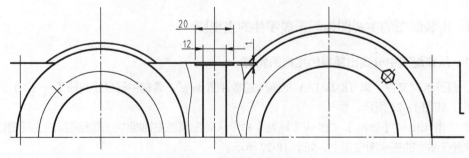

图 18-28　绘制轴承旁螺栓通孔

④ 将【细实线】图层设置为当前图层，然后单击【绘图】面板中的【样条曲线】按钮，在螺栓通孔旁边绘制剖切边线，并按该边线进行修剪，最后执行 H【图案填充】命令，选择图案为ANSI31，比例为1，角度为0°，填充图案，结果如图 18-29 所示。

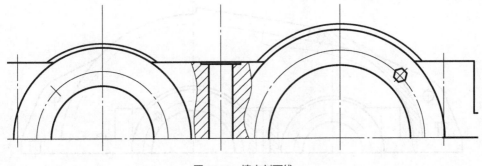

图 18-29 填充剖面线

（3）补画观察孔部分

⑤ 先删除多余部分，然后将【轮廓线】图层设置为当前图层，执行 O【偏移】命令，将箱盖外轮廓向内偏移 8，绘制出箱盖的内壁轮廓，观察口部分偏移 12，如图 18-30 所示。

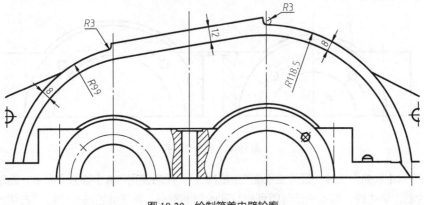

图 18-30 绘制箱盖内壁轮廓

⑥ 执行 SPL【样条曲线】命令重新绘制观察孔部分的剖切边线，然后使用 L【直线】命令绘制出观察孔部分的截面图，并使用 E【删除】命令删除多余图形，如图 18-31 所示。

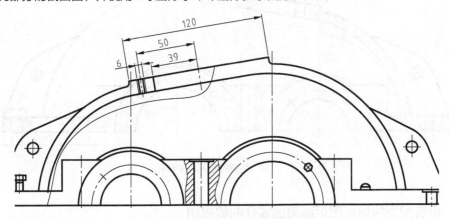

图 18-31 绘制观察孔细节

⑦ 将【轮廓线】图层设置为当前图层，执行 H【图案填充】命令，选择图案为 ANSI31，比例为 1，角度为 0°，填充图案，并将非剖切位置的内壁轮廓转换为【虚线】层，如图 18-32 所示。

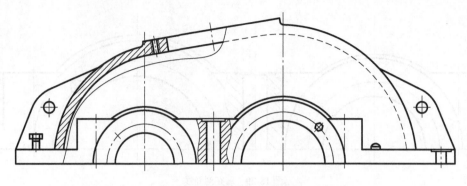

图 18-32　填充观察孔的剖面线

（4）补画其他部分

⑧ 将【轮廓线】图层设置为当前图层，执行 C【圆】命令，绘制轴承安装孔上的 4 个 M6 螺钉孔，如图 18-33 所示。

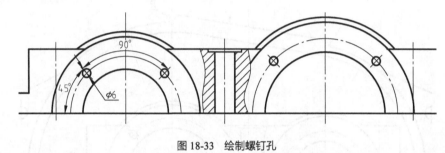

图 18-33　绘制螺钉孔

⑨ 使用 S【延伸】工具，延伸主视图左侧的螺钉，然后使用 TR【修剪】命令，删除多余的线段，最后绘制剖切边线，再填充即可得到螺钉孔的剖面图形，再按此方法操作得到右侧的销钉孔图形，最终效果如图 18-34 所示。

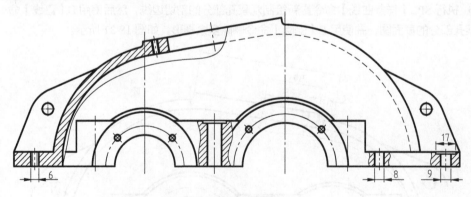

图 18-34　绘制螺钉孔及销钉孔

18.3.2　由装配图的俯视图拆画箱盖零件的俯视图

（1）从装配图中分离出箱盖的俯视图轮廓

① 使用 Ctrl+C【复制】、Ctrl+V【粘贴】命令从装配图的俯视图中分离出箱座的俯视图轮廓，然后放置在图框的俯视图位置上，如图 18-35 所示。

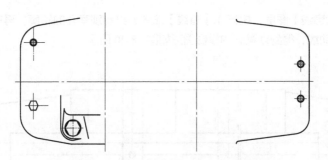

图 18-35　从装配图中分离出来的箱座俯视图轮廓

② 由于装配图的俯视图部分为剖切视图，箱盖部分遗漏的内容较多，因此需要使用从绘制好的箱盖主视图上绘制投影线的方式来进行修补。将【虚线】图层设置为当前图层，执行 L【直线】命令，按 "长对正，高平齐，宽相等" 的原则绘制投影线，如图 18-36 所示。

③ 执行 O【偏移】命令，将俯视图位置的水平中心线对称偏移，结果如图 18-37 所示。

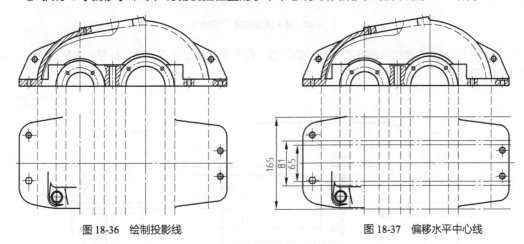

图 18-36　绘制投影线　　　　　　　　　　　　　　　图 18-37　偏移水平中心线

④ 切换到【轮廓线】图层，执行 L【直线】命令，绘制俯视图的轮廓，再执行 TR【修剪】命令，修剪多余的辅助线，得到俯视图的大致轮廓如图 18-38 所示。

（2）补画俯视图其他部分

⑤ 补画俯视图的观察孔。按同样方法，将图层切换至【虚线】，然后执行 L【直线】命令，绘制观察孔部分的投影线，并偏移水平中心线，如图 18-39 所示。

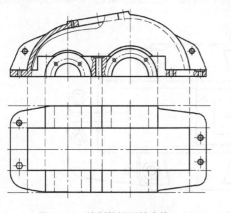
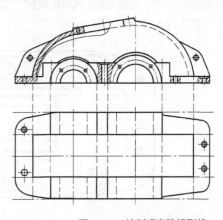

图 18-38　绘制俯视图轮廓线　　　　　　　　　　　图 18-39　绘制观察孔投影线

⑥ 切换到【轮廓线】图层，执行 L【直线】命令，绘制观察孔的轮廓，再执行 TR【修剪】命令，修剪多余的辅助线，得到观察孔的投影图形如图 18-40 所示。

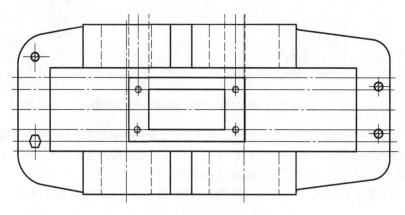

图 18-40　绘制俯视图中的观察孔

⑦ 按相同方法，通过绘制投影辅助线的方式，补全俯视图上面的吊环、外壁、内壁等细节，如图 18-41 所示。

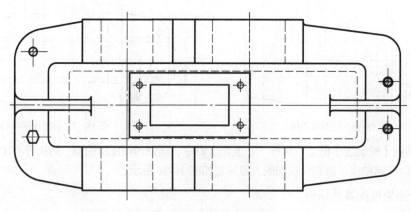

图 18-41　绘制其他细节

⑧ 按相同方法，通过绘制投影辅助线的方式，补全俯视图上面的螺栓孔、轴承安装孔拔模角度等细节，如图 18-42 所示。

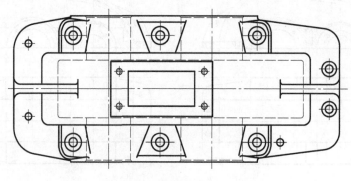

图 18-42　箱盖俯视图

18.3.3 由装配图的左视图拆画箱盖零件的左视图

（1）从装配图中分离出箱盖的左视图轮廓

① 使用 Ctrl+C【复制】、Ctrl+V【粘贴】命令从装配图的左视图中分离出箱盖的左视图轮廓，然后放置在图框的左视图位置上，如图 18-43 所示。

（2）修剪箱盖左视图轮廓

② 切换到【轮廓线】图层，执行 L【直线】命令，修补左视图的轮廓，再执行 TR【修剪】命令，修剪多余图形，结果如图 18-44 所示。

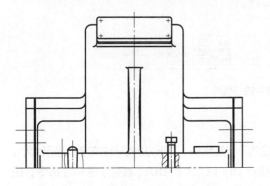

图 18-43 从装配图中分离出来的箱盖左视图

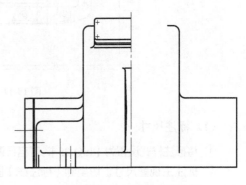

图 18-44 补画并修剪图形

（3）绘制剖面图

③ 执行 L【直线】命令，绘制右半部分的剖切边线，如图 18-45 所示。

④ 执行 H【图案填充】命令，选择图案为 ANSI31，比例为 1，角度为 0°，填充图案，并删除多余的图形，结果如图 18-46 所示。

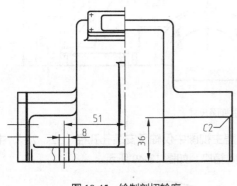

图 18-45 绘制剖切轮廓

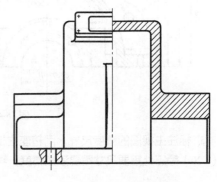

图 18-46 箱盖左视图

⑤ 将创建好的箱盖三视图放置在图框合适的位置处，注意按"长对正，高平齐，宽相等"的原则对齐，如图 18-47 所示。

18.3.4 标注箱盖零件图

图形创建完毕后，就要对其进行标注，包括尺寸、形位公差、粗糙度等，还要填写有关的技术要求。

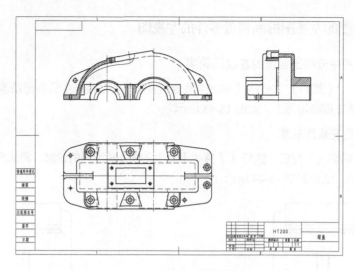

图 18-47　箱盖零件的三视图

（1）标注尺寸

① 将标注样式设置为【ISO-25】，可自行调整标注的【全局比例】，用以控制标注文字的显示大小。

② 标注主视图尺寸。切换到【标注线】图层，执行 DLI【线性】、DDI【直径】等标注命令，按之前介绍的方法标注主视图图形，如图 18-48 所示。

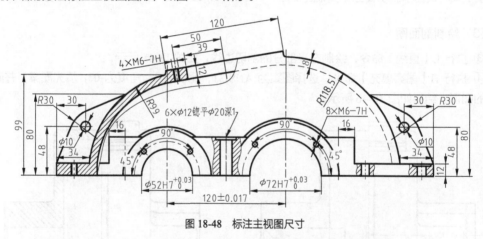

图 18-48　标注主视图尺寸

③ 标注主视图的精度尺寸。同箱座主视图，箱盖主视图中仅轴承安装孔孔径（52、72）、中心距（120）等三处重要尺寸需要添加精度，精度尺寸同箱座，如图 18-49 所示。

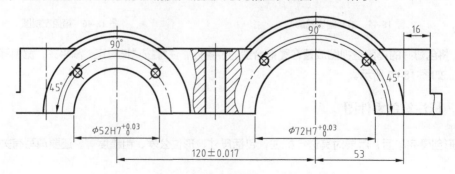

图 18-49　标注主视图的精度尺寸

④ 标注俯视图尺寸。俯视图的标注相对于主视图来说比较简单，没有很多重要尺寸，主要需标注一些在主视图上不好表示的轴、孔中心距尺寸，最后的标注效果如图 18-50 所示。

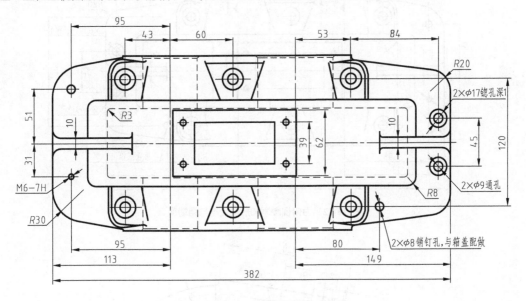

图 18-50　标注俯视图尺寸

⑤ 标注左视图尺寸。由于箱盖零件的外围轮廓是一段圆弧，因此很难精确检测它的高度尺寸，所以在左视图中可以不注明；因此在箱盖的左视图上，主要需标注箱盖零件的总宽尺寸以及其他的标高等等，具体标注如图 18-51 所示。

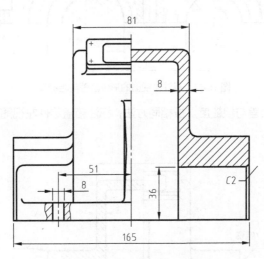

图 18-51　标注左视图尺寸

（2）标注形位公差与粗糙度

⑥ 标注俯视图形位公差与粗糙度。由于主视图上尺寸较多，因此此处选择俯视图作为放置基准符号的视图，具体标注效果如图 18-52 所示。

⑦ 标注主视图形位公差与粗糙度。按相同方法，标注箱盖零件主视图上的形位公差与粗糙度，最终效果如图 18-53 所示。

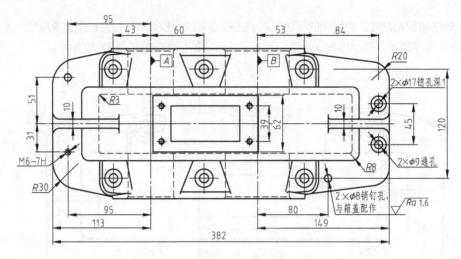

图 18-52　为俯视图添加形位公差与粗糙度

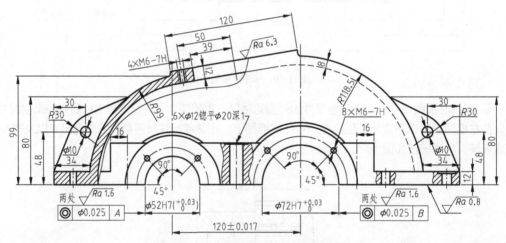

图 18-53　标注主视图的形位公差与粗糙度

⑧ 标注左视图形位公差与粗糙度。按相同方法，标注箱盖零件左视图上的形位公差与粗糙度，最终效果如图 18-54 所示。

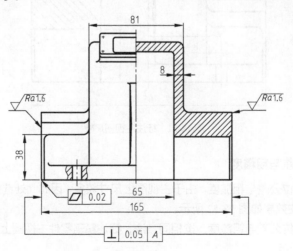

图 18-54　标注左视图的形位公差与粗糙度

（3）添加技术要求

⑨ 单击【默认】选项卡中【注释】面板上的【多行文字】按钮，在标题栏上方的空白部分插入多行文字，输入技术要求如图 18-55 所示。

技术要求

1.箱盖铸成后，应清理并进行实效处理。

2.箱盖和箱座合箱后，边缘应平齐，相互错位不得大于2mm。

3.应检查与箱座接合面的密封性,用0.05mm塞尺塞入深度不得大于接合面宽度的1/3。用涂色法检查接触面积达一个斑点。

4.与箱座连接后，打上定位销进行镗孔，镗孔时结合面处禁放任何衬垫。

5.轴承孔中心线对剖分面的位置度公差为0.3mm。

6.两轴承孔中心线在水平面内的轴线平行度公差为0.020mm ，两轴承孔中心线在垂直面内的轴线平行度公差为0.010mm。

7.机械加工未注公差尺寸的公差等级为GB/T 1804－m。

8.未注明的铸造圆角半径R3～5mm。

9.加工后应清除污垢，内表面涂漆，不得漏油。

图 18-55　输入技术要求

⑩ 箱盖零件图绘制完成，最终的图形效果如图 18-56 所示（详见素材文件"18.3 箱盖零件图-OK"）。

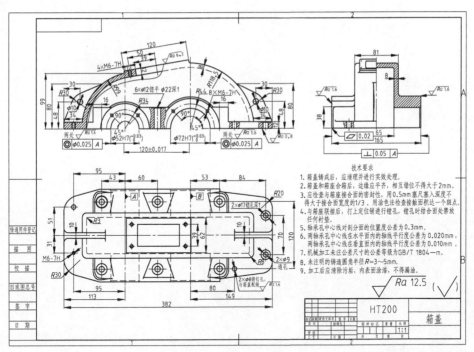

图 18-56　箱盖零件图

第5篇 三维篇

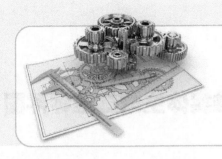

第19章

三维实体的创建和编辑

（扫码阅读或下载）

·第**20**章·

三维实体生成二维零件图

20.1 三维实体生成二维视图

20.1.1 使用【视口】命令（VPORTS）创建视口

20.1.2 使用【视图】命令（SOLVIEW）创建布局多视图

20.1.3 使用【实体图形】命令（SOLDRAW）创建实体图形

20.1.4 使用【实体轮廓】命令（SOLPROF）创建二维轮廓线

20.1.5 使用创建视图面板命令创建三视图

20.2 三维实体创建剖视图

（扫码阅读或下载）

·第21章·
创建减速器的三维模型

（扫码阅读或下载）

GB/T 1182—2018 产品几何技术规范（GPS） 几何公差　形状、方向、位置和跳动公差标注
GB/T 4457.4—2002 机械制图　图样画法　图线
GB/T 4458.1—2002 机械制图　图样画法　视图
GB/T 4458.2—2003 机械制图　装配图中零、部件序号及其编排方法
GB/T 4458.3—2013 机械制图　轴测图
GB/T 4458.4—2003 机械制图　尺寸注法
GB/T 4458.5—2003 机械制图　尺寸公差与配合注法
GB/T 4458.6—2002 机械制图　图样画法　剖视图和断面图
GB/T 14665—2012 机械工程　CAD 制图规则
GB/T 14691—1993 技术制图　字体
GB/T 17453—2005 技术制图　图样画法　剖面区域的表示法
GB/T 17851—2010 产品几何技术规范（GPS） 几何公差　基准与基准体系
GB/T 18686—2002 技术制图　CAD 系统用图线的表示